“十四五”时期国家重点出版物出版专项规划项目
中国能源革命与先进技术丛书
现代电机典藏系列

绕组开路电机系统模型预测控制

张晓光 著

机械工业出版社

本书以绕组开路永磁同步电机为控制对象和具体示例，综合介绍了绕组开路电机系统模型预测控制原理与新进展。主要包括绕组开路永磁同步电机模型、常规模型预测控制技术，以及多种绕组开路永磁同步电机模型预测控制方案。本书内容不同于常规绕组开路电机模型预测控制，主要提出了模型预测全转矩控制、四段式模型预测电流控制与时变周期的复合矢量模型预测电流控制等策略，在继承常规模型预测控制优点的同时有效提升了绕组开路电机系统的整体控制表现，丰富了交流电机模型预测控制的理论体系。

本书可供电机驱动方向的研究人员、研究生，以及高年级本科生使用，也可供从事交流电机控制技术研发的工程技术人员参考。

图书在版编目（CIP）数据

绕组开路电机系统模型预测控制/张晓光著. 北京：机械工业出版社，2024. 10. --（中国能源革命与先进技术丛书）（现代电机典藏系列）. -- ISBN 978-7-111-76523-3

Ⅰ. TM351

中国国家版本馆 CIP 数据核字第 2024XT6267 号

机械工业出版社（北京市百万庄大街 22 号　邮政编码 100037）

策划编辑：江婧婧　　　　责任编辑：江婧婧

责任校对：贾海霞　李　杉　　封面设计：鞠　杨

责任印制：刘　媛

涿州市般润文化传播有限公司印刷

2024 年 11 月第 1 版第 1 次印刷

169mm×239mm · 14.75 印张 · 285 千字

标准书号：ISBN 978-7-111-76523-3

定价：99.00 元

电话服务

客服电话：010-88361066

010-88379833

010-68326294

网络服务

机　工　官　网：www.cmpbook.com

机　工　官　博：weibo.com/cmp1952

金　书　网：www.golden-book.com

机工教育服务网：www.cmpedu.com

前　言

经过几十年的快速发展，交流电机控制无论是在理论方面还是工程应用方面均获得了长足进步，然而随着电动汽车与航空航天等高端制造业对交流电机控制需求的持续提升，经典控制框架下的交流电机控制仍然面临诸多问题，如稳定性与快速性的矛盾、控制与调制的割裂设计、稳态与动态控制表现无法兼顾等。鉴于此，有必要在交流电机控制问题上引入一种全新的控制框架，从而突破现有控制框架的理论限制与技术瓶颈。而有限集模型预测控制利用交流电机与逆变器的数学模型对系统未来控制行为进行预测，并直接对电压矢量进行选择，从而避免了控制与调制的相互限制，为交流电机系统提供了另外一种全新的控制思路。

在国家自然科学基金等的资助下，作者近年来在绕组开路电机系统模型预测控制领域开展了相关研究，取得了一些科研成果，特别是突破了常规模型预测控制的默认规则与理论局限，提出了三维空间矢量模型预测控制、全转矩模型预测控制，以及时变周期的复合矢量模型预测电流控制等策略，在继承常规模型预测控制优点的同时有效提升了系统整体控制表现。另外，从矢量选择、权重因子、故障诊断与容错控制等多个维度进一步丰富了模型预测控制的理论体系。

本书是一本专门介绍绕组开路电机模型预测控制相关技术的专著，共包含十章内容，其中前两章为概述和共直流母线型绕组开路永磁同步电机数学模型，后八章为本书的重点，主要介绍了几种基于零序电流抑制的模型预测控制、全转矩模型预测控制、时变周期的复合矢量模型预测电流控制、四段式模型预测电流控制、考虑死区影响的模型预测电流控制、故障诊断、二次容错拓扑及容错控制等核心内容。本书由张晓光统筹撰写，在作者实验室学习与工作过的研究生侯本帅、张亮、王克勤、何一康、李毅、程昱、张文涵、赵志豪、徐驰、闫康、白海龙、高旭、王子维、张晨光、李霁、刘峥、张涵、吴震和张国富为本书的成稿做出了重要贡献，这其中要特别感谢的是张晨光、张涵、闫康、张文涵、徐驰、李毅和王克勤，是这几位研究生在作者实验室学习期间的刻苦努力才有了本书的成稿。

作者希望本书能够帮助致力于交流电机模型预测控制研究的科研工作者、技术工程师、研究生，以及高年级本科生。由于作者水平有限，并且电机模型预测控制理论正处在飞速发展的过程中，书中难免存在很多不合适甚至错误之处，敬请读者朋友们批评指正。

张晓光

2024 年 5 月 6 日于北京

目　录

第1章 概述

1.1 研究背景

交流电机具有高效率、高功率密度，以及结构灵活多变等特点，在电动汽车、风力发电、机车牵引、舰船推进、航空航天等诸多领域得到广泛应用[1]。然而随着我国国防与航空航天事业的不断推进、轨道交通需求的日益扩大，以及发电机单机容量的持续增加，交流电机控制系统正在朝着高压大功率方向发展。据统计我国工业总用电量中有75%的电量消耗在电机系统上[2]，而根据国家《电动机调速技术产业化途径与对策的研究》报告显示，中高压大功率交流电机所消耗的电量在电机总耗电量中的占比达到65%左右。但受到单个电力电子器件容量与功率等级的限制与中高压大功率交流电机相匹配的全功率变换器正面临着单体容量进一步大型化的挑战。

为了满足在不同应用场合下对电机系统变换器大容量、高耐压与低损耗的迫切需求，并进一步提高电机系统运行性能与安全性，国内外学者主要从变流器并联、多相电机、多电平变换器拓扑与绕组开路电机系统等几个方面提出了解决方案。变流器并联系统将多个变流器并联组合后与电机相连，从而构成多通道传输路径，以降低对单组变换器的功率等级要求[3]；多相电机方面主要是利用增加电机的相数来减小每相桥臂对应功率器件的应力，实现提高系统容量的目的，具有效率高，能够同时对基波电流与谐波电流进行控制的特点[4]；而多电平变换器拓扑则是在两电平拓扑基础上，将功率器件进行灵活组合并对应不同的调制方式从而在提高整个控制系统功率等级的同时实现单个功率器件耐压的降级。多电平技术具有改善电能质量，降低系统谐波的特点。目前，应用比较广泛的多电平拓扑主要包括飞跨电容型拓扑、二极管中点箝位型拓扑和级联H桥型拓扑等[5]。不同于上述方法，绕组开路电机系统是将各相绕组连接点打开，构成三相相互独立的绕组结构，如图1-1所示，同时由两个变换器从绕组两端分别供电。同传统单逆变器供电的电机系统相比，绕组开路电机系统由双逆变器完成电机的供电任务，双逆变器可以平均承担电机系统功率，降低了单逆变器的容量要求。

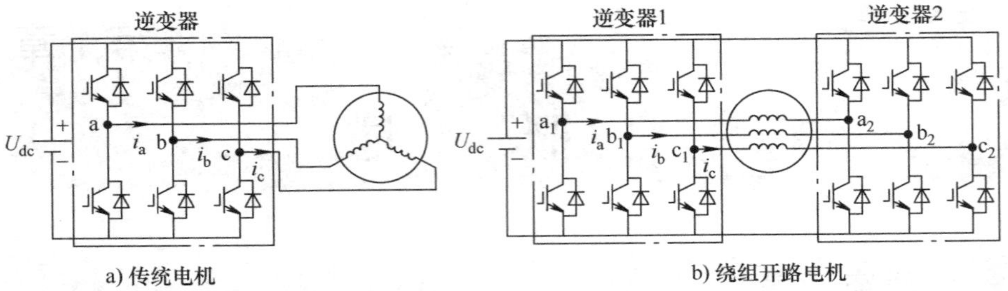

图 1-1　传统电机及绕组开路电机拓扑结构示意图

1.2　绕组开路电机系统及其控制策略

1.2.1　绕组开路电机系统分类

由于绕组开路电机系统由双逆变器驱动，双逆变器组合的多样性毫无疑问将极大丰富绕组开路电机系统的种类。如图 1-2 所示，根据控制源的差异，绕组开路电机系统可以分为电压源型逆变器电机系统、电流源型逆变器电机系统，以及混合型逆变器电机系统；根据逆变器是否可控，绕组开路电机系统可以分为全控型电机系统和半控型电机系统；根据逆变器产生电平数的不同，绕组开路电机系统还可分为两电平型电机系统、多电平型电机系统，以及混合型电机系统。如此丰富的拓扑种类毫无疑问能够满足不同场合的应用需求，极大拓宽了绕组开路电机系统的适用范围。

此外，绕组开路电机系统中双逆变器的供电形式同样具有多样性。根据双逆变器供电形式的差异，绕组开路电机系统还可以分为隔离直流母线型电机系统、共直流母线型电机系统和混合电源型电机系统，其拓扑结构分别如图 1-3 所示。对于图 1-3a 所示的隔离直流母线型电机系统，双逆变器由两个独立的电源进行供电，电源配置方式较为灵活。此外，可以通过控制两个独立电源的直流母线电压大小，实现多电平输出的效果。然而，隔离直流母线型电机系统需要两个电源进行供电，这一结构无疑将会增加系统的成本和体积，从而影响该类型电机系统的实际应用。同隔离直流母线型电机系统相比，共直流母线型电机系统仅需要一个直流源进行供电，如图 1-3b 所示，这将在一定程度上压缩了系统的体积和成本。然而，该结构为零序电流提供了流通回路，零序电流的存在将会导致三相电流的畸变、增大转矩脉动并且降低电机系统的运行效率。因此，需要重点关注共直流母线型电机系统中零序电流抑制的问题。图 1-3c 所示为混合电源型电机系

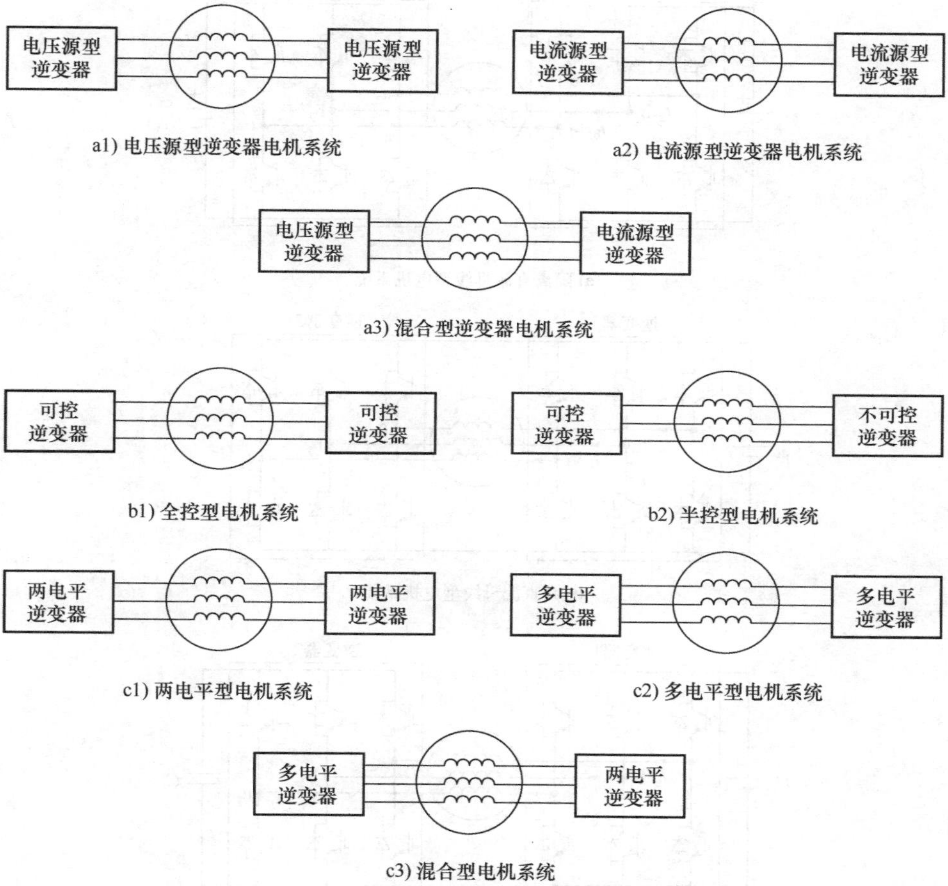

图 1-2　不同逆变器组合的绕组开路电机系统

统，其中一个逆变器与直流源连接，另一个逆变器与电容连接。该结构中电容能起到无功功率补偿的作用，从而提升电机系统的功率输出能力并且拓宽了调速范围，然而双逆变器分别与电源和电容相连的特殊结构也使得该类型电机系统的容错控制变得较为复杂。

基于上述绕组开路电机系统拓扑，可以概括其主要优势如下：

(1) 三相绕组相互独立，各相电流控制灵活。在共直流母线拓扑情况下，三相电流突破传统电机绕组结构的限制，具有不相关性，可实现各相电流的独立控制，与传统电机相比，提升了电流控制自由度。因此，当绕组开路电机系统任意一相出现故障后，可借助于三相电流不相关的特性，利用另两相电流的双自由度确保系统安全运行。

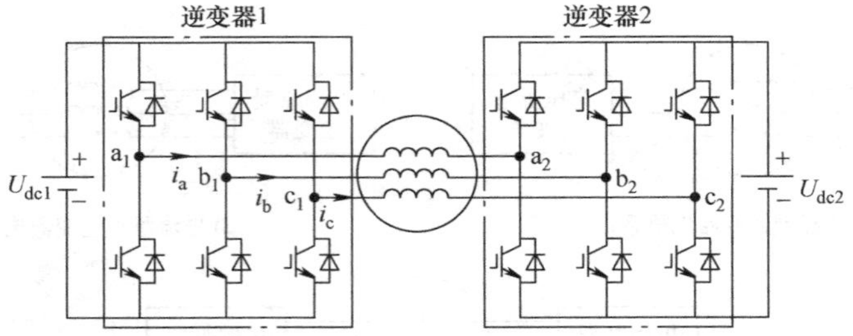

a) 隔离直流母线型电机系统

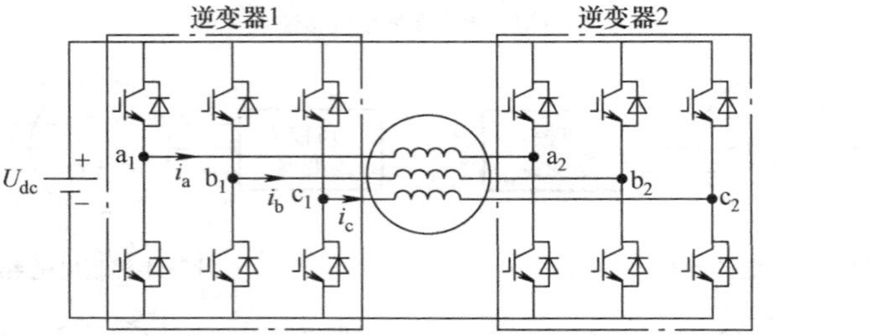

b) 共直流母线型电机系统

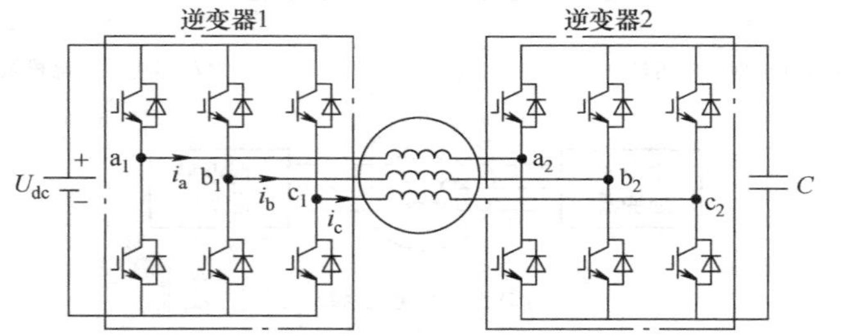

c) 混合电源型电机系统

图 1-3　绕组开路电机系统分类

（2）可降低功率器件耐压等级，具有多电平输出能力。根据双端变换器的不同直流电压比例或双端变换器的不同电平数，绕组开路电机系统可获得不同的多电平调制效果，从而优化系统性能并减少谐波含量。双端变换器在相同直流母线电压作用下，绕组开路电机系统具有三电平调制效果，与传统三电平变换器相比，无需箝位二极管且不存在电容中点电压漂移等问题。另外，双变换器驱动绕组开路电机系统所用功率器件的电压应力为 $0.5U_{dc}$，与传统三相电机系统相比，功率器件的耐压等级降低 50%。表 1-1 总结了绕组开路电机系统与常规系统的各项关键性指标对比，综合对比可知绕组开路电机系统有明显优势。

表 1-1　绕组开路电机系统与常规系统对比

三类系统对比	常规两电平变换器电机驱动系统	绕组开路电机驱动系统（双端母线电压相同）	常规三电平电机驱动系统
器件电流应力	I_{nom}	I_{nom}	I_{nom}
器件电压应力	U_{dc}	$0.5U_{dc}$	$0.5U_{dc}$
功率器件个数	少（6）	中（12）	多（18）
矢量个数	少（8）	多（64）	中（27）
中点电压控制与否	不需要	不需要	需要
调制效果	两电平	三电平/多电平	三电平

（3）具有高功率输出能力，降低弱磁升速难度。在变换器容量相同的情况下，与传统系统相比较而言，绕组开路永磁电机系统功率输出能力可提高 74%，扩展了电机转速运行范围，从而可进一步降低系统弱磁升速的难度，使得该系统在新能源汽车等需要实现弱磁控制的应用领域具有明显优势。

（4）可实现双侧输出发电，增加了系统输出端口。传统电机应用于发电系统中只能进行单侧发电控制，需要设计额外输出绕组或添加额外变换器才能扩展其输出端口，实现一台电机多端输出。而将传统电机绕组连接点打开以后形成双侧开路的绕组结构，可利用其多端口的特点实现双侧输出发电控制，避免了增加额外绕组和变换装置，扩大了系统对外输出源。因此，绕组开路发电系统在舰船与飞机等具有多电压等级需求的供电系统中具有潜在优势。

（5）具有强故障容错能力和高可靠性。绕组开路电机系统具有可以对电机绕组出现短路与开路故障、双端变换器功率器件出现短路与开路故障、变换器一侧上下功率器件同时故障等不同故障类型实施容错运行的能力，且系统可靠性高。由于绕组开路电机各相绕组相互独立无电耦合，若其中一相发生故障，另外两相可独立运行，而功率输出等级与传统电机系统一致，并未减少。

1.2.2　绕组开路电机系统控制策略

鉴于该系统在大功率领域的诸多优点，自 1989 年首次提出绕组开路电机系统概念以来[6]，国内外研究人员已经逐渐开始了对该系统的探索与研究，但是受限于功率器件单管容量与开关频率发展水平的限制，直到 2000 年以后绕组开路电机系统的研究才得到人们的广泛关注。在控制方面，绕组开路电机系统所采用的控制策略主要有矢量控制、直接转矩控制，以及近年来备受瞩目的有限状态集模型预测控制。

（1）矢量控制。矢量控制目前是发展最为成熟、应用范围最广的一种闭环控制方法，无论是在中小功率领域还是在大功率传动领域均得到了广泛的研究与应用。同样，在绕组开路电机系统中，矢量控制策略也成功推广应用于不同的绕组开路电机系统中。在混合逆变器拓扑结构基础上，如图 1-3c 所示，绕组开路电机系统具有高直流母线电压利用率，配合矢量控制策略可拓展电机基速运行范围达 1 倍以上，降低了电机弱磁升速的难度，在新能源汽车领域具有广泛的应用前景[7]。而以绕组开路电机系统为基础，在电动汽车新型充电拓扑以及相应的矢量控制充电方法等方面的研究进展，进一步推动了绕组开路电机系统在新能源汽车领域的实用化[8]；另一方面，在单边控制型绕组开路电机系统拓扑基础上，如图 1-2b2 所示，文献［9］提出基于矢量控制的起动发电系统，在实现调压控制的同时简化了起动发电系统结构。浙江大学学者分别对共直流母线与隔离母线两种拓扑条件下单边控制型绕组开路电机发电系统在矢量控制框架下的单位功率因数优化控制、零序电流抑制及三次谐波注入等方法进行了系统的分析与研究，进一步提高了绕组开路电机系统的实用性[10-12]。分布式发电方面，韩国首尔大学薛承基教授团队在矢量控制基础上首次将绕组开路电机系统推广应用于并网发电领域，并详细阐述了功率流控制问题，同时结合绕组开路永磁电机在静止-起动-50Hz 同步运行三种模式下的特点实现了高效并网控制[13]；美国工程院院士、威斯康星大学 T. A. Lipo 教授提出了双端半控变换器绕组开路永磁发电系统，并详细阐述了该系统的矢量控制实现方式[14]；而基于双端全控变换器的绕组开路永磁风力发电系统也获得了人们的广泛关注，其拓扑结构如图 1-4 所示，相比于传统发电系统，该拓扑不但能够实现多电平调制，还具有减小机侧变换器容量的优势[15]。另外在矢量控制基本框架下，基于矩阵变换器的绕组开路电机系统[16,17]、基于零序分量的无位置传感器控制[18]、多相绕组开路电机控制等研究成果同样获得了国内外研究人员的广泛关注[19,20]。

综上，基于矢量控制框架对绕组开路电机系统的研究比较全面和深入，无论是在理论研究还是在实际应用方面均取得了大量有价值的研究进展。然而，绕组开路电机系统所特有的零序变量抑制及多开关器件驱动等问题，使得适用于该系统的矢量控制方案变得尤为复杂。另外矢量控制双环结构在控制带宽、稳态性能与动态响应之间的相互约束关系，也会在一定程度上限制绕组开路电机系统优势的进一步发挥。因此，寻求控制结构简单、能够协同处理零序变量抑制并且具有高动态响应的控制方法，对于绕组开路电机系统而言显得尤为必要。

（2）直接转矩控制。为了全面提高绕组开路电机系统的动态响应，国内外研究人员已经将直接转矩控制推广应用于绕组开路电机系统当中[21-24]。对于绕组开路电机系统而言，因其具有多电平调制效果，使得能够满足电磁转矩及磁链变化趋势的电压矢量个数大大增加，矢量分布也更加合理，从而在一定程度上可以降低系统纹波幅值。然而，基于启发式电压矢量表的直接转矩控制并不能完全实现矢量的准确选择，磁链与转矩误差经常超出滞环所规定的限制范围，导致其

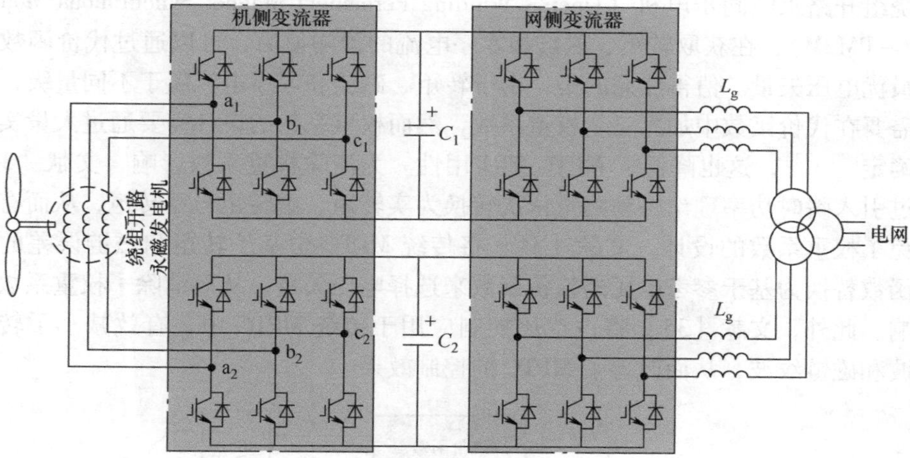

图 1-4 绕组开路永磁电机风力发电系统拓扑

稳态特性不理想[25,26]。因此，为了降低绕组开路电机直接转矩控制系统的转矩脉动水平，基于空间矢量调制的直接转矩控制方法被引入到绕组开路电机控制系统当中，通过准确的矢量合成可实现系统稳态性能的提升并具有固定开关频率特性[27,28]，然而，直接转矩控制所固有的简单控制结构与动态特性优势却因此受到了一定的限制。

（3）有限状态集模型预测控制。模型预测控制（Model Predictive Control，MPC）具有非线性约束与多变量同时控制能力，并且结构简单易实现，近年来获得研究人员的广泛关注。在电机控制领域，相对于经典的矢量控制，模型预测控制避免了电流环及其 PI 参数整定，不存在带宽限制问题，同时不需要进行脉冲宽度调制即可直接发出开关驱动信号；另一方面，模型预测控制根据当前测量值对电机未来状态变量进行预测以实现最优电压矢量的选择，相比于直接转矩控制，所选电压矢量更为准确可靠[29]。因此，模型预测控制同时具备矢量控制的稳态特性优势和直接转矩控制的动态特性优势，并且可以将开关变换次数、零序变量抑制等问题作为约束条件或控制目标以优化电压矢量选择，具有一定的原理性优势。鉴于此，近两年国内外研究人员正在尝试将模型预测控制推广至绕组开路电机系统控制中。目前，针对绕组开路电机系统的模型预测控制方法大致可以概括为两类，一类是模型预测转矩控制（Model Predictive Torque Control，MPTC）；另一类为模型预测电流控制（Model Predictive Current Control，MPCC）。其中，基于 MPTC 的绕组开路电机系统具有简化的控制结构，且利用代价函数可实现转矩、磁链与零序电流的协调控制，相对于矢量控制与直接转矩控制具有更简单的控制结构和更优的动态特性，电机系统的控制框图如图 1-5 所示。图中包含绕组开路永磁同步电机（Open – Winding Permanent Magnet Synchronous Motor，OW – PMSM），在获取转矩、磁链和零序电流的预测值后，可以通过代价函数选择最优电压矢量。值得注意的是，由于转矩、磁链和零序电流属于不同量级，因此需要在代价函数中加入三个权重系数，然而权重系数的设计需要通过大量实验来确定[30 – 32]，这也降低了 MPTC 的实用性。为消除权重系数影响，文献［33］通过引入瞬时功率理论将预测量依次转换为实转矩、虚转矩与零转矩，从而有效避免了权重系数的设计。文献［34］将传统 MPTC 中基于转矩和磁链误差的代价函数替换为基于参考电压的代价函数来选择电压矢量，从而消除了权重系数的影响。此外，文献［35］将占空比控制应用于传统 MPTC 中，有效减小了转矩纹波和磁链纹波，从而改善了 MPTC 的控制效果。

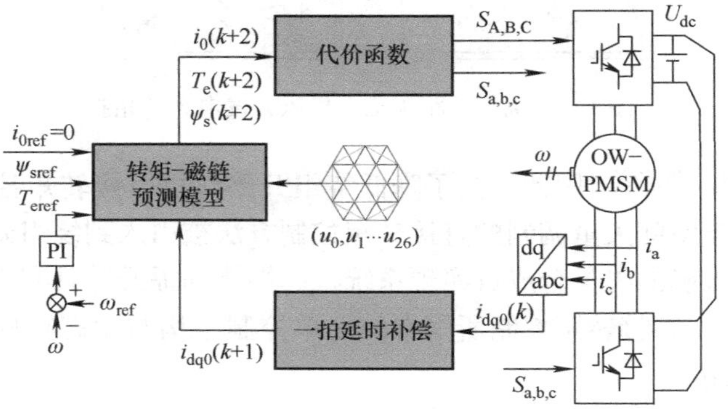

图 1-5　共直流母线型开绕组电机系统的 MPTC 方法控制框图

另一方面，MPCC 是将电流作为系统的唯一控制变量，通过构建量纲统一的代价函数与高采样频率设计可实现与矢量控制类似的稳态控制效果。与 MPTC 相对比而言，预测电流控制可避免复杂的权重设计问题，但其动态特性稍逊于预测转矩控制[36,37]。电机系统的控制框图如图 1-6 所示，由图可知，在获取电流的预测值后通过代价函数便可确定最优电压矢量。在传统 MPCC 中，每个控制周期仅有一个电压矢量作用，这种方法思路简单、可实现性强[38]。但是传统方法中参考电压和实际电压之间存在误差并会降低电机系统的运行效果。为提高 MPCC 的控制效果，学者们提出了多种改进方法。文献［39］和文献［40］通过优化死区时间提升了电机系统的工作性能；文献［41］和文献［42］提出了增加电压矢量个数的多矢量控制方法来减小电压误差从而改善电机控制效果。但是，矢量个数的增加必然会提升开关器件的动作次数，进而增加开关器件的损耗并降低电机系统的运行效率。此外，鉴于电机参数的变化会降低 MPC 的控制效果，绕组开路电机系统 MPC 的参数鲁棒性提升也是一个重要的研究方向。目前主要有以下几种方案：在线参数辨识、基于扰动观测器的补偿方法、无模型预测控制，以及无电机参数 MPC 等。文献［43］和文献［44］通过建立超局部模型和基于电流差的预测模型实现对电机的控制，可以避免 MPC 高度依赖电机参数的问题；文献［45］通过设计不含电阻和电感的电压误差模型并在线计算磁链参数，有效提升了 MPC 的参数鲁棒性；文献［46］和文献［47］利用线性扰动观测器和滑模观测器来观测参数变化带来的扰动，这对于提升 MPC 的控制性能具有明显效果。

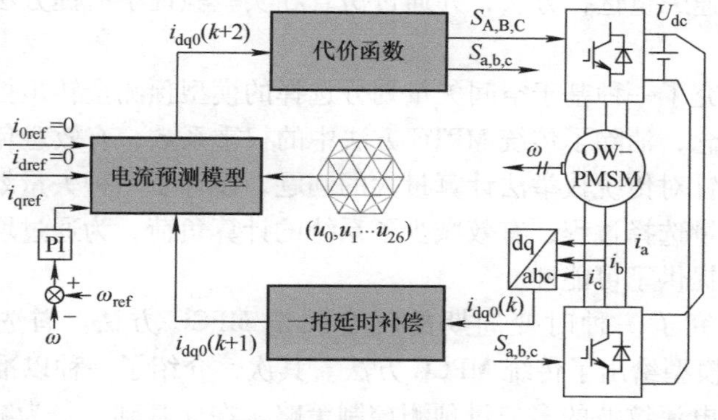

图 1-6 共直流母线型开绕组电机系统的 MPCC 方法控制框图

综合以上控制策略研究现状可知，在经典矢量控制框架下对绕组开路电机系统的研究更加全面和深入，而模型预测控制同时具备矢量控制与直接转矩控制的优势并具有多目标处理能力，更适合应用于需要进行零序电流抑制的绕组开路电机系统，但无论是预测转矩控制还是预测电流控制，目前的研究仍处于起步阶段，还需要针对绕组开路电机的特点进行更深入的研究以充分发挥该系统的拓扑优势。

1.3 本书主要内容

第 1 章阐述了本书内容的研究背景及意义，并对绕组开路电机及其控制的重要性进行了介绍。随后简要概述了目前常用的绕组开路电机控制策略，包括矢量控制、直接转矩控制与模型预测控制。

第 2 章以绕组开路永磁同步电机系统为例介绍了其在三相静止坐标系和两相旋转坐标系下的数学模型，主要包括电压方程、磁链方程、转矩方程等，为后文模型的分析，以及控制策略的原理阐述与研究提供了模型基础。

第 3 章以共直流母线型单边可控 OW – PMSG 系统为对象进行了控制策略研究。首先分析了共直流母线型单边可控 OW – PMSG 结构拓扑特点。其次，为解决 OW – PMSG 传统矢量控制方法中 PI 参数复杂不易调节、动态响应较慢等问题，开发了基于零序电流抑制的 OW – PMSG MPC 方法。以此为基础，进一步提出基于零序电流抑制的可控变流器侧三维空间矢量模型预测控制（MPCC－Ⅰ）和基于不控整流器侧电压矢量调整的零序电流抑制策略（MPCC－Ⅱ），并对其控制性能进行仿真和实验验证。

第4章研究了MPCC方法在共直流母线型双边可控OW－PMSG系统中的应用。首先，为减小传统零序电流抑制方法的计算负荷，给出了两种基于参考电压矢量位置的快速矢量选择方法，并通过仿真和实验验证了所提方法的正确性和可行性。

第5章研究了一种基于空间矢量划分选择的模型预测全转矩控制方法。通过引入全转矩概念，消除了传统MPTC方法中的权重系数，有效避免了复杂的设计过程。此外，针对传统枚举法计算量大的问题，设计了一种矢量划分选择方法进一步简化了矢量选择过程，有效减少了系统的计算负荷，为通过增加控制频率来改善稳态性能提供了可能性。

第6章研究了一种时变周期的复合矢量MPCC方法。首先，根据OW－PMSM的数学模型给出了传统MPCC方法。其次，介绍了一种以准确合成参考电压矢量来减少电流纹波的多矢量预测控制策略。在此基础上，为减小电流纹波并有效降低开关频率，介绍了一种时变周期的复合矢量MPCC方法，并通过对实验结果的对比分析验证了所提出方法的可行性。

第7章重点介绍了OW－PMSM系统四段式模型预测控制策略，主要分为单边四段式MPCC和双边四段式MPCC。四段式的发波方式使各个周期间的切换不产生开关动作，再加上与非零矢量的合理排序，可大幅降低系统平均开关频率。单边四段式MPCC中逆变器INV1开关频率低，适用大功率场所；而双边四段式MPCC的特点是具有更优的系统稳态控制性能。

第8章介绍了一种考虑死区影响的OW－PMSM模型预测电流控制方法。首先，分析了传统单矢量MPCC方法中死区对OW－PMSM系统控制效果的影响，并总结了死区电压矢量的判断方法。以此为基础介绍了一种考虑死区影响的MPCC方法，在该方法中，逆变器2死区电压矢量的作用时间被视为一个变量，并参与整体作用时间的分配。最后，通过实验对所提方法的稳态性能、动态性能和平均开关频率进行了评估。

第9章对绕组开路永磁同步电机驱动系统故障诊断策略进行了研究。在分析故障前后逆变器工作特性的基础上，给出了一种适用于OW－PMSM系统开关器件开路故障的诊断策略，并通过仿真和实验对其进行了验证。

第10章研究了一种基于桥臂共用思想的二次容错拓扑，该拓扑可以作为传统容错拓扑运行过程中开关器件再次发生开路故障的备用二次容错运行拓扑，从而实现驱动系统一相开路容错运行状态下开关器件再次发生开路故障后的平稳运行，提高了OW－PMSM驱动系统在故障状态下容错运行的能力。此外，为进一步提升容错系统的转矩控制表现，给出了一种转矩优化策略，通过在电流幅值中注入谐波来实现系统转矩脉动的抑制。最后，利用实验对提出的二次容错拓扑及其控制策略进行了验证。

参考文献

[1] 沈建新，缪冬敏．变速永磁同步发电机系统及控制策略［J］．电工技术学报，2013，28（3）：1－8.

[2] 夏长亮，王东，程明，等．高效能电机系统可靠运行与智能控制基础研究进展［J］．中国基础科学，2017，19（1）：16－23.

[3] 徐壮，李广军，徐殿国．永磁直驱风电系统发电机侧变流器的并联控制［J］．高电压技术，2010，36（02）：474－480.

[4] 周扬忠，程明，熊先云．具有零序电流自矫正的六相永磁同步电机直接转矩控制［J］．中国电机工程学报，2015，35（10）：2504－2512.

[5] 王琛琛，李永东．多电平变换器拓扑关系及新型拓扑［J］．电工技术学报，2011，26（1）：92－99.

[6] TAKAHASHI I，OHMORI Y．High－performance direct torque control of an induction motor［J］．IEEE Transactions on Industry Applications，1989，25（2）：257－264.

[7] PAN D，FENG L，YANG W，et al. Extension of the operating region of an IPM motor utilizing series compensation［J］．IEEE Trans．Ind．Appl.，2014，50（1）：539－548.

[8] HONG J，LEE H，HAM K．Charging method for the secondary battery in dual－Inverter drive systems for electric vehicles［J］．IEEE Transactions on Power Electronics，2015，30（2）：909－921.

[9] 魏佳丹，周波，韩楚，等．一种新型永磁电机起动/发电系统［J］．中国电机工程学报，2011，31（36）：86－94.

[10] NIAN H，ZHOU Y J．Investigation and suppression of current zero crossing phenomenon for a semicontrolled open winding PMSG system［J］．IEEE Transactions on Power Electronics，2017，32（1）：602－612.

[11] NIAN H，ZHOU Y J．Investigation of open－winding PMSG system with the Integration of fully controlled and uncontrolled converter［J］．IEEE Transactions on Industry Applications，2015，51（1）：429－439.

[12] 年珩，曾恒力，周义杰．共直流母线开绕组永磁同步电机系统零序电流抑制策略［J］．电工技术学报，2015，30（20）：40－48.

[13] KWAK MS，SUL S K．Control of an open－winding machine in a grid－connected distributed generation system［J］．IEEE Transactions on Industry Electronics，2008，44（4）：1259－1267.

[14] WANG Y，LIPO T A，PAN D．Half－controlled－converter－fed open－winding permanent magnet synchronous generator for wind applications［C］//International Power Electronics and Motion Control Conference，2010（4）：123－126.

[15] 年珩，周义杰，李嘉文. 基于开绕组结构的永磁风力发电机控制策略［J］. 电机与控制学报，2013，17（4）：79－85.

[16] BARANWAL R，BASU K，MOHAN N. Carrier－based implementation of SVPWM for dual two－level VSI and dual matrix converter with zero common－mode voltage［J］. IEEE Transactions on Power Electronics，2015，30（3）：1471－1487.

[17] GUPTA R，MOHAPATRA K，SOMANI A，et al. Direct－matrix converter－based drive for a three－phase open－end－winding ac machine with advanced features［J］. IEEE Transactions on Industrial Electronics，2010，57（12）：4032－4042.

[18] ZHAN H L，ZHU Z Q，ODAVIC M，et al. A novel zero－sequence model－based sensorless method for open－winding PMSM with common DC bus［J］. IEEE Transactions on Industrial Electronics，2016，63（11）：6777－6789.

[19] BODO N，JONES M，LEVI E. Multi－level space vector PWM algorithm for seven phase open winding drives［C］//International Symposium on Industrial Electronics，2011，IEEE. Gdansk，Poland：1881－1886.

[20] BODO N，LEVI E，JONES M. Investigation of carrier－based PWM techniques for a five－phase open－end winding drive topology［J］. IEEE Transactions on Industrial Electronics，2013，60（5）：2054－2065.

[21] 张凤阁，朱连成，金石，等. 开绕组无刷双馈风力发电机最大功率点跟踪直接转矩模糊控制研究［J］. 电工技术学报，2016，31（15）：43－53.

[22] ZHOU W ZH，SUN D，LIN B. A modified flux weakening direct torque control for open winding PMSM system fed by hybrid inverter［C］// International Conference on Electrical Machines and Systems（ICEMS），2014，IEEE. Hangzhou：2917－2922.

[23] JIN S，LI M，ZHU L，et al. Direct torque control of open winding brushless doubly－fed machine.［C］// IEEE International Magnetics Conference（INTERMAG），2017，IEEE. Dublin：1－6.

[24] RIEDEMANN J，CLARE J C，WHEELER P W，et al. Open－End Winding Induction Machine Fed by a Dual－Output Indirect Matrix Converter［J］. IEEE Transactions on Industrial Electronics，2016，63（7）：4118－4128.

[25] V. B. R.，S. G.，Direct Torque Control Scheme for a Four－Level－Inverter Fed Open－End－Winding Induction Motor［J］. IEEE Transactions on Energy Conversion，2019，34（4）：2209－2217.

[26] 朱昊，肖曦，李永东. 永磁同步电机转矩预测控制的磁链控制算法［J］. 中国电机工程学报，2010，30（21）：86－90.

[27] LIN B，SUN D，CHEN Y. Research on high－speed operation of hybrid－inverter fed open winding permanent magnet synchronous motor［C］//International Conference on Electrical Machines and Systems（ICEMS），2013，IEEE. Busan：1179－1183.

[28] ABAD G，RODRIGUEZ MA，POZA J. Two－level VSC based predictive direct torque control of the doubly fed induction machine with reduced torque and flux ripples at low constant switc-

hing frequency [J]. IEEE Trans. Power Electron., 2008, 23 (3): 1050 – 1061.

[29] MIRANDA H, CORTES P, YUZ J, et al. Predictive torque control of induction machines based on state – space models [J]. IEEE Trans. Ind. Electron., 2009, 56 (6): 1916 – 1924.

[30] ZHU B H, RAJASHEKARA K, KUBO H. Predictive torque control with zero – sequence current suppression for open – end winding induction machine [C] //IEEE Industry Applications Society Annual Meeting, 2015, IEEE. Addison: 1 – 7.

[31] Chong SUN CH, SUN D, ZHENG ZH H. A simplified model predictive control for open – winding PMSM [C] // International Conference on Electrical Machines and Systems, 2017, IEEE. Sydney : 1 – 6.

[32] Bohang ZHU B H, Kaushik RAJASHEKARA K, KUBO H. A novel predictive current control for open – end winding induction motor drive with reduced computation burden and enhanced zero sequence current suppression [C] // Applied Power Electronics Conference and Exposition (APEC), 2017, IEEE. Tampa: 552 – 557.

[33] ZHANG X, ZHANG W. Model Predictive Full – Torque Control for the Open – Winding PMSM System Driven by Dual Inverter With a Common DC Bus [J]. IEEE Journal of Emerging and Selected Topics in Power Electronics, 2021, 9 (2): 1541 – 1554.

[34] ZHANG X, HOU B. Double Vectors Model Predictive Torque Control Without Weighting Factor Based on Voltage Tracking Error [J]. IEEE Transactions on Power Electronics, 2018, 33 (3): 2368 – 2380.

[35] WU M, SUN X, ZHU J, et al. Improved Model Predictive Torque Control for PMSM Drives Based on Duty Cycle Optimization [J]. IEEE Transactions on Magnetics, 20212, 57 (2): 1 – 5.

[36] ZHU B H, RAJASHEKARA K, KUBO H. Comparison between current – based and flux/torque – based model predictive control methods for open – end winding induction motor drives [J]. IET Electric Power Applications. 2017, 11 (8): 1397 – 1406.

[37] CHOWDHURY S, WHEELER P W, GERADA C, et al. Model predictive control for a dual – active bridge inverter with a floating bridge [J]. IEEE Transactions on Industrial Electronics, 2016, 63 (9): 5558 – 5568.

[38] ZHANG X, HOU B, MEI Y. Deadbeat Predictive Current Control of Permanent – Magnet Synchronous Motors with Stator Current and Disturbance Observer [J]. IEEE Transactions on Power Electronics, 2017, 32 (5): 3818 – 3834.

[39] ZHANG X, ZHAO Z. Model Predictive Control for PMSM Drives With Variable Dead – Zone Time [J]. IEEE Transactions on Power Electronics, 2021, 36 (9): 10514 – 10525.

[40] ZHANG X, CHENG Y, ZHAO Z, et al. Optimized Model Predictive Control With Dead – Time Voltage Vector for PMSM Drives [J]. IEEE Transactions on Power Electronics, 2021, 36 (3): 3149 – 3158.

[41] ZHANG Y XIE W, LI Z, et al. Low – Complexity Model Predictive Power Control: Double –

Vector - Based Approach [J]. IEEE Transactions on Industrial Electronics, 2014, 61 (11): 5871 - 5880.

[42] XU Y, DING X, WANG J, et al. Robust three - vector - based low - complexity model predictive current control with supertwisting - algorithm - based second - order sliding - mode observer for permanent magnet synchronous motor [J]. IET Power Electronics, 2019, 12: 2895 - 2903.

[43] ZHANG Y, JIN J, HUANG L. Model - Free Predictive Current Control of PMSM Drives Based on Extended State Observer Using Ultra - local Model [J]. IEEE Transactions on Industrial Electronics, 2021, 68 (2): 993 - 1003.

[44] LIN C K, LIU T H, YU J T, et al. Model - Free Predictive Current Control for Interior Permanent - Magnet Synchronous Motor Drives Based on Current Difference Detection Technique [J]. IEEE Transactions on Industrial Electronics, 2014, 61 (2): 667 - 681.

[45] ZHANG X, WANG Z, ZHAO Z, et al. Model Predictive Voltage Control for SPMSM Drives With Parameter Robustness Optimization [J]. IEEE Transactions on Transportation Electrification, 2022, 8 (3): 3151 - 3163.

[46] YUAN X, XIE S, CHEN J, et al. An Enhanced Deadbeat Predictive Current Control of SPMSM With Linear Disturbance Observer [J]. IEEE Journal of Emerging and Selected Topics in Power Electronics, 2022, 10 (5): 6304 - 6316.

[47] KE D, WANG F, HE L, et al. Predictive Current Control for PMSM Systems Using Extended Sliding Mode Observer With Hurwitz - Based Power Reaching Law [J]. IEEE Transactions on Power Electronics, 36 (6): 7223 - 7232.

第2章 共直流母线型绕组开路永磁同步电机数学模型

由上文可知，绕组开路电机系统结构多种多样，特色鲜明。本书主要以绕组开路永磁同步电机为例，并且基于共直流母线型拓扑结构展开研究。因此，若不做特殊说明，本书中所提到绕组开路电机系统均为共直流母线型绕组开路永磁同步电机。

共直流母线绕组开路永磁同步电机（Open - Winding Permanent Magnet Synchronous Motor，OW - PMSM）是将传统星形联结永磁同步电机（Permanent Magnet Synchronous Motor, PMSM）的中性点打开，将三相定子绕组拆分成三个存在互感的独立绕组，电机绕组中存在零序电流通路且 $i_a + i_b + i_c \neq 0$；因此，在控制时需要考虑 OW - PMSM 系统中电压、电流、磁链的零序分量。

传统 PMSM 绕组的中性点被打开后，结构形式上的变化使得电压、电流方程等随之发生变化，并且 OW - PMSM 定子绕组之间存在着复杂的非线性耦合关系。因此，为了便于分析，本书忽略了电机中的一些非理想因素，在建立 OW - PMSM 数学模型之前，常做如下合理假设[1-5]：

1）磁路为线性，忽略电机系统铁心磁路饱和；

2）忽略电机系统涡流和磁滞损耗；

3）转子无阻尼比；

4）永磁材料电导率为零。

另外，OW - PMSM 与传统 PMSM 相比，电机内部的磁路结构和绕组安装方式并未改变，因此，OW - PMSM 系统中的坐标变换和传统 PMSM 系统相同。

2.1 绕组开路电机系统拓扑结构及其特点

本书研究的 OW - PMSM 系统采用共直流母线结构，即 OW - PMSM 两侧的逆变器由同一个直流母线供电，驱动系统的拓扑结构如图 2-1 所示。OW - PMSM 将传统星形联结 PMSM 的三相绕组中性点打开，形成了新的三相端子，三相绕组相互独立，绕组两端可以连接两个两电平（或者多电平）逆变器，也可以是不控整流器（详见第 3 章）。一般来说，绕组开路系统双逆变器可以并联一个直流母线，也可以分别连接两个隔离的直流母线，但是相比于两个隔离的直流母线，共直流母线结构更简单，在实际中应用更广泛。然而共直流母线结构使得电机绕组的三相电流不再满足 $i_a + i_b + i_c = 0$，系统会产生零序电流。

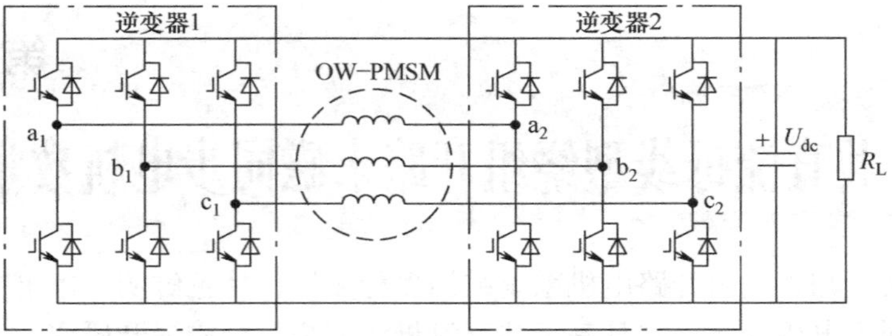

图 2-1　共直流母线双边可控 OW－PMSM 系统拓扑结构

2.2 三相静止坐标系下的数学模型

对于绕组位于定子，永磁体置于转子上的 OW－PMSM，其三相绕组之间的关系如图 2-2 所示。

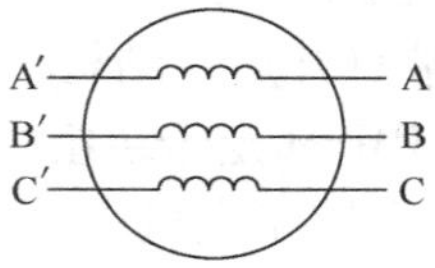

图 2-2　OW－PMSM 三相绕组及其磁场轴线关系

在 ABC 坐标系下 OW－PMSM 的磁链方程为

$$\begin{cases}\psi_a = L_{aa}i_a + M_{ab}i_b + M_{ac}i_c + \psi_{fa} \\ \psi_b = L_{bb}i_b + M_{ba}i_a + M_{bc}i_c + \psi_{fb} \\ \psi_c = L_{cc}i_c + M_{ca}i_a + M_{cb}i_b + \psi_{fc}\end{cases} \tag{2.1}$$

式中，ψ_a、ψ_b、ψ_c为三相磁链；ψ_{fa}、ψ_{fb}、ψ_{fc}为转子永磁体在 ABC 坐标系下的磁链；L_{aa}、L_{bb}、L_{cc}为定子三相绕组自感；M_{ab}、M_{bc}、M_{ca}、M_{ba}、M_{ac}、M_{cb}为三相绕组之间的互感。在隐极式电机中，定子三相绕组自感相等，三相绕组间的互感也是相等的，设定子绕组自感为 L，三相绕组间互感为 M，则 $L_{aa} = L_{bb} = L_{cc} = L$；$M_{ab} = M_{bc} = M_{ca} = M_{ba} = M_{ac} = M_{cb} = M$。

进一步，OW－PMSM 在 ABC 坐标系下电压方程可表示为

$$\begin{bmatrix} u_a \\ u_b \\ u_c \end{bmatrix} = \begin{bmatrix} e_a \\ e_b \\ e_c \end{bmatrix} + \begin{bmatrix} R & 0 & 0 \\ 0 & R & 0 \\ 0 & 0 & R \end{bmatrix}\begin{bmatrix} i_a \\ i_b \\ i_c \end{bmatrix} + \begin{bmatrix} L & M & M \\ M & L & M \\ M & M & L \end{bmatrix}\frac{d}{dt}\begin{bmatrix} i_a \\ i_b \\ i_c \end{bmatrix} \tag{2.2}$$

式中，u_k，i_k，e_k(k = a，b，c) 分别为三相电压、电流、反电动势；R 为绕组电阻。

2.3 两相旋转坐标系下的数学模型

在 OW－PMSM 控制系统中，通过坐标变换，电磁转矩方程得到简化，定子电感矩阵常数化、对角化，使定子的磁链方程解耦，从而可以使交流电机的控制像直流电机控制一样简单。图 2-3 为电机建模时常用的坐标系，其中，三相静止坐标系（ABC 坐标系）的三个轴分别与电机的三相绕组重合，A 轴作为参考轴；两相静止坐标系（αβ0 坐标系）的 α 轴与 A 轴重合，β 轴超前 α 轴 90°；同步旋转坐标系（dq0 坐标系）与转子同步旋转，q 轴超前 d 轴 90°，且定义 d 轴与 A 轴的夹角 θ_e 为转子电角度。

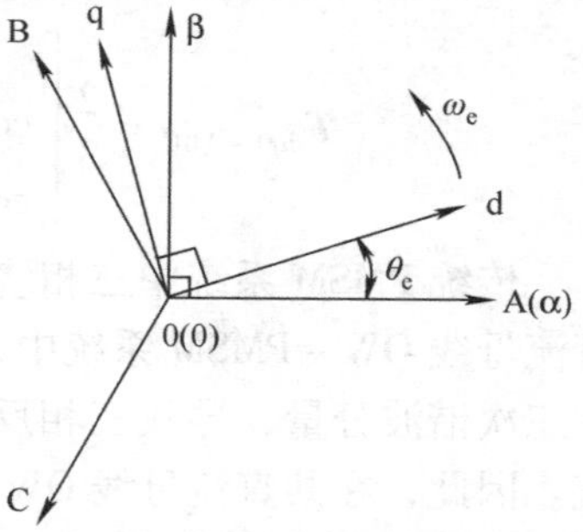

图 2-3　电机建模常用坐标系

在 OW－PMSM 系统控制策略的研究过程中，电机定子电流或电压通常需要在不同坐标系之间进行转换，下面用矩阵的方式介绍三种坐标系之间的转换关系。首先，从 ABC 坐标系变换至 αβ0 坐标系的变换矩阵为

$$\boldsymbol{T}_{\mathrm{ABC}\to\alpha\beta0}=\frac{2}{3}\begin{bmatrix}1 & -1/2 & -1/2\\ 0 & \sqrt{3}/2 & -\sqrt{3}/2\\ 1/2 & 1/2 & 1/2\end{bmatrix} \tag{2.3}$$

从 αβ0 坐标系变换至 ABC 坐标系的变换矩阵为

$$\boldsymbol{T}_{\alpha\beta0\to\mathrm{ABC}}=\begin{bmatrix}1 & 0 & 1\\ -1/2 & \sqrt{3}/2 & 1\\ -1/2 & -\sqrt{3}/2 & 1\end{bmatrix} \tag{2.4}$$

从 αβ0 坐标系变换至 dq0 坐标系的变换矩阵为

$$\boldsymbol{T}_{\alpha\beta0\to\mathrm{dq0}}=\begin{bmatrix}\cos(\theta_e) & \sin(\theta_e) & 0\\ -\sin(\theta_e) & \cos(\theta_e) & 0\\ 0 & 0 & 1\end{bmatrix} \tag{2.5}$$

从 dq0 坐标系变换至 αβ0 坐标系的变换矩阵为

$$\boldsymbol{T}_{\mathrm{dq0}\to\alpha\beta0}=\begin{bmatrix}\cos(\theta_e) & -\sin(\theta_e) & 0\\ \sin(\theta_e) & \cos(\theta_e) & 0\\ 0 & 0 & 1\end{bmatrix} \tag{2.6}$$

联立式（2.3）和式（2.5）可以得到从 ABC 坐标系变换至 dq0 坐标系的变换矩阵：

$$\boldsymbol{T}_{\mathrm{ABC}\to\mathrm{dq0}}=\frac{2}{3}\begin{bmatrix}\cos(\theta_e) & \cos(\theta_e-2\pi/3) & \cos(\theta_e+2\pi/3)\\ -\sin(\theta_e) & -\sin(\theta_e-2\pi/3) & -\sin(\theta_e+2\pi/3)\\ 1/2 & 1/2 & 1/2\end{bmatrix}\tag{2.7}$$

同理，从 dq0 坐标系变换至 ABC 坐标系的变换矩阵为

$$\boldsymbol{T}_{\mathrm{dq0}\to\mathrm{ABC}}=\frac{2}{3}\begin{bmatrix}\cos(\theta_e) & -\sin(\theta_e) & 1\\ \cos(\theta_e-2\pi/3) & -\sin(\theta_e-2\pi/3) & 1\\ \cos(\theta_e+2\pi/3) & -\sin(\theta_e+2\pi/3) & 1\end{bmatrix}\tag{2.8}$$

传统 PMSM 系统中三相绕组连接于中性点，零序电流没有通路。但是在共直流母线 OW－PMSM 系统中，电机三相绕组中性点打开，转子永磁体磁链中存在三次谐波分量，导致三相反电动势中也存在三次谐波分量，从而产生零序电流。因此，在共直流母线 OW－PMSM 系统中需要考虑零序电流的影响，并对电机系统重新建模分析。

考虑到转子磁链中的三次谐波分量，转子磁链方程可表示为

$$\begin{cases}\psi_{fa}=\psi_f\cos(\theta_e)+\psi_{f3}\cos(3\theta_e)\\ \psi_{fb}=\psi_f\cos(\theta_e-2\pi/3)+\psi_{f3}\cos(3\theta_e)\\ \psi_{fc}=\psi_f\cos(\theta_e+2\pi/3)+\psi_{f3}\cos(3\theta_e)\end{cases}\tag{2.9}$$

式中，ψ_f为转子永磁体磁链基波分量；ψ_{f3}为转子永磁体磁链三次谐波分量。

在式（2.9）的基础上，将 ABC 坐标系下的磁链方程经过克拉克（Clarke）变换与帕克（Park）变换后可得到 dq0 坐标系下的磁链方程如下：

$$\begin{cases}\psi_d=L_d i_d+\psi_f\\ \psi_q=L_q i_q\\ \psi_0=L_0 i_0+\psi_{f3}\cos(3\theta_e)\end{cases}\tag{2.10}$$

式中，ψ_d、ψ_q、ψ_0分别为 d 轴、q 轴和零轴上的磁链；i_d、i_q、i_0为 d 轴、q 轴和零轴上的定子电流；L_d、L_q、L_0为定子绕组在 d 轴、q 轴和零轴上的电感。对于表贴式电机，$L_d=L_q=L$，零轴电感计算公式为 $L_0=L-2M$。

OW－PMSM 的电压方程揭示了电动机端电压与绕组电流之间的关系，三相静止坐标系中 OW－PMSM 的电压方程为

$$\begin{bmatrix}u_a\\ u_b\\ u_c\end{bmatrix}=\begin{bmatrix}R & 0 & 0\\ 0 & R & 0\\ 0 & 0 & R\end{bmatrix}\begin{bmatrix}i_a\\ i_b\\ i_c\end{bmatrix}+\begin{bmatrix}L & M & M\\ M & L & M\\ M & M & L\end{bmatrix}\frac{\mathrm{d}}{\mathrm{d}t}\begin{bmatrix}i_a\\ i_b\\ i_c\end{bmatrix}+\begin{bmatrix}e_a\\ e_b\\ e_c\end{bmatrix}\tag{2.11}$$

式中，u_a、u_b、u_c 分别为电动机三相绕组的端电压；R 为三相绕组的内阻；e_a、e_b、e_c 分别为电动机在运行过程中三相绕组中的反电动势，其具体的表达式为

$$\begin{cases} e_a = -P\omega_m\psi_f\sin(\theta_e) - 3P\omega_m\psi_{f3}\sin(3\theta_e) \\ e_b = -P\omega_m\psi_f\sin(\theta_e - 2\pi/3) - 3P\omega_m\psi_{f3}\sin(3\theta_e) \\ e_c = -P\omega_m\psi_f\sin(\theta_e + 2\pi/3) - 3P\omega_m\psi_{f3}\sin(3\theta_e) \end{cases} \tag{2.12}$$

式中，P 为永磁体的极对数；ω_m 为电动机转子的机械角速度。

同理，利用坐标变换理论可以得 OW－PMSM 在同步旋转坐标系中的电压方程，如下所示。

$$\begin{cases} u_d = Ri_d + L\dfrac{di_d}{dt} - P\omega_m Li_q \\ u_q = Ri_q + L\dfrac{di_q}{dt} + P\omega_m(Li_d + \psi_f) \\ u_0 = Ri_0 + L_0\dfrac{di_0}{dt} - 3P\omega_m\psi_{f3}\sin(3\theta_e) \end{cases} \tag{2.13}$$

式中，u_d、u_q、u_0 为三相绕组端电压 u_a、u_b、u_c 经坐标变换得到的同步旋转坐标系中的端电压，并且 i_0、u_0 和 e_0 满足如下公式：

$$\begin{cases} i_0 = (i_a + i_b + i_c)/3 \\ u_0 = (u_a + u_b + u_c)/3 \\ e_0 = (e_a + e_b + e_c)/3 = -3\omega_e\psi_{f3}\sin(3\theta_e) \end{cases} \tag{2.14}$$

式中，u_0 为零轴上的电压；ω_e 为电气角速度；e_0 为三次谐波反电动势。

此外，OW－PMSM 的电压方程也可表示为

$$u_{dq0} = u_{dq0-1} - u_{dq0-2} \tag{2.15}$$

式中，u_{dq0} 为 OW－PMSM 的电压；u_{dq0-1} 和 u_{dq0-2} 分别为图 2-1 中逆变器 1 和逆变器 2 的电压。

在共直流母线 OW－PMSM 系统中，零序电流的产生主要来自两个方面：①双逆变器在三相绕组上产生共模电压；②系统反电动势中存在三次谐波分量。OW－PMSM 系统中的零序电流等效回路如图 2-4 所示。

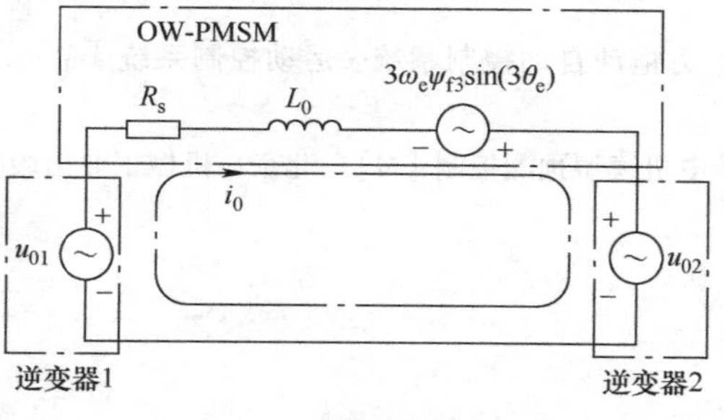

图 2-4　OW－PMSM 系统中的零序电流等效回路

因此，零序电压方程可以表示为

$$u_0 = u_{01} - u_{02} = e_0 + Ri_0 + L_0 \frac{\mathrm{d}i_0}{\mathrm{d}t} \tag{2.16}$$

如图2-4所示，零序回路由OW－PMSM和两个逆变器组成，主要包含定子电阻（R）、零序电感（L_0）和三次谐波零序反电动势。u_{01}和u_{02}表示双逆变器产生的共模电压。由此可见，零序回路的电压源由u_{01}、u_{02}和零序反电动势组成，零序电流的大小与回路的电压源、电阻和电感直接相关。由式（2.16）看出，可以通过控制两个逆变器输出的共模电压差来抵消零序反电动势，从而抑制零序电流。

另外，OW－PMSM系统的电磁转矩方程为

$$T_e = \frac{3}{2}p[\psi_f i_q + (L_d - L_q)i_d i_q] \tag{2.17}$$

对于表贴式OW－PMSM，$L_d = L_q = L$，式（2.17）可化简为

$$T_e = \frac{3}{2}p\psi_f i_q \tag{2.18}$$

2.4 本章小结

电机数学模型是理解与实现绕组开路电机控制的基础，本章主要介绍了绕组开路永磁同步电机的拓扑结构及其在三相静止坐标系和两相旋转坐标系下的数学模型，为后续章节相关控制方法的原理阐述与研究奠定了基础。

参考文献

[1] 李丹. 数字控制双余度永磁同步电机调速系统的研究［D］. 南京：南京航空航天大学，2008.
[2] 汪海波. 交流伺服系统的滑模变结构控制［D］. 南京：南京航空航天大学，2009.
[3] 高景德，王祥珩，李发海. 交流电机及其系统的分析［M］. 北京：清华大学出版社，2005.
[4] 阮毅，陈伯时. 电力拖动自动控制系统—运动控制系统［M］. 北京：机械工业出版社，2009.
[5] 张晓光. 永磁同步电机模型预测控制［M］. 北京：机械工业出版社，2022.

第3章

单边可控绕组开路永磁同步电机系统及其控制

3.1 单边可控绕组开路永磁同步电机系统简述

绕组开路永磁同步发电机（Open – Winding Permanent Magnet Synchronous Generator，OW – PMSG）是 OW – PMSM 的一种，主要用于发电系统。基于第 2 章内容，按照发电机惯例对电机电流正方向进行定义，可以建立 OW – PMSG 系统的数学模型。图 3-1 为共直流母线型单边可控 OW – PMSG 系统拓扑图，其中 OW – PMSG 三相定子绕组（$a_1/b_1/c_1$）端连接一组三相可控变流器，（$a_2/b_2/c_2$）端连接一组三相不控整流器，两个变流器直流侧并联在一起构成直流母线，并通过电容滤波后供给负载。

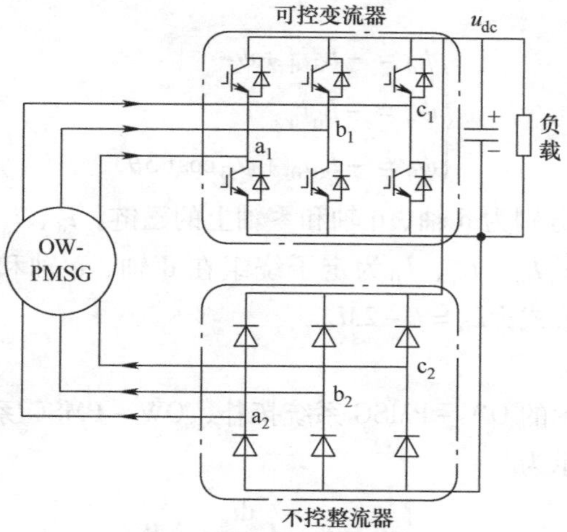

图 3-1　共直流母线型单边可控 OW – PMSG 系统拓扑

在第 2 章绕组开路电机数学模型基础上，单边可控 OW – PMSG 的数学模型可直接总结如下：

1. 磁链方程

$$\begin{cases}\psi_a = -Li_a - Mi_b - Mi_c + \psi_{fa} \\ \psi_b = -Li_b - Mi_a - Mi_c + \psi_{fb} \\ \psi_c = -Li_c - Mi_a - Mi_b + \psi_{fc}\end{cases} \tag{3.1}$$

式中，ψ_a、ψ_b、ψ_c为电机三相绕组磁链；ψ_{fa}、ψ_{fb}、ψ_{fc}为转子永磁体在三相静止坐标系下的磁链；L 为电机定子三相绕组自感；M 为电机三相定子绕组互感。其中，对于隐极式 OW - PMSG 而言，三相绕组自感相等，三相绕组间互感也相等。即 $L_a = L_b = L_c = L$；$M_{ab} = M_{bc} = M_{ca} = M_{ba} = M_{ac} = M_{cb} = M$。

考虑到永磁体磁链中存在三次谐波成分，会使三相反电动势也含有三次谐波分量。而传统 PMSG 三相定子绕组中性点不打开，三次谐波电流没有形成零序电流通路，因此反电动势三次谐波分量并不能产生三次谐波电流。而 OW - PMSG 打破了该结构，因此需考虑反电动势三次谐波分量对电机性能影响，则转子磁链方程为

$$\begin{cases}\psi_{fa} = \psi_f\cos(\theta) + \psi_{f3}\cos(3\theta) \\ \psi_{fb} = \psi_f\cos(\theta - 2\pi/3) + \psi_{f3}\cos(3\theta) \\ \psi_{fc} = \psi_f\cos(\theta + 2\pi/3) + \psi_{f3}\cos(3\theta)\end{cases} \tag{3.2}$$

式中，ψ_f为转子永磁体磁链基波分量；ψ_{f3}为转子永磁体磁链三次谐波分量。

对三相静止坐标系下的磁链方程进行坐标变换得到同步旋转坐标系下的磁链方程如下：

$$\begin{cases}\psi_d = -L_d i_d + \psi_f \\ \psi_q = -L_q i_q \\ \psi_0 = -L_0 i_0 + \psi_{f3}\cos(3\theta)\end{cases} \tag{3.3}$$

式中，ψ_d、ψ_q、ψ_0分别为 d 轴、q 轴和零轴上的磁链；i_d、i_q、i_0为 d 轴、q 轴和零轴上的定子电流；L_d、L_q、L_0为定子绕组在 d 轴、q 轴和零轴上的电感。其中，零轴电感计算公式为$L_0 = L - 2M$。

2. 电压方程

根据图 3-1 所示的 OW - PMSG 系统拓扑，OW - PMSG 系统在三相静止坐标系下电压方程可表示为

$$\begin{cases}u_a = e_a - L\dfrac{di_a}{dt} - i_a R \\ u_b = e_b - L\dfrac{di_b}{dt} - i_b R \\ u_c = e_c - L\dfrac{di_c}{dt} - i_c R\end{cases} \tag{3.4}$$

式中，u_k、i_k、e_k（k = a、b、c）分别为 OW - PMSG 三相电压、电流、反电动势；R 为绕组电阻。

理想三相反电动势表示为

$$\begin{cases} e_a = -P\psi_f\omega_m\sin\theta \\ e_b = -P\psi_f\omega_m\sin(\theta-2\pi/3) \\ e_c = -P\psi_f\omega_m\sin(\theta+2\pi/3) \end{cases} \tag{3.5}$$

式中，P 为极对数；ψ_f为永磁磁链；ω_m为机械旋转角速度；θ 为转子位置角。

进一步，OW－PMSG 系统在同步旋转坐标系下的电压方程可表示为[1-3]

$$\begin{cases} u_d = u_{d-1} - u_{d-2} = -L_d\dfrac{di_d}{dt} - Ri_d - \omega L_q i_q \\ u_q = u_{q-1} - u_{q-2} = -L_q\dfrac{di_q}{dt} - Ri_q - \omega L_d i_d + \omega\psi_f \\ u_0 = u_{0-1} - u_{0-2} = -L_0\dfrac{di_0}{dt} - Ri_0 - 3\omega\psi_{f3}\sin(3\theta) \end{cases} \tag{3.6}$$

式中，u_d、u_q、u_0为旋转坐标系下 dq0 轴上的电压分量。

同时，同步旋转坐标系下的电压方程也可用式（3.7）表示：

$$u_{dq0} = u_{dq0-1} - u_{dq0-2} \tag{3.7}$$

式中，u_{dq0}为 OW－PMSG 系统端在 dq0 轴上的电压；u_{dq0-1}为可控变流器交流侧电压；u_{dq0-2}表示不控整流器交流侧电压。

因此，OW－PMSG 系统在零轴上的电压方程也可表示为

$$e_0 - Ri_0 - L_0\frac{di_0}{dt} = u_{01} - u_{02} = u_0 \tag{3.8}$$

根据式（3.8），可得到 OW－PMSG 的零序等效电路，如图 3-2 所示，可以发现零序等效电路中的电压源是由可控变流器侧产生的电压 u_{0-1}、不控整流器产生的电压 u_{0-2} 和反电动势零序分量 e_0 组成，其中：

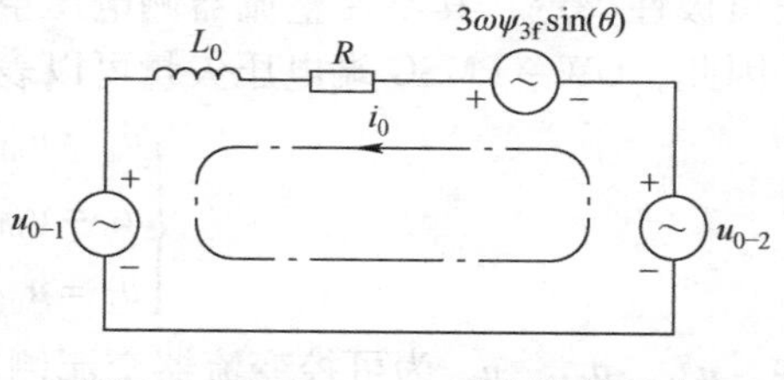

图 3-2 OW－PMSG 零序等效电路

$$\begin{cases} u_0 = (u_{a1a2} + u_{b1b2} + u_{c1c2})/3 \\ e_0 = (e_a + e_b + e_c)/3 = -3\omega\psi_{3f}\sin(3\theta) \\ i_0 = (i_a + i_b + i_c)/3 \end{cases} \tag{3.9}$$

与第 2 章的零序等效电路相似，OW－PMSG 系统中零序电流的产生原因主要可以概括为以下两点：

1）OW－PMSG 系统两个变流器采用共用直流母线型结构，会使 OW－PMSG 系统三相绕组上产生共模电压；

2）OW－PMSG 系统反电动势存在三次谐波分量，三次谐波电压分量会引起系统产生三次谐波电流。

通过上述分析可知，当共直流母线型 OW - PMSG 系统中两个变流器共同调制产生的共模电压之差补偿反电动势中零序电压分量时，才能达到消除零序电流的目的。在实际应用中，对 OW - PMSG 相电压在空载情况下进行快速傅里叶变换（Fast Fourier Transform，FFT）分析，可得到三次谐波反电动势 e_0 的幅值，通过公式可计算出三次谐波转子磁链 ψ_{3f}，公式表示如下：

$$\psi_{3f} = -\frac{e_0}{3\omega\sin(\theta)} \tag{3.10}$$

另外，相似的，系统的电磁转矩方程可表达为

$$T_e = \frac{3}{2}p[\psi_f i_q + (L_d - L_q)i_d i_q] \tag{3.11}$$

表贴式 OW - PMSG 系统中，满足 $L_d = L_q = L$，电磁转矩方程可化简为

$$T_e = \frac{3}{2}p\psi_f i_q \tag{3.12}$$

3.2 OW - PMSG 系统两侧变流器空间电压矢量分析

由共直流母线型单边可控 OW - PMSG 系统拓扑结构图可知，在 OW - PMSG 系统中，OW - PMSG 端电压矢量是由两侧变流器交流侧各自输出电压矢量叠加得到。考虑到 OW - PMSG 系统三相不控整流器交流侧输出的电压矢量由三相电流正负极性决定，其不控整流器侧电压空间矢量分布/控制方式与传统 PMSG 不同。因此，OW - PMSG 端电压矢量可以表示为

$$\begin{cases} u_a = u_{a1} - u_{a2} \\ u_b = u_{b1} - u_{b2} \\ u_c = u_{c1} - u_{c2} \end{cases} \tag{3.13}$$

式中，u_{a1}、u_{b1}、u_{c1} 为可控变流器交流侧输出的三相电压；u_{a2}、u_{b2}、u_{c2} 为不控整流器交流侧输出的三相电压。

在 OW - PMSG 系统中，与不控整流器交流侧电压矢量不同，可控变流器交流侧输出的电压矢量是由功率器件的开关状态决定的，因此，可控变流器侧电压矢量可表示为

$$\begin{cases} u_{a1} = \left(s_a - \frac{s_a + s_b + s_c}{3}\right)u_{dc} \\ u_{b1} = \left(s_b - \frac{s_a + s_b + s_c}{3}\right)u_{dc} \\ u_{c1} = \left(s_c - \frac{s_a + s_b + s_c}{3}\right)u_{dc} \end{cases} \tag{3.14}$$

式中，s 为可控变流器交流侧功率器件桥臂的开关函数，下标 a、b 和 c 分别表示

OW－PMSG 定子三相绕组；$s_m=1$（$m=$a、b、c）为桥臂上管开通；$s_m=0$（$m=$a、b、c）为桥臂下管导通；u_{dc}为直流母线电压。图 3-3 所示为可控变流器交流侧根据开关管的开关状态产生的 8 种基本电压矢量（其中包括 6 个非零电压矢量和 2 个零电压矢量）。

相较于可控变流器而言，三相不控整流器交流侧输出的电压矢量取决于三相电流的正负极性。图 3-4 为不控整流器交流侧空间电压矢量图，从图中可以看出，不控整流器中二极管的导通或关断状态与不控整流器输入侧绕组三相电流的正负极性存在一一对应的关系。

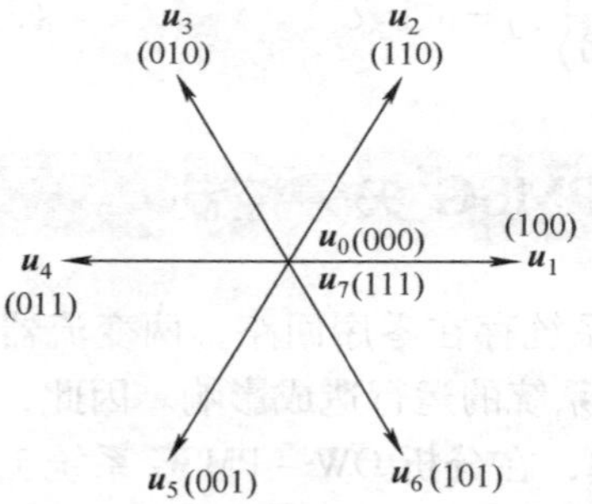

图 3-3　可控变流器交流侧基本电压矢量

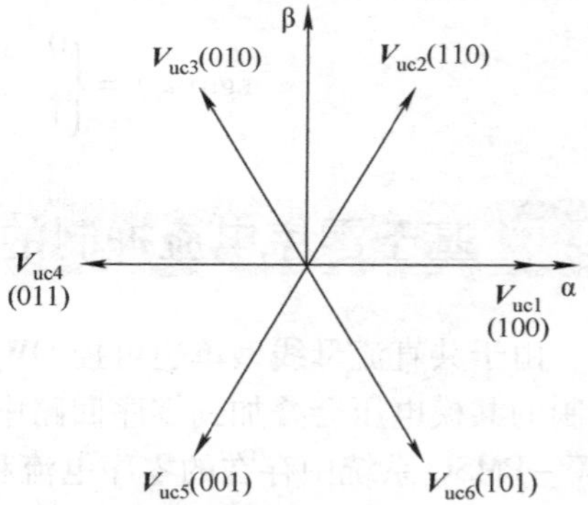

图 3-4　不控整流器交流侧空间电压矢量

表 3-1 为电流正负极性与不控整流器交流侧输出电压矢量的关系，其中"+"表示不控整流器对应该相电流的流入；"－"表示不控整流器对应该相电流的流出。当电流从 OW－PMSG 相绕组流入不控整流器交流侧时，对应不控整器桥臂上管导通；当 OW－PMSG 相绕组电流从不控整流器交流侧流出时，对应不控整流器桥臂下管导通。由于 OW－PMSG 三相绕组对称，不控整流器交流侧输出的电压矢量根据绕组三相电流正负极性存在 6 种开关状态。

表 3-1　电流正负极性与不控整流器交流侧输出电压矢量关系

三相电流正负极性	不控整流器交流侧电压矢量			
	u_α	u_β	u_0	电压矢量
＋ － －	$2u_{dc}/3$	0	$u_{dc}/3$	$V_{uc1}\to(100)$
＋ ＋ －	$u_{dc}/3$	$u_{dc}/\sqrt{3}$	$2u_{dc}/3$	$V_{uc2}\to(110)$
－ ＋ －	$-u_{dc}/3$	$u_{dc}/\sqrt{3}$	$u_{dc}/3$	$V_{uc3}\to(010)$
－ ＋ ＋	$-2u_{dc}/3$	0	$2u_{dc}/3$	$V_{uc4}\to(011)$
－ － ＋	$-u_{dc}/3$	$-u_{dc}/\sqrt{3}$	$u_{dc}/3$	$V_{uc5}\to(001)$
＋ － ＋	$u_{dc}/3$	$-u_{dc}/\sqrt{3}$	$2u_{dc}/3$	$V_{uc6}\to(101)$

由上文分析可知，不控整流器交流侧输出电压可由式(3.15)表示：

$$\begin{cases} u_{a2}=\dfrac{1-\operatorname{sgn}(i_a)}{2}\boldsymbol{u}_{dc} \\ u_{b2}=\dfrac{1-\operatorname{sgn}(i_b)}{2}\boldsymbol{u}_{dc} \\ u_{c2}=\dfrac{1-\operatorname{sgn}(i_c)}{2}\boldsymbol{u}_{dc} \end{cases} \tag{3.15}$$

式中，u_{a2}、u_{b2}、u_{c2}为不控整流器交流侧输出的电压；sgn 为符号函数，其中符号函数可由式（3.16）表示：

$$\operatorname{sgn}(i_j)=\begin{cases} 0 & 如果(i_j>0) \\ 1 & 如果(i_j<0) \end{cases},\ j=a、b、c \tag{3.16}$$

3.3 基于零序电流抑制的 OW - PMSG 矢量控制

由于共直流母线型单边可控 OW - PMSG 系统存在零序回路，两变流器共同调制的共模电压会叠加到零序回路中并对电机系统的运行造成影响。因此，针对 OW - PMSG 系统中存在的零序电流和谐波问题，在分析 OW - PMSG 系统工作原理与零序电流产生机理的基础上，提出了一种三维空间矢量脉冲宽度调制（3 - Dimensional Space Vector Pulse Width Modulation，3D - SVPWM）方法，通过在 αβ 轴上增加一个零轴通路，然后通过两个变流器产生共模电压之差与电机反电动势中三次谐波零序分量相叠加，使零轴电压为零，从而抑制零序电流。

3.3.1 矢量控制技术

永磁同步电机矢量控制的方法主要有以下几种：

1）$i_d=0$ 控制，其控制原理是设定定子电流 d 轴分量恒等于零，使得定子电流矢量与永磁体磁链矢量相互独立。该控制方法简单，转矩控制性能好，可获得较宽的调速范围。但负载增加时，造成电机的功率因数降低；

2）最大转矩电流比控制方法，该控制方法所需的定子电流最小，当输出转矩一定时，逆变器输出电流最小，可以减小电机铜损。一般适用于大功率交流同步电机调速系统。另外对于隐极式结构的电机，$i_d=0$ 和最大转矩电流比控制方式是一致的；

3）单位功率因数控制，此控制方法使电压矢量和电流矢量处于同一直线上，这样能充分利用变流器容量，提高电压利用率，不足之处在于能够输出的最大转矩较小；

4）弱磁控制，此控制方法是利用电流直流量来改变交流量，从而保持电压平衡，缺点是由于永磁体材料稀土磁阻比较大，运行时控制效果不佳。

1. 基于转子磁场定向的 $i_d=0$ 控制原理

电机转矩方程重写如下：

$$T_e=\frac{3}{2}p[\psi_f i_q+(L_d-L_q)i_d i_q] \tag{3.17}$$

从转矩方程中可以看出，当 $i_d=0$ 时，电机电磁转矩与 q 轴电流成线性关系。矢量控制方法是将定子电流励磁分量和转矩分量分别加以控制，来提高电机控制性能。如果采用电流闭环控制，那么可以使得实际反馈电流能跟随参考电流，最终实现对转矩的良好控制。$i_d=0$ 控制下的电机相量图如图 3-5 所示。

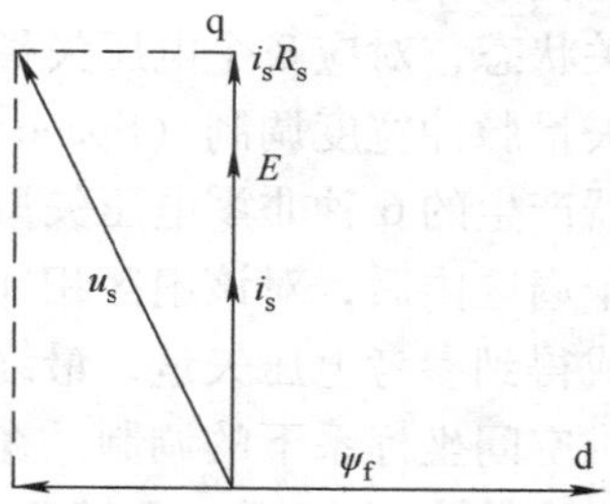

图 3-5　OW－PMSG 相量图

2. 共直流母线型单边可控 OW－PMSG 矢量控制

图 3-6 所示为 OW－PMSG 系统的矢量控制原理框图。系统使用双闭环控制，其外环为电压环，利用参考直流母线电压与实际反馈的电压差值进行 PI 调节得到电流内环 q 轴电流参考值。内环为电流环，对电流参考值与实际值的差值进行 PI 调节得到 OW－PMSG 系统 d 轴、q 轴、零轴的电压参考值 u_d、u_q、u_0。不控整流器侧输出的电压矢量 $\boldsymbol{u}_{dq0-2}$ 是通过实时检测三相电流正负极性得到的，然后利用不控整流器侧输出的电压矢量对绕组开路电机系统目标矢量进行补偿，从而得出可控变流器侧的目标矢量 $\boldsymbol{u}_{dq0-1}$。最后通过 3D－SVPWM 调制实现共直流母线型单边可控 OW－PMSG 系统可控变流器的控制。

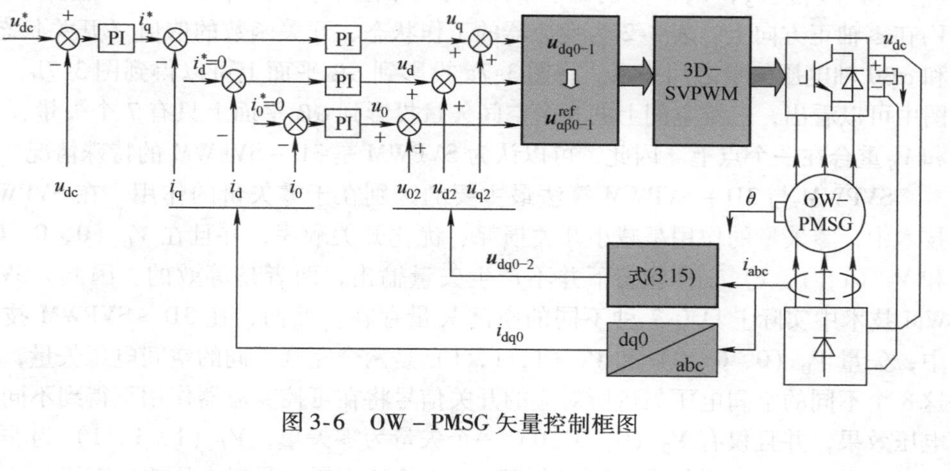

图 3-6　OW－PMSG 矢量控制框图

3.3.2　3D - SVPWM 控制

在传统永磁同步电机拓扑结构中，由于三相绕组中性点没有打开，系统不存在零序电流，即 $i_a + i_b + i_c = 0$。因此，对于三相对称正弦输出信号，其空间矢量轨迹只位于二维空间内，沿一个圆形轨迹旋转运动。在两电平逆变器中总共有 8 种开关状态，对应 8 个电压矢量（其中有 6 个非零矢量和 2 个零矢量），其电压空间矢量脉冲宽度调制（Space Vector Pulse Width Modulation，SVPWM）是根据逆变器产生的 6 种非零电压矢量把 αβ 平面分成 6 个扇区，参考电压矢量进入到每一个扇区内后，对该扇区相邻两个电压矢量和零矢量施加不同的作用时间，可以合成得到参考电压矢量，最终保证合成矢量沿预定的圆形轨迹旋转，这是典型的二维空间坐标系下的调制。在共直流母线型单边可控 OW - PMSG 系统中，三相绕组中性点被打开，系统不再满足 $i_a + i_b + i_c = 0$，二维 SVPWM 无法解决 OW - PMSG 系统零序电流问题。因此，本节引入三维 SVPWM 来解决共直流母线型单边可控 OW - PMSG 系统零序电流问题。

3D - SVPWM 采用平均值等效原理，即在 1 个采样周期内，对所施加的空间电压矢量求取平均值，并使平均值与设定参考电压值相等。这样系统在不同时刻所施加的空间电压矢量就可以由该电压矢量旋转到对应区域中的相邻 2 个非零电压矢量和零电压矢量在时域上的不同组合来获得。3D - SVPWM 具有输出电压谐波含量低、控制稳定等优点。

1. OW - PMSG 系统电压矢量分布

与基于二维平面 SVPWM 算法不同，在 3D - SVPWM 算法中，有 8 个不同的空间电压矢量。图 3-7a 为三维空间电压矢量的分布，其中，矢量 $\{\boldsymbol{V}_2, \boldsymbol{V}_4, \boldsymbol{V}_6\}$ 和 $\{\boldsymbol{V}_1, \boldsymbol{V}_3, \boldsymbol{V}_5\}$ 分别处于不同的水平面上，矢量 $\boldsymbol{V}_0$ 在零轴零点上，矢量 $\boldsymbol{V}_7$ 在零轴正方向上。表 3-2 为变流器的工作状态、开关函数的取值（开关状态）和 αβ0 轴电压矢量之间关系。将图 3-7a 投影到 αβ 平面上可以得到图 3-7b，从图中可以看出，三维空间上的 8 个空间矢量投影到 αβ 平面上只有 7 个矢量，$\boldsymbol{V}_0$ 和 $\boldsymbol{V}_7$ 重合在一个点上。因此，可以认为 SVPWM 是 3D - SVPWM 的特殊情况。

SVPWM 与 3D - SVPWM 算法最主要的区别在于零矢量的作用，在 SVPWM 技术中，零矢量的作用是减小开关损耗、优化开关顺序，并且在 $\boldsymbol{V}_0$（0，0，0）和 $\boldsymbol{V}_7$（1，1，1）工作状态下并不产生矢量输出，两者是等效的。因此，SVPWM 技术中实际上只有 7 种不同的空间矢量存在。然而，在 3D - SVPWM 技术中，矢量 $\boldsymbol{V}_0$（0，0，0）和 $\boldsymbol{V}_7$（1，1，1）是两个完全不同的空间电压矢量，即这 8 个不同的空间电压矢量所对应的开关信号将在可控变流器作用下得到不同的电压效果，并且仅有 $\boldsymbol{V}_0$（0，0，0）一个矢量为零矢量，$\boldsymbol{V}_7$（1，1，1）为非零矢量。需要特别注意的是，鉴于在 3D - SVPWM 中零矢量对电压输出有影响，可以合理利用这种影响来抑制共直流母线型单边可控 OW－PMSG 系统中的零序电流。

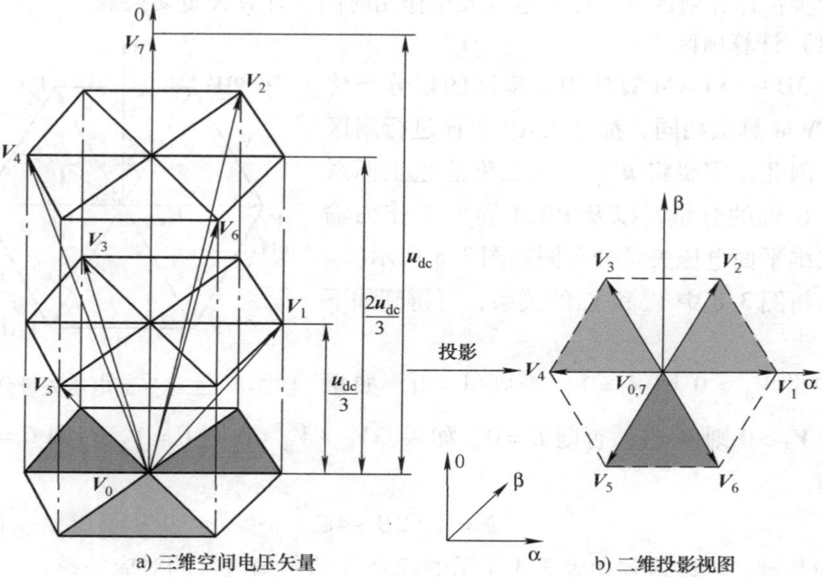

a) 三维空间电压矢量　　b) 二维投影视图

图 3-7　三维空间电压矢量和二维投影视图

表 3-2　变流器的工作状态、开关函数的取值（开关状态）和 αβ0 轴电压矢量之间关系

工作状态	电压矢量	$S_a/S_b/S_c$	V_α/u_{dc}	V_β/u_{dc}	V_0/u_{dc}
0	V_0	000	0	0	0
1	V_1	100	2/3	0	1/3
2	V_2	110	1/3	$1/\sqrt{3}$	2/3
3	V_3	010	−1/3	$1/\sqrt{3}$	1/3
4	V_4	011	−2/3	0	2/3
5	V_5	001	−1/3	$-1/\sqrt{3}$	1/3
6	V_6	101	1/3	$-1/\sqrt{3}$	2/3
7	V_7	111	0	0	1

2. 3D－SVPWM 算法实现

由 OW－PMSG 数学模型与矢量控制原理图 3-6 可知，OW－PMSG 系统可控变流器交流侧参考电压矢量 $u_{\alpha\beta0\_1}^{ref}$ 是由电流环调节器输出的 OW－PMSG 端电压与不控整流器侧输出电压叠加而成。在 OW－PMSG 系统矢量控制中，系统端参考电压矢量 $u_{\alpha\beta0\_1}^{ref}$ 是以角速度 ω 按逆时针方向匀速旋转的空间矢量。3D－SVP-

WM 调制算法就是通过三个相邻的非零矢量和一个零矢量在每个开关周期根据矢量作用时间不同来等效地合成所需要的参考矢量 $\boldsymbol{u}_{\alpha\beta0\_1}^{\mathrm{ref}}$。3D - SVPWM 算法实现分为几步：计算扇区 N、计算电压矢量作用时间、计算矢量切换点。

（1）计算扇区 N

在 3D - SVPWM 算法中，扇区的划分与传统 SVPWM 算法相同，都是在 αβ 平面进行扇区划分。因此，需要将 $\boldsymbol{u}_{\alpha\beta0-1}^{\mathrm{ref}}$ 在二维静止坐标系 α 轴和 β 轴的分量，以及 PWM 周期 T 作为输入，二维平面电压矢量分布图如图 3-8 所示。

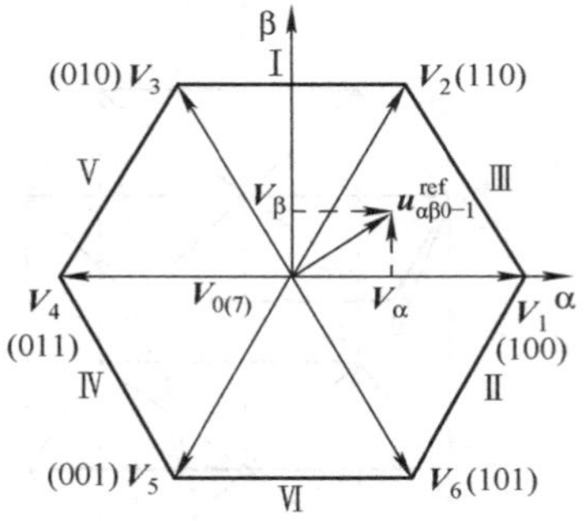

图 3-8 二维平面电压矢量分布图

分析图 3-8 中 V_α 和 V_β 的关系，可得到如下规律：

如果 $V_\beta > 0$ 则 $A=1$，否则 $A=0$，如果 $\sqrt{3}V_\alpha - V_\beta > 0$ 则 $B=1$，否则 $B=0$，如果 $\sqrt{3}V_\alpha + V_\beta < 0$ 则 $C=1$，否则 $C=0$。因此，有

$$N = A + 2B + 4C \tag{3.18}$$

以此为基础，可以得到如表 3-3 所示的标号 N 值与扇区号的对应关系：

表 3-3 N 值与扇区号对应关系

N	3	1	5	4	6	2
扇区号	Ⅰ	Ⅱ	Ⅲ	Ⅳ	Ⅴ	Ⅵ

（2）扇区内三个非零矢量和零矢量作用时间的确定

在 3D - SVPWM 技术中，当判断出扇区后，利用每个扇区内三个相邻的非零矢量和零矢量按伏秒平衡原则合成参考矢量，于是有

$$\begin{cases}\boldsymbol{u}_{\alpha\beta0-1}^{\mathrm{ref}}T = \boldsymbol{V}_{\mathrm{x}}T_{\mathrm{x}} + \boldsymbol{V}_{\mathrm{y}}T_{\mathrm{y}} + \boldsymbol{V}_0T_0 + \boldsymbol{V}_7T_7 \\ T_0 = T - T_{\mathrm{x}} - T_{\mathrm{y}} - T_7\end{cases} \tag{3.19}$$

式中，T_{x}、T_{y}、T_0、T_7 分别为矢量 $\boldsymbol{V}_{\mathrm{x}}$、$\boldsymbol{V}_{\mathrm{y}}$、$\boldsymbol{V}_0$、$\boldsymbol{V}_7$ 在个开关周期内的作用时间。

以扇区Ⅰ为例，为了获取作用时间 T_1、T_2、T_0、T_7，根据伏秒平衡原则，分别用 αβ0 轴坐标系中的三个表达式进行描述，有

$$\begin{cases}\boldsymbol{u}_{\alpha1}^{\mathrm{ref}} = 2\boldsymbol{u}_{\mathrm{dc}}T_1/3 + \boldsymbol{u}_{\mathrm{dc}}T_2/3 \\ \boldsymbol{u}_{\beta1}^{\mathrm{ref}} = \sqrt{3}\boldsymbol{u}_{\mathrm{dc}}T_2/3 \\ \boldsymbol{u}_{01}^{\mathrm{ref}} = \boldsymbol{u}_{\mathrm{dc}}T_1/3 + 2\boldsymbol{u}_{\mathrm{dc}}T_2/3 + \boldsymbol{u}_{\mathrm{dc}}T_7\end{cases} \tag{3.20}$$

求解上述方程组，可得到 T_1、T_2、T_7 的表达式如下：

$$\begin{cases}T_1=(3\boldsymbol{u}_{\alpha1}^{\mathrm{ref}}/2\boldsymbol{u}_{\mathrm{dc}}-\sqrt{3}\boldsymbol{u}_{\beta1}^{\mathrm{ref}}/2\boldsymbol{u}_{\mathrm{dc}})T\\T_2=\sqrt{3}\boldsymbol{u}_{\beta1}^{\mathrm{ref}}T/\boldsymbol{u}_{\mathrm{dc}}\\T_7=\boldsymbol{u}_{01}^{\mathrm{ref}}/\boldsymbol{u}_{\mathrm{dc}}-\boldsymbol{u}_{\alpha1}^{\mathrm{ref}}/2\boldsymbol{u}_{\mathrm{dc}}-\sqrt{3}\boldsymbol{u}_{\beta1}^{\mathrm{ref}}/2\boldsymbol{u}_{\mathrm{dc}}\end{cases}\tag{3.21}$$

相似的，当参考电压处于其他扇区时，根据式（3.20）和式（3.21）的基本原理同样可以得到其他扇区的 T_1 与 T_2。为了仿真和编程的方便，T_1、T_2 用 X、Y、Z 表示：

$$\begin{cases}X=\sqrt{3}T\boldsymbol{u}_{\alpha1}^{\mathrm{ref}}/\boldsymbol{u}_{\mathrm{dc}}\\Y=T_1(\sqrt{3}\boldsymbol{u}_{\beta1}^{\mathrm{ref}}/2+3\boldsymbol{u}_{\alpha1}^{\mathrm{ref}}/2)/\boldsymbol{u}_{\mathrm{dc}}\\Z=T_2(\sqrt{3}\boldsymbol{u}_{\beta1}^{\mathrm{ref}}/2-3\boldsymbol{u}_{\alpha1}^{\mathrm{ref}}/2)/\boldsymbol{u}_{\mathrm{dc}}\end{cases}\tag{3.22}$$

经过计算可以得到 T_1、T_2 与扇区号的对应关系见表 3-4。

表 3-4　各扇区 T_1、T_2

作用时间	Ⅰ	Ⅱ	Ⅲ	Ⅳ	Ⅴ	Ⅵ
T_1	Z	Y	$-Z$	$-X$	X	$-Y$
T_2	Y	$-X$	X	Z	$-Y$	$-Z$

另外，在零轴正方向上的矢量 V_7 作用时间 T_7 与扇区号之间的对应关系见表 3-5。

表 3-5　各扇区 T_7

扇区号	T_7
Ⅰ	$u_{01}^{\mathrm{ref}}-u_{\alpha1}^{\mathrm{ref}}/2u_{\mathrm{dc}}-\sqrt{3}\,u_{\beta1}^{\mathrm{ref}}/2u_{\mathrm{dc}}$
Ⅱ	$u_{01}^{\mathrm{ref}}-u_{\alpha1}^{\mathrm{ref}}/2u_{\mathrm{dc}}+\sqrt{3}\,u_{\beta1}^{\mathrm{ref}}/2u_{\mathrm{dc}}$
Ⅲ	$u_{01}^{\mathrm{ref}}-u_{\alpha1}^{\mathrm{ref}}/2u_{\mathrm{dc}}-\sqrt{3}\,u_{\beta1}^{\mathrm{ref}}/2u_{\mathrm{dc}}$
Ⅳ	$(u_{01}^{\mathrm{ref}}+u_{\alpha1}^{\mathrm{ref}})/u_{\mathrm{dc}}$
Ⅴ	$(u_{01}^{\mathrm{ref}}+u_{\alpha1}^{\mathrm{ref}})/u_{\mathrm{dc}}$
Ⅵ	$u_{01}^{\mathrm{ref}}-u_{\alpha1}^{\mathrm{ref}}/2u_{\mathrm{dc}}+\sqrt{3}\,u_{\beta1}^{\mathrm{ref}}/2u_{\mathrm{dc}}$

在每个控制周期内，当计算出扇区内 3 个非零电压矢量作用时间后则可确定零矢量的时间为

$$T_0=T-T_1-T_2-T_7\tag{3.23}$$

当出现过调制时，即

$$T_1+T_2+T_7\geqslant T\tag{3.24}$$

此时在该控制周期内全部作用非零矢量，则非零矢量的作用时间可以由

式（3.25）计算得到。

$$\begin{cases} T_1 = \dfrac{T_1 T}{T_1 + T_2 + T_7} \\ T_2 = \dfrac{T_2 T}{T_1 + T_2 + T_7} \\ T_7 = \dfrac{T_7 T}{T_1 + T_2 + T_7} \end{cases} \tag{3.25}$$

（3）开关矢量切换点 T_{cm1}、T_{cm2}、T_{cm3}的确定

由图 3-9 所示，以扇区Ⅰ为例，可以得到此扇区电压矢量的切换点：

$$\begin{cases} T_a = \dfrac{T - T_1 - T_2 - T_7}{2} \\ T_b = \dfrac{T - T_2 - T_7}{2} \\ T_c = \dfrac{T - T_7}{2} \end{cases} \tag{3.26}$$

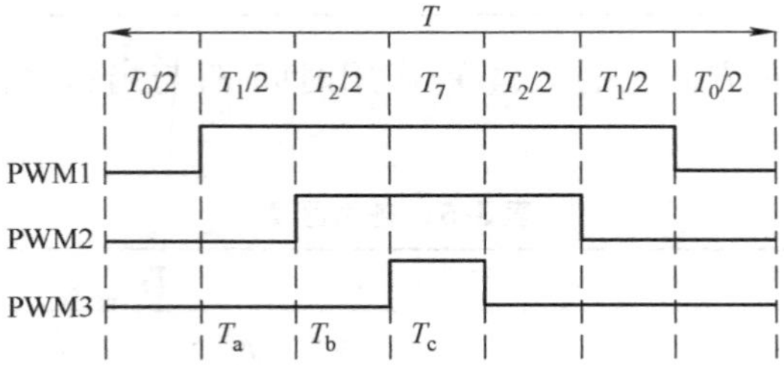

图 3-9 扇区Ⅰ开关时序波形

同理，可以求得其他扇区的矢量切换点，表 3-6 所示为各扇区的切换点。

表 3-6 各扇区的切换点

切换点 \ 扇区	Ⅰ	Ⅱ	Ⅲ	Ⅳ	Ⅴ	Ⅵ
T_{cm1}	T_b	T_a	T_a	T_c	T_a	T_b
T_{cm2}	T_a	T_c	T_b	T_b	T_c	T_c
T_{cm3}	T_c	T_b	T_c	T_a	T_b	T_a

将得到的切换时间与三角载波比较得到所需要的脉冲触发信号，如图 3-10 所示，三角载波的周期为 T，幅值为 $T/2$，为等腰三角载波，与 T_a、T_b、T_c比较

后得到可控变流器侧的脉冲信号，由于上下桥臂为互补状态，所以可以得到全部的脉冲信号。

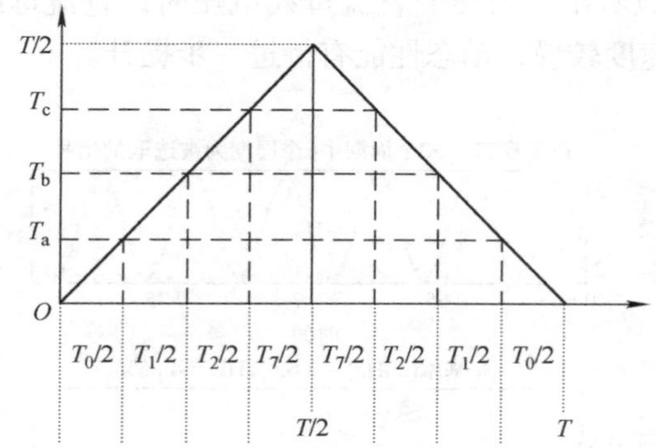

图 3-10　切换时间与三角载波比较

3.3.3　仿真和实验结果

1. 仿真结果

为了验证基于零序电流抑制的 OW－PMSG 矢量控制方法的正确性和有效性，使用 MATLAB/Simulink 搭建共直流母线型 OW－PMSG 矢量控制仿真模型。仿真系统具体参数如下：电机极对数为 3，绕组内阻为 0.507Ω，dq 轴电感为 0.0055H，永磁磁链为 0.4025Wb。仿真采样频率选择 10kHz。

OW－PMSG 矢量控制方法仿真结果如图 3-11～图 3-13 所示。其中图 3-11 展示了 OW－PMSG 稳态控制性能，设定电机转速为 600r/min，直流母线电压为 80V。从图 3-11 和图 3-12 中可以看出，相电流呈正弦波形，电流脉动很小。为进一步验证系统稳态效果，对相电流进行 FFT 分析，可以看出 THD 为 4.85%，说明系统零序电流很小，验证了矢量控制采用 3D－SVPWM 能有效地抑制系统零

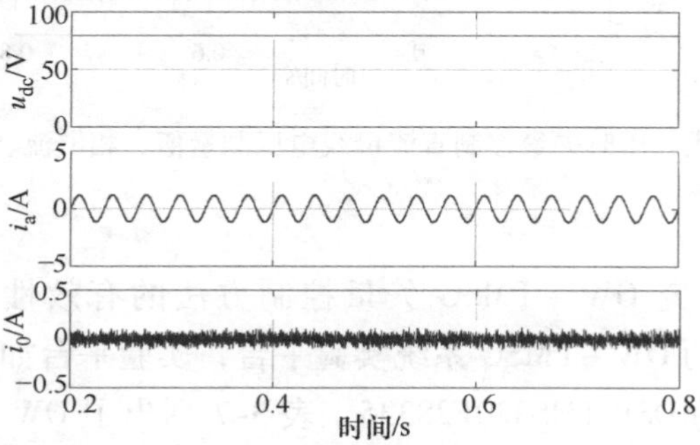

图 3-11　OW－PMSG 矢量控制稳态时直流母线电压、相电流、零序电流

序电流，系统具有良好的稳态性能。图 3-13 为 OW－PMSG 系统动态仿真波形，其中设定电机转速 600r/min，直流母线电压在 0.5s 从 80V 突变到 120V。从图 3-13仿真波形可以看出，当突变直流母线电压时，直流母线电压测量值跟踪响应参考母线电压速度较慢，动态性能有待进一步提升。

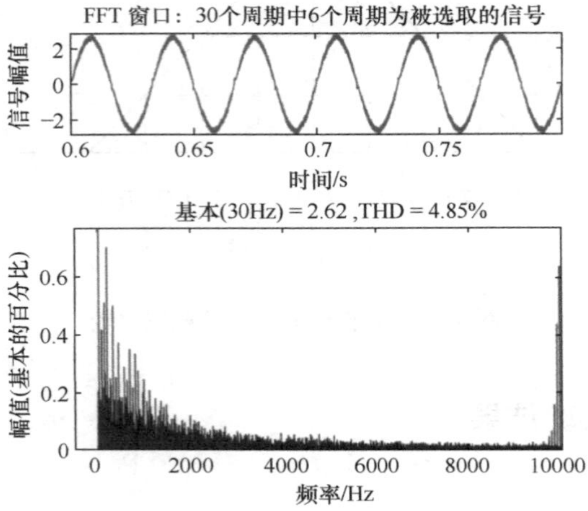

图 3-12　OW－PMSG 矢量控制方法 a 相电流 FFT 分析

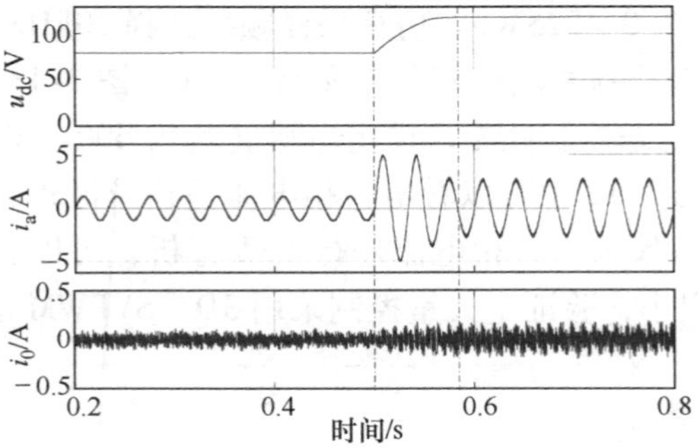

图 3-13　突变母线电压时矢量控制直流母线电压测量值、相电流、零序电流仿真波形

2. 实验结果

为了进一步研究 OW－PMSG 矢量控制方法的有效性和可靠性。搭建了 1.25kW 功率等级的 OW－PMSG 系统实验平台，实验平台如图 3-14 所示，主控芯片采用 TI 公司的 DSP TMS320F28335，表 3-7 列出了 OW－PMSG 系统实验电机参数。

图 3-14　1.25kW OW－PMSG 系统实验平台

表 3-7　OW－PMSG 系统实验参数

参数	数值
绕组自感	$L=5.292\text{mH}$
绕组互感	$M=4.3\text{mH}$
绕组内阻	$R=1.5\Omega$
极对数	$P=2$
负载功率电阻	$R_L=50\Omega$
永磁磁链	$\psi_f=0.2404\text{Wb}$

本节对 OW－PMSG 矢量控制方法进行了实验验证，实验采样频率为 10kHz，验证结果如图 3-15 和图 3-16 所示。图 3-15 显示了 OW－PMSG 矢量控制方法稳态实验波形，其中 OW－PMSG 的转速设置为 500r/min，而直流侧电压参考值为 90V。从波形可以看出，在稳态时，相电流呈正弦波形，幅值为 4.722A，零序电流幅值为 0.24A。d 轴电流的幅值保持波动范围内的（0±0.2）A，而 q 轴电流波动在（4.32±0.2）A，电流脉动较小。图 3-16 是对 a 相电流的 THD 分析结果，从图中可以看出 THD 为 5.43%，说明系统对零序电流抑制效果较好，系统稳态性能良好。

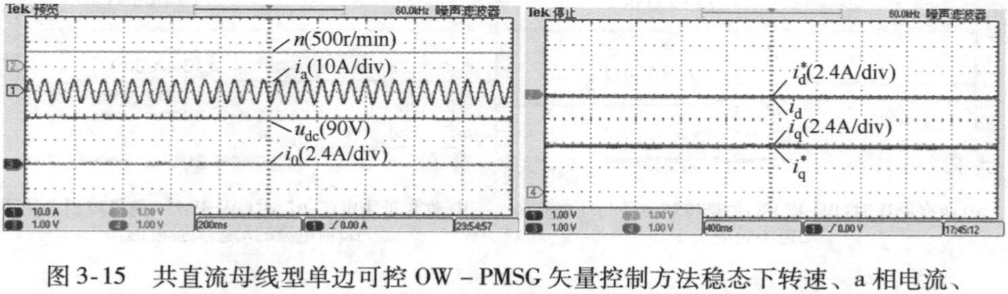

图 3-15　共直流母线型单边可控 OW－PMSG 矢量控制方法稳态下转速、a 相电流、直流母线电压、零序电流、dq 轴参考与反馈电流实验波形

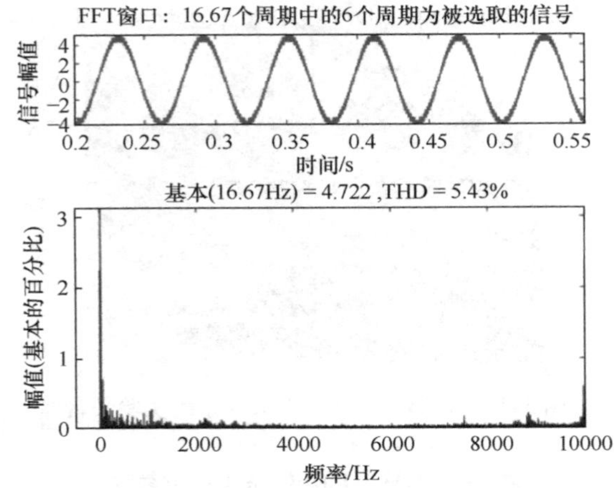

图 3-16　a 相电流 THD 分析

图 3-17 为转速或直流母线电压突变时 OW－PMSG 矢量控制方法动态响应实验波形。其中，图 3-17a 和 c 显示了转速从 500r/min 突变到 700r/min 时的动态波形，图 3-17b 和 d 为直流母线电压从 90V 突变到 50V 时的动态波形，从实验波形可以看出当转速或直流母线电压突变时，q 轴测量电流经过 220ms 后跟随上参考电流，并且达到新的稳定状态。

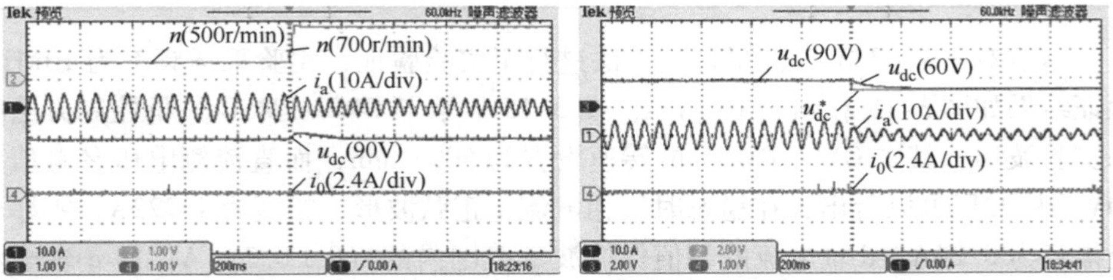

a) 改变转速时OW−PMSG矢量控制方法的转速、a相电流、直流母线电压、零序电流的动态实验波形

b) 改变母线电压 u_{dc}^* 时OW−PMSG矢量控制方法的直流母线电压、a相电流、零序电流的动态实验波形

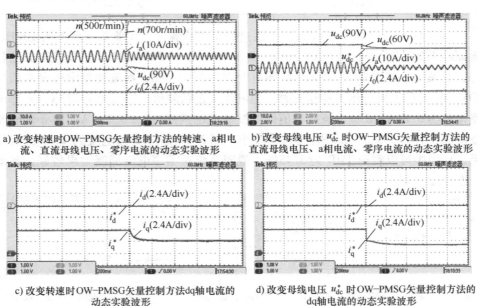

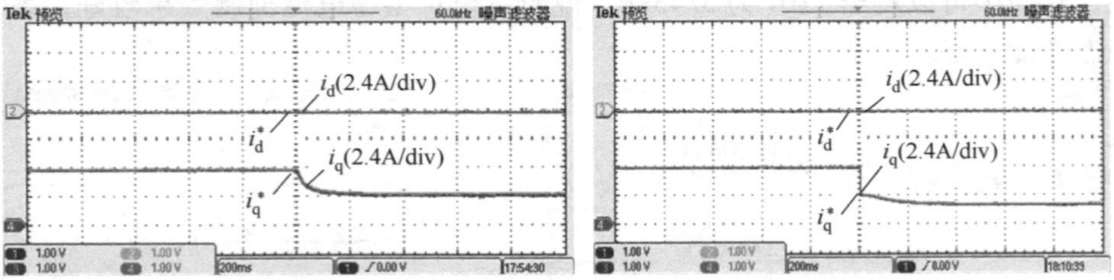

c) 改变转速时OW−PMSG矢量控制方法dq轴电流的动态实验波形

d) 改变母线电压 u_{dc}^* 时OW−PMSG矢量控制方法的dq轴电流的动态实验波形

图 3-17　转速或直流母线电压突变时 OW－PMSG 矢量控制方法动态响应实验波形

综上所述，仿真结果和实验结果充分说明了基于零序电流抑制的 OW - PMSG 矢量控制方法虽然可以有效抑制系统零序电流，提高系统稳态性能，但是系统动态性能略显不足。

3.4　基于零序电流抑制的 OW - PMSG 模型预测电流控制

基于零序电流抑制的 OW - PMSG 矢量控制方法虽然具有较好的稳态性能，但矢量控制采用多闭环 PI 控制方式仍然存在一些挑战：

1）PI 参数整定困难、过程繁琐，并且 PI 参数整定不当容易引起系统出现超调或振荡现象；

2）在参数变化、负载扰动等情况下，OW - PMSG 矢量控制系统的控制性能受限；

3）在实际应用中，矢量控制系统电流内环的动态性能不理想。基于此，本节提出 OW - PMSG 模型预测电流控制，以改善电流内环控制性能。

3.4.1　OW - PMSG 模型预测电流控制

共直流母线 OW - PMSG 模型预测电流控制原理框图如图 3-18 所示，主要包括以下 4 个部分：电流及不控整流器交流侧电压一拍延时补偿、电流预测、代价函数最小化与开关信号产生。其中外环为电压环，利用给定直流母线电压 u_{dc}^* 与反馈电压 u_{dc} 比较后得到误差信号，将误差信号经过外环电压环 PI 调节后得到 q 轴电流内环给定值 i_q^*，而 d 轴和 0 轴电流参考值均为 0。内环 dq0 轴电流控制，通过采集 OW - PMSG 的三相电流信号，经过 Clark 变换和 Park 变换后得到 dq0 坐标系下电流 $i_{dq0}(k)$，然后利用 k 时刻的电压和电流预测出 $k+1$ 时刻的电流 $i_{dq0}(k+1)$ 和不控整流桥侧电压 $u_{dq0-2}(k+1)$，并将可控变流器侧 8 个基本电压矢量和不控整流桥侧 $k+1$ 时刻电压 $u_{dq0-2}(k+1)$ 带入电流预测模型去预测 $k+2$ 时刻电流 $i_{dq0}(k+2)$，最后将预测的 $i_{dq0}(k+2)$ 依次带入到代价函数 g，并对代价函数值进行排序，选择使代价函数值最小的电压矢量为下一时刻可控变流器侧所需施加的最优电压矢量，同时产生相应的开关信号。下面对基于零序电流抑制的 OW - PMSG 模型预测电流控制做进一步详细介绍。

1. OW - PMSG 电流预测模型

重写 OW - PMSG 在 dq0 轴坐标系下电压方程为

$$\begin{cases} u_{\mathrm{d}} = -L_{\mathrm{d}}\dfrac{\mathrm{d}i_{\mathrm{d}}}{\mathrm{d}t} - Ri_{\mathrm{d}} - \omega L_{\mathrm{q}} i_{\mathrm{q}} \\ u_{\mathrm{q}} = -L_{\mathrm{q}}\dfrac{\mathrm{d}i_{\mathrm{q}}}{\mathrm{d}t} - Ri_{\mathrm{q}} - \omega L_{\mathrm{d}} i_{\mathrm{d}} + \omega\psi_{\mathrm{f1}} \\ u_0 = -L_0\dfrac{\mathrm{d}i_0}{\mathrm{d}t} - Ri_0 - 3\omega\psi_{\mathrm{f3}}\sin(3\theta) \end{cases} \tag{3.27}$$

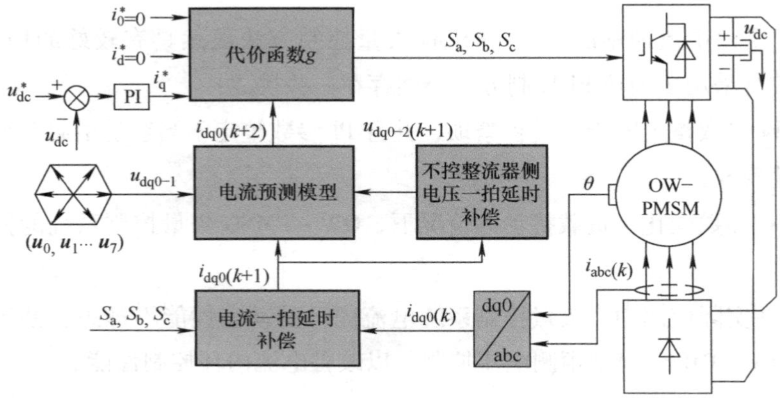

图 3-18　基于零序电流抑制的 OW－PMSG 模型预测电流控制框图

电流预测是用当前电流值通过数学模型预测下一时刻的电流，首先选取 OW－PMSG 电流为状态量，将式（3.27）的电压方程转变为状态方程：

$$\frac{\mathrm{d}i_{\mathrm{dq0}}}{\mathrm{d}t} = \boldsymbol{A}i_{\mathrm{dq0}} + \boldsymbol{B}u_{\mathrm{dq0}} + \boldsymbol{D} \tag{3.28}$$

式中，$\boldsymbol{A} = \begin{bmatrix} -\dfrac{R}{L_{\mathrm{d}}} & \omega & 0 \\ -\omega & -\dfrac{R}{L_{\mathrm{q}}} & 0 \\ 0 & 0 & -\dfrac{R}{L_0} \end{bmatrix}$；$\boldsymbol{B} = \begin{bmatrix} -\dfrac{1}{L_{\mathrm{d}}} & 0 & 0 \\ 0 & -\dfrac{1}{L_{\mathrm{q}}} & 0 \\ 0 & 0 & -\dfrac{1}{L_0} \end{bmatrix}$；$\boldsymbol{D} = \begin{bmatrix} 0 \\ \dfrac{\omega\psi_{\mathrm{f1}}}{L_{\mathrm{q}}} \\ -\dfrac{3\omega\psi_{\mathrm{3f}}\sin(3\theta)}{L_0} \end{bmatrix}$。

将 OW－PMSG 电压方程离散化，即可得到电机预测控制模型。由于电机电流环的控制周期较短，对采样时间 T_{s} 的定子电流导数采用欧拉近似法进行离散化，则在第 k 个控制周期 kT_{s} 时刻有

$$\frac{\mathrm{d}i_{\mathrm{dq0}}}{\mathrm{d}t} = \frac{i_{\mathrm{dq0}}(k+1) - i_{\mathrm{dq0}}(k)}{T_{\mathrm{s}}} \tag{3.29}$$

使用式（3.29）将 OW－PMSG 电流状态方程进行离散化，可得到 OW－PMSG 电流预测模型：

$$i_{dq0}(k+1)=\boldsymbol{F}(\boldsymbol{k})i_{dq0}(k)+\boldsymbol{G}[u_{dq0-1}(k)-u_{dq0-2}(k)]+\boldsymbol{H}(\boldsymbol{k}) \tag{3.30}$$

式中，

$$\boldsymbol{F}(\boldsymbol{k})=\begin{bmatrix}1-\frac{T_sR}{L_d} & T_s\omega(k) & 0\\ -T_s\omega(k) & 1-\frac{T_sR}{L_q} & 0\\ 0 & 0 & 1-\frac{T_sR}{L_0}\end{bmatrix};\ \boldsymbol{G}=\begin{bmatrix}\frac{T_s}{L_d} & 0 & 0\\ 0 & \frac{T_s}{L_q} & 0\\ 0 & 0 & \frac{T_s}{L_0}\end{bmatrix};$$

$$\boldsymbol{H}(\boldsymbol{k})=\begin{bmatrix}0\\ \frac{\omega(k)\psi_{f1}T_s}{L_q}\\ -\frac{3\psi_{3f}\sin(3\theta)T_s\omega(k)}{L_0}\end{bmatrix};$$

式中，k 为当前时刻；T_s 为采样周期；$u_{dq0-1}(k)$ 为可控变流器侧电压矢量；$u_{dq0-2}(k)$ 为不控整流器交流侧电压矢量。

2. 电流与不控整流器侧电压一拍延时补偿

与传统 PMSG 控制方法的一拍延时补偿不同，OW－PMSG 系统是由两个变流器共同调制。为了提高系统控制精度，由式（3.30）可以看出，OW－PMSG 系统不仅要对电流进行一拍延时补偿，对不控整流器侧电压也要进行一拍补偿。

（1）电流一拍延时补偿

在实际系统中，为了改善由于数字控制系统一拍延时导致运行性能下降的问题，需在电流预测模型中加入对电流的一拍延时补偿。这里采用具有预测和校正功能的改进欧拉公式[4]，具体公式如下：

$$\begin{cases}i^p_{dq0}(k+1)=F(k)i_{dq0}(k)+G[u_{dq0-1}(k)-u_{dq0}(k)]+H(k)\\ i_{dq0}(k+1)=i^p_{dq0}(k+1)+\frac{T_sR}{2L_{dq0}}[i^p_{dq0}(k+1)-i_{dq0}(k)]\end{cases} \tag{3.31}$$

式中，$i^p_{dq0}(k+1)$为电流预测值；$i_{dq0}(k+1)$为电流校正值。

（2）不控整流器交流侧输出电压一拍延时补偿

在 OW－PMSG 系统中，其输出的电压矢量是由可控变流器和不控整流器侧输出的电压矢量叠加而成。不控整流器交流侧在 k 时刻输出的电压矢量是由 k 时刻电流正负极性决定的，如果在 $k+1$ 时刻，不控整流器交流侧输出的电压矢量仍由 k 时刻的电流正负极性来选择，则会造成可控变流器侧和不控整流器交流侧在 $k+1$ 时刻作用的电压矢量不匹配，利用不匹配的电压矢量进行计算会使系统产生谐波，影响系统控制表现。因此，有必要对不控整流器侧电压进行一拍延时补偿。

首先，对式（3.31）计算的 $k+1$ 时刻 dq0 轴电流 $i_{dq0}(k+1)$ 进行 Clark 与

Park 反变换得到 $k+1$ 时刻静止坐标系三相电流 $i_{abc}(k+1)$，然后把三相电流 $i_{abc}(k+1)$ 带入式（3.32）可得到 $k+1$ 时刻不控整流桥侧三相电压 $u_{abc-2}(k+1)$：

$$\begin{cases} \boldsymbol{u}_{a2}(k+1)=\dfrac{1-\operatorname{sgn}[i_a(k+1)]}{2}\boldsymbol{u}_{dc} \\ \boldsymbol{u}_{b2}(k+1)=\dfrac{1-\operatorname{sgn}[i_b(k+1)]}{2}\boldsymbol{u}_{dc} \\ \boldsymbol{u}_{c2}(k+1)=\dfrac{1-\operatorname{sgn}[i_c(k+1)]}{2}\boldsymbol{u}_{dc} \end{cases} \tag{3.32}$$

最后，不控整流桥侧在 $k+1$ 时刻 dq0 旋转坐标系下，延时补偿后的电压矢量可由式（3.33）得出：

$$\begin{bmatrix} \boldsymbol{u}_{d2}(k+1) \\ \boldsymbol{u}_{q2}(k+1) \\ \boldsymbol{u}_{02}(k+1) \end{bmatrix}=\boldsymbol{u}_{dc}\begin{bmatrix} \cos(\theta) & -\sin(\theta) & 0 \\ \sin(\theta) & \cos(\theta) & 0 \\ 0 & 0 & 1 \end{bmatrix}\begin{bmatrix} 1 & -1/2 & -1/2 \\ 0 & \sqrt{3}/2 & -\sqrt{3}/2 \\ 1/2 & 1/2 & 1/2 \end{bmatrix}\begin{bmatrix} \boldsymbol{u}_{a2}(k+1) \\ \boldsymbol{u}_{b2}(k+1) \\ \boldsymbol{u}_{c2}(k+1) \end{bmatrix} \tag{3.33}$$

3. 矢量选择

根据简化的电压方程式（3.8）可知，施加于 OW－PMSG 系统端电压上的电压矢量可由三相可控变流器和三相不控整流器合成。可控变流器根据开关管开关状态不同可输出 8 种基本电压矢量，不控整流器输出电压矢量根据电流正负极性可输出 6 种电压矢量，如图 3-4 所示，可得到应用于共直流母线型 OW－PMSG 在 αβ 平面上的基本电压矢量。OW－PMSG 的电压矢量是由可控变流器的输出电压矢量和不控整流器输出电压矢量叠加而成，如表 3-1 所示，以 i_a 为正、i_b 和 i_c 为负分析，此时不控整流器输出电压矢量可以表示为 $\boldsymbol{V}_{uc4}$（011），此时系统所能调制的电压矢量范围为以 A 为中点的 OFIHGB 六边形区域。然后利用当前不控整流器输出的电压矢量 $\boldsymbol{V}_{uc4}$ 和可控变流器输出 8 种电压矢量依次合成产生作用在 OW－PMSG 系统新的 8 种电压矢量 $\boldsymbol{V}_{0\sim7}$（其中有一个零矢量 $\boldsymbol{V}_0$ 和 7 个非零矢量 $\boldsymbol{V}_{1\sim7}$），如图 3-19 所示的 OW－PMSG 系统矢量分布图。类似地，当三相电流方向为其他情况时，不控整流器侧输出其他 5 种电压矢量之一。

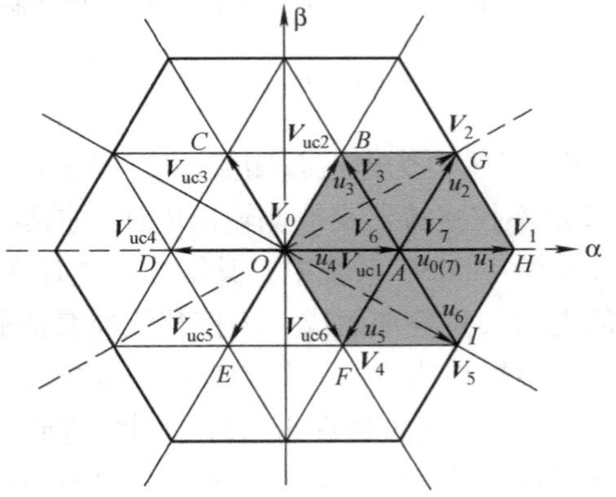

图 3-19　共直流母线单边可控 OW－PMSG 系统矢量分布图

为了估算当 $i_a>0$、$i_b<0$ 和 $i_c<0$ 时，OW - PMSG 系统基本电压矢量（$\boldsymbol{V}_0$，$\boldsymbol{V}_1\cdots\boldsymbol{V}_7$）对零序电流的影响，表 3-8 给出了可控变流器侧和不控整流器侧电压矢量的分布，也给出了各电压矢量的幅值和零序分量。从表 3-8 可以清楚地看到，大部分电压矢量都产生了零序分量，除了可控变流器的电压矢量 u_0。因此，根据表 3-8，能轻松得到每一个基本电压矢量（$\boldsymbol{V}_0$，$\boldsymbol{V}_1\cdots\boldsymbol{V}_7$）在零轴的零序分量。表 3-9 显示了在 $i_a>0$、$i_b<0$ 和 $i_c<0$ 的情况下，OW - PMSG 系统基本电压矢量的分布，很明显，基本电压矢量的零序分量有 4 种状态：①0 为 $\boldsymbol{V}_0$；②$U_{dc}/3$ 为 $\boldsymbol{V}_1$、$\boldsymbol{V}_3$、$\boldsymbol{V}_5$；③$2U_{dc}/3$ 为 $\boldsymbol{V}_2$、$\boldsymbol{V}_4$、$\boldsymbol{V}_6$；④U_{dc} 为 $\boldsymbol{V}_7$。这意味着不同的电压矢量将产生不同的零序电压。因此，为了有效地抑制系统零序电流，OW - PMSG 系统应该合理选择电压矢量以抵消电机三次谐波反电动势。

表 3-8　可控变换器与不控整流器侧电压矢量分布

可控变流器侧电压矢量	不控整流器侧电压矢量	电压值		
		u_α	u_β	u_0
$\boldsymbol{u}_0(0\,0\,0)$	- -	0	0	0
$\boldsymbol{u}_7(1\,1\,1)$	- -	0	0	U_{dc}
$\boldsymbol{u}_4(0\,1\,1)$	$\boldsymbol{V}_{uc4}(0\,1\,1)$	$-2U_{dc}/3$	0	$2U_{dc}/3$
$\boldsymbol{u}_5(0\,0\,1)$	$\boldsymbol{V}_{uc5}(0\,0\,1)$	$-U_{dc}/3$	$-\sqrt{3}U_{dc}/3$	$U_{dc}/3$
$\boldsymbol{u}_6(1\,0\,1)$	$\boldsymbol{V}_{uc6}(1\,0\,1)$	$U_{dc}/3$	$-\sqrt{3}U_{dc}/3$	$2U_{dc}/3$
$\boldsymbol{u}_1(1\,0\,0)$	$\boldsymbol{V}_{uc1}(1\,0\,0)$	$2U_{dc}/3$	0	$U_{dc}/3$
$\boldsymbol{u}_2(1\,1\,0)$	$\boldsymbol{V}_{uc2}(1\,1\,0)$	$U_{dc}/3$	$\sqrt{3}U_{dc}/3$	$2U_{dc}/3$
$\boldsymbol{u}_3(0\,1\,0)$	$\boldsymbol{V}_{uc3}(0\,1\,0)$	$-U_{dc}/3$	$\sqrt{3}U_{dc}/3$	$U_{dc}/3$

表 3-9　OW - PMSG 系统端电压矢量分布（$i_a>0$，$i_b<0$，$i_c<0$）为例

OW - PMSG 系统端电压矢量	合成电压矢量	幅值		
		u_α	u_β	u_0
$\boldsymbol{V}_0$	$\boldsymbol{u}_4-\boldsymbol{V}_{uc4}$	0	0	0
$\boldsymbol{V}_1$	$\boldsymbol{u}_1-\boldsymbol{V}_{uc4}$	$4U_{dc}/3$	0	$-U_{dc}/3$
$\boldsymbol{V}_2$	$\boldsymbol{u}_2-\boldsymbol{V}_{uc4}$	U_{dc}	$\sqrt{3}U_{dc}/3$	0
$\boldsymbol{V}_3$	$\boldsymbol{u}_3-\boldsymbol{V}_{uc4}$	$U_{dc}/3$	$\sqrt{3}U_{dc}/3$	$-U_{dc}/3$
$\boldsymbol{V}_4$	$\boldsymbol{u}_5-\boldsymbol{V}_{uc4}$	$U_{dc}/3$	$-\sqrt{3}U_{dc}/3$	$-U_{dc}/3$
$\boldsymbol{V}_5$	$\boldsymbol{u}_6-\boldsymbol{V}_{uc4}$	U_{dc}	$-\sqrt{3}U_{dc}/3$	0
$\boldsymbol{V}_6$	$\boldsymbol{u}_0-\boldsymbol{V}_{uc4}$	$2U_{dc}/3$	0	$-2U_{dc}/3$
$\boldsymbol{V}_7$	$\boldsymbol{u}_7-\boldsymbol{V}_{uc4}$	$2U_{dc}/3$	0	$U_{dc}/3$

在本节中，根据式（3.31），首先预测 $k+1$ 时刻的 dq 轴电流和零序电流以补

偿一拍延时，然后根据电流预测模型式（3.30），将 $k+1$ 时刻的电流 $i_{dq0}(k+1)$ 和不控整流器侧电压 $u_{dq0-2}(k+1)$ 作为初始值来预测 $k+2$ 时刻 dq0 轴的电流 $i_{dq0}(k+2)$。其主要目的是使 dq 轴电流跟踪各自的参考指令，同时抑制系统零序电流。换言之，dq0 轴参考电流和预测电流之间的误差最小，这个过程可以定义一个代价函数来实现。鉴于 dq 轴电流和零序电流属于相同量纲，设计了基于电流误差的代价函数如下：

$$g=\left|i_d^*-i_d(k+2)\right|+\left|i_q^*-i_q(k+2)\right|+\left|i_0^*-i_0(k+2)\right| \tag{3.34}$$

根据上述分析可知，OW－PMSG 系统端电压矢量由变流器和不控整流器共同调制，可合成 8 个不同的电压矢量（$\boldsymbol{V}_0$，$\boldsymbol{V}_1\cdots\boldsymbol{V}_7$），如图 3-19 所示。对于每一个电压矢量，可依次通过电流预测模型式（3.30）来预测其在 $k+2$ 时刻的电流 $i_{dq0}(k+2)$，然后将 $i_{dq0}(k+2)$ 依次带入到电流误差代价函数 g 中进行计算，并且对电流误差代价函数值 g 进行排序，选择使代价函数值最小的矢量作为最优电压矢量。最后，输出最优电压矢量相对应的一组最优开关状态，用于控制可控变流器，从而实现对 OW－PMSG 系统控制。

在实际应用中，OW－PMSG 单矢量 MPCC 算法实现步骤如下：

1）采集 OW－PMSG 三相电流信号，利用式（3.16）计算当前时刻不控整流器侧电压 u_{dq0-2}；

2）对 k 时刻的采样电流和不控整流器交流侧输出的电压进行一拍延时补偿分别得到 $k+1$ 时刻的电流 $i_{dq0}(k+1)$ 和 $u_{dq0-2}(k+1)$；

3）将一拍延时补偿的电流和不控整流器侧电压带入电流预测模型进行预测，可得到 $k+2$ 时刻电流 $i_{dq0}(k+2)$；

4）用枚举法将 $i_{dq0}(k+2)$ 依次代入电流误差代价函数（3.34）计算相应的函数值 g，并对电流误差代价函数值进行排序，选择使 g 值最小的电压矢量作为可控变流器侧最优的电压矢量，并且输出相对应的一组开关信号控制可控变流器，从而实现对 OW－PMSG 的控制。

3.4.2　仿真和实验结果

1. 仿真结果

为了验证所提出的基于零序电流抑制的 OW－PMSG 模型预测电流控制策略的正确性和有效性，使用 MATLAB/Simulink 搭建共直流母线型单边可控 OW－PMSG 模型预测电流控制仿真模型，仿真采样频率选择 20kHz。仿真系统具体参数与 3.3 节相同。

图 3-20 为 OW－PMSG 模型预测电流控制方法加或不加零序电流抑制对比仿真波形，其中系统直流母线电压给定值为 80V，电机转速为 $n=600\text{r/min}$。从仿真波形可以看出，在 0.5s 之前 OW－PMSG 系统不加零序电流抑制策略，这意味

着代价函数仅包含 dq 轴电流误差；另一方面，为了比较性能，在 0.5s 后的代价函数中包含零序电流误差。仿真结果表明，当共直流母线型 OW－PMSG 控制系统不包括零序电流抑制时，a 相电流中含有大量的波纹，零序电流较大。然而，系统代价函数在加上零序电流误差的情况下，共直流母线型 OW－PMSG 系统中存在的零序电流可以被显著抑制，相电流中的谐波也大幅降低。因此，仿真结果表明，OW－PMSG 模型预测电流控制方法能有效抑制系统零序电流。

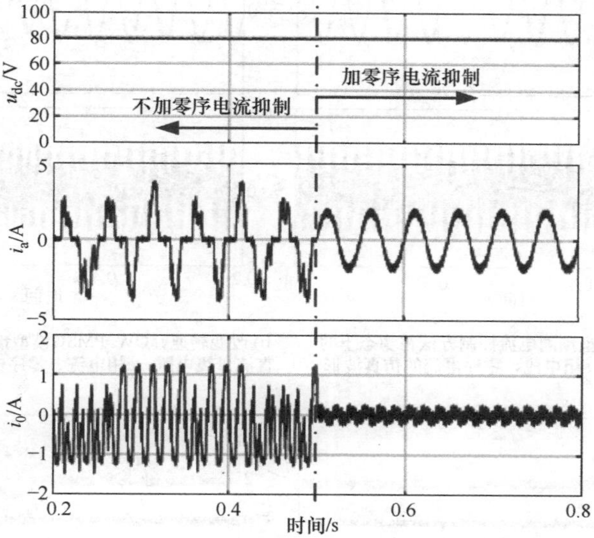

图 3-20　基于零序电流抑制的 OW－PMSG 模型预测电流控制方法加或不加零序电流抑制对比仿真波形图

为了进一步分析 OW－PMSG 模型预测电流控制方法的控制性能，对系统的稳态和动态性能进行了仿真与分析，设定系统直流母线电压给定值为 80V，电机转速为 $n=600$r/min。图 3-21a 和 c 为系统稳态仿真波形，从仿真波形可以看出，稳态时系统电流存在一定波动，此控制方法虽然对零序电流有抑制效果，但抑制效果相比矢量控制还有差距。图 3-21b 和 d 显示了当 OW－PMSG 转速参考从 600r/min 变化到 800r/min 的动态仿真波形。从仿真波形可以看出当转速改变时，dq 轴反馈电流能快速跟随参考电流，表明零序电流抑制的 OW－PMSG 模型预测电流控制方法具有良好的动态控制性能，相对于矢量控制具有一定优势。

2. 实验结果

为了进一步验证本节所提出的基于零序电流抑制的 OW－PMSG 模型预测电流控制方法是否有效，对其进行了实验验证，实验中控制系统的控制频率和采样频率均设定为 10kHz，具体实验结果如图 3-22～图 3-25 所示。其中，图 3-22 为

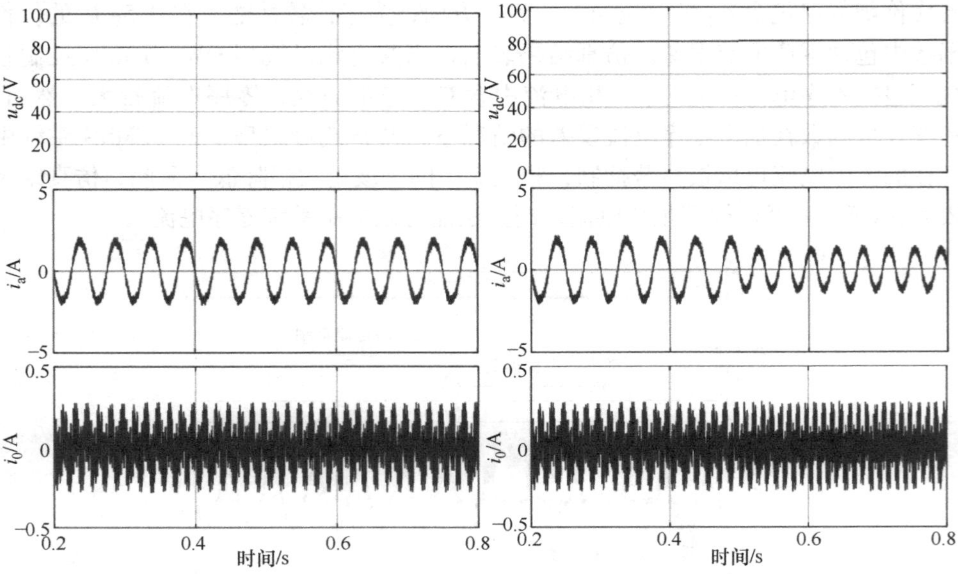

a) OW-PMSG模型预测电流控制方法在稳态下的直流母线电压、a相电流、零序电流的仿真波形

b) 改变转速，OW-PMSG模型预测电流控制方法的直流母线电压、a相电流、零序电流的动态仿真波形

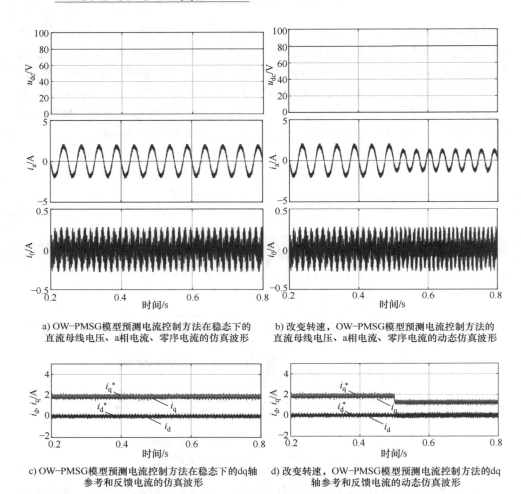

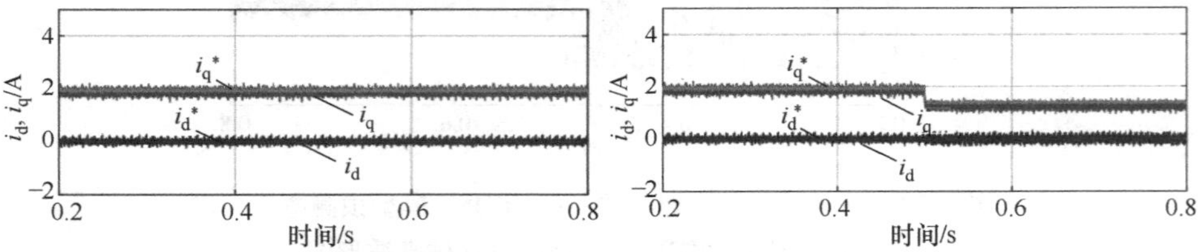

c) OW-PMSG模型预测电流控制方法在稳态下的dq轴参考和反馈电流的仿真波形

d) 改变转速，OW-PMSG模型预测电流控制方法的dq轴参考和反馈电流的动态仿真波形

图 3-21　基于零序电流抑制的 OW－PMSG 模型预测电流控制方法稳态和动态仿真波形图

OW－PMSG 模型预测电流控制方法施加或不加零序电流抑制前后的对比实验波形。当不施加零序电流抑制时，这意味着电流误差代价函数只包括 dq 轴电流误差，在这种情况下从实验波形中可以看出，系统 a 相电流含有大量的谐波且不是正弦波形，零序电流幅值较大；另一方面，当加上零序电流抑制时，此时零序电流误差被包括在代价函数中，在这种情况下 a 相电流趋于正弦，零序电流幅值显著减小，系统控制性能明显提高。

图 3-23 为共直流母线型单边可控 OW－PMSG 模型预测电流控制方法相电流 THD 分析实验波形，其中图 3-23a 为不加零序电流抑制时 a 相电流 THD 结果，从波形可以看出，此时 THD 为 35.41%，系统含有大量谐波；图 3-23b 为加上零序电流抑制时 a 相电流 THD 结果，从波形可以看出 THD 为 19.56%，此时系统

谐波含量明显降低。

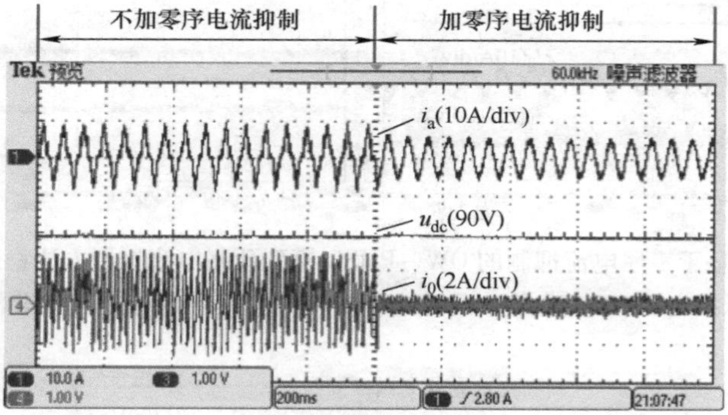

图 3-22　基于零序电流抑制的 OW－PMSG 模型预测电流控制方法加或不加零序电流抑制前后对比实验波形图

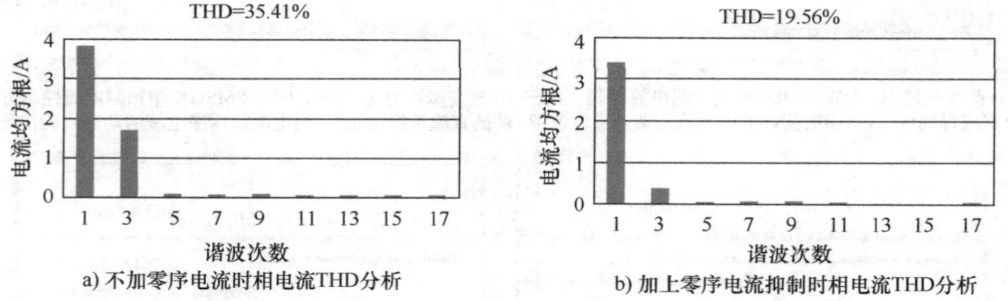

图 3-23　共直流母线型单边可控 OW－PMSG 模型预测电流控制方法相电流 THD 分析实验波形

图 3-24 显示了共直流母线型单边可控 OW－PMSG 模型预测电流控制方法稳态实验波形，其中 OW－PMSG 的速度设置为 500r/min，直流侧电压参考值为 90V。从实验结果可知，在稳态时，相电流和零序电流幅值分别为 4.684A 和 1.2A。d 轴电流的幅值保持波动范围为（0 ± 0.48）A，而 q 轴电流波动在（4.32 ±0.48）A。相比于 OW－PMSG 矢量控制来说，在 10kHz 控制频率条件下，OW－PMSG 模型预测电流控制相电流波形存在脉动，对零序电流抑制效果有待进一步加强。

图 3-25 为转速或直流母线电压突变时 OW－PMSG 模型预测电流控制方法动态响应实验结果，其中图 3-25a 和 c 显示了转速从 500r/min 突变到 700r/min 时动态波形，图 3-25b 和 d 为直流电压从 90V 突变到 50V 的动态波形，从实验波形可以看出当转速或直流母线电压突变时，dq 轴电机电流能迅速跟随参考电流变化且能快速达到新的稳定状态。实验结果表明，OW－PMSG 模型预测电流控制方法能获得极快的动态响应和良好的干扰抑制性能。

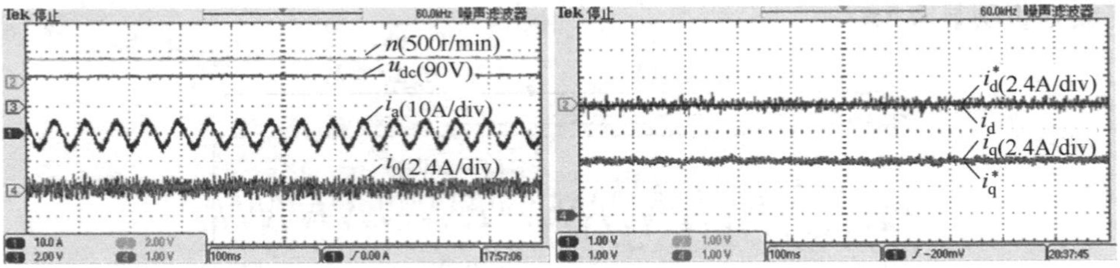

图 3-24　基于零序电流抑制的 OW－PMSG 模型预测电流控制方法稳态下转速、直流母线电压、a 相电流、零序电流、dq 轴参考与反馈电流实验波形图

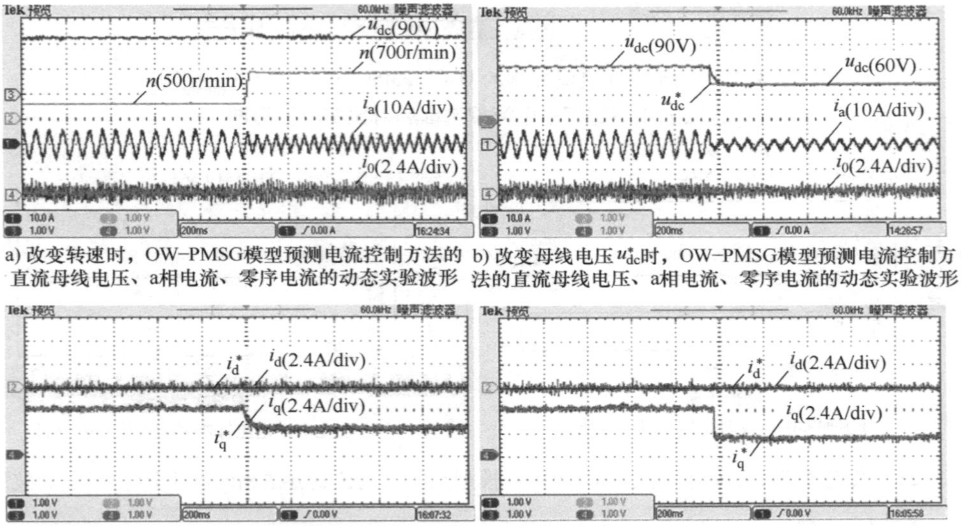

a) 改变转速时，OW-PMSG模型预测电流控制方法的直流母线电压、a相电流、零序电流的动态实验波形　b) 改变母线电压 u_{dc}^*时，OW-PMSG模型预测电流控制方法的直流母线电压、a相电流、零序电流的动态实验波形

c) 改变转速时，OW-PMSG模型预测电流控制方法的dq轴电流的动态实验波形　d) 改变母线电压 u_{dc}^*时，OW-PMSG模型预测电流控制方法的dq轴电流的动态实验波形

图 3-25　改变转速或直流母线电压突变时共直流母线型单边可控 OW－PMSG 模型预测电流控制方法动态响应实验波形图

综上所述，仿真结果和实验结果充分说明了 OW－PMSG 模型预测电流控制方法虽然解决了传统矢量控制中 PI 参数的整定相对比较复杂等问题，并提高了整个控制系统的动态性能，但该方法稳态性能略显不足。

3.5　共直流母线型单边可控 OW－PMSG 系统改进电流控制

从 3.4 节共直流母线型单边可控 OW－PMSG 模型预测电流控制方法仿真以及实验结果分析可知，此控制方法虽然能有效地抑制系统零序电流，实现对反馈电流无超调的快速跟踪，但是由于 OW－PMSG 系统模型预测电流控制方法在一个控制周期内只作用一个电压矢量，在控制频率不高的情况下，会使期望的参考电压和施加的电压矢量之间存在一定偏差，导致系统电流 THD 较大，稳态性能一般。因此，如何改善系统稳态控制性能是本节的主要研究内容。

众所周知，占空比的概念被引入到了交流电机直接转矩控制策略中，相比于传统直接转矩控制[5]，基于占空比的直接转矩控制具有更出色的稳态控制表现。近年来，占空比概念也被应用于交流电机模型预测转矩控制中，用来提高系统稳态控制性能[6,7]。在上述研究成果的启发下，在单边可控 OW – PMSG 系统中引用占空比的概念去抑制系统零序电流也是可行的。然而，需要注意的是，与普通电机控制系统不同，共直流母线型单边可控 OW – PMSG 系统是由两个不同的变流器共同调制，其中一个为不控整流器，其产生的电压矢量由三相电流的正负极性决定，电压矢量是不可控的，在一个控制周期内，不控整流器交流侧电压矢量将作用整个周期，占空比概念并不适用，因此，只能利用另一个可控变流器实现占空比控制。基于此，为了更有效地抑制系统零序电流，减小电流脉动，提高系统稳态性能，本节引入占空比概念，将 3.4 节提出的基于零序电流抑制的 OW – PMSG 模型预测电流控制方法扩展为双矢量控制，一个控制周期作用两个电压矢量进而改善系统稳态控制性能。

3.5.1　基于零序电流抑制的可控变流器侧三维空间矢量模型预测控制

基于零序电流抑制的可控变流器侧三维空间矢量模型预测控制如图 3-26 所示，外环为直流母线电压环，电压环的输出为 q 轴电流的参考值，而 d 轴和零轴参考电流均设为 0A。该 OW – PMSG 控制系统主要可以概括为以下 5 个部分：①电流和不控整流器侧电压一拍补偿；②可控变流器侧零轴参考电压矢量预测和 αβ 轴电压矢量位置角计算；③可控变流器侧空间电压矢量选择；④占空比计算；⑤开关信号产生。关于这个控制策略的相关细节内容将在本节进行详细的介绍。

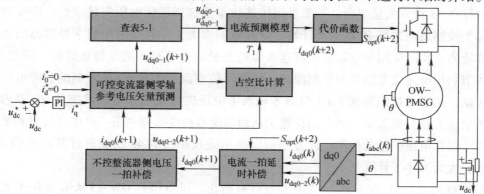

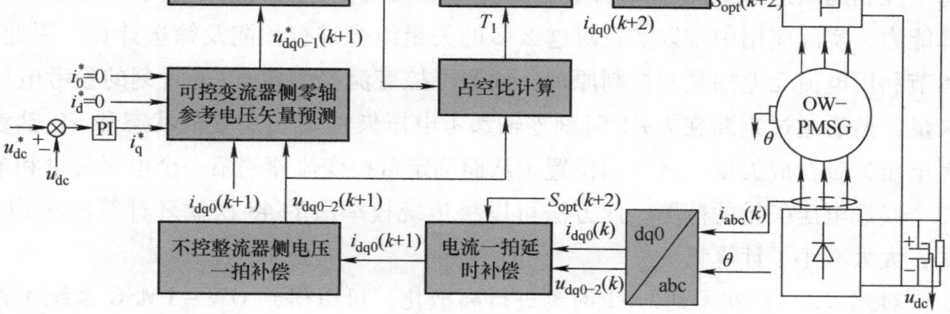

图 3-26　基于零序电流抑制的可控变流器侧三维空间矢量模型预测控制框图

1. 可控变流器侧三维空间矢量电流预测模型

与3.4节电流预测模型不同，对式（3.29）在k到$k+1$时刻进行离散化，可得到可控变流器侧三维空间矢量MPCC的电流预测模型：

$$i_{dq0}(k+1)=F(k)i_{dq0}(k)+\frac{T_1}{T_s}G\boldsymbol{u}'_{dq0-1}+(1-\frac{T_1}{T_s})G\boldsymbol{u}''_{dq0-1}-G\boldsymbol{u}_{dq0-2}+H(k) \tag{3.35}$$

式中，$\boldsymbol{u}'_{dq0-1}(k)$为可控变流器侧第一个电压矢量；$\boldsymbol{u}''_{dq0-1}(k)$为可控变流器侧第二个电压矢量；$\boldsymbol{u}_{dq0-2}(k)$为不控整流器交流侧电压矢量；$T_1$为可控变流器侧第一个电压矢量作用时间；$T_s$为控制周期。

在实际系统中，为了提高电流预测的控制效果，需要对可控变流器侧三维空间矢量模型预测控制策略进行一拍延时补偿，具体补偿公式如下：

$$\begin{cases} i^{p}_{dq0}(k+1)=F(k)i_{dq0}(k)+G[\frac{T_1}{T_s}\boldsymbol{u}'_{dq0-1}(k)+(T_s-\frac{T_1}{T_s})\boldsymbol{u}''_{dq0-1}(k)-u_{dq0}(k)]+H(k) \\ i_{dq0}(k+1)=i^{p}_{dq0}(k+1)+\frac{T_sR}{2L_{dq0}}[i^{p}_{dq0}(k+1)-i_{dq0}(k)] \end{cases} \tag{3.36}$$

式中，$i^{p}_{dq0}(k+1)$为电流预测值；$i_{dq0}(k+1)$为电流校正值。

同理，对OW－PMSG系统不控整流器侧电压矢量一拍延时补偿与3.4节相同，此处不再赘述。

2. 可控变流器侧参考电压预测

对于OW－PMSG系统来说，可控变流器一个控制周期施加两个电压矢量时，共存在48种双矢量组合，如果采用传统枚举法选择最优电压矢量组合，需要在每个控制周期进行48次循环计算，计算量非常大，并且受限于数字处理器的运算能力，实际应用中难以实施对这么多的矢量组合进行预测及筛选计算。因此，本节利用电流无差拍预测控制原理，预测可控变流器侧在$k+1$时刻的参考电压矢量，然后通过判断在$k+1$时刻零轴参考电压矢量$\boldsymbol{u}_{0-1}$所处的状态和αβ轴参考电压矢量合成矢量位置角的位置，从而确定可控变流器侧第一个电压矢量和第二个候选电压矢量的范围。此方法可以将传统枚举法的48次循环计算减小到3次，大大减小了计算量。

对式（3.7）在k到$k+1$时刻进行离散化，可以得到OW－PMSG系统可控变流器侧在dq0轴上的参考电压方程：

$$\begin{cases}\boldsymbol{u}_{d1}(k+1) = -\dfrac{L_d}{T_s}i_d^{ref} + \left(\dfrac{L_d}{T_s} - R\right)i_d(k+1) - \omega L i_q + \boldsymbol{u}_{d2}(k+1)\\ \boldsymbol{u}_{q1}(k+1) = -\dfrac{L_q}{T_s}i_q^{ref} + \left(\dfrac{L_q}{T_s} - R\right)i_q(k+1) - \omega L i_d + \omega\psi_{f1} + \boldsymbol{u}_{q2}(k+1)\\ \boldsymbol{u}_{01}(k+1) = -\dfrac{L_0}{T_s}i_0^{ref} + \left(\dfrac{L_0}{T_s} - R\right)i_0(k+1) - 3\omega\psi_{f3}\sin(3\theta) + \boldsymbol{u}_{02}(k+1)\end{cases} \tag{3.37}$$

式中，$\boldsymbol{u}_{d1}(k+1)$、$\boldsymbol{u}_{q1}(k+1)$、$\boldsymbol{u}_{01}(k+1)$ 为可控变流器侧 dq0 轴的参考电压；$\boldsymbol{u}_{d2}$、$\boldsymbol{u}_{q2}$、$\boldsymbol{u}_{02}$为不控整流器侧在 $k+1$ 时刻的电压矢量；i_{dq0}^{ref} 为 dq0 轴参考电流。

将 OW－PMSG 系统可控变流器侧在 $k+1$ 时刻的 dq 轴参考电压矢量经 Clark 变换成两相静止坐标系的电压：

$$\begin{cases}\boldsymbol{u}_{\alpha1}(k+1) = \boldsymbol{u}_{d1}(k+1)\cos(\theta) - \boldsymbol{u}_{q1}(k+1)\sin(\theta)\\ \boldsymbol{u}_{\beta1}(k+1) = \boldsymbol{u}_{d1}(k+1)\sin(\theta) + \boldsymbol{u}_{q1}(k+1)\cos(\theta)\end{cases} \tag{3.38}$$

根据式（3.37）和式（3.38）可以计算出可控变流器侧在 αβ 轴的参考电压；同时，根据式（3.39）可获得此电压矢量位置角为

$$\theta_1^{ref} = \arctan\left[\frac{\boldsymbol{u}_{\beta1}(k)}{\boldsymbol{u}_{\alpha1}(k)}\right] \tag{3.39}$$

3. 可控变流器侧三维空间电压矢量选择

由图 3-27 可知，零轴电压矢量有 4 种状态：①0，$\boldsymbol{u}_0$(0 0 0)；②$u_{dc}/3$，$\boldsymbol{u}_1$(1 0 0)，$\boldsymbol{u}_3$(0 1 0)，$\boldsymbol{u}_5$(0 0 1)；③$2u_{dc}/3$，$\boldsymbol{u}_2$(1 1 0)，$\boldsymbol{u}_4$(0 1 1)，$\boldsymbol{u}_6$(1 0 1)；④u_{dc}，$\boldsymbol{u}_7$(1 1 1)。本节提出的三维空间双矢量控制策略是根据零轴电压分量的四种状态，把零轴电压矢量在空间分为 4 个部分：①$\boldsymbol{u}_{01}$ $[0, u_{dc}/3]$；②$\boldsymbol{u}_{01}$ $(u_{dc}/3, u_{dc}/2]$；③$\boldsymbol{u}_{01}$ $(u_{dc}/2, 2u_{dc}/3)$；④$\boldsymbol{u}_{01}$ $[2u_{dc}/3, u_{dc}]$。这个方法原理是根据式（3.37）计算的 $k+1$ 时刻零轴参考电压 u_{0-1}所处空间位置来缩小可控变流器侧第一矢量的选择范围。然后，再根据 OW－PMSG 系统可控变流器侧参考电压矢量位置角 θ_1^{ref}来具体确定可控变流器侧第一矢量和第二候选矢量范围。表 3-10 为 OW－PMSG 系统可控变流器侧电压矢量选择表，从表中可以看出当 OW－PMSG 系统可控变流器侧零轴参考电压 $\boldsymbol{u}_{01}$ 位于 $[0, u_{dc}/2]$ 区间时，可以根据可控变流器侧参考电压矢量位置角 θ_1^{ref}划分三个区间为（−60°，60°]、(60°，180°] 和 (180°，330°]。当 OW－PMSG 系统可控变流器侧零轴参考电压 $\boldsymbol{u}_{01}$位于 $(u_{dc}/2, u_{dc}]$ 区间时，可以根据可控变流器侧参考电压矢量位置角 θ_1^{ref}划分另外三个区间为 (0°，120°]、(120°，240°] 和 (240°，360°]。

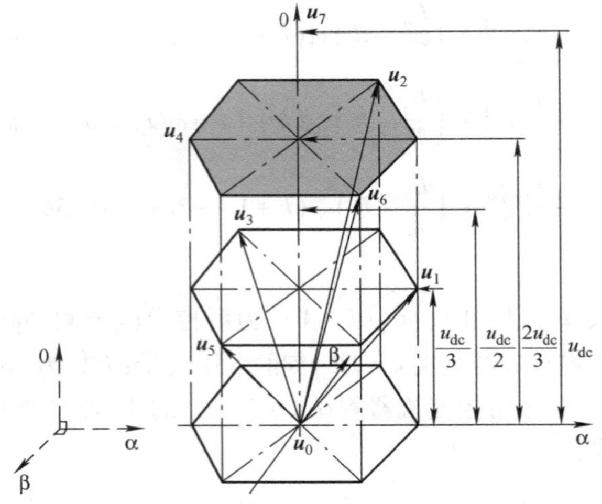

图 3-27　零轴电压矢量空间分布

表 3-10　可控变流器侧电压矢量选择表

可控变流器侧零轴参考电压	可控变流器侧参考电压矢量位置角 θ_1	可控变流器侧第一矢量	可控变流器侧第二矢量
$u_{01}\in(0,u_{dc}/3]$	$\theta_1^{ref}\in(5\pi/3,2\pi]\cup(0,\pi/3]$	$\boldsymbol{u}_1$	$\boldsymbol{u}_3$，$\boldsymbol{u}_5$，$\boldsymbol{u}_0$
	$\theta_1^{ref}\in(\pi/3,\pi]$	$\boldsymbol{u}_3$	$\boldsymbol{u}_1$，$\boldsymbol{u}_5$，$\boldsymbol{u}_0$
	$\theta_1^{ref}\in(\pi,5\pi/3]$	$\boldsymbol{u}_5$	$\boldsymbol{u}_1$，$\boldsymbol{u}_3$，$\boldsymbol{u}_0$
$u_{01}\in(u_{dc}/3,u_{dc}/2]$	$\theta_1^{ref}\in(5\pi/3,2\pi]\cup(0,\pi/3]$	$\boldsymbol{u}_1$	$\boldsymbol{u}_2$，$\boldsymbol{u}_4$，$\boldsymbol{u}_6$
	$\theta_1^{ref}\in(\pi/3,\pi]$	$\boldsymbol{u}_3$	$\boldsymbol{u}_2$，$\boldsymbol{u}_4$，$\boldsymbol{u}_6$
	$\theta_1^{ref}\in(\pi,5\pi/3]$	$\boldsymbol{u}_5$	$\boldsymbol{u}_2$，$\boldsymbol{u}_4$，$\boldsymbol{u}_6$
$u_{01}\in(u_{dc}/2,2u_{dc}/3)$	$\theta_1^{ref}\in(0,2\pi/3]$	$\boldsymbol{u}_2$	$\boldsymbol{u}_1$，$\boldsymbol{u}_3$，$\boldsymbol{u}_5$
	$\theta_1^{ref}\in(2\pi/3,4\pi/3]$	$\boldsymbol{u}_4$	$\boldsymbol{u}_1$，$\boldsymbol{u}_3$，$\boldsymbol{u}_5$
	$\theta_1^{ref}\in(4\pi/3,2\pi]$	$\boldsymbol{u}_6$	$\boldsymbol{u}_1$，$\boldsymbol{u}_3$，$\boldsymbol{u}_5$
$u_{01}\in[2u_{dc}/3,u_{dc})$	$\theta_1^{ref}\in(0,2\pi/3]$	$\boldsymbol{u}_2$	$\boldsymbol{u}_4$，$\boldsymbol{u}_6$，$\boldsymbol{u}_7$
	$\theta_1^{ref}\in(2\pi/3,4\pi/3]$	$\boldsymbol{u}_4$	$\boldsymbol{u}_2$，$\boldsymbol{u}_6$，$\boldsymbol{u}_7$
	$\theta_1^{ref}\in(4\pi/3,2\pi]$	$\boldsymbol{u}_6$	$\boldsymbol{u}_2$，$\boldsymbol{u}_4$，$\boldsymbol{u}_7$

可控变流器侧三维空间电压矢量选择的具体步骤如下：

1）如图 3-28a 所示，假如可控变流器侧零轴参考电压 $u_{01}(k+1)$ 在（0，$u_{dc}/3$] 范围内，首先可确定可控变流器侧第一矢量可在 $\boldsymbol{u}_i$（$i=1$，3，5）中选择，第二矢量可在 $\boldsymbol{u}_{i-2}$、$\boldsymbol{u}_{i+2}$ 和 $\boldsymbol{u}_0$ 中选择。然后，再根据可控变流器侧参考电压矢量角 θ_1^{ref} 的位置，可把第一矢量的选择范围从 3 种减小到 1 种。例如当 θ_1^{ref} 处于

(-60°, 60°] 之间，则可控变流器第一矢量选择 u_1，则第二矢量则从 $\boldsymbol{u}_3$、$\boldsymbol{u}_5$、$\boldsymbol{u}_0$ 中选择。同理，当可控变流器侧参考电压矢量角 θ_1^{ref} 处于（60°, 180°] 或 (180°, 300°] 区间时，可控变流器侧电压矢量选择方式与 (-60°, 60°] 区间相同。

2）如果可控变流器侧零轴参考电压 $u_{01}(k+1)$ 在（$u_{dc}/3$，$u_{dc}/2$] 范围内，如图 3-28b 所示，可控变流器侧第一矢量仍在 $\boldsymbol{u}_i(i=1, 3, 5)$ 中选择，而可控变流器侧第二矢量则在 $\boldsymbol{u}_i$（$i=2, 4, 6$）中选择。然后再根据 θ_1^{ref} 所在区间位置最终确定第一矢量。例如，θ_1^{ref} 处于（ -60°, 60°] 之间，则可控变流器第一矢量选择 $\boldsymbol{u}_1$，第二矢量的选择从 $\boldsymbol{u}_2$、$\boldsymbol{u}_4$、$\boldsymbol{u}_6$ 当中选择。同理，当可控变流器侧参考电压矢量角 θ_1^{ref} 处于（60°, 180°] 或（180°, 300°] 区间时，可控变流器侧电压矢量选择方式与（ -60°, 60°] 区间相同。

3）如果可控变流器侧零轴参考电压 $u_{01}(k+1)$ 在（$u_{dc}/2$，$2u_{dc}/3$）范围内，如图 3-28c 所示，可控变流器侧第一矢量可在 $\boldsymbol{u}_i$（$i=2, 4, 6$）中选择，可控变流器侧第二矢量只在 $\boldsymbol{u}_i$（$i=1, 3, 5$）中选择。然后，再根据 θ_1^{ref} 所在区间位置最终确定第一矢量。例如，θ_1^{ref} 处于（0°, 120°] 之间，则可控变流器第一矢量选择 $\boldsymbol{u}_2$，第二矢量的选择从 $\boldsymbol{u}_1$、$\boldsymbol{u}_3$、$\boldsymbol{u}_5$ 当中选择。同理，当可控变流器侧参考电压矢量角 θ_1^{ref} 处于（120°, 240°] 或（240°, 360°] 区间时，可控变流器侧电压矢量选择方式与（0°, 120°] 区间相同。

4）如果可控变流器侧零轴参考电压 $u_{01}(k+1)$ 在 [$2u_{dc}/3$，u_{dc}] 范围内，如图 3-28d 所示，可控变流器侧第一矢量可在 $\boldsymbol{u}_i$（$i=2, 4, 6$）中选择，可控变流器侧第二矢量 $\boldsymbol{u}_{i-2}$、$\boldsymbol{u}_{i+2}$ 和 $\boldsymbol{u}_7$ 中选择。然后再根据 θ_1^{ref} 所在区间位置最终确定第一矢量。例如，θ_1^{ref} 处于（0°, 120°] 之间，则可控变流器第一矢量选择 $\boldsymbol{u}_2$，第二矢量的选择从 $\boldsymbol{u}_4$、$\boldsymbol{u}_6$、$\boldsymbol{u}_7$ 当中选择。同理，当可控变流器侧参考电压矢量角 θ_1^{ref} 处于（120°, 240°] 或（240°, 360°] 区间时，可控变流器侧电压矢量选择方式与（0°, 120°] 区间相同。

4. 矢量作用时间计算

在完成最优电压矢量选择以后，需要计算各个电压矢量施加时间。针对共直流母线型 OW - PMSG 的三维空间矢量模型预测控制，本节采用 dq0 轴电流无差拍方法来计算两个电压矢量在一个控制周期的具体作用时间，即在 1 个控制周期中，通过分配可控变流器侧第一个电压矢量和第二个电压矢量的作用时间，使得 i_{dq0} 在 $k+2$ 时刻达到给定值 i_{dq0}^*，电流无差拍公式如式（3.40）所示。

$$\begin{cases} i_{dq0}(k+2) = i_{dq0}(k+1) + s_1 T_1 + s_2 (T_s - T_1) \\ i_{dq0}(k+2) = i_{dq0}^* \end{cases} \tag{3.40}$$

式中，s_1 为可控变流器侧第一个电压矢量电流斜率；s_2 为可控变流器侧第二个电压矢量电流斜率；T_1 为可控变流器侧第一矢量作用时间；（$T_s - T_1$）为可控变流器侧第二矢量作用时间。

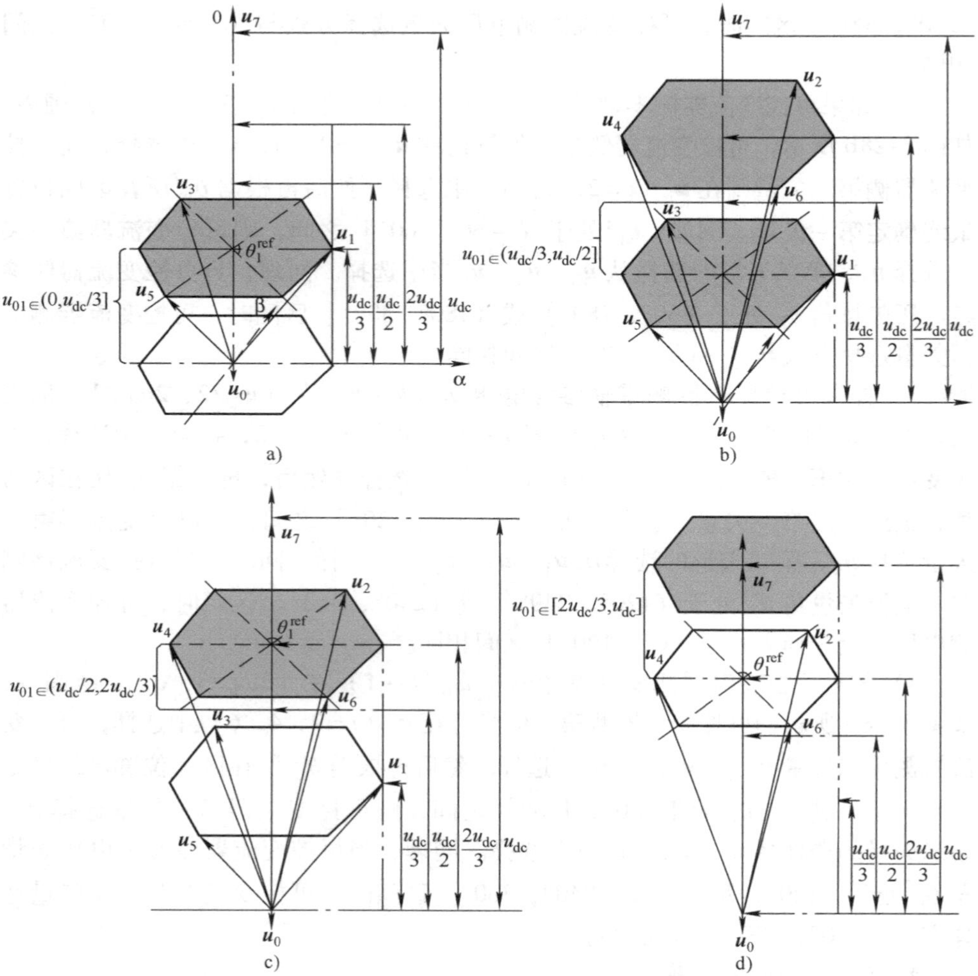

图 3-28　零轴电压分布和电压矢量选择关系图

假设所选可控变流器侧第一个电压矢量为 u'_{dq0-1}，可控变流器侧第二个电压矢量为 u''_{dq0-1}。把所选的第一矢量和第二矢量带入式（3.7）可得两个矢量电流斜率 s_1 和 s_2 的表达式为

$$\begin{cases} s_1 = \dfrac{di_{dq0}}{dt} = -\dfrac{1}{L_{dq0}}(u'_{dq0-1} - u_{dq0-2} + Ri_{dq0} + e_{dq0}) \\ s_2 = \dfrac{di_{dq0}}{dt} = -\dfrac{1}{L_{dq0}}(u''_{dq0-1} - u_{dq0-2} + Ri_{dq0} + e_{dq0}) \end{cases} \tag{3.41}$$

然后，把式（3.41）代入式（3.40）可得到可控变流器侧第一个矢量作用时间为

$$T_1=\frac{\left[i_{\mathrm{dq0}}^{*}-i_{\mathrm{dq0}}(k+1)-s_2T_{\mathrm{s}}\right](s_1-s_2)}{(s_1-s_2)^2} \tag{3.42}$$

确定可控变流器侧候选第一矢量、第二矢量和相对应的矢量作用时间后，通过式（3.35）可预测 $k+2$ 时刻 dq0 轴电流如下：

$$i_{\mathrm{dq0}}(k+2)=F(k)i_{\mathrm{dq0}}(k+1)+\frac{T_1}{T_{\mathrm{s}}}Gu'_{\mathrm{dq0}-1}+\left(1-\frac{T_1}{T_{\mathrm{s}}}\right)Gu''_{\mathrm{dq0}-1}-Gu_{\mathrm{dq0}-2}(k+1)+H(k) \tag{3.43}$$

最后构建如式（3.44）所示的电流误差代价函数，分别将 $k+2$ 时刻 dq0 轴预测电流带入式（3.44）计算相应的函数值 g，并对 g 值进行排序，选择使 g 值最小的一组电压矢量作为可控变流器最优电压矢量，然后把最优的一组电压矢量所对应的开关信号输出到可控变流器侧，来实现对 OW－PMSG 的控制。

$$g=\left|i_{\mathrm{dq0}}^{\mathrm{ref}}-i_{\mathrm{dq0}}(k+2)\right| \tag{3.44}$$

3.5.2　基于不控整流器侧电压调整的零序电流抑制策略

本节提出了一种基于不控整流器侧电压矢量调整的零序电流抑制策略，以实现对系统稳态性能的改善。本节与 3.5.1 节介绍的基于零序电流抑制的可控变流器侧三维空间矢量模型预测控制不同之处在于最优电压矢量的选择，3.5.1 节提出的控制策略是以可控变流器侧电压矢量作为参考电压矢量，利用可控变流器侧零轴参考电压 u_{0-1} 所处空间位置来缩小可控变流器侧第一矢量的选择范围，然后再根据可控变流器侧 αβ 轴参考电压矢量位置角 θ_1^{ref} 来具体确定第一矢量和第二候选矢量范围。而本节介绍的控制策略是基于当前时刻 OW－PMSG 系统三相电流正负极性输出的不控整流器侧电压矢量来选择可控制变流器侧第一个电压矢量，以实现在一个控制周期对不控整流器侧电压矢量作用时间进行实时调整，同时进一步抑制零序电流。另外，针对可控制变流器侧第二个电压矢量选择，本节采用了以可控变流器侧电压矢量和不控整流器侧电压矢量合成作用在 OW－PMSG 上的电压矢量作为参考电压矢量，再根据参考电压矢量位置角 $\theta_2{}^{\mathrm{ref}}$ 和选定的第一电压矢量来进一步确定第二候选电压矢量，此方法的控制框图如图 3-29 所示。

1. 电流预测模型

对式（3.29）在 k 到 $k+1$ 时刻进行离散化，可得到 OW－PMSG 不控整流器侧电压双矢量 MPCC 电流预测模型：

$$i_{\mathrm{dq0}}(k+1)=F(k)i_{\mathrm{dq0}}(k)+(1-T_1/T_{\mathrm{s}})G[\boldsymbol{u}''_{\mathrm{dq0}-1}(k)-\boldsymbol{u}_{\mathrm{dq0}-2}(k)]+H(k) \tag{3.45}$$

式中，$\boldsymbol{u}''_{dq0-1}(k)$ 为可控变流器侧第二个电压矢量；$\boldsymbol{u}_{dq0-2}(k)$ 为不控整流器交流侧电压矢量；T_1 为可控变流器侧第一个矢量作用时间；T_s 为采样周期。

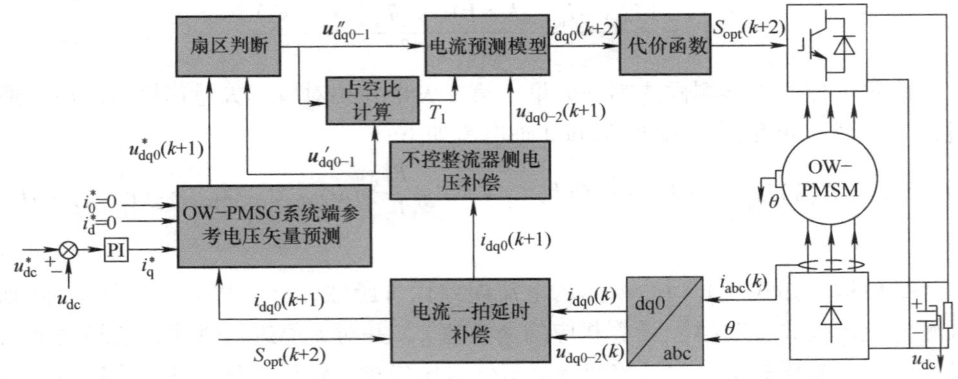

图 3-29　不控整流器侧电压矢量调整的零序电流抑制原理框图

在实际系统中，对 OW－PMSG 不控整流器侧电压双矢量 MPCC 同样采用一拍延时补偿，具体公式如下：

$$
\begin{cases}
i^{p}_{dq0}(k+1)=F(k)i_{dq0}(k)+(1-T_1/T_s)G[\boldsymbol{u}''_{dq0-1}(k)-\boldsymbol{u}_{dq0-2}(k)]+H(k)\\
i_{dq0}(k+1)=i^{p}_{dq0}(k+1)+\dfrac{T_sR}{2L_{dq0}}[i^{p}_{dq0}(k+1)-i_{dq0}(k)]
\end{cases}
\tag{3.46}
$$

同理，对 OW－PMSG 系统不控整流器侧电压矢量一拍延时补偿与 3.4 节相同。

2. 矢量选择

为了实现能同时调节 dq 轴电压和零序电压，确保可控变流器侧与不控整流器侧产生的等效电压矢量作用时间能被控制，提出可控变流器侧第一电压矢量选择根据 OW－PMSG 系统三相电流方向来决定的方案。

假设 OW－PMSG 系统三相电流满足 $i_a>0$、$i_b>0$ 和 $i_c<0$ 的条件，此时，根据表 3-1 可知不控整流器侧产生的电压矢量为 $\boldsymbol{V}_{uc4}$，即矢量 OD，如图 3-30 所示。因此，可控变流器侧的第一电压矢量应选择矢量 $\boldsymbol{u}_4$，即图 3-30 中的矢量 AO。根据表 3-8 可以清楚地看到，所选的第一矢量 $\boldsymbol{u}_4$ 和矢量 $\boldsymbol{V}_{uc4}$ 的合成矢量（即矢量 $\boldsymbol{u}_4-\boldsymbol{V}_{uc4}$）具有等效的零振幅，这意味着所选的第一电压矢量能够实现同时调节 dq0 轴电压。

可控变流器侧第一电压矢量确定后，可控变流器的第二电压矢量需要用代价函数进行选择。第二电压矢量的候选矢量应包括第一电压矢量除外的可控变换器侧的所有基本电压矢量，例如，如果第一电压矢量选择 $\boldsymbol{u}_4$，则第二电压矢量的

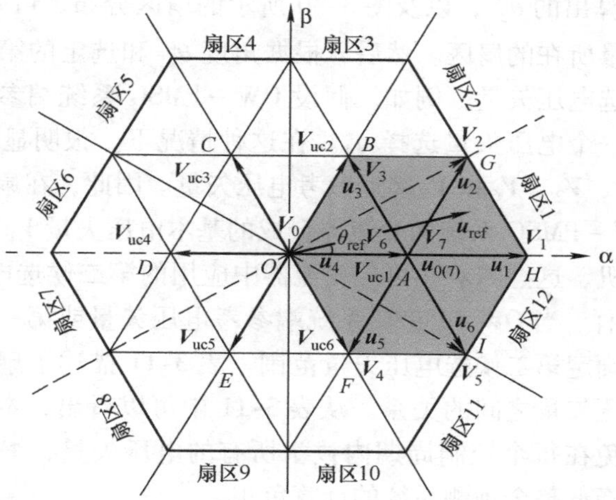

图 3-30　共直流母线型单边可控 OW - PMSG 系统合成的电压矢量分布图

候选向量应包括 $\boldsymbol{u}_0$、$\boldsymbol{u}_1$、$\boldsymbol{u}_2$、$\boldsymbol{u}_3$、$\boldsymbol{u}_5$、$\boldsymbol{u}_6$ 和 $\boldsymbol{u}_7$。可以发现，多达 7 个电压矢量被用作第二电压矢量的候选向量，为了选出最优的电压矢量需要耗费大量的时间去预测每个候选向量的电流，增大了计算量。为了降低复杂度和计算负担，本节提出了一种更有效的矢量选择方法，具体如下：

（1）OW - PMSG 系统端参考电压预测

首先，采用无差拍控制原理获得 OW - PMSG 系统端参考电压矢量，并根据这个参考电压矢量缩小候选电压矢量范围，然后，选择使电流误差代价函数值最小的电压矢量作为最优电压矢量。如果这个最优矢量能把代价函数值减小到零，即代价函数理论上的最小值，这意味着代价函数表达式（3.44）中包含的 3 个电流误差可以在下一个控制周期结束时被消除，也就是说，下一个控制周期的预测电流直接与参考电流相等。因此，OW - PMSG 系统端参考电压矢量可以直接预测如下：

$$
\begin{aligned}
\boldsymbol{u}_{\mathrm{dq0}}^{\mathrm{ref}} &= [\boldsymbol{u}_{\mathrm{dq0-1}}(k+1) - \boldsymbol{u}_{\mathrm{dq0-2}}(k+1)] \\
&= G^{-1} i_{\mathrm{dq0}}^{*} - G^{-1} F(k) i_{\mathrm{dq0}}(k+1) - G^{-1} H(k)
\end{aligned}
\tag{3.47}
$$

在 αβ 轴上，OW - PMSG 系统端参考电压矢量相位角可以很容易地得到，具体表达式如下：

$$
\theta_2^{\mathrm{ref}} = \arctan(u_\beta^* / u_\alpha^*) \tag{3.48}
$$

式中，u_α^* 和 u_β^* 分别表示 OW - PMSG 系统端参考电压矢量的 α 轴和 β 轴电压。

（2）候选电压矢量确定

为了减少候选电压矢量的范围，如图 3-30 所示，以 30°为一个扇区来划分，整个 αβ 轴平面可分为 12 个扇区，其中每个扇区包含三个基本电压矢量。根据式（3.48）所计算出的 θ_2^{ref}，以及图 3-30 所示的扇区分布，可知 OW－PMSG 系统端参考电压矢量所在的扇区。然后，根据角度 θ_2^{ref} 和选定的第一电压矢量确定各区段的第二候选电压矢量。例如，假设 OW－PMSG 系统端参考电压矢量位于扇区 1 中，而第一个电压矢量选择 $\boldsymbol{u}_4$。在这种情况下，很明显，OW－PMSG 系统端电压矢量 $\boldsymbol{V}_1$、$\boldsymbol{V}_2$、$\boldsymbol{V}_6$ 和 $\boldsymbol{V}_7$ 接近参考电压矢量。因此，在扇区 1 中，第一电压矢量选 u_4，OW－PMSG 系统两变流器合成的基本电压矢量 $\boldsymbol{V}_1$、$\boldsymbol{V}_2$、$\boldsymbol{V}_6$ 和 $\boldsymbol{V}_7$ 应被选择施加于电机，这意味着在可控变流器中应用的第二候选电压矢量包括 $\boldsymbol{u}_0$、$\boldsymbol{u}_1$、$\boldsymbol{u}_2$ 和 $\boldsymbol{u}_7$。同样，当 OW－PMSG 系统端参考电压矢量或第一电压矢量的区段变化时，也可以确定第二候选电压矢量范围。表 3-11 描述了扇区、所选第一矢量和第二候选电压矢量之间的关系。从表 3-11 中可以看出，本节所提出的矢量选择方法可以避免在每个控制周期内枚举所有的电压矢量，缩小了矢量选择范围，从而进一步降低整个预测系统的计算负担。

表 3-11　扇区、所选第一矢量和第二候选电压矢量之间的关系

候选矢量 \ 第一矢量	**OD**（011）	**OE**（001）	**OF**（101）	**OA**（100）	**OB**（110）	**OC**（010）
扇区						
1	u_0,u_1,u_2,u_7	u_1,u_6				u_2
2	u_2,u_3	u_0,u_1,u_2,u_7	u_1			
3	u_3	u_0,u_2,u_3,u_7	u_1,u_2			
4		u_3,u_4	u_0,u_2,u_3,u_7	u_2		
5		u_4	u_0,u_3,u_4,u_7	u_2,u_3		
6			u_4,u_5	u_0,u_3,u_4,u_7	u_3	
7			u_5	u_0,u_4,u_5,u_7	u_3,u_4	
8				u_5,u_6	u_0,u_4,u_5,u_7	u_4
9				u_6	u_0,u_5,u_6,u_7	u_4,u_5
10	u_5				u_1,u_6	u_0,u_5,u_6,u_7
11	u_5,u_6				u_1	u_0,u_1,u_6,u_7
12	u_0,u_1,u_6,u_7	u_6				u_1,u_2

3. 矢量作用时间计算

在单边可控 OW－PMSG 系统中，OW－PMSG 系统端电压矢量是由可控变流器侧电压矢量和不控整流器侧电压矢量相叠加而成的。假设所选的 OW－PMSG 系统端第一电压矢量为 $\boldsymbol{u}_{opt\_1}$（即相应的所选可控变流器端第一个电压矢量为

$\boldsymbol{u}'_{dq0-1}$），其作用时间为 T_1；所选的 OW－PMSG 系统端第二电压矢量为 $\boldsymbol{u}_{opt\_2}$（即相应的所选可控变流器端第二个电压矢量为 $\boldsymbol{u}''_{dq0-1}$），其作用时间为 $T_S - T_1$。为了获得矢量作用时间，需要计算当前可控变流器两个电压矢量电流的斜率。

首先，方程式（3.7）也可以重写为

$$\frac{\mathrm{d}i_{dq0}}{\mathrm{d}t} = -[(\boldsymbol{u}_{dq0-1} - \boldsymbol{u}_{dq0-2}) + Ri_{dq0} + e_{dq0}]/L_{dq0} \tag{3.49}$$

根据方程式（3.49），OW－PMSG 系统第一电压矢量 $\boldsymbol{u}_{opt\_1}$ 是由不控整流器侧的电压矢量 $\boldsymbol{u}_{dq0-2}$ 和可控变流器侧的第一电压矢量 $\boldsymbol{u}'_{dq0-1}$ 共同合成，则 OW－PMSG 系统第一电压矢量 $\boldsymbol{u}_{opt\_1}$ 的电流斜率可表示为

$$\begin{cases} s_0 = \dfrac{\mathrm{d}i_{dq0}}{\mathrm{d}t} = -[(\boldsymbol{u}'_{dq0-1} - \boldsymbol{u}_{dq0-2}) + Ri_{dq0} + e_{dq0}]/L_{dq0} \\ \boldsymbol{u}'_{dq0-1} - \boldsymbol{u}_{dq0-2} = 0 \end{cases} \tag{3.50}$$

从电流斜率方程式（3.50）可以看出，OW－PMSG 系统端第一电压矢量（即零矢量）总是会降低电流，这意味着在一个控制周期内加入该矢量可以有效地抑制电流脉动。

同样，OW－PMSG 系统端第二电压矢量 u_{opt_2} 的电流斜率可以表示为

$$s_1 = \frac{\mathrm{d}i_{dq0}}{\mathrm{d}t} = -[(\boldsymbol{u}''_{dq0-1} - \boldsymbol{u}_{dq0-2}) + Ri_{dq0} + e_{dq0}]/L_{dq0} \tag{3.51}$$

因此，下一时刻电流可以表示为

$$i_{dq0}(k+2) = i_{dq0}(k+1) + s_0 \cdot T_0 + s_1 \cdot (T_s - T_0) \tag{3.52}$$

把式（3.50）和式（3.51）代入式（3.52），根据无差拍电流控制原理，既 $i_{dq0}(k+2) = i^*_{dq0}$，可获得第一电压矢量作用时间 T_1 为

$$T_1 = [i^*_{dq0} - i_{dq0}(k+1) - s_1 T_s] \cdot (s_0 - s_1)/(s_0 - s_1)^2 \tag{3.53}$$

在确定候选第一矢量、第二矢量和相对应的矢量作用时间后，通过式（3.45）可预测 $k+2$ 时刻 dq0 轴电流如下：

$$i_{dq0}(k+2) = F(k) i_{dq0}(k+1) + (1 - T_0/T_s) G[\boldsymbol{u}''_{dq0-1}(k+1) - \boldsymbol{u}_{dq0-2}(k+1)] + H(k) \tag{3.54}$$

根据预测模型方程式（3.54），可以得到所有候选电压矢量的预测电流，在此基础上，利用代价函数表达式（3.44）对每个候选电压矢量进行了评价，并选择能够使代价函数值最小的第二电压矢量作为最优电压矢量 $\boldsymbol{u}_{opt\_2}$，作用于 OW－PMSG。

在实际应用中，可以通过以下步骤实现：

（1）采集 OW－PMSG 三相电流信号，计算当前时刻不控整流器侧电压矢量 $\boldsymbol{u}_{dq0-2}$。

对 k 时刻的采样电流和不控整流器侧电压进行一拍延时补偿分别得到 $k+1$

时刻的电流 $i_{dq0}(k+1)$ 和 $\boldsymbol{u}_{dq0-2}(k+1)$。

（2）根据 $k+1$ 时刻三相电流正负极性选择可控变流器侧第一电压矢量，然后，利用 OW－PMSG 系统端参考电压矢量相位角选择第二候选矢量，并根据方程式（3.53）计算第一电压矢量时间 T_0。

（3）将候选第一矢量、第二矢量和相对应的矢量作用时间代入式（3.54）获取 $k+2$ 时刻电流 $i_{dq0}(k+2)$。

（4）最后将预测的电流带入代价函数计算出相应的函数值，并进行排序，遴选出使 g 值最小的电压矢量组合作为可控变流器侧最优的电压矢量。

3.5.3　仿真和实验结果

为了便于区分和描述，这里把 3.5.1 节的基于零序电流抑制的可控变流器侧 3 维空间电压矢量控制方法定义为 MPCC－Ⅰ，把 3.5.2 节的基于不控整流器侧电压调整的零序电流抑制策略定义为 MPCC－Ⅱ。

1. 仿真结果

为了证明所提出 MPCC－Ⅰ和 MPCC－Ⅱ方法的正确性和有效性，对MPCC－Ⅰ和 MPCC－Ⅱ两种方法进行了仿真验证，仿真采样频率为 20kHz，仿真中电机具体参数如表 3-7 所示。

两种不同控制方法仿真结果如图 3-31～图 3-34 所示，其中图 3-31 为两种不同控制方法稳态波形，稳态仿真参数设定为参考直流母线电压为 80V，电机转速为 600r/min。在相同采样频率条件下，与 3.4 节所提出的 OW－PMSG 模型预测电流控制方法稳态性能相比可知，所提出的两种控制方法在稳态控制性能上有明显的改善。

另外，为了更加直观的验证两种不同控制方法的稳态性能差异，图 3-32 对两种方法进行相电流 FFT 分析，仿真结果显示在相同条件下，MPCC－Ⅰ方法的电流 THD 为 5.13%，MPCC－Ⅱ方法的电流 THD 为 4.76%。通过对图 3-31 与图 3-32仿真结果的分析可知，两种控制方法都具有良好的稳态控制性能，相比于 MPCC－Ⅰ方法，MPCC－Ⅱ方法对零序电流的抑制效果更好，dq 轴电流脉动更小。

此外，为了进一步分析本章所提出的两种不同控制方法的控制效果，对两种控制方法做了动态仿真对比分析，仿真结果如图 3-33 所示。在仿真过程中，OW－PMSG直流母线电压给定 80V，转速在 0.5s 时由 500r/min 突增到 700r/min。从仿真结果可知，当转速突变时，两种控制方法 dq 轴电流都能迅速跟随上参考电流、母线电压维持稳定并且零序电流得到较好的抑制，仿真结果表明两种控制方法都具有良好的动态控制表现。

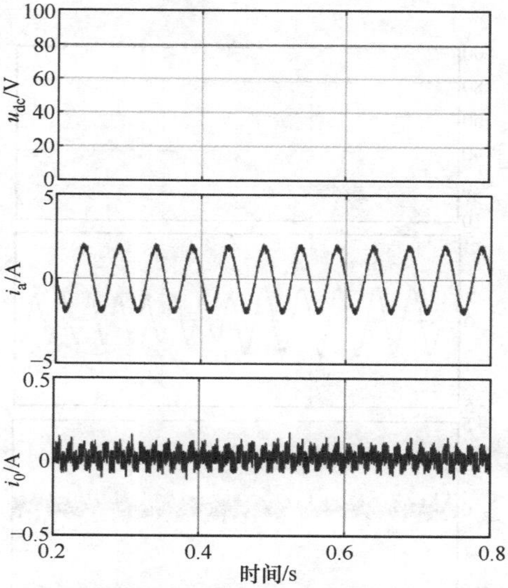

a) MPCC-Ⅰ方法稳态时直流母线电压、相电流、零序电流的仿真波形

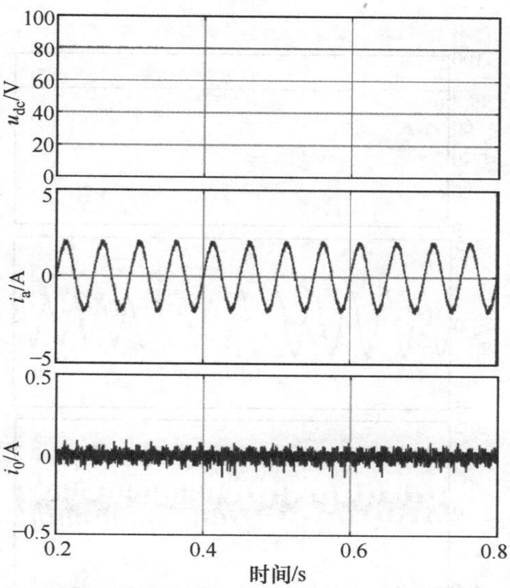

b) MPCC-Ⅱ方法稳态时直流母线电压、相电流、零序电流的仿真波形

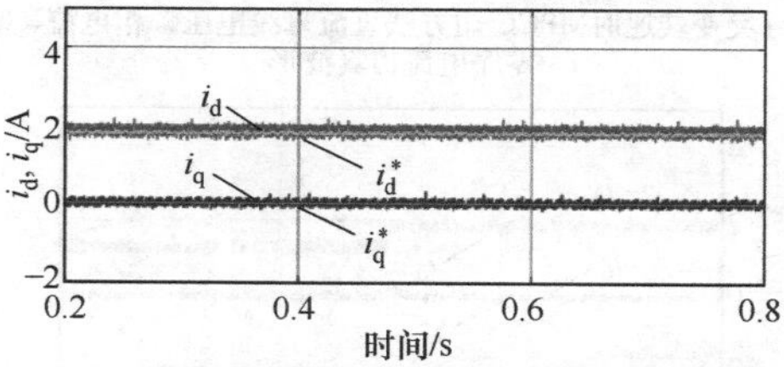

c) MPCC-Ⅰ方法稳态时dq轴参考与反馈电流的仿真波形

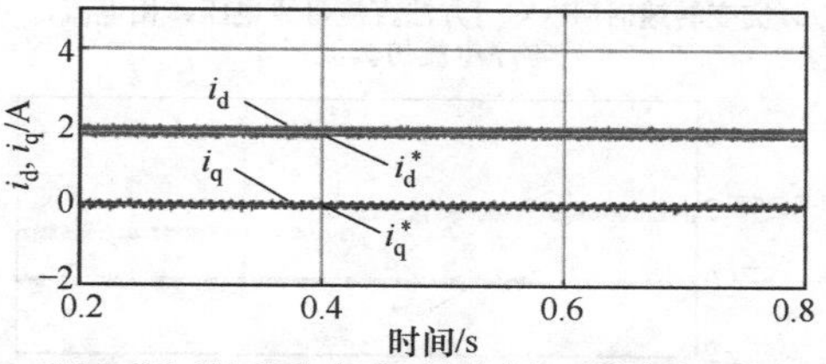

d) MPCC-Ⅱ方法稳态时dq轴参考与反馈电流的仿真波形

图 3-31　两种不同控制方法稳态仿真波形

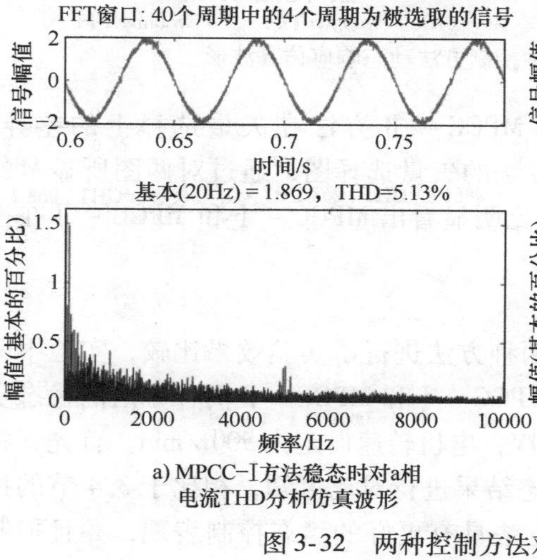

a) MPCC-Ⅰ方法稳态时对a相电流THD分析仿真波形

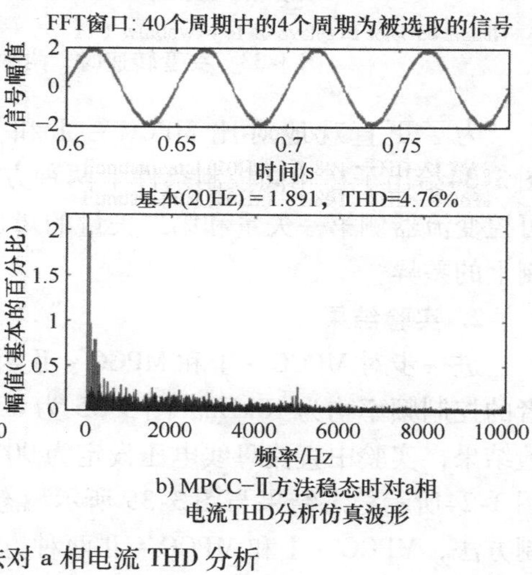

b) MPCC-Ⅱ方法稳态时对a相电流THD分析仿真波形

图 3-32　两种控制方法对 a 相电流 THD 分析

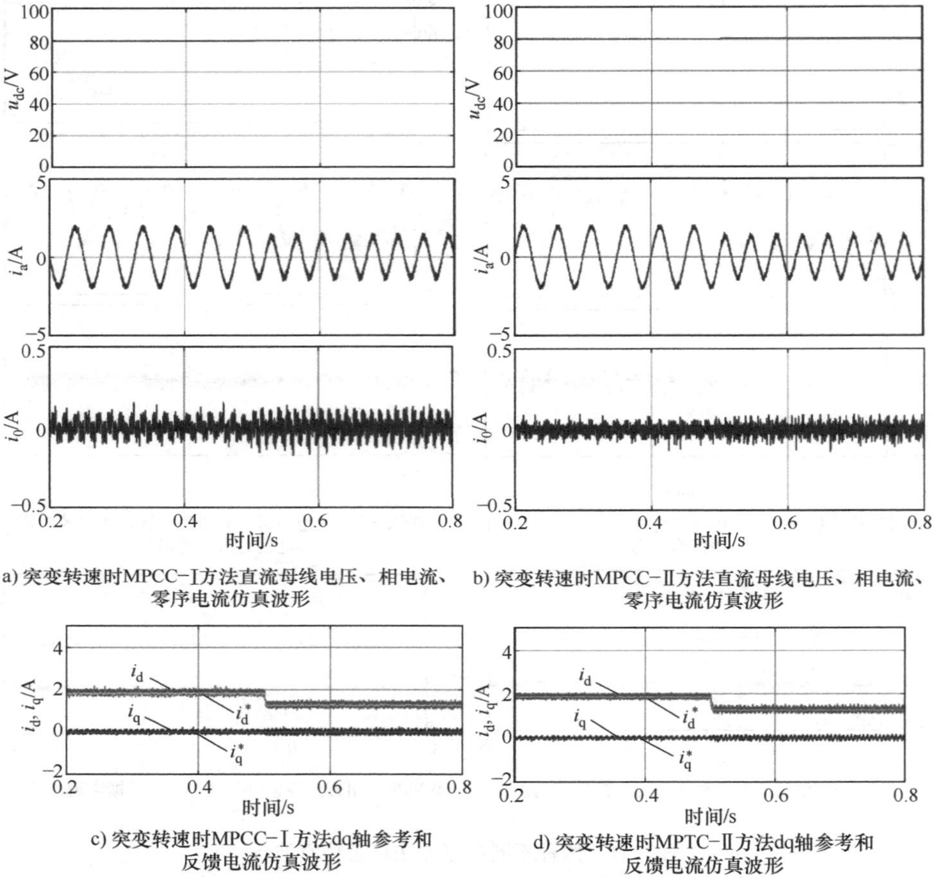

a) 突变转速时MPCC-Ⅰ方法直流母线电压、相电流、零序电流仿真波形

b) 突变转速时MPCC-Ⅱ方法直流母线电压、相电流、零序电流仿真波形

c) 突变转速时MPCC-Ⅰ方法dq轴参考和反馈电流仿真波形

d) 突变转速时MPTC-Ⅱ方法dq轴参考和反馈电流仿真波形

图 3-33　突变转速时，两种控制方法动态响应仿真波形

为了更直观地对比 MPCC - Ⅰ 和 MPCC - Ⅱ 方法在矢量选择上的差异，图 3-34给出了在相同控制条件下两种方法的矢量选择图，通过对两图所显示的可控变流器侧第一矢量和第二矢量的对比明显看出 MPCC - Ⅰ 和 MPCC - Ⅱ 在控制上的差异。

2. 实验结果

进一步对 MPCC - Ⅰ 和 MPCC - Ⅱ 两种方法进行了实验效果比较，实验中两者的控制频率均为 10kHz。图 3-35 为 MPCC - Ⅰ 和 MPCC - Ⅱ 两种方法的稳态实验结果，实验中直流母线电压设定为 90V，电机转速设定为 500r/min。首先，将图 3-24所示稳态结果与图 3-35 所示稳态结果进行对比可知，相比于 3.4 节的控制方法，MPCC - Ⅰ 和 MPCC - Ⅱ 两种方法具有更好的稳态控制表现，并且抑制

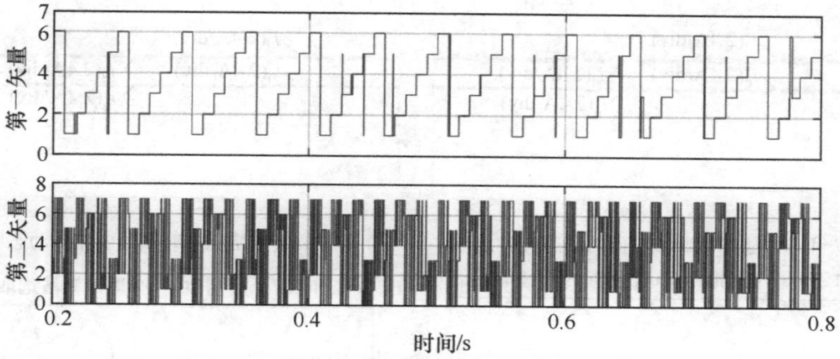

a) MPCC-Ⅰ方法可控变流器侧电压矢量选择

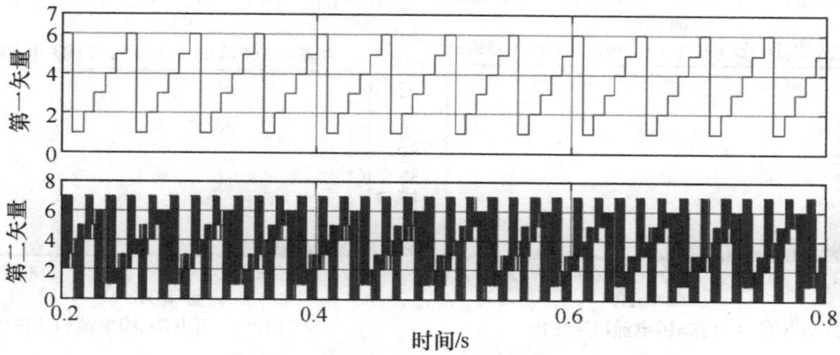

b) MPCC-Ⅱ方法可控变流器侧电压矢量选择

图 3-34　两种不同控制方法在稳态时可控变流器侧电压矢量选择

零序电流的能力更强。另一方面，通过图 3-35 对 MPCC－Ⅰ和 MPCC－Ⅱ两种方法的稳态性能进行单独比较，可以清楚地看出在 MPCC－Ⅱ方法控制下系统的电流脉动更小，对零序电流抑制效果也更好。图 3-35e 和 f 为两种不同控制方法相电流的 FFT 分析结果，也进一步证明了 MPCC－Ⅱ方法稳定控制表现更优。

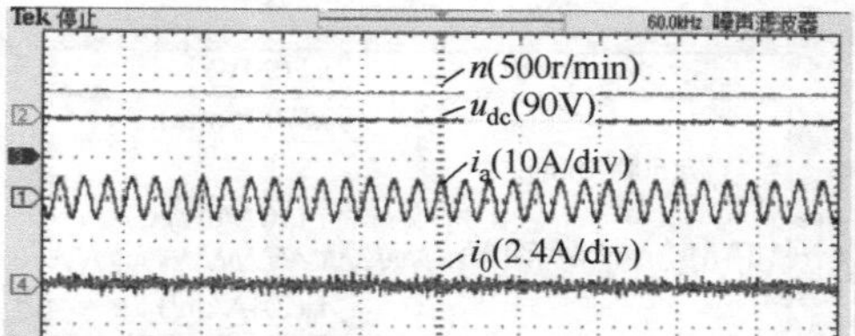

a) MPCC-Ⅰ方法稳态时转速、直流母线电压、相电流、零序电流实验波形

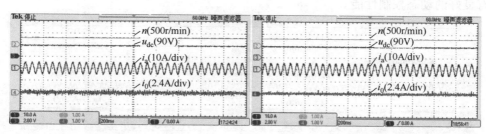

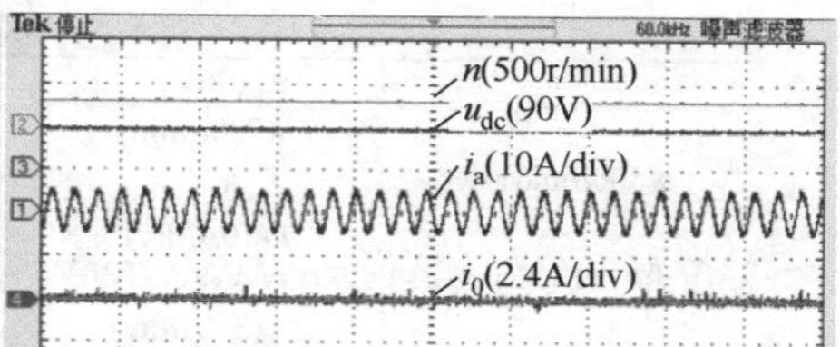

b) MPCC-Ⅱ方法稳态时转速、直流母线电压、相电流、零序电流实验波形

图 3-35　两种不同控制方法在稳态时实验波形

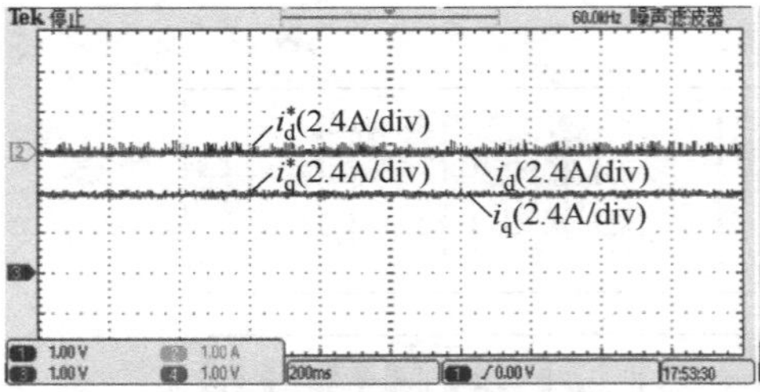

c) MPCC-Ⅰ方法稳态时dq轴电流的动态实验波形

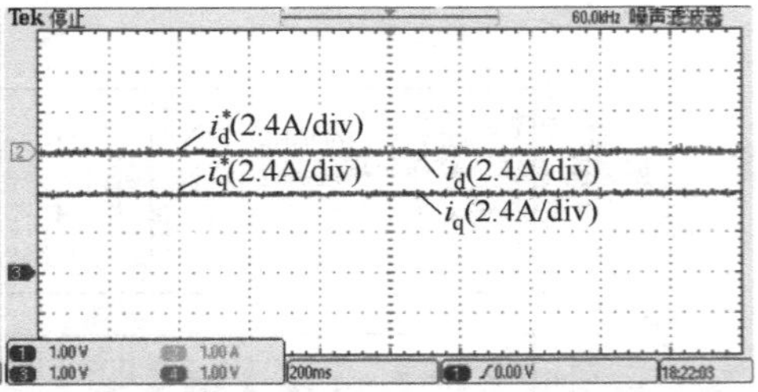

d) MPCC-Ⅱ方法稳态时dq轴电流的动态实验波形

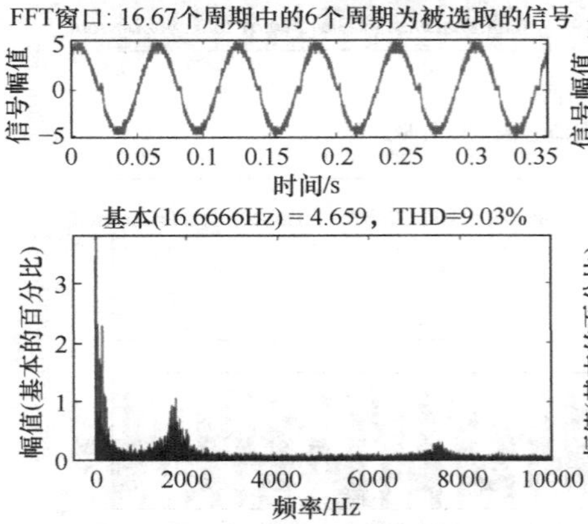

e) MPCC-Ⅰ方法a相电流FFT分析

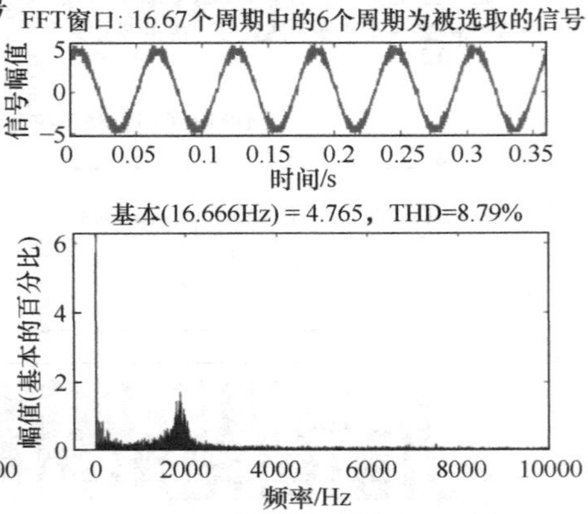

f) MPCC-Ⅱ方法a相电流FFT分析

图 3-35 两种不同控制方法在稳态时实验波形（续）

图 3-36 和图 3-37 为突变转速或直流母线电压时，MPCC－Ⅰ和 MPCC－Ⅱ方法动态响应实验对比结果，其中图 3-36 显示了直流母线电压不变，电机转速从 500r/min 突变为 700r/min 时的动态试验对比结果，图 3-37 为电机转速不变，直流母线电压从 90V 突变到 60V 的动态实验对比结果。从图 3-36 和图 3-37 的实验结果可以看出，当转速或直流母线电压突变时，两种控制方法 dq 轴电流都能快速跟踪参考电流的变化且能迅速进入新的稳定状态，表明两种控制方法均具有良好的动态控制性能。

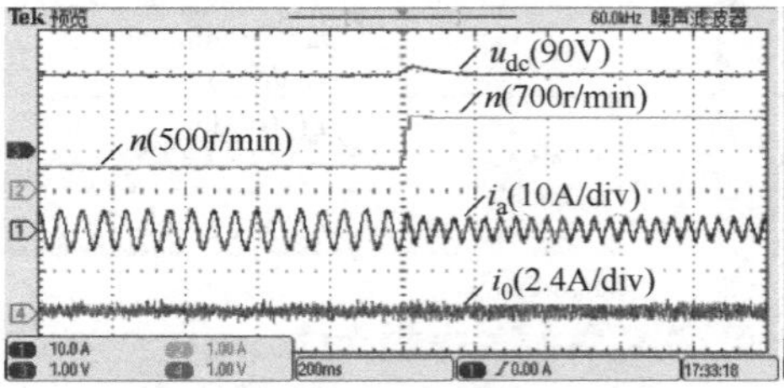

a) 突变转速时MPCC-Ⅰ方法的直流母线电压、a相电流、零序电流的动态实验波形

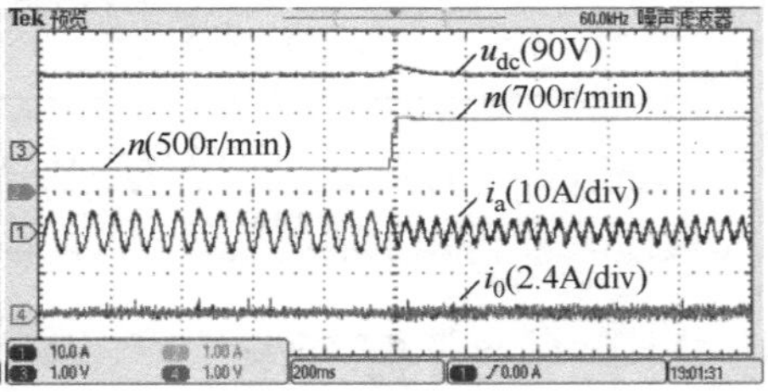

b) 突变转速时MPCC-Ⅱ方法的直流母线电压、a相电流、零序电流的动态实验波形

图 3-36 突变转速时两种不同控制方法动态实验波形

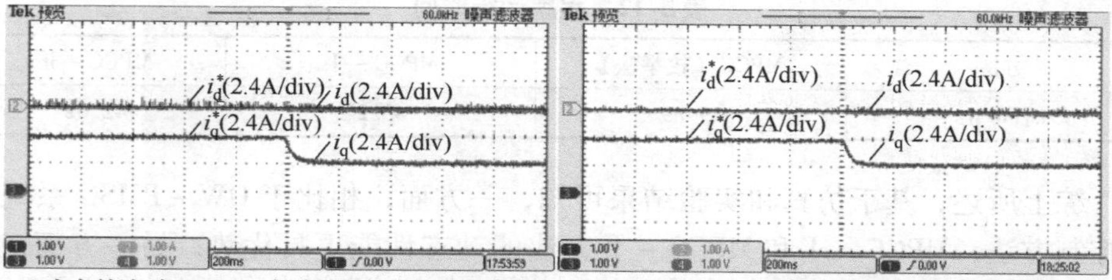

c) 突变转速时MPCC-Ⅰ方法的dq轴电流的动态实验波形　d) 突变转速时MPCC-Ⅱ方法的dq轴电流的动态实验波形

图 3-36　突变转速时两种不同控制方法动态实验波形（续）

另一方面，与第 3.3 节传统矢量控制方法的动态表现进行对比可知，传统矢量控制方法突变转速时动态响应时间为 280ms，而 MPCC－Ⅰ和 MPCC－Ⅱ两种控制方法的动态响应时间为 200ms，与矢量控制方法相比，两种控制方法动态响应时间缩短了 80ms。上述实验对比结果表明，MPCC－Ⅰ和 MPCC－Ⅱ两种控制方法的动态性能明显优于矢量控制方法。

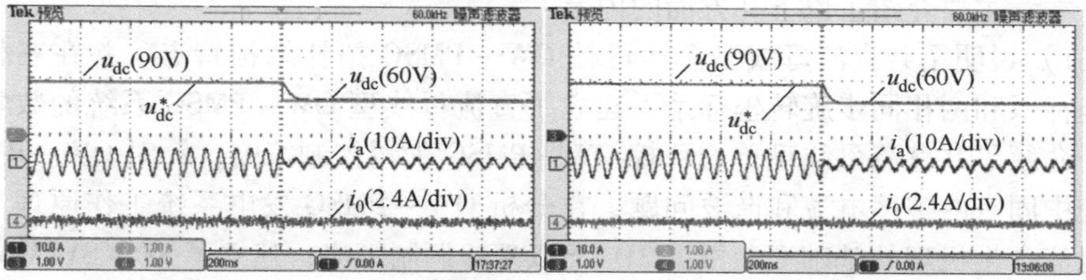

a) 突变直流母线电压时MPCC-Ⅰ方法的直流母线电压、a相电流、零序电流的动态实验波形　b) 突变直流母线电压时MPCC-Ⅱ方法的直流母线电压、a相电流、零序电流的动态实验波形

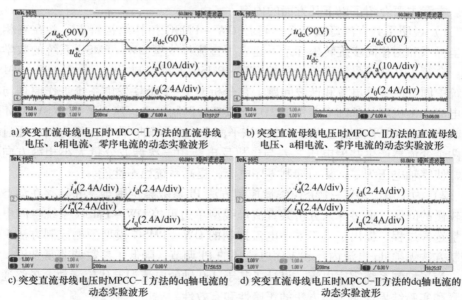

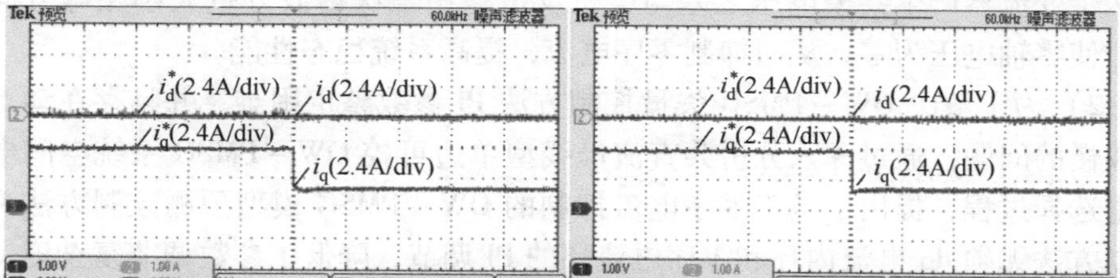

c) 突变直流母线电压时MPCC-Ⅰ方法的dq轴电流的动态实验波形　d) 突变直流母线电压时MPCC-Ⅱ方法的dq轴电流的动态实验波形

图 3-37　突变直流母线电压时两种不同控制方法动态实验波形

最后，为检验本节所提出的 MPCC－Ⅰ和 MPCC－Ⅱ方法的计算负荷大小，实验统计了双矢量 MPCC 枚举法、MPCC－Ⅰ和 MPCC－Ⅱ三种控制方法下程序运行所用时间，如表 3-12 所示。表中数据显示，所提出的 MPCC－Ⅰ和 MPCC－Ⅱ方法程序运行所用时间少于 OW－PMSG 双矢量 MPCC 枚举法所用时间，实验验证了 MPCC－Ⅰ和 MPCC－Ⅱ方法具有减小 MPCC 计算量的效果。

表 3-12 程序运行时间

方法	MPCC（枚举法）	MPCC - Ⅰ	MPCC - Ⅱ
时间/μs	49.89	43.2	42.62

综上所述，基于仿真和实验结果可知，一方面，相比于 OW - PMSG 系统矢量控制方法，MPCC - Ⅰ和 MPCC - Ⅱ方法的动态性能更具优势；另一方面，相比于 OW - PMSG 模型预测电流控制方法来说，MPCC - Ⅰ和 MPCC - Ⅱ方法对系统零序电流的抑制效果更好，稳态性能更优；此外，两种控制方法都能够降低计算量，缩短程序运行时间。

3.6 本章小结

本章从数学建模、理论分析、仿真研究及实验验证四个方面深入的对共直流母线型单边可控 OW - PMSG 系统的控制策略进行了研究，取得了一定的研究成果。本章主要介绍了以下几方面的内容：

1）说明了共直流母线型单边可控 OW - PMSG 拓扑结构特点，并在三相静止坐标系和两相同步旋转坐标系下建立了直流母线型 OW - PMSG 系统的数学模型。介绍了共直流母线型单边可控 OW - PMSG 矢量控制策略，针对 OW - PMSG 系统中固有的零序电流和谐波问题，在分析 OW - PMSG 发电系统工作原理与零序电流产生机理的基础上，根据 2D - SVPWM 调制策略，建立了 3D - SVPWM 调制策略，在 αβ 平面轴上增加一个与该平面垂直的零轴，构成三维空间，通过控制两个变流器产生共模电压之差与电机反电势中三次谐波分量大小相等方向相反，使零轴电压为零，从而抑制零序电流，提高系统稳态性能。

2）为了解决 OW - PMSG 矢量控制方法 PI 参数整定困难，并且存在动态响应较慢的问题，通过深入分析共直流母线型单边可控 OW - PMSG 系统空间电压矢量选择过程，提出了基于零序电流抑制的 OW - PMSG 模型预测控制方法。此控制方法无须 dq 电流内环和零序电流环的 PI 调节，降低了参数调节复杂度，同时，为了抑制系统零序电流，设计了基于 dq0 轴的电流误差代价函数，最终通过仿真和实验结果证明了该方法的正确性和有效性。

3）针对共直流母线型单边可控 OW - PMSG 模型预测控制方法对系统零序电流抑制效果一般、稳态时电流波动大等问题，分别提出了基于零序电流抑制的可控变流器侧三维空间矢量模型预测控制（MPCC - Ⅰ）和基于不控整流器侧电压矢量调整的零序电流抑制策略（MPCC - Ⅱ）。两种控制方法利用不同的参考电压矢量、不同的扇区划分方式都能起到减小计算量，且使系统达到良好的稳态与动态控制效果。

参考文献

[1] ZHANG X, WANG K. Current Prediction Based Zero Sequence Current Suppression Strategy for the Semicontrolled Open – Winding PMSM Generation System With a Common DC Bus [J]. IEEE Transactions on Industrial Electronics, 2018, 65 (8): 6066 – 6076.

[2] ZHANG X, LI Y, WANG K, et al. Model Predictive Control of the Open – winding PMSG System Based on Three – Dimensional Reference Voltage – Vector [J]. IEEE Transactions on Industrial Electronics, 2020, 67 (8): 6312 – 6322.

[3] ZHANG X, LI Y, WANG K. Current Predictive Control for the Semi – Controlled Open – Winding PMSM Generation System [C] //IEEE Energy Conversion Congress and Exposition (ECCE), 2018, IEEE, Portland: 3476 – 3482.

[4] SOMASEKHAR V T, SRINIVAS S, KUMAR K K. Effect of Zero – Vector Placement in a Dual – Inverter Fed Open – End Winding Induction – Motor Drive With a Decoupled Space – Vector PWM Strategy [J]. IEEE Transactions on Industrial Electronics, 2008, 55 (6): 2497 – 2505, June.

[5] SHYU K, LIN J, PHAM V, et al. Global Minimum Torque Ripple Design for Direct Torque Control of Induction Motor Drives [J]. IEEE Transactions on Industrial Electronics, 2010, 57 (9): 3148 – 3156.

[6] S. A. DAVARI S A, D. A. KHABURI D A, KENNEL R. An Improved FCS – MPC Algorithm for an Induction Motor With an Imposed Optimized Weighting Factor [J]. IEEE Transactions on Power Electronics, 2012, 27 (3): 1540 – 1551.

[7] ZHANG Y, YANG H. Torque ripple reduction of model predictive torque control of induction motor drives [C] // IEEE Energy Conversion Congress and Exposition, 2013, IEEE, Denver : 1176 – 1183.

第4章

双边可控绕组开路永磁同步发电机系统模型预测电流控制

本书的第3章介绍了单边可控 OW－PMSG 系统电流预测控制策略，以此为基础，本章将进一步介绍双边可控型 OW－PMSG 系统的电流预测控制策略。共直流母线型双边可控 OW－PMSG 系统拓扑结构如图2-1所示。

根据单个逆变器三相桥臂输出的电压表达式（3.14）可知，两电平逆变器共有8种开关状态，对应8个电压矢量，其中包括6个非零电压矢量和2个零电压矢量，矢量具体分布如图4-1所示。

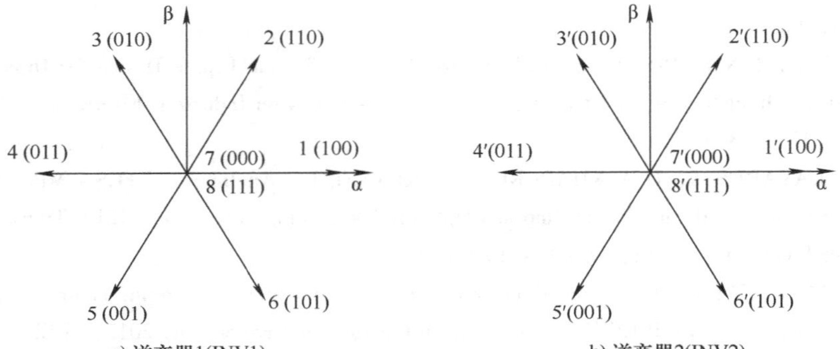

a) 逆变器1(INV1)　　b) 逆变器2(INV2)

图4-1　双逆变器电压矢量

双逆变器的开关状态共有 $8\times8=64$ 种组合，图4-2显示了双逆变器电压矢量在 $\alpha\beta$ 平面上所有矢量组合的分布情况。

需要注意的是，有些开关状态组合可能会产生相同的电压矢量，例如74′和23′，它们是不同的开关状态组合，但是都产生了电压矢量 OA。除去重复的电压矢量，64种开关状态组合最终会产生19个不同的电压矢量，包括18个非零电压矢量和1个零电压矢量。在这些矢量中，零矢量位于原点，其他的非零矢量分别位于六边形 $ABCDEF$、$HJLNQS$ 和 $GIKMPR$ 的顶点，这三组电压矢量的幅值分别为 $2U_{dc}/3$，$2\sqrt{3}U_{dc}/3$ 和 $4U_{dc}/3$。所有开关状态组合和其零序电压的关系如表4-1所示。

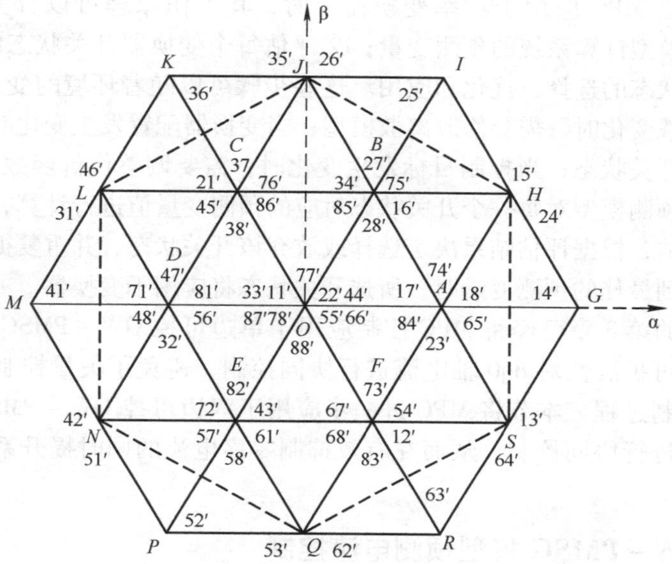

图 4-2　双逆变器电压矢量在 αβ 平面上的分布

表 4-1　开关状态组合和零序电压

开关状态组合	零序电压 u_0
(78′)	$-U_{dc}$
(72′) (74′) (76′) (18′) (38′) (58′)	$-2U_{dc}/3$
(12′) (14′) (16′) (28′) (32′) (34′) (36′) (48′) (52′) (54′) (56′) (68′) (71′) (73′) (75′)	$-U_{dc}/3$
(11′) (22′) (33′) (44′) (55′) (66′) (77′) (88′) (13′) (31′) (24′) (42′) (35′) (53′) (46′) (64′) (51′) (15′) (62′) (26′)	0
(17′) (21′) (23′) (25′) (37′) (41′) (43′) (45′) (57′) (61′) (63′) (65′) (82′) (84′) (86′)	$U_{dc}/3$
(27′) (47′) (67′) (81′) (83′) (85′)	$2U_{dc}/3$
(87′)	U_{dc}

4.1 基于零序电流抑制的共直流母线型双边可控 OW - PMSG 系统模型预测电流控制

正如第 1 章所述，MPC 是一种基于模型的优化控制策略，其基本工作原理是利用数学模型对系统行为进行预测，并根据预测值借助代价函数进行寻优以实现控制目标。当 MPC 应用于功率变换器上时，其工作原理可以分为三个步骤：①使用离散模型计算系统的预测变量；②评估每个变换器开关状态的代价函数；③最佳开关状态的选择、优化和应用。这些步骤可以随着环境的变化有所调整，例如，当负载变化时，需要修改离散模型；当变换器配置发生变化时，需要调整模型评估的开关状态；当控制目标发生变化时，需要调整代价函数。在 MPC 实施过程中，预测模型对每一个开关状态对应的预测变量值进行计算，并带入代价函数进行评估，根据评估结果决定选择或放弃该开关状态，并重复循环，当代价函数寻优得到最佳的预测变量时，所选开关状态将应用于变换器。

在本书的第 3 章已经将 MPC 控制应用于单边可控 OW - PMSG 系统，利用代价函数的可扩展性对 dq0 轴电流进行协同控制，避免了矢量控制中三个电流环的复杂控制过程。本节将 MPC 进一步应用于双边可控 OW - PMSG 系统，对两个变换器进行协同控制，从而在有效抑制零序电流的同时提升系统稳态与动态特性。

4.1.1　OW - PMSG 模型预测电流控制

对于共直流母线型 OW - PMSG 系统，零序电流会增加系统损耗和转矩脉动，降低整个系统的效率，因此，与第 3 章所述控制目标相似，如何更加有效地抑制零序电流是本章内容的重点之一。在双逆变器供电的 OW - PMSG 系统中，零序电流主要由双逆变器的共模电压和系统反电动势三次谐波分量引起，传统的抑制零序电流的方法主要分为两类：直接零序电流抑制和间接零序电流抑制。一方面，在间接零序电流抑制方法中，主要的控制目标是消除两个逆变器产生的共模电压，因此一些方法提出采用不产生共模电压的电压矢量作为调制矢量，虽然这些方法能够对零序电流进行抑制，但是在 OW - PMSG 系统中始终存在转子磁链的三次谐波分量，因此间接零序电流抑制方法很难抑制转子磁链三次谐波分量引起的零序电流；另一方面，在直接零序电流抑制方法中，增加零序电流反馈闭环虽然可以实现零序电流的直接控制，但是增加了一个额外的 PI 电流控制器，而 PI 控制不能实现零序电流主要组成部分三次谐波分量的稳态误差跟踪，因此无法获得最佳的零序电流抑制性能。

共直流母线型双边可控 OW - PMSG 模型预测控制的原理框图如图 4-3 所示，主要包括电流预测、一拍延时补偿、代价函数最小化及开关信号输出。其中 d 轴和零轴的参考值均设定为 0，q 轴电流的参考值由直流母线电压的参考值与反馈值经过 PI 调节后得到。内环是 dq0 轴电流控制，OW - PMSG 三相电流经过 Clark 变换和 Park 变换得到 dq0 轴电流 $i_{dq0}(k)$，利用 dq0 轴电流 $i_{dq0}(k)$ 预测出下一时刻的电流 $i_{dq0}(k+1)$，用 $i_{dq0}(k+1)$ 代替预测模型中当前时刻的电流 $i_{dq0}(k)$ 实现一拍延时补偿，得到 $k+2$ 时刻电流 $i_{dq0}(k+2)$，最后将 $i_{dq0}(k+2)$ 与 dq0

轴电流参考值带入到代价函数 g 中，选出使代价函数值最小的电压矢量作为最优电压矢量，并将最优电压矢量对应的开关信号输入到双逆变器中，从而实现对系统的控制。

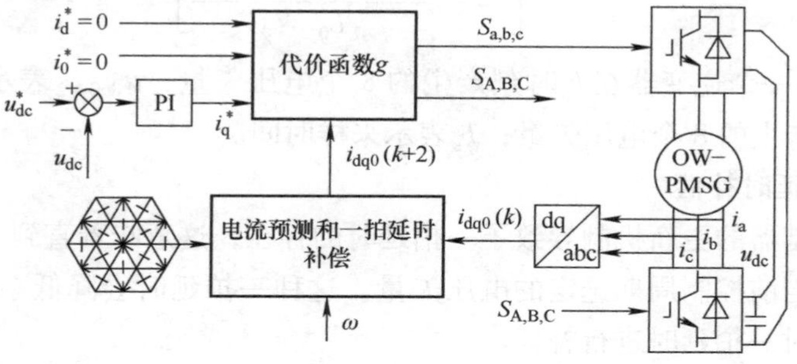

图 4-3 MPCC 的控制框图

1. 电流预测

MPCC 的基本原理是利用当前电流值通过数学模型预测下一时刻的电流。首先，将 OW－PMSG 在 dq0 坐标系下的电压方程转变为状态方程，如下所示：

$$\frac{\mathrm{d}i_{dq0}}{\mathrm{d}t}=\boldsymbol{A}i_{dq0}+\boldsymbol{B}u_{dq0}+\boldsymbol{D} \tag{4.1}$$

式中，$\boldsymbol{A}=\begin{bmatrix}-\dfrac{R}{L_d} & \omega & 0\\ -\omega & -\dfrac{R}{L_q} & 0\\ 0 & 0 & -\dfrac{R}{L_0}\end{bmatrix}$；$\boldsymbol{B}=\begin{bmatrix}-\dfrac{1}{L_d} & 0 & 0\\ 0 & -\dfrac{1}{L_q} & 0\\ 0 & 0 & -\dfrac{1}{L_0}\end{bmatrix}$；$\boldsymbol{D}=\begin{bmatrix}0\\ \dfrac{\omega\psi_{f1}}{L_q}\\ \dfrac{3\omega\psi_{3f}\sin(3\theta)}{L_0}\end{bmatrix}$。

对式（4.1）在 k 到 $k+1$ 时刻进行离散化，可以得到 OW－PMSG 的电流预测模型为

$$i_{dq0}(k+1)=F(k)i_{dq0}(k)+G[\boldsymbol{u}_{dq0-1}(k)-\boldsymbol{u}_{dq0-2}(k)]+H(k) \tag{4.2}$$

式中，$F(k)=\begin{bmatrix}1-\dfrac{T_sR}{L_d} & T_s\omega(k) & 0\\ -T_s\omega(k) & 1-\dfrac{T_sR}{L_q} & 0\\ 0 & 0 & 1-\dfrac{T_sR}{L_0}\end{bmatrix}$；$G=\begin{bmatrix}\dfrac{T_s}{L_d} & 0 & 0\\ 0 & \dfrac{T_s}{L_q} & 0\\ 0 & 0 & \dfrac{T_s}{L_0}\end{bmatrix}$；

$$H(k)=\begin{bmatrix}0\\ \dfrac{\omega(k)\psi_{f1}T_s}{L_q}\\ -\dfrac{3\psi_{3f}\sin(3\theta)T_s\omega(k)}{L_0}\end{bmatrix};$$

$\boldsymbol{u}_{dq0-1}$表示第一个逆变器在 k 时刻产生的 8 个电压矢量；$\boldsymbol{u}_{dq0-2}$表示第二个逆变器在 k 时刻产生的 8 个电压矢量；T_s表示采样时间。

2. 一拍延时补偿

数字控制器的更新机制导致了一拍延时的存在，这意味着直到下一个控制周期才能应用当前控制周期选定的电压矢量。这种一拍延时会降低系统控制性能，因此有必要对一拍延时进行补偿。

首先，通过测量获得当前时刻的电压矢量 $u_{dq0-1}(k)$，$u_{dq0-2}(k)$ 和电流 $i_{dq0}(k)$，然后根据电流预测模型（4.2）预测下一个控制周期的电流值 $i_{dq0}(k+1)$，在此基础上，将电流预测模型（4.2）中的电流测量值 $i_{dq0}(k)$ 替换为预测电流值 $i_{dq0}(k+1)$。因此，补偿后 $k+2$ 时刻的预测电流可以表达如下：

$$i_{dq0}(k+2)=F(k)i_{dq0}(k+1)+G[u_{dq0-1}(k+1)-u_{dq0-2}(k+1)]+H(k) \tag{4.3}$$

MPCC 的控制目标是使预测电流与参考电流之间的误差最小，因此，需要在每一个控制中都寻优到一组最优的开关状态作用在双逆变器上。基于此，基于预测的 dq 轴电流和零序电流，设计了一个简单的代价函数如下：

$$g=|i_d^*-i_d(k+2)|^2+|i_q^*-i_q(k+2)|^2+|i_0^*-i_0(k+2)|^2 \tag{4.4}$$

4.1.2 单矢量模型预测电流控制

本章节前文提到双逆变器一共能产生 64 种开关组合，包括 19 个不同的电压矢量。常规的模型预测电流控制是将这 19 个电压矢量依次带入到电流预测模型（4.2）中，得到 19 个预测电流，经过一拍延时补偿，全部代入到代价函数（4.4）中，选出使代价函数值最小的电压矢量作为最优矢量，产生开关信号。然而，19 个电压矢量全部循环一遍，增加了系统的计算负荷。因此，为了减少预测控制的计算时间，本节给出了一种快速选出最优矢量的改进电流预测控制算法。

首先，根据电流无差拍原理计算出 OW－PMSG 的参考电压矢量，然后根据 OW－PMSG 参考电压矢量在空间上的位置确定逆变器 1（INV1）的电压矢量，根据 OW－PMSG 电压矢量与双逆变器电压矢量之间的几何关系计算得到逆变器 2（INV2）的参考电压矢量，根据 INV2 参考电压矢量在空间上的位置确定该逆变器候选电压矢量的范围和数量，最后通过电流预测模型与代价函数选取最优矢量。

1. 参考电压矢量预测

本节所用的无差拍控制原理是将预测系统期望的参考电压矢量作为19个不同电压矢量的参考来确定候选电压矢量，如果所选择的最优电压矢量使得代价函数值为零，则意味着能在下一个周期消除dq轴和零序电流的误差。将预测电流作为参考值，即 $i_{dq0}(k+2)=i_{dq0}^*$，可获得这个理想的参考电压矢量 $\boldsymbol{u}_{ref}$，具体表达式如下：

$$\begin{cases}\boldsymbol{u}_{dref}=-\dfrac{L_d}{T_s}i_d^*+\left(\dfrac{L_d}{T_s}-R\right)i_d(k+1)+\omega Li_q(k+1)\\ \boldsymbol{u}_{qref}=-\dfrac{L_q}{T_s}i_q^*+\left(\dfrac{L_q}{T_s}-R\right)i_q(k+1)-\omega Li_d(k+1)+\omega\psi_{f1}\\ \boldsymbol{u}_{0ref}=-\dfrac{L_0}{T_s}i_0^*+\left(\dfrac{L_0}{T_s}-R\right)i_0(k+1)-3\omega\psi_{f3}\sin(3\theta)\end{cases}\tag{4.5}$$

式中，$\boldsymbol{u}_{dref}$、$\boldsymbol{u}_{qref}$、$\boldsymbol{u}_{0ref}$分别表示dq轴和零轴的参考电压矢量。式（4.5）经过坐标变换，可得到系统在αβ轴上的参考电压矢量 $\boldsymbol{u}_{\alpha\beta ref}$：

$$\begin{cases}\boldsymbol{u}_{\alpha ref}=\boldsymbol{u}_{dref}\cdot\cos(\theta)-\boldsymbol{u}_{qref}\cdot\sin(\theta)\\ \boldsymbol{u}_{\beta ref}=\boldsymbol{u}_{dref}\cdot\sin(\theta)+\boldsymbol{u}_{qref}\cdot\cos(\theta)\end{cases}\tag{4.6}$$

参考电压矢量 $\boldsymbol{u}_{\alpha\beta ref}$的相位角为

$$\theta_1=\arctan\left(\frac{\boldsymbol{u}_{\beta ref}}{\boldsymbol{u}_{\alpha ref}}\right)\tag{4.7}$$

2. 电压矢量确定

为了更快速地选择电压矢量，将双逆变器电压矢量分布的整个平面划分为六个扇区，即Ⅰ，Ⅱ，…Ⅵ，如图4-4a所示。根据式（4.6）和式（4.7），可得到OW－PMSG在αβ平面上的参考电压矢量 $\boldsymbol{u}_{\alpha\beta ref}$及其相位角 θ_1。首先，根据 θ_1 选择INV1的电压矢量，例如，当OW－PMSG的参考电压矢量 $\boldsymbol{u}_{ref}$位于扇区Ⅰ时，如图4-4a所示，很明显，在包含INV1所有电压矢量的六边形*ABCDEF*内，非零矢量 $\boldsymbol{u}_1$距离参考矢量更近，因此，INV1选择 $\boldsymbol{u}_1$（100）。当OW－PMSG参考电压矢量分别位于扇区Ⅱ，Ⅲ，…Ⅵ内，INV1分别选择电压矢量 $\boldsymbol{u}_2$（110），$\boldsymbol{u}_3$（010），$\boldsymbol{u}_4$（011），$\boldsymbol{u}_5$（001），$\boldsymbol{u}_6$（101）。

确定了INV1的电压矢量之后，根据式（3.7），可计算得到INV2的参考电压矢量 $\boldsymbol{u}_{ref2}$，即 $\boldsymbol{u}_{ref2}=\boldsymbol{u}_{first}-\boldsymbol{u}_{ref}$，$\boldsymbol{u}_{first}$表示已经确定了的INV1的电压矢量。以此为基础，根据 $\boldsymbol{u}_{ref2}$在平面上的位置，可进一步确定INV2候选电压矢量的范围及数量。例如，当 $\boldsymbol{u}_{ref2}$在图4-4a所示位置时，六边形*GHBOFS*包含了INV2所有

的电压矢量，将六边形 *GHBOFS* 划分成六个扇区，如图 4-4b 所示。当 $\boldsymbol{u}_{ref2}$ 的位置在图 4-4b 所示扇区内时，非零矢量 *AF* 以及位于六边形 *GHBOFS* 原点的两个零矢量 000 和 111，这三个电压矢量作为 INV2 的候选电压矢量。进一步，根据预测模型，INV2 的三个候选电压矢量与 INV1 的电压矢量可以计算得到三个预测电流，分别代入到代价函数中，使代价函数值最小的电压矢量将是 INV2 的最优矢量。同理，当 $\boldsymbol{u}_{ref2}$ 位于图 4-4b 中的其他扇区内时，都有一个非零矢量和两个零矢量作为 INV2 的候选矢量。

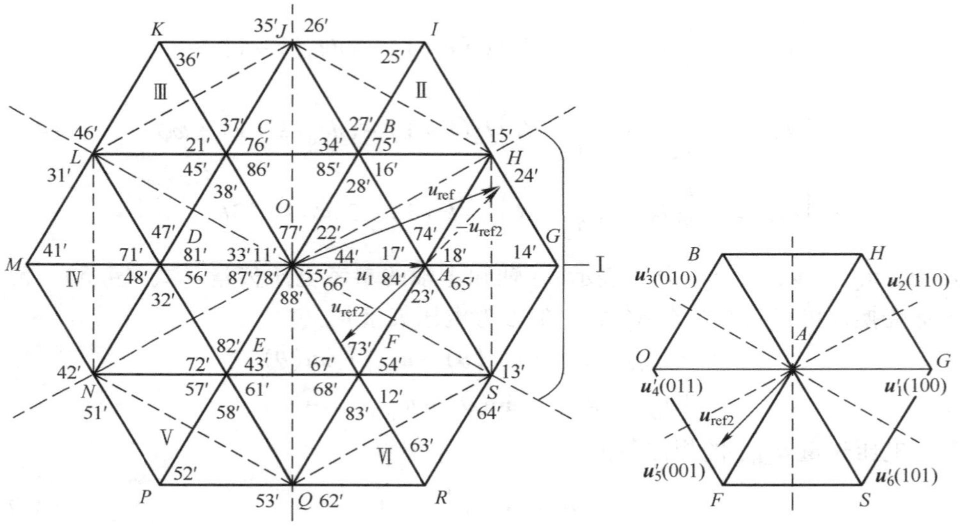

a) 双逆变器空间电压矢量分布　　b) 单矢量方法INV2电压矢量分布

图 4-4　双逆变器空间电压矢量分布和单矢量方法 INV2 电压矢量分布

该方法减小了系统的计算量，相比于传统方法中计算 19 次才能选出最优电压矢量，其只需要计算 3 次就能选出最优电压矢量。然而，需要注意的是，无论是传统的矢量选择方法还是改进的方法，应用到两个逆变器上的电压矢量都是单矢量，对于系统的稳态性能并没有大的提升。OW－PMSG 单矢量 MPCC 控制方法的实现步骤如下：

1）采集当前时刻的电流 i_{dq0}（k）和两个逆变器的电压矢量 $\boldsymbol{u}_{dq0-1}$（k）、$\boldsymbol{u}_{dq0-2}$（k）代入到电流预测模型中计算 $k+1$ 时刻的电流 i_{dq0}（$k+1$）；

2）经过一拍延时补偿，得到 $k+2$ 时刻的电流 i_{dq0}（$k+2$）；

3）计算系统参考电压矢量 $\boldsymbol{u}_{ref}$，根据 $\boldsymbol{u}_{ref1}$ 在平面上的位置确定逆变器 1 的电压矢量，再根据 $\boldsymbol{u}_{ref2}$ 的位置确定逆变器 2 的候选电压矢量；

4）计算得到候选电压矢量对应的预测电流，代入到代价函数 g 中，选择使 g 值最小的电压矢量作为逆变器 2 的最优电压矢量，并且输出相对应的开关信号控制两个逆变器，从而实现对 OW - PMSG 系统的控制。

该方法的流程图如图 4-5 所示。

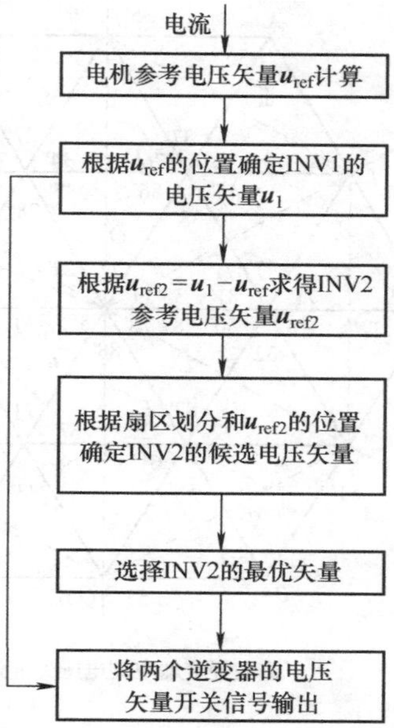

图 4-5　单矢量 MPCC 方法实施流程图

4.1.3　双矢量模型预测电流控制

改进的单矢量方法虽然减小了系统计算量，而且也能有效地抑制零序电流，实现对指令信号的无超调快速跟踪，但是双逆变器在一个控制周期内都只作用一个电压矢量，这可能会导致系统电流误差无法减小到最小值，从而导致电流 THD 较大，稳态性能不理想。

1. 电压矢量选择

为了更好地抑制零序电流，减小电流脉动，提高稳态性能，本节进一步提出了一种双矢量 MPCC 控制方法。该方法对于 INV1 的电压矢量选择原理跟单矢量 MPCC 控制方法一致，同样是根据 OW - PMSG 系统的参考电压矢量在平面上的位置，确定 INV1 的电压矢量；而 INV2 的电压矢量选择方法，以及在一个周期内作用的电压矢量数目与单矢量方法有所不同，根据 u_{ref2} 在平面上的位置，可确定 INV2 候选电压矢量的范围及数量。例如，当 $\boldsymbol{u}_{ref2}$ 在图 4-6a 所示位置时，六边形 *GHBOFS* 包含了 INV2 所有的电压矢量，将六边形 *GHBOFS* 划分为如图 4-6b 所示的六个扇区，当 $\boldsymbol{u}_{ref2}$ 的位置在图 4-6b 所示扇区内时，非零矢量 *AO* 与 *AF* 以及位于六边形 *GHBOFS* 原点的两个零矢量 000 和 111，共 4 个电压矢量，作为 INV2 的候选电压矢量。但是，为了使 INV2 的实际电压矢量与其参考电压矢量 $\boldsymbol{u}_{ref2}$ 更为接近，INV2 的电压矢量可以由四个候选电压矢量中的两个电压矢量合成，共有 5 种组合方式，分别是 *AO* 与 *AF*、*AO* 与 000、*AO* 与 111、*AF* 与 000、*AF* 与 111。由于两个零矢量合成仍然为零矢量，故不考虑该种情况。至于两个矢量的作用次序，本节规定非零矢量在前，零矢量在后。同理，当 $\boldsymbol{u}_{ref2}$ 位于图 4-6b 其他扇区内，也是有 5 种矢量组合方式。

2. 电压矢量作用时间计算

双矢量 MPCC 控制方法决定了一个周期内要有两个电压矢量作用于 INV2，在一个控制周期内，两个电压矢量的作用时间可以根据 dq0 轴电流的无差拍控制

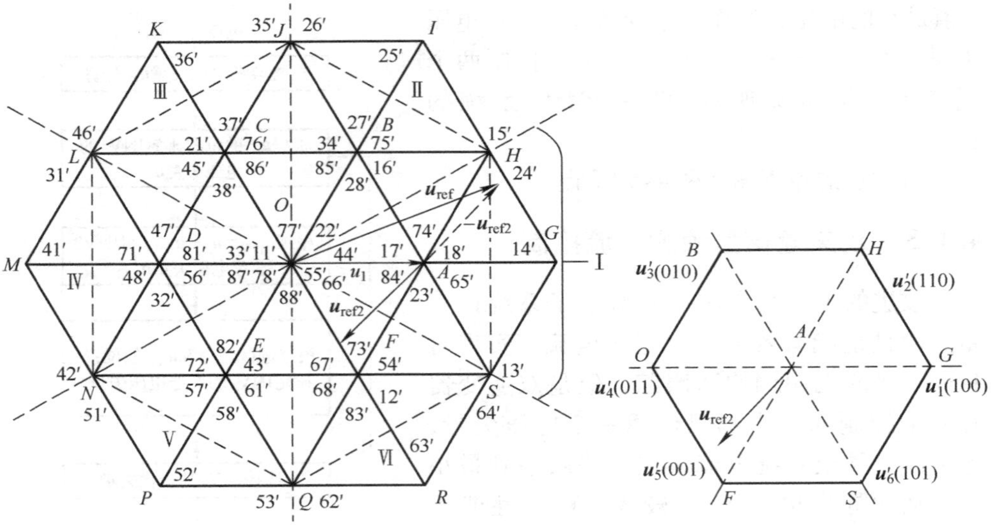

a) 双逆变器空间电压矢量分布　　　　b) 双矢量方法INV2电压矢量分布

图4-6　双逆变器空间电压矢量分布和双矢量方法 INV2 电压矢量分布

原理计算得到[1]。这意味着预测电流 $i_{dq0}(k+2)$ 在一个控制周期结束时可以跟踪参考电流 i_{dq0}^*。因此，预测电流 $i_{dq0}(k+2)$ 可以由 INV2 的第一个和第二个电压矢量引起的电流斜率表示，即：

$$i_{dq0}(k+2)=i_{dq0}^*=i_{dq0}(k+1)+S_1T_1+S_2(T_s-T_1) \tag{4.8}$$

式中，S_1为 INV2 第一个电压矢量引起的电流斜率；S_2为 INV2 第二个电压矢量引起的电流斜率。同时，假设 INV2 所选择的第一电压矢量（命名为 $\boldsymbol{u}'_{dq0-2}$）作用时间为 T_1，那么 INV2 的第二电压矢量（命名为 $\boldsymbol{u}''_{dq0-2}$）作用时间为 T_s-T_1。此外，INV1 选择的电压矢量命名为 $\boldsymbol{u}_{dq0-1}$。

根据预测模型（4.3），电流斜率 S_1和 S_2可表示为

$$\begin{cases}S_1=\mathrm{d}i_{dq0}=-\dfrac{1}{L_{dq0}}(\boldsymbol{u}'_{dq0-2}-\boldsymbol{u}_{dq0-1}+Ri_{dq0}+e_{dq0})\\[2ex] S_2=\mathrm{d}i_{dq0}=-\dfrac{1}{L_{dq0}}(\boldsymbol{u}''_{dq0-2}-\boldsymbol{u}_{dq0-1}+Ri_{dq0}+e_{dq0})\end{cases} \tag{4.9}$$

将式（4.9）代入到式（4.8）中，可得到 T_1：

$$T_1=\frac{[i_{dq0}^*-i_{dq0}(k+1)-S_2T_s]}{(S_1-S_2)} \tag{4.10}$$

应当注意的是，在实际应用中，如果式（4.10）的计算结果超过控制周期

T_s，则时间 T_1 和 T_s-T_1 分别设置为 T_s 和 0；如果计算结果小于 0，则时间 T_1 和 T_s-T_1 分别设置为 0 和 T_s。在确定 INV2 两个矢量的作用时间后，预测模型可以进一步表示为

$$i_{dq0}(k+2)=F(k)i_{dq0}(k+1)+\frac{T_1}{T_s}\boldsymbol{G}\boldsymbol{u}'_{dq0-2}+\left(1-\frac{T_1}{T_s}\right)\boldsymbol{G}\boldsymbol{u}''_{dq0-2}-\boldsymbol{G}\boldsymbol{u}_{dq0-1}(k+1)+H(k) \tag{4.11}$$

每一种电压矢量组合相应地根据式（4.11）都会计算得到一个预测电流，使代价函数值最小的预测电流所对应的电压矢量组合被选为最优矢量组合。

双矢量 MPCC 方法的控制框图如图 4-7 所示，相比于单矢量 MPCC，双矢量 MPCC 增加了矢量作用时间计算的环节。

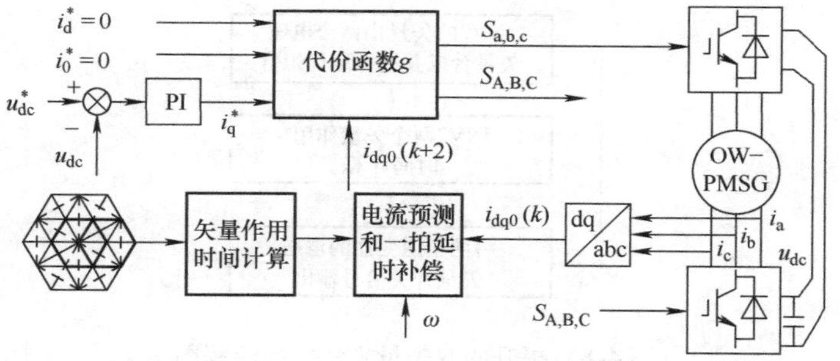

图 4-7　双矢量 MPCC 方法控制框图

该方法的流程图如图 4-8 所示。

比较单矢量方法和双矢量方法，二者的区别主要在于 INV2 的电压矢量选择方面，而 INV1 的电压矢量选择原理是相同的。在单矢量方法中，INV2 电压矢量分布的六边形 *GHBOFS* 被划分成图 4-4b 所示的六个扇区，当 INV2 的参考电压矢量 $\boldsymbol{u}_{ref2}$ 在其中一个扇区内，共有三个电压矢量作为 INV2 的候选电压矢量，最优矢量从这三个矢量中选择；在双矢量方法中，六边形 *GHBOFS* 被划分成图 4-6b所示的六个扇区，当 $\boldsymbol{u}_{ref2}$ 在其中一个扇区内，共有四个电压矢量作为候选电压矢量，但是为了获得更好的稳态性能和零序电流抑制效果，INV2 的电压矢量由两个矢量合成，使实际电压矢量与其参考电压矢量 $\boldsymbol{u}_{ref2}$ 更加接近，四个候选电压矢量共能形成 5 种组合，从这 5 种组合中选择最优矢量组合作为 INV2 的输出。所以，单矢量方法是从三个电压矢量中选择一个电压矢量作为逆变器的输出，而双矢量方法是从 5 种矢量组合中选择一种电压矢量组合作为逆变器的输出。

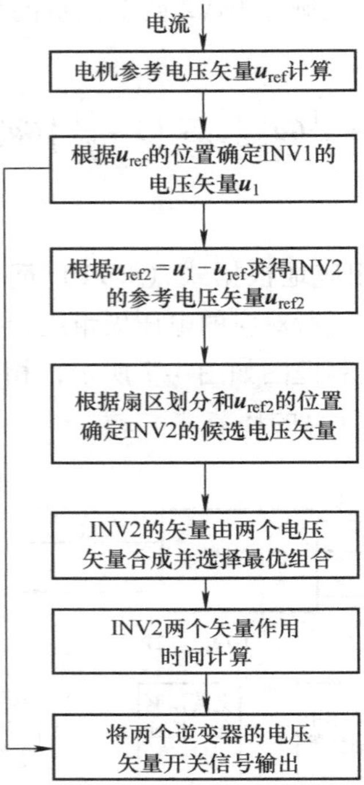

图 4-8　提升的双矢量方法实施流程图

4.1.4　仿真和实验结果

1. 仿真结果

为了验证本节提出的双边可控 OW－PMSG 单矢量 MPCC 和双矢量 MPCC 方法的正确性和有效性，利用 MATLAB/Simulink 软件对提出的两种控制方法进行仿真分析。图 4-9 和图 4-10 展示了两种方法的稳态性能比较，此时设置的条件是给定直流母线电压 $u_{dc}^{*}=80\text{V}$，电机转速为 $n=500\text{r/min}$。通过对比可知，相比于单矢量 MPCC 稳态性能，双矢量 MPCC 方法电流脉动更小、零序电流抑制效果更好、稳态性能更优。

为了进一步对两种控制方法进行对比，通过调节参数对两种方法的动态响应进行观察，比较结果如图 4-11 和图 4-12 所示。保持给定直流母线电压不变，将电机的转速从 500r/min 突变到 700r/min。结果表明，在速度突变的情况下，两种方法的直流母线电压都有一个较小的波动但能快速恢复到给定参考值，dq 轴电流都能得到极快的动态响应。

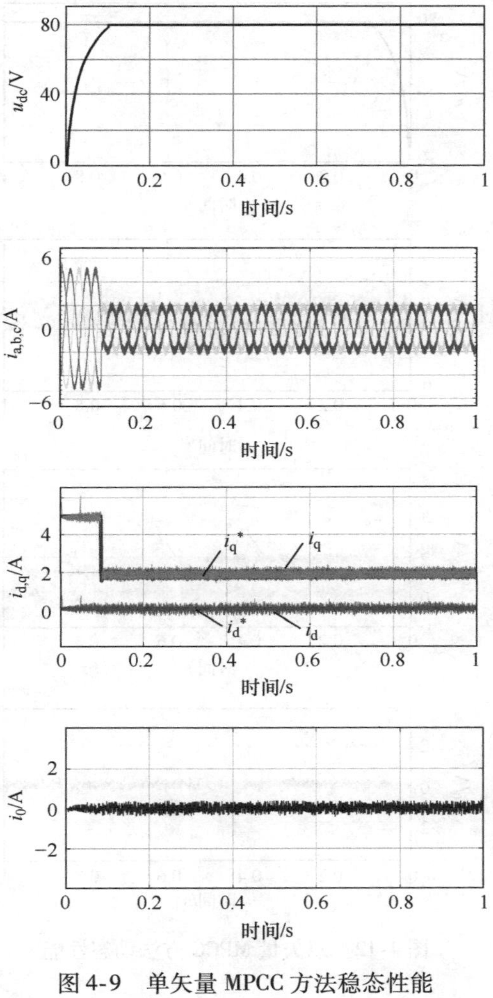

图 4-9　单矢量 MPCC 方法稳态性能

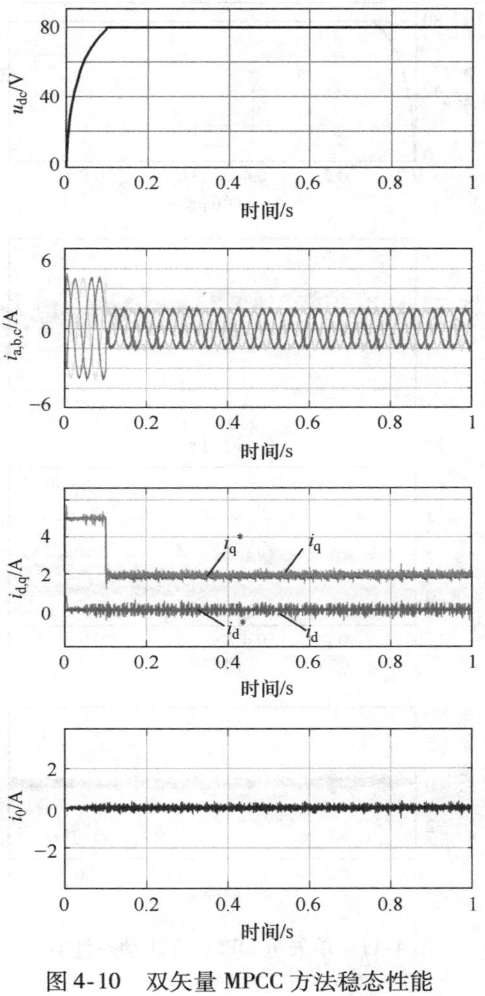

图 4-10　双矢量 MPCC 方法稳态性能

2. 实验结果

为进一步验证单矢量 MPCC 和双矢量 MPPC 控制方法的有效性以及对比两种方法的性能，搭建了 1.25kW 功率等级的 OW－PMSG 系统实验平台，系统主控芯片采用 TI 公司的 DSP TMS320F28335，如图 4-13 所示。系统实验参数见表 4-2，其中系统采样频率设置为 10kHz。实验条件为给定直流母线电压 $u_{dc}^{*}=90V$，电机转速为 $n=500r/min$。图 4-14 展示了两种方法的稳态性能比较，对比可知，相比于单矢量 MPCC 稳态性能，双矢量 MPCC 方法电流脉动更小、零序电流抑制效果更好。

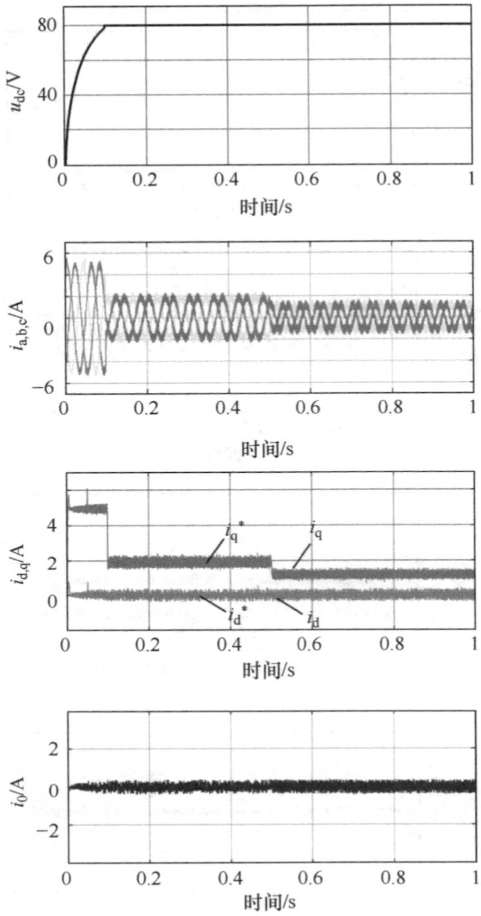

图 4-11 单矢量 MPCC 方法动态性能

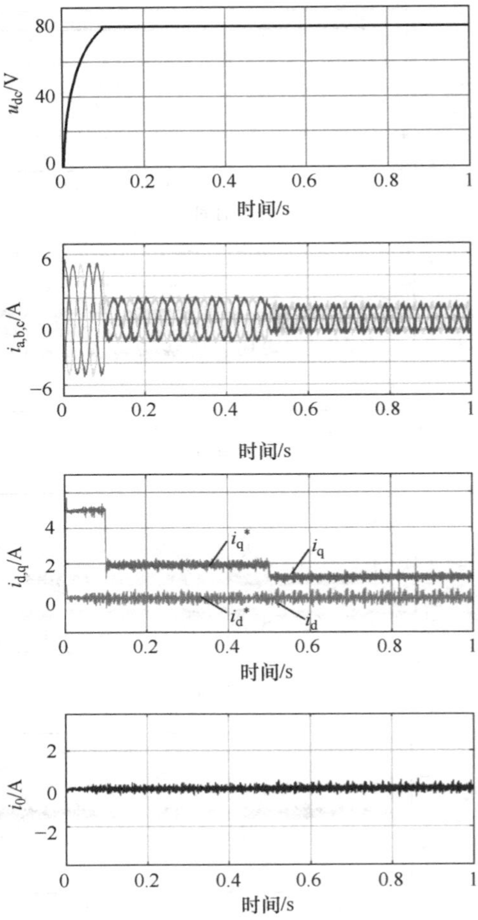

图 4-12 双矢量 MPCC 方法动态性能

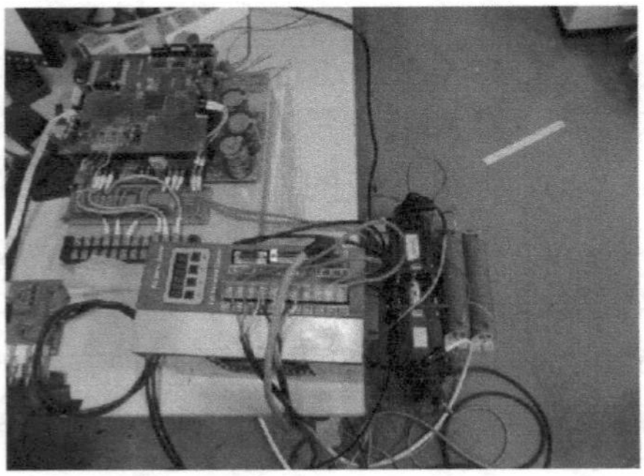

图 4-13 OW－PMSG 系统实验平台

表 4-2　系统实验参数

参数	数值
极对数 P	2
绕组内阻 R/Ω	1.77
负载电阻 R_L/Ω	50
绕组自感 L/mH	5.1
绕组互感 L_M/mH	0.497
永磁磁链 Ψ_{1f}/Wb	0.2404
永磁磁链三次谐波分量 Ψ_{3f}/Wb	0.0059152

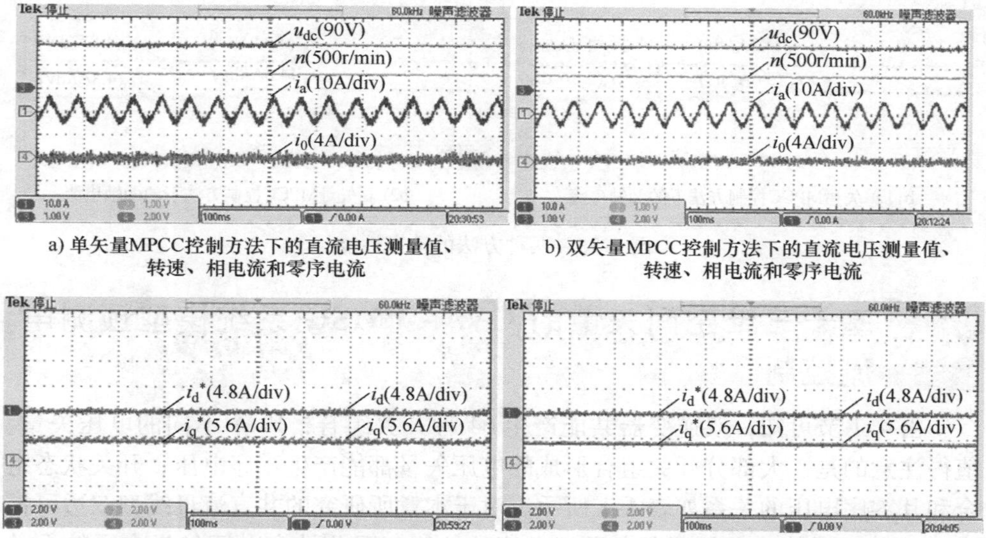

a) 单矢量MPCC控制方法下的直流电压测量值、转速、相电流和零序电流

b) 双矢量MPCC控制方法下的直流电压测量值、转速、相电流和零序电流

c) 单矢量MPCC控制方法下的dq轴电流

d) 双矢量MPCC控制方法下的dq轴电流

图 4-14　两种方法的稳态性能比较

两种控制方法下双逆变器 OW－PMSG 系统的动态响应如图 4-15 所示。当电机转速从 500r/min 突变到 700r/min 时，图 4-15 显示了直流电压和电流（包括相电流、零序电流和 dq 轴电流）的实验结果。结果表明，在转速突变的情况下，两种控制方法的直流电压都能够以较小的电压波动快速跟踪参考值，可以看出，两种控制方法都继承了 MPC 快速动态响应的优点。

综合仿真和实验结果可知，单矢量 MPCC 控制方法和双矢量 MPCC 控制方法，都能实现对 OW－PMSG 系统的控制，且均能有效抑制零序电流。然而相比于单矢量 MPCC 控制方法，双矢量 MPCC 方法控制的系统电流脉动更小，零序电流的纹波更小，抑制效果更好。在转速突变的情况下，两种方法都有良好的动态响应，各变量都能快速准确地跟踪其参考值，仿真和实验结果均验证了所提出控制策略的有效性。

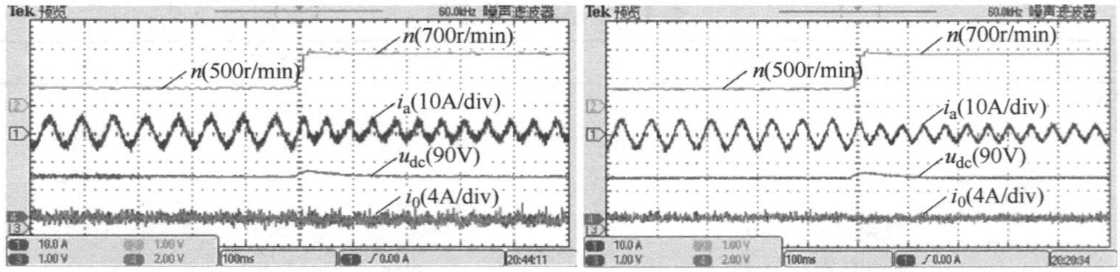

a1) 单矢量MPCC控制方法下的直流电压测量值、转速、相电流和零序电流

a2) 双矢量MPCC控制方法下的直流电压测量值、转速、相电流和零序电流

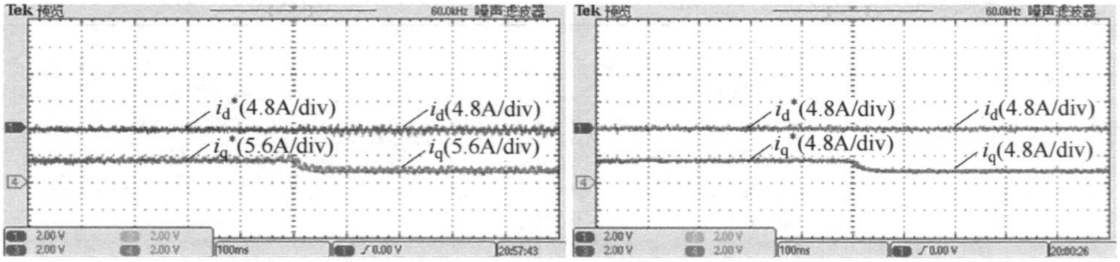

b1) 单矢量MPCC控制方法下的dq轴电流

b2) 双矢量MPCC控制方法下的dq轴电流

图 4-15　两种方法的动态性能

4.2 基于三维空间矢量的 OW－PMSG 系统模型预测电流控制

由 4.1 节可知，双逆变器共能产生 64 种开关组合，19 个不同的电压矢量。值得注意的是，大部分开关组合形成的电压矢量都能产生零序电压，开关状态组合和其零序电压的关系如表 4-1 所示。对于本章所研究的共直流母线型双边可控 OW－PMSG 系统，必须要考虑零序电流的抑制，因此结合电压矢量在零轴上的电压值，双逆变器的电压矢量有必要拓展到三维空间中进行分析。

双逆变器的开关组合在三维空间中形成了 27 个不同的电压矢量，与上一节不同，有些电压矢量在平面上重合但是在零轴上确有不同的电压数值。在 MPCC 控制方法中，主要的控制目标是减小 dq 轴电流预测值及其参考值之间的误差，同时通过选择最优电压矢量抑制零序电流。然而，对于传统的平面上 19 个电压矢量来说，尽管通过代价函数能保证 $i_d(k+2)$ 和 $i_q(k+2)$ 跟踪其参考值，并不能保证零序电流抑制效果最优。因此，要从包含零序电压的三维空间电压矢量中选择最优矢量，从而保证零序电流跟踪其参考值。

本节首先构建了 27 个三维空间电压矢量枚举的方法，为了减小系统的计算量，又进一步给出了根据参考电压矢量位置判断候选电压矢量的改进单矢量 MPCC 方法。在此基础上，为了进一步提高系统性能，介绍了三维双矢量 MPCC 方法[1,2]。另外，在单矢量 MPCC 方法中，两个逆变器的电压矢量一同确定，而在双矢量 MPCC 方法中，分开选择两个逆变器的电压矢量，最后，通过仿真和实验结果验证了三种方法的有效性。

4.2.1　三维空间电压矢量电流预测控制

αβ 平面上重合的开关组合具有不同的零序电压，在三维空间上形成了不同的电压矢量，例如图 4-16 中的 74′和 23′，在 αβ 平面都能产生矢量 OA，但是它们的零序电压不同，根据表 4-1，74′的零序电压是 $-2u_{dc}/3$，23′的零序电压是 $u_{dc}/3$。27 个不同的电压矢量在三维空间中分布情况如图 4-17 所示。

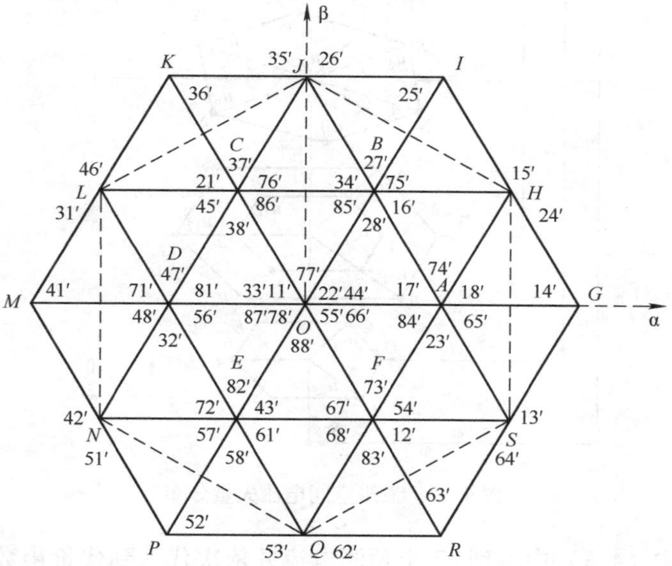

图 4-16　双逆变器电压矢量在 αβ 平面上的分布

在图 4-17 中，平面上分布在六边形 $HJLNQS$ 六个顶点的开关组合在空间上形成了六个电压矢量 $\boldsymbol{u}_1$、$\boldsymbol{u}_2$、$\boldsymbol{u}_3$、$\boldsymbol{u}_4$、$\boldsymbol{u}_5$、$\boldsymbol{u}_6$，均不产生零序电压；平面上分布在原点的开关组合产生三种零序电压，分别是 u_{dc}、0、$-u_{dc}$，对应空间上的三个电压矢量 $\boldsymbol{u}_{16}$、$\boldsymbol{u}_0$、$\boldsymbol{u}_{26}$；平面上分布在六边形 $GIKMPR$ 六个顶点的开关组合产生两种零序电压，分别是 $u_{dc}/3$ 对应电压矢量 $\boldsymbol{u}_8$、$\boldsymbol{u}_{10}$、$\boldsymbol{u}_{12}$，以及 $-u_{dc}/3$ 对应电压矢量 $\boldsymbol{u}_{17}$、$\boldsymbol{u}_{19}$、$\boldsymbol{u}_{21}$。平面上分布在六边形 $ABCDEF$ 六个顶点的开关组合产生四种零序电压，分别是 $u_{dc}/3$ 对应电压矢量 $\boldsymbol{u}_7$、$\boldsymbol{u}_9$、$\boldsymbol{u}_{11}$；$-u_{dc}/3$ 对应电压矢量 $\boldsymbol{u}_{18}$、$\boldsymbol{u}_{20}$、$\boldsymbol{u}_{22}$；$2u_{dc}/3$ 对应电压矢量 $\boldsymbol{u}_{13}$、$\boldsymbol{u}_{14}$、$\boldsymbol{u}_{15}$，以及 $-2u_{dc}/3$ 对应电压矢量 $\boldsymbol{u}_{23}$、$\boldsymbol{u}_{24}$、$\boldsymbol{u}_{25}$。

对于共直流母线型双边可控 OW－PMSG 系统，MPCC 控制方法在 4.1 节已经证明能较好地控制该系统并能有效地抑制零序电流。27 个三维空间电压矢量

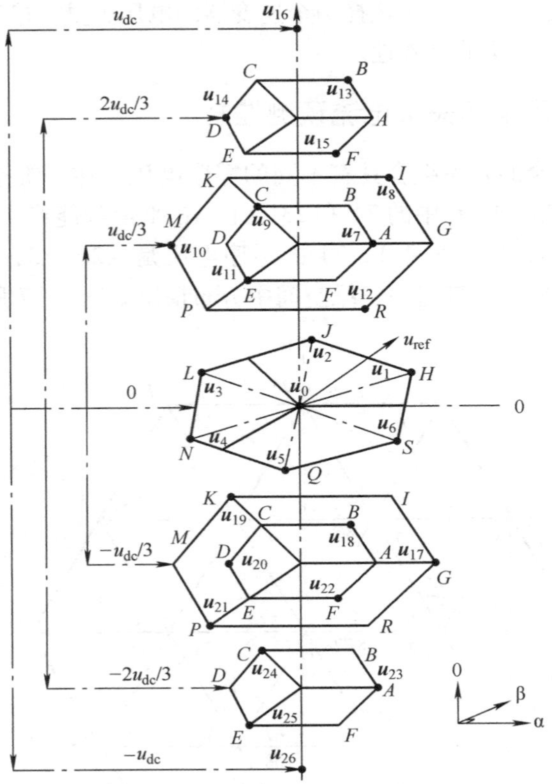

图 4-17　三维空间电压矢量分布

都能代入到式（4.3）中得到 27 个预测电流并依次代入到代价函数（4.4）中，使代价函数 g 最小的电压矢量被选为最优电压矢量。但是，27 个电压矢量枚举的方法增加了系统的计算量，在实际应用中受限，因此，提出三维空间电压矢量改进电流预测控制，以减小计算量。

4.2.2　基于三维空间电压矢量的改进电流预测控制

改进电流预测控制方法是根据参考电压矢量的位置缩小候选电压矢量的范围及数量，与 4.1 节提出的方法类似。但是不同的是，在 4.1 节中，只要考虑参考电压矢量在平面上的位置，而本节涉及零序电压，不仅要考虑参考电压矢量在平面上分量的位置，还要考虑参考电压矢量在零轴上分量的位置。

首先，根据式（4.5）可以得到系统在 dq0 轴上的参考电压矢量 u_{dref}、u_{qref} 和 $u_{0\mathrm{ref}}$，参考电压矢量在 αβ 平面上的分量 $u_{\alpha\beta\mathrm{ref}}$ 及相位角 θ_1 也可通过式（4.6）与式（4.7）计算出来。确定候选电压矢量分为两个步骤：①根据零序参考电压

矢量 $\boldsymbol{u}_{0\mathrm{ref}}$ 在零轴上的位置确定电压层；②根据参考电压矢量在 αβ 平面上的分量 $u_{\alpha\beta\mathrm{ref}}$ 位置和相位角 θ_1 确定候选电压矢量。

1. 确定电压层

根据 27 个电压矢量产生的零序电压的不同，零轴被分为 7 个电压层，具体分布情况如图 4-18 所示。

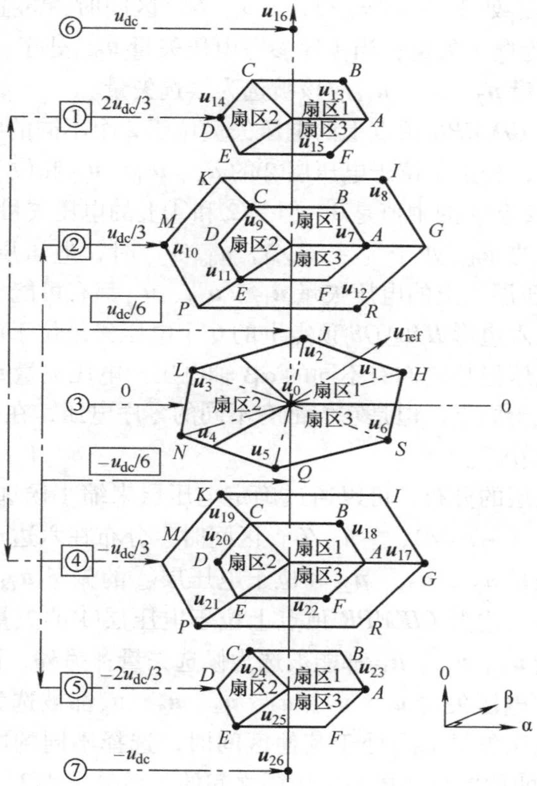

图 4-18　三维空间电压矢量零序电压层

从图 4-18 可以看到，分布在六边形 *ABCDEF* 顶点上的电压矢量位于 4 个不同的电压层①②④⑤，共包含 12 个电压矢量，分别是位于电压层①的 $\boldsymbol{u}_{13}$、$\boldsymbol{u}_{14}$、$\boldsymbol{u}_{15}$，位于电压层②的 $\boldsymbol{u}_{7}$、$\boldsymbol{u}_{9}$、$\boldsymbol{u}_{11}$，位于电压层④的 $\boldsymbol{u}_{18}$、$\boldsymbol{u}_{20}$、$\boldsymbol{u}_{22}$ 和位于电压层⑤的 $\boldsymbol{u}_{23}$、$\boldsymbol{u}_{24}$、$\boldsymbol{u}_{25}$。需要注意的是，位于电压层①的三个矢量 $\boldsymbol{u}_{13}$、$\boldsymbol{u}_{14}$、$\boldsymbol{u}_{15}$ 与位于电压层④的三个矢量 $\boldsymbol{u}_{18}$、$\boldsymbol{u}_{20}$、$\boldsymbol{u}_{22}$ 在 αβ 平面上是重合的，这也意味着电压层①和④上的电压矢量有相同的 αβ 轴电压，不同的零序电压。另外，在零轴上，电压层①和④的中值电压是 $u_{dc}/6$。当零序参考电压矢量 $u_{0\mathrm{ref}}$ 处于［$-u_{dc}/3$，$u_{dc}/6$）区间时，电压层④的位置比电压层①更接近 $u_{0\mathrm{ref}}$，因此，④上的电压矢量 $\boldsymbol{u}_{18}$、$\boldsymbol{u}_{20}$、$\boldsymbol{u}_{22}$

应该被选为候选矢量；当零序参考电压矢量 $\boldsymbol{u}_{0ref}$处于 $[u_{dc}/6, 2u_{dc}/3]$ 时，电压层①的位置比电压层④更接近 $\boldsymbol{u}_{0ref}$，因此，①上的电压矢量 $\boldsymbol{u}_{13}$、$\boldsymbol{u}_{14}$、$\boldsymbol{u}_{15}$应该被选为候选矢量。

同样，位于电压层②的三个矢量 $\boldsymbol{u}_7$、$\boldsymbol{u}_9$、$\boldsymbol{u}_{11}$和位于电压层⑤三个矢量 $\boldsymbol{u}_{23}$、$\boldsymbol{u}_{24}$、$\boldsymbol{u}_{25}$在 αβ 平面上也是重合的，而电压层②和⑤的中值电压是 $-u_{dc}/6$。当零序参考电压矢量 $\boldsymbol{u}_{0ref}$处于 $[-2u_{dc}/3, -u_{dc}/6]$ 区间时，⑤上的电压矢量 $\boldsymbol{u}_{23}$、$\boldsymbol{u}_{24}$、$\boldsymbol{u}_{25}$应该被选为候选矢量；当零序参考电压矢量 $\boldsymbol{u}_{0ref}$处于 $(-u_{dc}/6, u_{dc}/3]$ 时，②上的电压矢量 $\boldsymbol{u}_7$、$\boldsymbol{u}_9$、$\boldsymbol{u}_{11}$应该被选为候选矢量。

分布在六边形 *GIKMPR* 顶点上的电压矢量位于 2 个不同的电压层②和④，共包含 6 个电压矢量，分别是位于电压层②的 $\boldsymbol{u}_8$、$\boldsymbol{u}_{10}$、$\boldsymbol{u}_{12}$和位于电压层④的 $\boldsymbol{u}_{17}$、$\boldsymbol{u}_{19}$、$\boldsymbol{u}_{21}$。电压层②和④的中值是 0，但是②和④上的电压矢量在 αβ 平面上并不是重合的，因此，当 $\boldsymbol{u}_{0ref}$处于 $[-u_{dc}/3, u_{dc}/3]$ 时，电压层②上的电压矢量 $\boldsymbol{u}_8$、$\boldsymbol{u}_{10}$、$\boldsymbol{u}_{12}$和电压层④上的电压矢量 $\boldsymbol{u}_{17}$、$\boldsymbol{u}_{19}$、$\boldsymbol{u}_{21}$都有可能成为候选矢量。

另外，分布在六边形 *HJLNQS* 顶点上的 6 个电压矢量位于电压层③，这几个矢量不产生零序电压但是它们有不同的 αβ 轴电压。电压矢量 $\boldsymbol{u}_0$、$\boldsymbol{u}_{16}$、$\boldsymbol{u}_{26}$在 αβ 平面上的位置都处于原点，但是它们都有不同的零序电压，在三维空间中，它们分别位于电压层③⑥⑦。

根据上述电压层的分布，可以通过确定电压层来缩小候选电压矢量的范围。例如，当 $\boldsymbol{u}_{0ref}$处于 $[-u_{dc}/3, -u_{dc}/6]$ 区间时，分布在六边形 *ABCDEF* 顶点上位于电压层⑤的矢量 $\boldsymbol{u}_{23}$、$\boldsymbol{u}_{24}$、$\boldsymbol{u}_{25}$和位于电压层④的矢量 $\boldsymbol{u}_{18}$、$\boldsymbol{u}_{20}$、$\boldsymbol{u}_{22}$被选为候选矢量；分布在六边形 *GIKMPR* 顶点上位于电压层④的矢量 $\boldsymbol{u}_{17}$、$\boldsymbol{u}_{19}$、$\boldsymbol{u}_{21}$位于电压层②的矢量 $\boldsymbol{u}_8$、$\boldsymbol{u}_{10}$、$\boldsymbol{u}_{12}$都能被选为候选矢量；另外，因为 $\boldsymbol{u}_{0ref}$靠近电压层③，③上的所有电压矢量 $\boldsymbol{u}_1$、$\boldsymbol{u}_2$、$\boldsymbol{u}_3$、$\boldsymbol{u}_4$、$\boldsymbol{u}_5$、$\boldsymbol{u}_6$都被选为候选矢量。相似地，当零序参考电压矢量 u_{0ref}处于其他区间时，选择不同的电压层及其电压矢量。$\boldsymbol{u}_{0ref}$在零轴上的位置与选择的电压层之间的关系见表 4-3。

表 4-3　零序参考电压矢量的位置与选择的零序电压层之间的关系

零序参考电压矢量位置	选择的零序电压层
$\boldsymbol{u}_{0ref} \in [-u_{dc}, -2u_{dc}/3)$ 或 $(-\infty, -u_{dc})$	④⑤⑦
$\boldsymbol{u}_{0ref} \in [-2u_{dc}/3, -u_{dc}/3)$	③④⑤⑦
$\boldsymbol{u}_{0ref} \in [-u_{dc}/3, -u_{dc}/6]$	②③④⑤
$\boldsymbol{u}_{0ref} \in (-u_{dc}/6, u_{dc}/6)$	②③④
$\boldsymbol{u}_{0ref} \in [u_{dc}/6, u_{dc}/3]$	①②③④
$\boldsymbol{u}_{0ref} \in (u_{dc}/3, 2u_{dc}/3]$	①②③⑥
$\boldsymbol{u}_{0ref} \in (2u_{dc}/3, u_{dc}]$ 或 $(u_{dc}, +\infty)$	①②⑥

这一步骤是根据系统参考电压矢量零序分量在零轴所在位置，判断哪些电压层上的矢量可以作为候选电压矢量，相比于将 27 个电压矢量全部循环一遍选择出最优电压矢量，已经大大降低了系统的计算量。当然，再根据参考电压矢量平面分量所处位置，可以进一步缩小候选电压矢量的范围，减少候选电压矢量的数目。

2. 确定候选电压矢量

在确定电压层后，可以通过 αβ 平面扇区划分的方式进一步缩小候选电压矢量的选择范围。每一个零序电压层都能被划分为三个扇区，分别是扇区 1：[0，2π/3]，扇区 2：[2π/3，4π/3]，扇区 3：[4π/3，2π]，如图 4-18 所示。然后，根据 αβ 轴参考电压矢量 $\boldsymbol{u}_{\alpha\beta\mathrm{ref}}$ 的扇区位置，可以选择包含在扇区内的电压矢量作为最佳候选电压矢量。以电压层③为例，如果参考电压矢量 $\boldsymbol{u}_{\alpha\beta\mathrm{ref}}$ 的相位角 θ_1 位于扇区 1，电压矢量 $\boldsymbol{u}_0$、$\boldsymbol{u}_1$、$\boldsymbol{u}_2$ 被选为候选矢量，避免电压层③上的所有矢量都要通过代价函数进行评估。

通过上述分析可以看出，根据零序参考电压矢量 $\boldsymbol{u}_{0\mathrm{ref}}$ 的位置和平面参考电压矢量 $\boldsymbol{u}_{\alpha\beta\mathrm{ref}}$ 的扇区位置最终能确定双逆变器的候选电压矢量。候选电压矢量、扇区，以及 $\boldsymbol{u}_{0\mathrm{ref}}$ 的位置之间的关系见表 4-4。显然，所提出的矢量选择策略可以避免每个控制周期评估所有电压矢量，有效地减少了计算负担，该方法的控制框图如图 4-19 所示。

表 4-4　候选电压矢量选择与扇区和零序参考电压矢量位置的关系

零序参考电压位置	平面扇区	候选电压矢量
$\boldsymbol{u}_{0\mathrm{ref}} \in [-u_{dc},\ -2u_{dc}/3)$	1	$\boldsymbol{u}_{17}$、$\boldsymbol{u}_{18}$、$\boldsymbol{u}_{19}$、$\boldsymbol{u}_{23}$、$\boldsymbol{u}_{24}$、$\boldsymbol{u}_{26}$
	2	$\boldsymbol{u}_{19}$、$\boldsymbol{u}_{20}$、$\boldsymbol{u}_{21}$、$\boldsymbol{u}_{24}$、$\boldsymbol{u}_{25}$、$\boldsymbol{u}_{26}$
	3	$\boldsymbol{u}_{21}$、$\boldsymbol{u}_{22}$、$\boldsymbol{u}_{17}$、$\boldsymbol{u}_{25}$、$\boldsymbol{u}_{23}$、$\boldsymbol{u}_{26}$
$\boldsymbol{u}_{0\mathrm{ref}} \in [-2u_{dc}/3、-u_{dc}/3)$	1	$\boldsymbol{u}_{17}$、$\boldsymbol{u}_{18}$、$\boldsymbol{u}_{19}$、$\boldsymbol{u}_{23}$、$\boldsymbol{u}_{24}$、$\boldsymbol{u}_{26}$、$\boldsymbol{u}_{0}$、$\boldsymbol{u}_{1}$、$\boldsymbol{u}_{2}$
	2	$\boldsymbol{u}_{19}$、$\boldsymbol{u}_{20}$、$\boldsymbol{u}_{21}$、$\boldsymbol{u}_{24}$、$\boldsymbol{u}_{25}$、$\boldsymbol{u}_{26}$、$\boldsymbol{u}_{0}$、$\boldsymbol{u}_{3}$、$\boldsymbol{u}_{4}$
	3	$\boldsymbol{u}_{21}$、$\boldsymbol{u}_{22}$、$\boldsymbol{u}_{17}$、$\boldsymbol{u}_{25}$、$\boldsymbol{u}_{23}$、$\boldsymbol{u}_{26}$、$\boldsymbol{u}_{0}$、$\boldsymbol{u}_{5}$、$\boldsymbol{u}_{6}$
$\boldsymbol{u}_{0\mathrm{ref}} \in [-u_{dc}/3、-u_{dc}/6]$	1	$\boldsymbol{u}_{8}$、$\boldsymbol{u}_{17}$、$\boldsymbol{u}_{18}$、$\boldsymbol{u}_{19}$、$\boldsymbol{u}_{23}$、$\boldsymbol{u}_{24}$、$\boldsymbol{u}_{0}$、$\boldsymbol{u}_{1}$、$\boldsymbol{u}_{2}$
	2	$\boldsymbol{u}_{10}$、$\boldsymbol{u}_{19}$、$\boldsymbol{u}_{20}$、$\boldsymbol{u}_{21}$、$\boldsymbol{u}_{24}$、$\boldsymbol{u}_{25}$、$\boldsymbol{u}_{0}$、$\boldsymbol{u}_{3}$、$\boldsymbol{u}_{4}$
	3	$\boldsymbol{u}_{12}$、$\boldsymbol{u}_{21}$、$\boldsymbol{u}_{22}$、$\boldsymbol{u}_{17}$、$\boldsymbol{u}_{25}$、$\boldsymbol{u}_{23}$、$\boldsymbol{u}_{0}$、$\boldsymbol{u}_{5}$、$\boldsymbol{u}_{6}$
$\boldsymbol{u}_{0\mathrm{ref}} \in (-u_{dc}/6、u_{dc}/6)$	1	$\boldsymbol{u}_{7}$、$\boldsymbol{u}_{8}$、$\boldsymbol{u}_{9}$、$\boldsymbol{u}_{17}$、$\boldsymbol{u}_{18}$、$\boldsymbol{u}_{19}$、$\boldsymbol{u}_{0}$、$\boldsymbol{u}_{1}$、$\boldsymbol{u}_{2}$
	2	$\boldsymbol{u}_{9}$、$\boldsymbol{u}_{10}$、$\boldsymbol{u}_{11}$、$\boldsymbol{u}_{19}$、$\boldsymbol{u}_{20}$、$\boldsymbol{u}_{21}$、$\boldsymbol{u}_{0}$、$\boldsymbol{u}_{3}$、$\boldsymbol{u}_{4}$
	3	$\boldsymbol{u}_{11}$、$\boldsymbol{u}_{12}$、$\boldsymbol{u}_{7}$、$\boldsymbol{u}_{21}$、$\boldsymbol{u}_{22}$、$\boldsymbol{u}_{17}$、$\boldsymbol{u}_{0}$、$\boldsymbol{u}_{5}$、$\boldsymbol{u}_{6}$
$\boldsymbol{u}_{0\mathrm{ref}} \in [u_{dc}/6、u_{dc}/3]$	1	$\boldsymbol{u}_{17}$、$\boldsymbol{u}_{19}$、$\boldsymbol{u}_{0}$、$\boldsymbol{u}_{1}$、$\boldsymbol{u}_{2}$、$\boldsymbol{u}_{7}$、$\boldsymbol{u}_{8}$、$\boldsymbol{u}_{9}$、$\boldsymbol{u}_{13}$
	2	$\boldsymbol{u}_{19}$、$\boldsymbol{u}_{21}$、$\boldsymbol{u}_{0}$、$\boldsymbol{u}_{3}$、$\boldsymbol{u}_{4}$、$\boldsymbol{u}_{9}$、$\boldsymbol{u}_{10}$、$\boldsymbol{u}_{11}$、$\boldsymbol{u}_{14}$
	3	$\boldsymbol{u}_{21}$、$\boldsymbol{u}_{17}$、$\boldsymbol{u}_{0}$、$\boldsymbol{u}_{5}$、$\boldsymbol{u}_{6}$、$\boldsymbol{u}_{11}$、$\boldsymbol{u}_{12}$、$\boldsymbol{u}_{7}$、$\boldsymbol{u}_{15}$

（续）

零序参考电压位置	平面扇区	候选电压矢量
$\boldsymbol{u}_{0\mathrm{ref}} \in (u_{\mathrm{dc}}/3,\ 2u_{\mathrm{dc}}/3]$	1	$\boldsymbol{u}_7$、$\boldsymbol{u}_8$、$\boldsymbol{u}_9$、$\boldsymbol{u}_{13}$、$\boldsymbol{u}_{16}$、$\boldsymbol{u}_0$、$\boldsymbol{u}_1$、$\boldsymbol{u}_2$
	2	$\boldsymbol{u}_9$、$\boldsymbol{u}_{10}$、$\boldsymbol{u}_{11}$、$\boldsymbol{u}_{14}$、$\boldsymbol{u}_{16}$、$\boldsymbol{u}_0$、$\boldsymbol{u}_3$、$\boldsymbol{u}_4$
	3	$\boldsymbol{u}_{11}$、$\boldsymbol{u}_{12}$、$\boldsymbol{u}_7$、$\boldsymbol{u}_{15}$、$\boldsymbol{u}_{16}$、$\boldsymbol{u}_0$、$\boldsymbol{u}_5$、$\boldsymbol{u}_6$
$\boldsymbol{u}_{0\mathrm{ref}} \in (2u_{\mathrm{dc}}/3$、$u_{\mathrm{dc}}]$	1	$\boldsymbol{u}_7$、$\boldsymbol{u}_8$、$\boldsymbol{u}_9$、$\boldsymbol{u}_{13}$、$\boldsymbol{u}_{16}$
	2	$\boldsymbol{u}_9$、$\boldsymbol{u}_{10}$、$\boldsymbol{u}_{11}$、$\boldsymbol{u}_{14}$、$\boldsymbol{u}_{16}$
	3	$\boldsymbol{u}_{11}$、$\boldsymbol{u}_{12}$、$\boldsymbol{u}_7$、$\boldsymbol{u}_{15}$、$\boldsymbol{u}_{16}$

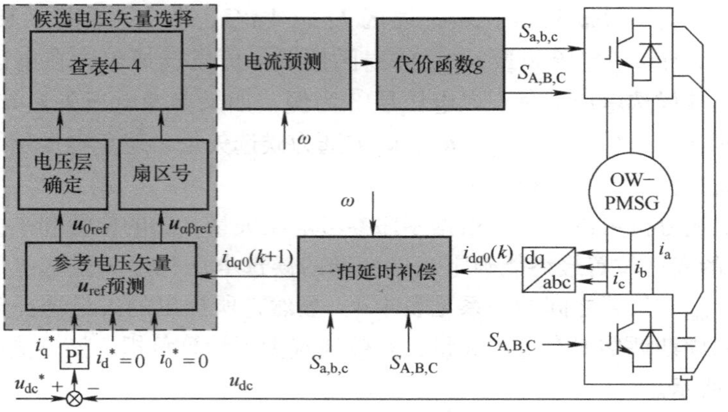

图 4-19　改进的 MPCC 方法控制框图

4.2.3　基于逆变器矢量分开选择的双矢量电流预测控制

上述矢量选择方法虽然能缩小候选电压矢量的范围，减小系统的计算负担，但是每个周期施加到两个逆变器上的电压矢量都只有一个，稳态控制表现还有待进一步提升。为了获得更好的稳态性能和零序电流抑制效果，本节提出了一种新的电流预测控制方法。在该方法中，两个逆变器的电压矢量将被分开选择。此外，在一个控制周期内，逆变器 1（INV1）只施加一个电压矢量，逆变器 2（INV2）的电压矢量由两个矢量合成，这意味着 INV2 在一个周期内施加两个电压矢量。同时，为了降低因为矢量数增加引起的计算负担和复杂性，在选择电压矢量时也通过参考电压矢量的位置缩小候选电压矢量的范围。

1. 逆变器 1 矢量选择

参考电压矢量 u_{ref}和相位角 θ_1 可以根据式（4.6）和式（4.7）计算得到。为了快速地选择电压矢量，整个 αβ 平面被划分为六个扇区，即 Ⅰ、Ⅱ、…Ⅵ，如图 4-20a 所示，三维空间相应地也被划分为六个扇区。INV1 的电压矢量可以根据相位角 θ_1 和 $\boldsymbol{u}_{\mathrm{ref}}$的位置来选择，例如，当参考电压矢量 $\boldsymbol{u}_{\mathrm{ref}}$位于扇区 Ⅰ 时，$\boldsymbol{u}_{\mathrm{ref}}$

在三维空间中的位置如图 4-20b 所示，$\boldsymbol{u}_{\mathrm{ref}}$ 在 αβ 平面上的投影如图 4-20a 所示。很明显，在包含了 INV1 所有电压矢量的六边形 *ABCDEF* 内，非零矢量 $\boldsymbol{u}_{\mathrm{first1}}$ 相比于其他矢量更接近参考电压矢量。然而，在三维空间中，从图 4-18 可以看到，$\boldsymbol{u}_7$ 和 $\boldsymbol{u}_{23}$ 都是 $\boldsymbol{u}_{\mathrm{first1}}$ 的候选矢量，$\boldsymbol{u}_7$ 和 $\boldsymbol{u}_{23}$ 有相同的 αβ 轴电压，不同的零序电压。最终，由于 $\boldsymbol{u}_7$ 离原点更近被选为 INV1 的电压矢量。INV1 的候选电压矢量和扇

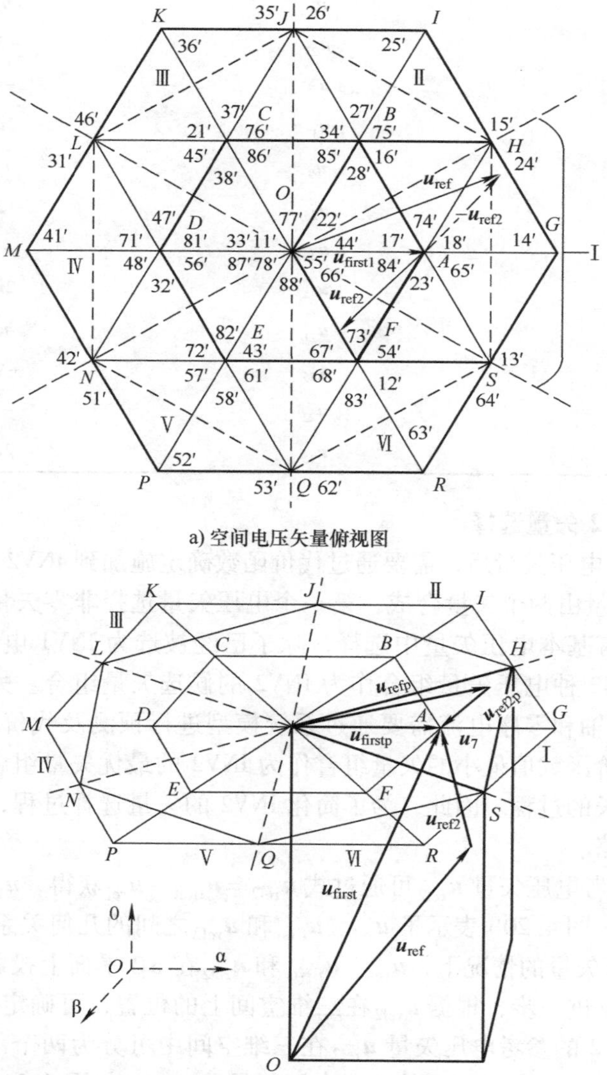

a) 空间电压矢量俯视图

b) 双逆变器矢量与参考电压矢量在空间中的几何关系

图 4-20　空间电压矢量俯视图和双逆变器矢量与参考电压矢量在空间中的几何关系

区，以及矢量的零序电压之间的关系见表 4-5。当参考电压矢量位于扇区Ⅰ、Ⅱ、…Ⅵ时，INV1 所选矢量分别是 $\boldsymbol{u}_7$、$\boldsymbol{u}_{18}$、$\boldsymbol{u}_9$、$\boldsymbol{u}_{20}$、$\boldsymbol{u}_{11}$、$\boldsymbol{u}_{22}$，定义为 $\boldsymbol{u}_{first1}$、$\boldsymbol{u}_{first2}$、$\boldsymbol{u}_{first3}$、$\boldsymbol{u}_{first4}$、$\boldsymbol{u}_{first5}$、$\boldsymbol{u}_{first6}$。

表 4-5 INV1 候选电压矢量及其零序电压与扇区的关系

$\boldsymbol{u}_{ref}$所在扇区	INV1 候选电压矢量	零序电压
Ⅰ	$\boldsymbol{u}_7$	$u_{dc}/3$
	$\boldsymbol{u}_{23}$	$-2u_{dc}/3$
Ⅱ	$\boldsymbol{u}_{18}$	$-u_{dc}/3$
	$\boldsymbol{u}_{13}$	$2u_{dc}/3$
Ⅲ	$\boldsymbol{u}_9$	$u_{dc}/3$
	$\boldsymbol{u}_{24}$	$-2u_{dc}/3$
Ⅳ	$\boldsymbol{u}_{20}$	$-u_{dc}/3$
	$\boldsymbol{u}_{14}$	$2u_{dc}/3$
Ⅴ	$\boldsymbol{u}_{11}$	$u_{dc}/3$
	$\boldsymbol{u}_{25}$	$-2u_{dc}/3$
Ⅵ	$\boldsymbol{u}_{22}$	$-u_{dc}/3$
	$\boldsymbol{u}_{15}$	$2u_{dc}/3$

2. 逆变器 2 矢量选择

选择 INV1 电压矢量后，需要通过代价函数确定施加到 INV2 上的电压矢量。INV2 的电压矢量由两个矢量合成，第一个电压矢量选择非零矢量，第二个电压矢量可以从所有基本电压矢量中选择，除了已经被选为 INV1 电压矢量的矢量，这意味着多达 42 种电压矢量组合作为 INV2 的候选矢量组合。另外，每个候选矢量组合的 dq 轴和零序电流需要通过系统模型进行预测及代价函数进行评估，从而选择使代价函数值最小的矢量组合作为 INV2 的最优矢量组合，这是一个计算量大、耗时长的过程。因此，为了简化 INV2 的矢量选择过程，提出了一种更高效的选择策略。

INV2 的参考电压矢量 $\boldsymbol{u}_{ref2}$ 可通过式 $\boldsymbol{u}_{ref2}=\boldsymbol{u}_{first}-\boldsymbol{u}_{ref}$ 获得，$\boldsymbol{u}_{first}$ 表示 INV1 选择的电压矢量。图 4-20b 表示了 $\boldsymbol{u}_{ref}$、$\boldsymbol{u}_{first}$ 和 $\boldsymbol{u}_{ref2}$ 之间的几何关系，在选择 $\boldsymbol{u}_{first1}$ 作为 INV1 电压矢量的情况下，$\boldsymbol{u}_{ref}$、$\boldsymbol{u}_{first1}$ 和 $\boldsymbol{u}_{ref2}$ 在 αβ 平面上投影的几何关系如图 4-20a 所示。进一步，根据 $\boldsymbol{u}_{ref2}$ 在三维空间上的位置，可确定 INV2 的候选矢量。首先，INV2 的参考电压矢量 $\boldsymbol{u}_{ref2}$ 在三维空间中可分为两个部分，即零序参考电压矢量 $\boldsymbol{u}_{0ref2}$ 和 αβ 平面上的参考电压矢量 $\boldsymbol{u}_{\alpha\beta ref2}$，如图 4-21a 所示；在零序空间中，INV2 的 8 个基本电压矢量可以产生 4 个零序电压，即 0、$u_{dc}/3$、$2u_{dc}/3$ 和 u_{dc}，其矢量分布如图 4-21b 所示；为了减少预测控制的计算量，将整个零序空间

划分为 4 个区间：$[0, u_{dc}/3]$，$(u_{dc}/3, u_{dc}/2]$，$(u_{dc}/2, 2u_{dc}/3)$，$[2u_{dc}/3, u_{dc}]$。另一方面，为了进一步简化矢量选择过程，将 αβ 平面划分为三个扇区，这些扇区的范围随着零序参考电压的位置而变化。具体而言，当 $\boldsymbol{u}_{0ref2}$ 位于 $[0, u_{dc}/2]$ 区间时，αβ 平面可分为三个扇区：$(-60°, 60°]$、$(60°, 180°]$ 和 $(180°, 300°]$；当 $\boldsymbol{u}_{0ref2}$ 位于 $(u_{dc}/2, u_{dc}]$ 时，αβ 平面可分为三个扇区：$(0°, 120°]$、$(120°, 240°]$ 和 $(240°, 360°]$。在每个扇区中，只包含一个非零电压矢量，因此可以根据扇区的位置轻松确定 INV2 的第一个矢量，这种扇区变换的优点有效地减少了候选电压矢量的个数，提高了预测控制应用价值。

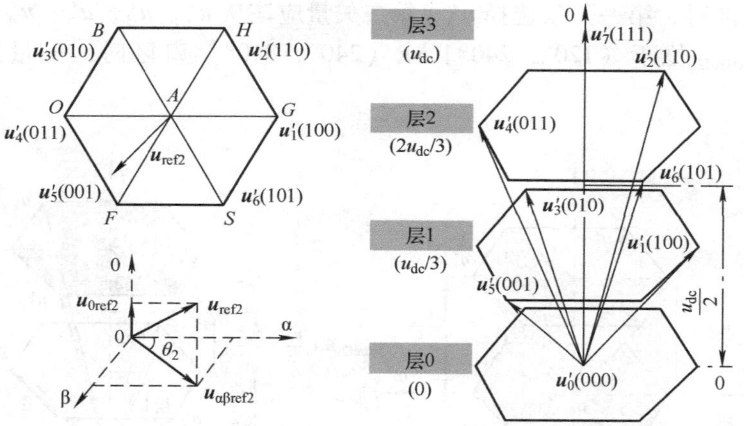

a) INV2参考电压矢量在三维空间上的位置

b) INV2电压矢量在三维空间中的分布

图 4-21　INV2 参考电压矢量在三维空间上的位置，以及 INV2 电压矢量在三维空间中的分布

为判断 $\boldsymbol{u}_{ref2}$ 在平面上的位置，需要计算 $\boldsymbol{u}_{ref2}$ 在平面上的相位角，结合 $\boldsymbol{u}_{ref}$ 相位角的计算，可得 $\boldsymbol{u}_{ref2}$ 的相位角为

$$\theta_2 = \arctan\left(\frac{\boldsymbol{u}_{\beta ref2}}{\boldsymbol{u}_{\alpha ref2}}\right) \tag{4.12}$$

INV2 电压矢量选择的具体步骤如下：

1）如图 4-22a 所示，当零序参考电压矢量 $\boldsymbol{u}_{0ref2}$ 在 $[0, u_{dc}/3]$ 区间内时，INV2 的第一个矢量应该从 $\boldsymbol{u}'_1$、$\boldsymbol{u}'_3$ 和 $\boldsymbol{u}'_5$ 中选择，第二个矢量应该从其他候选矢量中选择。为了缩小选择范围，可以利用 INV2 参考电压矢量 $\boldsymbol{u}_{ref2}$ 在 αβ 平面上的位置来确定第一个矢量。例如，当 $\boldsymbol{u}_{\alpha\beta ref2}$ 位于 $(-60°, 60°]$ 扇区时，第一矢量选择 $\boldsymbol{u}'_1$，因为很明显，αβ 平面上 $\boldsymbol{u}'_1$ 更接近 $\boldsymbol{u}_{ref2}$。当 $\boldsymbol{u}_{\alpha\beta ref2}$ 位于 $(60°, 180°]$ 或 $(180°, 300°]$ 扇区时，矢量选择模式相似。

2）如图 4-22b 所示，当零序参考电压矢量 $\boldsymbol{u}_{0ref2}$ 在 $(u_{dc}/3, u_{dc}/2]$ 区间内

时，INV2 的第一个矢量应该从层 1 中选择，因为层 1 中的电压矢量比层 2 更接近参考电压矢量；同时，INV2 的第二个矢量应该从两个电压层上的电压矢量来选择，去除已经被选为第一矢量的电压矢量，例如，当 $\boldsymbol{u}_{\alpha\beta\mathrm{ref2}}$ 位于（-60°，60°］扇区时，第一矢量选择 $\boldsymbol{u}'_1$，第二矢量应该从 $\boldsymbol{u}'_3$、$\boldsymbol{u}'_5$、$\boldsymbol{u}'_2$、$\boldsymbol{u}'_4$ 和 $\boldsymbol{u}'_6$ 中选择；当 $\boldsymbol{u}_{\alpha\beta\mathrm{ref2}}$ 位于（60°，180°］或（180°，300°］扇区时，矢量选择模式相似。

3）如图 4-22c 所示，当零序参考电压矢量 $\boldsymbol{u}_{0\mathrm{ref2}}$ 在（$u_{\mathrm{dc}}/2$，$2u_{\mathrm{dc}}/3$）区间内时，INV2 的第一个矢量应该从层 2 中选择，因为层 2 中的电压矢量比层 1 更接近参考电压矢量；同时，INV2 的第二个矢量应该从两个电压层上的电压矢量来选择，去除已经被选为第一矢量的电压矢量；例如，当 $\boldsymbol{u}_{\alpha\beta\mathrm{ref2}}$ 位于（0°，120°］扇区时，第一矢量选择 $\boldsymbol{u}'_2$，第二矢量应该从 $\boldsymbol{u}'_1$、$\boldsymbol{u}'_3$、$\boldsymbol{u}'_5$、$\boldsymbol{u}'_4$ 和 $\boldsymbol{u}'_6$ 中选择；当 $\boldsymbol{u}_{\alpha\beta\mathrm{ref2}}$ 位于（120°，240°］或（240°，360°］扇区时，矢量选择模式相似。

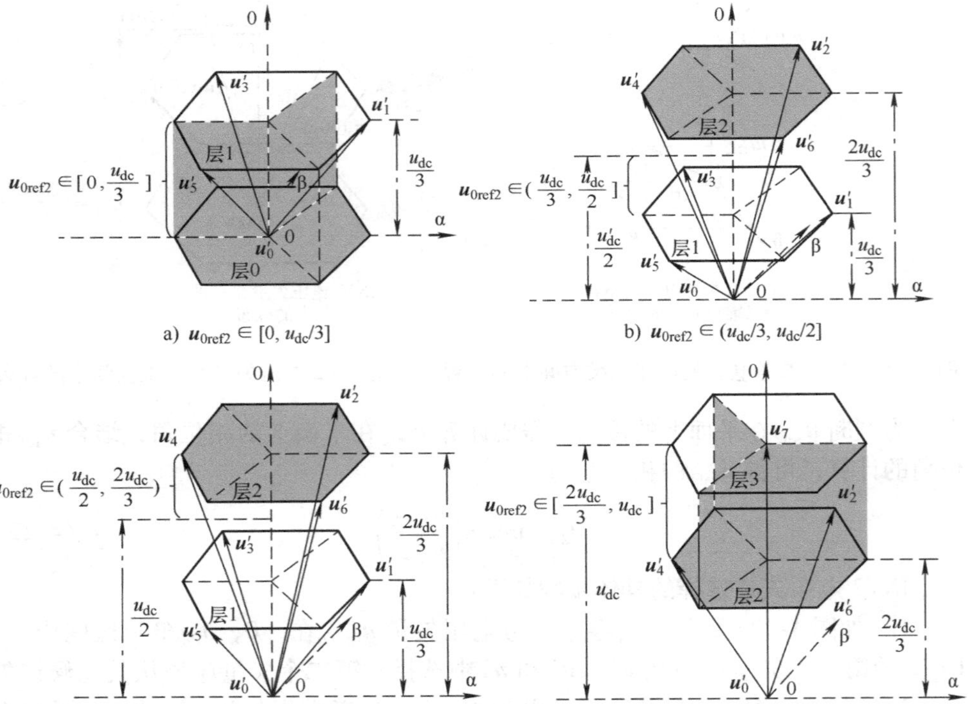

a) $\boldsymbol{u}_{0\mathrm{ref2}} \in [0, u_{\mathrm{dc}}/3]$　b) $\boldsymbol{u}_{0\mathrm{ref2}} \in (u_{\mathrm{dc}}/3, u_{\mathrm{dc}}/2]$

c) $\boldsymbol{u}_{0\mathrm{ref2}} \in (u_{\mathrm{dc}}/2, 2u_{\mathrm{dc}}/3)$　d) $\boldsymbol{u}_{0\mathrm{ref2}} \in [2u_{\mathrm{dc}}/3, u_{\mathrm{dc}}]$

图 4-22　零序参考电压矢量分布和矢量选择

4）如图 4-22d 所示，当零序参考电压矢量 $\boldsymbol{u}_{0\mathrm{ref2}}$ 在［$2u_{\mathrm{dc}}/3$，u_{dc}］区间内

时，$\boldsymbol{u}_{\text{ref2}}$在 αβ 平面上的位置确定第一个矢量，例如，当$\boldsymbol{u}_{\alpha\beta\text{ref2}}$位于（0°，120°］扇区时，INV2 的第一矢量选择$\boldsymbol{u}'_2$，因为很明显$\boldsymbol{u}'_2$更接近$\boldsymbol{u}_{\text{ref2}}$，第二矢量应该从$\boldsymbol{u}'_4$、$\boldsymbol{u}'_6$和$\boldsymbol{u}'_7$中选择。当$\boldsymbol{u}_{\alpha\beta\text{ref2}}$位于（120°，240°］或（240°，360°］扇区时，矢量选择模式相似，INV2 的候选电压矢量见表 4-6。

表 4-6　INV2 的候选电压矢量选择

零序区间	αβ 平面上$\boldsymbol{u}_{\text{ref2}}$相位角	INV2 的第一矢量	INV2 的第二矢量
$\boldsymbol{u}_{0\text{ref2}} \in (0,\ u_{\text{dc}}/3)$ 或 $(-\infty, 0]$	$\theta_2(5\pi/3,\ 2\pi] \cup (0,\ \pi/3]$	$\boldsymbol{u}'_1$	$\boldsymbol{u}'_3$、$\boldsymbol{u}'_5$、$\boldsymbol{u}'_0$
	$\theta_2 \in (\pi/3,\ \pi]$	$\boldsymbol{u}'_3$	$\boldsymbol{u}'_1$、$\boldsymbol{u}'_5$、$\boldsymbol{u}'_0$
	$\theta_2 \in (\pi,\ 5\pi/3]$	$\boldsymbol{u}'_5$	$\boldsymbol{u}'_1$、$\boldsymbol{u}'_3$、$\boldsymbol{u}'_0$
$\boldsymbol{u}_{0\text{ref2}} \in (u_{\text{dc}}/3,\ u_{\text{dc}}/2]$	$\theta_2 \in (5\pi/3,\ 2\pi] \cup (0,\ \pi/3]$	$\boldsymbol{u}'_1$	$\boldsymbol{u}'_3$、$\boldsymbol{u}'_5$、$\boldsymbol{u}'_2$、$\boldsymbol{u}'_4$、$\boldsymbol{u}'_6$
	$\theta_2 \in (\pi/3,\ \pi]$	$\boldsymbol{u}'_3$	$\boldsymbol{u}'_1$、$\boldsymbol{u}'_5$、$\boldsymbol{u}'_2$、$\boldsymbol{u}'_4$、$\boldsymbol{u}'_6$
	$\theta_2 \in (\pi,\ 5\pi/3]$	$\boldsymbol{u}'_5$	$\boldsymbol{u}'_1$、$\boldsymbol{u}'_3$、$\boldsymbol{u}'_2$、$\boldsymbol{u}'_4$、$\boldsymbol{u}'_6$
$\boldsymbol{u}_{0\text{ref2}} \in (u_{\text{dc}}/2,\ 2u_{\text{dc}}/3)$	$\theta_2 \in (0,\ 2\pi/3]$	$\boldsymbol{u}'_2$	$\boldsymbol{u}'_1$、$\boldsymbol{u}'_3$、$\boldsymbol{u}'_5$、$\boldsymbol{u}'_4$、$\boldsymbol{u}'_6$
	$\theta_2 \in (2\pi/3,\ 4\pi/3]$	$\boldsymbol{u}'_4$	$\boldsymbol{u}'_1$、$\boldsymbol{u}'_3$、$\boldsymbol{u}'_5$、$\boldsymbol{u}'_2$、$\boldsymbol{u}'_6$
	$\theta_2 \in (4\pi/3,\ 2\pi]$	$\boldsymbol{u}'_6$	$\boldsymbol{u}'_1$、$\boldsymbol{u}'_3$、$\boldsymbol{u}'_5$、$\boldsymbol{u}'_2$、$\boldsymbol{u}'_4$
$\boldsymbol{u}_{0\text{ref2}} \in [2u_{\text{dc}}/3, u_{\text{dc}})$ 或 $(u_{\text{dc}},\ +\infty]$	$\theta_2 \in (0,\ 2\pi/3]$	$\boldsymbol{u}'_2$	$\boldsymbol{u}'_4$、$\boldsymbol{u}'_6$、$\boldsymbol{u}'_7$
	$\theta_2 \in (2\pi/3,\ 4\pi/3]$	$\boldsymbol{u}'_4$	$\boldsymbol{u}'_2$、$\boldsymbol{u}'_6$、$\boldsymbol{u}'_7$
	$\theta_2 \in (4\pi/3,\ 2\pi]$	$\boldsymbol{u}'_6$	$\boldsymbol{u}'_2$、$\boldsymbol{u}'_4$、$\boldsymbol{u}'_7$

从表 4-6 可以看出，通过该电压矢量选择策略，将 INV2 的候选电压矢量组合从 42 种减少到 3 或 5 种，避免枚举所有矢量组合通过代价函数确定最优矢量组合。INV2 的电压矢量在一个控制周期内由两个电压矢量合成，所以两个矢量作用的时间需要计算出来，在本章前述内容已经介绍了矢量作用时间的计算方法，这里不再赘述。INV1 的电压矢量和 INV2 的候选电压矢量组合确定之后，通过电流预测模型可以预测出每一种矢量组合的电流，最后带入到代价函数中，选择使代价函数 g 值最小的矢量组合作为最优电压矢量组合，产生开关信号施加到两个逆变器上。图 4-23 为基于双逆变器电压矢量分开选择的双矢量 MPCC 方法的控制框图。

4.2.4　仿真和实验结果

1. 仿真结果

为了验证所提出方法的可行性和有效性，利用 MATLAB/Simulink 软件对三种控制方法进行仿真分析，同时，为了方便不同方法的对比，将从 27 个三维电压矢量中选择最优电压矢量的电流预测控制定义为 MPCC－Ⅰ，将基于零序参考电压$\boldsymbol{u}_{0\text{ref}}$和 αβ 参考电压$\boldsymbol{u}_{\alpha\beta\text{ref}}$的电流预测控制定义为 MPCC－Ⅱ，将双逆变器电

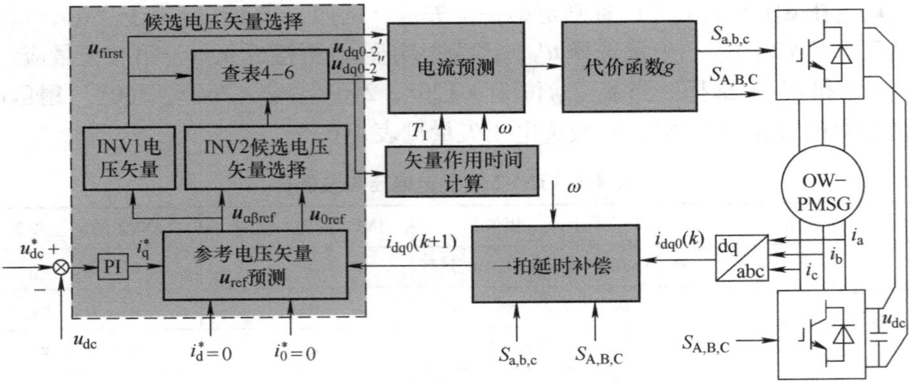

图 4-23　改进的双矢量 MPCC 方法控制框图

压矢量分开进行选择，且逆变器 2 的电压矢量由两个矢量合成的电流预测控制定义为 MPCC－Ⅲ。

图 4-24 展示了三种方法的稳态性能比较，此时设置的条件是给定直流母线电压 $u_{dc}^*=90V$，电机转速为 $n=500r/min$。通过对比可知，三种方法的母线电压都能跟踪参考值，MPCC－Ⅰ和 MPCC－Ⅱ的稳态性能相似，存在一定的电流脉动，而 MPCC－Ⅲ方法电流脉动更小，零序电流抑制效果更好，稳态控制表现更优。

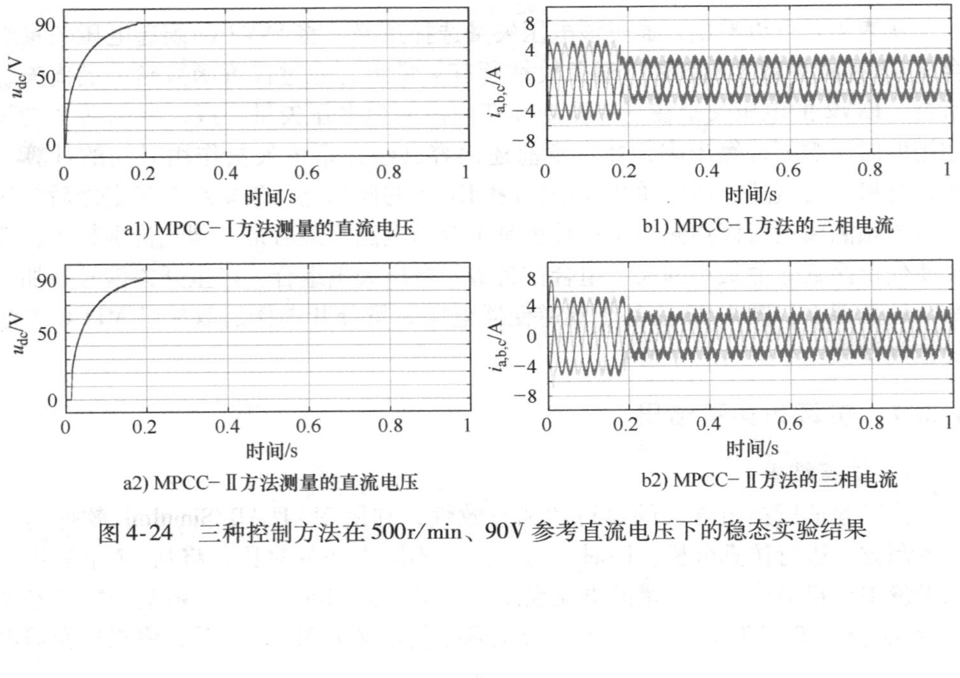

a1) MPCC−Ⅰ方法测量的直流电压　　b1) MPCC−Ⅰ方法的三相电流

a2) MPCC−Ⅱ方法测量的直流电压　　b2) MPCC−Ⅱ方法的三相电流

图 4-24　三种控制方法在 500r/min、90V 参考直流电压下的稳态实验结果

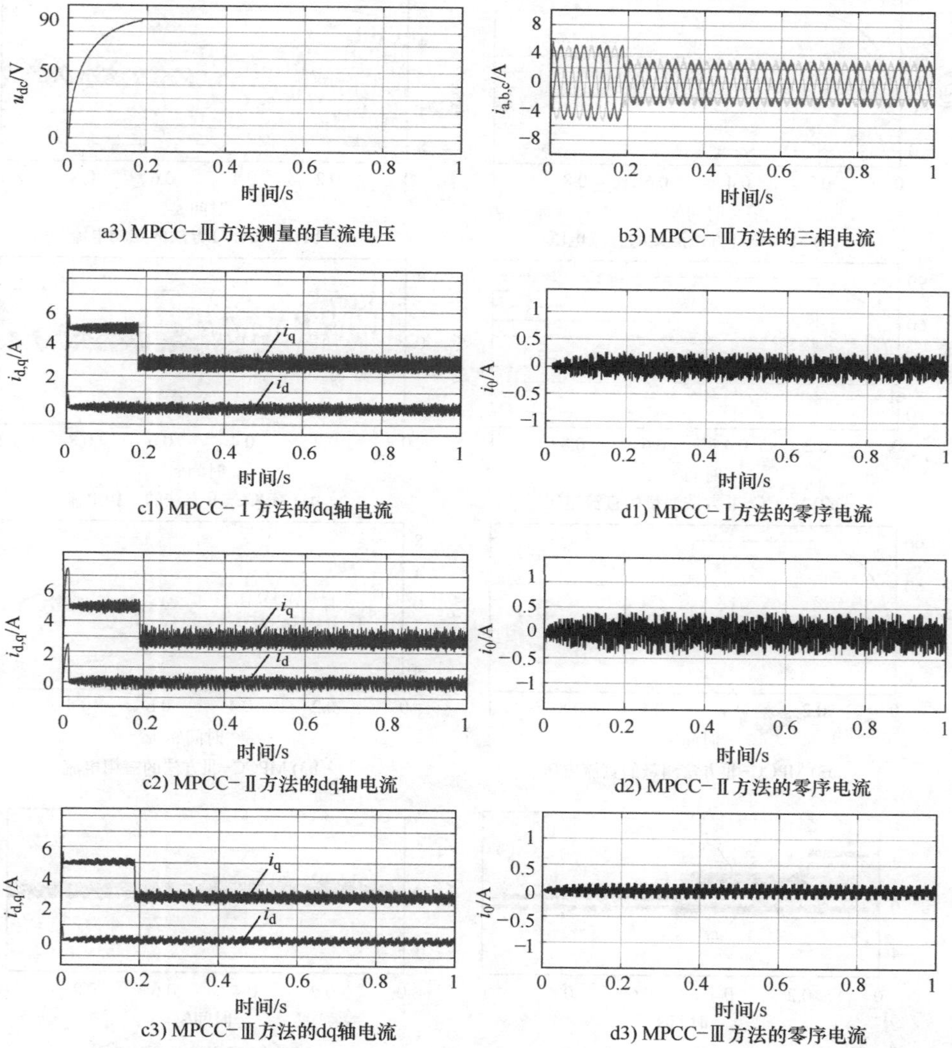

a3) MPCC-Ⅲ方法测量的直流电压　b3) MPCC-Ⅲ方法的三相电流

c1) MPCC-Ⅰ方法的dq轴电流　d1) MPCC-Ⅰ方法的零序电流

c2) MPCC-Ⅱ方法的dq轴电流　d2) MPCC-Ⅱ方法的零序电流

c3) MPCC-Ⅲ方法的dq轴电流　d3) MPCC-Ⅲ方法的零序电流

图 4-24　三种控制方法在 500r/min、90V 参考直流电压下的稳态实验结果（续）

为了进一步对三种控制方法进行对比，将直流母线参考电压进行突变从而分析三种方法的动态响应。图 4-25 展示了三种方法动态性能的比较，仿真过程中保持电机转速不变，在 0.5s 时将参考直流母线电压从 90V 降到 60V。仿真结果表明，在电压突变的情况下，三种方法的直流母线电压都能准确跟踪参考值，电流经过短暂变化能迅速稳定。

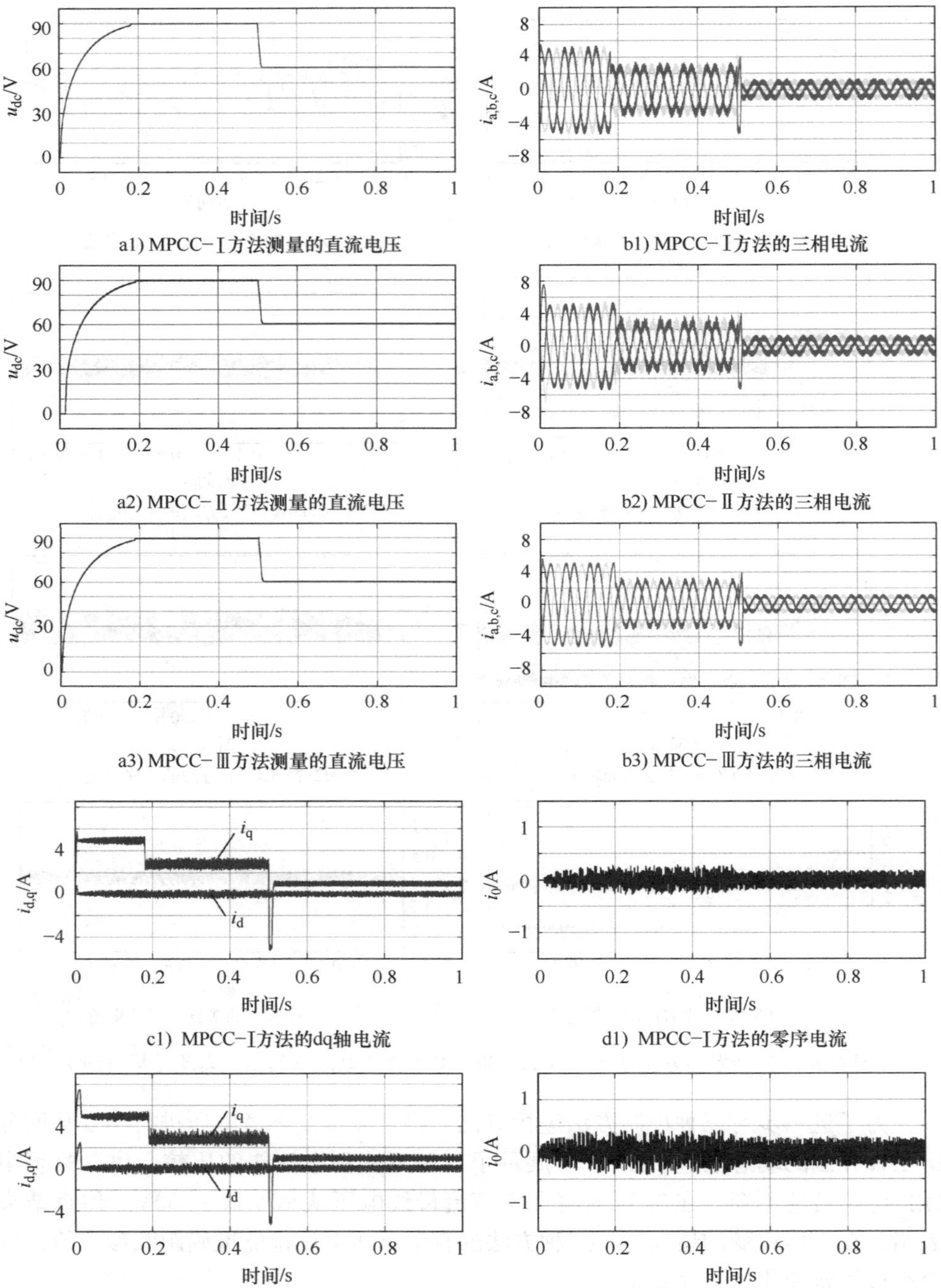

a1) MPCC-Ⅰ方法测量的直流电压

b1) MPCC-Ⅰ方法的三相电流

a2) MPCC-Ⅱ方法测量的直流电压

b2) MPCC-Ⅱ方法的三相电流

a3) MPCC-Ⅲ方法测量的直流电压

b3) MPCC-Ⅲ方法的三相电流

c1) MPCC-Ⅰ方法的dq轴电流

d1) MPCC-Ⅰ方法的零序电流

c2) MPCC-Ⅱ方法的dq轴电流

d2) MPCC-Ⅱ方法的零序电流

图 4-25　三种控制方法在 500r/min、参考直流电压从 90V 降到 60V 的动态响应结果

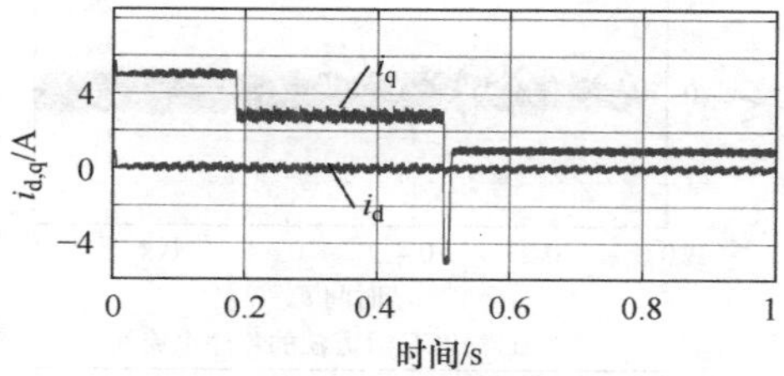

c3) MPCC-Ⅲ方法的dq轴电流

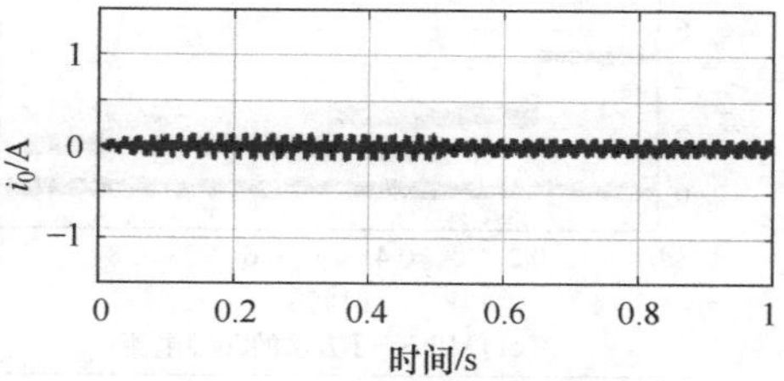

d3) MPCC-Ⅲ方法的零序电流

图 4-25　三种控制方法在 500r/min、参考直流电压从 90V 降到 60V 的动态响应结果（续）

图 4-26 展示了在 0.5s 时电机转速从 500r/min 增加到 700r/min 情况下，三种方法的动态性能比较。仿真结果表明，在参考母线电压不变的情况下，当电机转速突然增加时，三种方法的直流母线电压均能够稳定在 90V，电流经过短暂变化能迅速稳定。

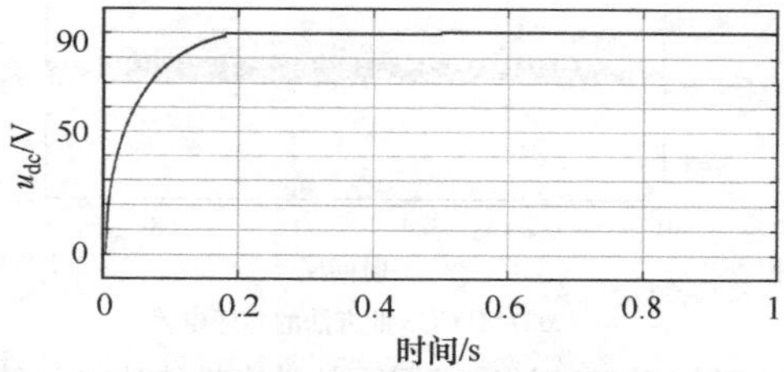

a1) MPCC-Ⅰ方法测量的直流电压

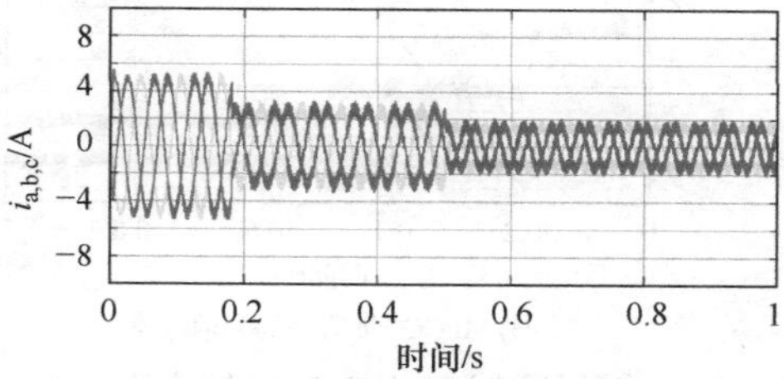

b1) MPCC-Ⅰ方法的三相电流

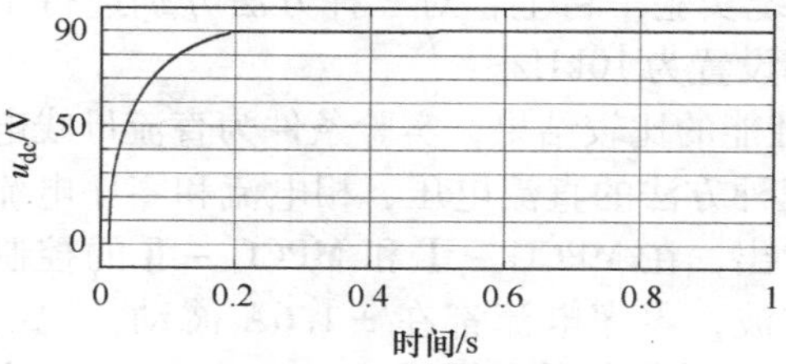

a2) MPCC-Ⅱ方法测量的直流电压

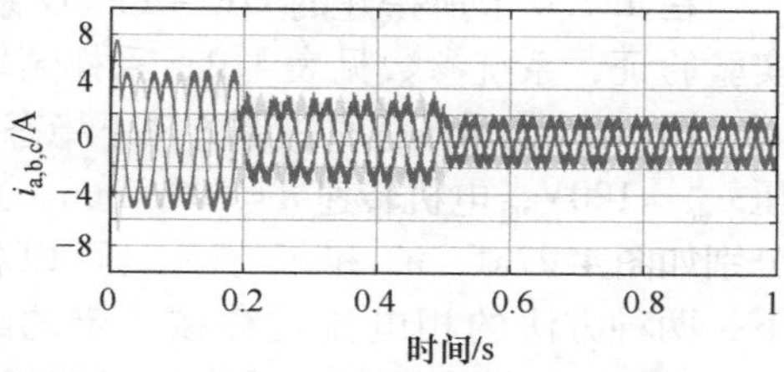

b2) MPCC-Ⅱ方法的三相电流

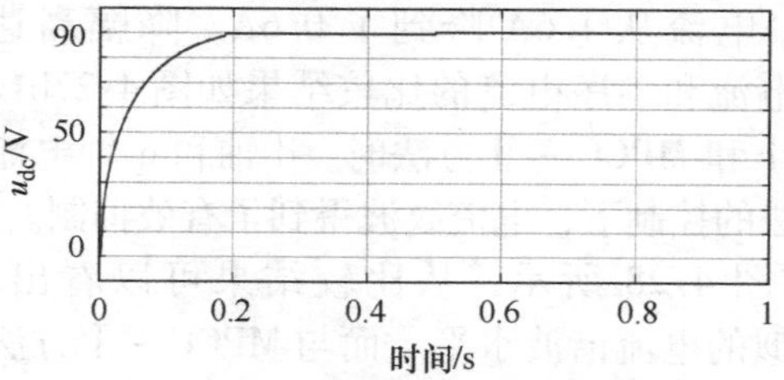

a3) MPCC-Ⅲ方法测量的直流电压

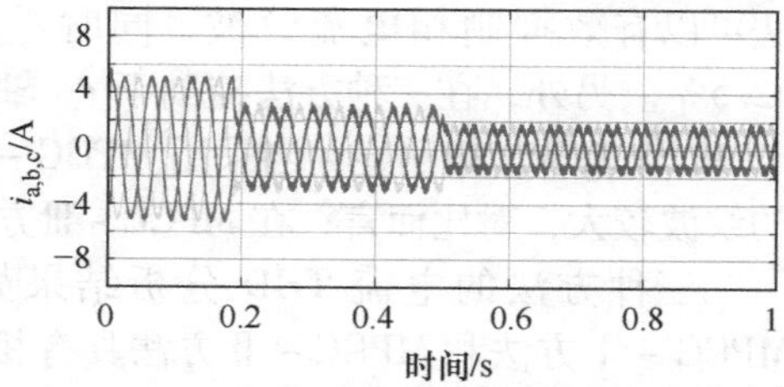

b3) MPCC-Ⅲ方法的三相电流

图 4-26　三种控制方法在 0.5s 时转速从 500r/min 增加到 700r/min 情况下的动态性能比较

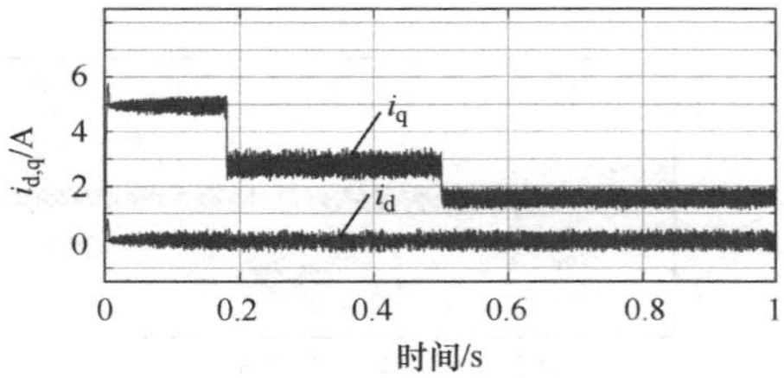

c1) MPCC-Ⅰ方法的dq轴电流

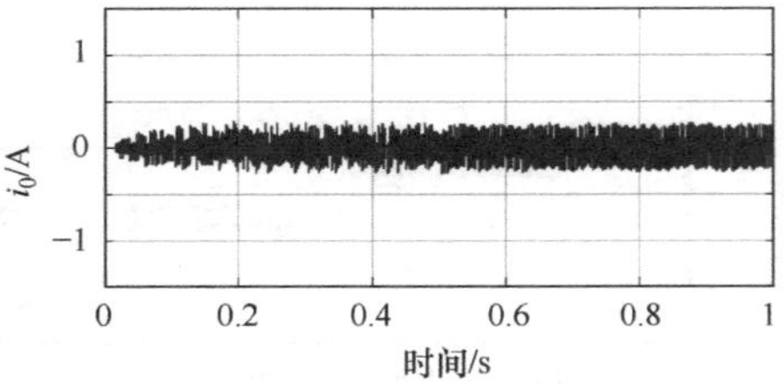

d1) MPCC-Ⅰ方法的零序电流

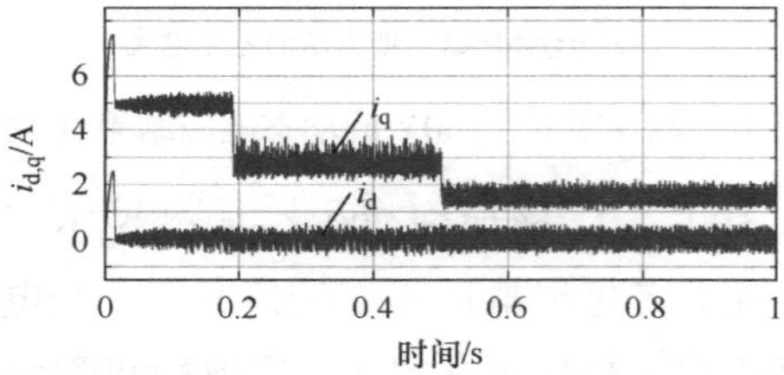

c2) MPCC-Ⅱ方法的dq轴电流

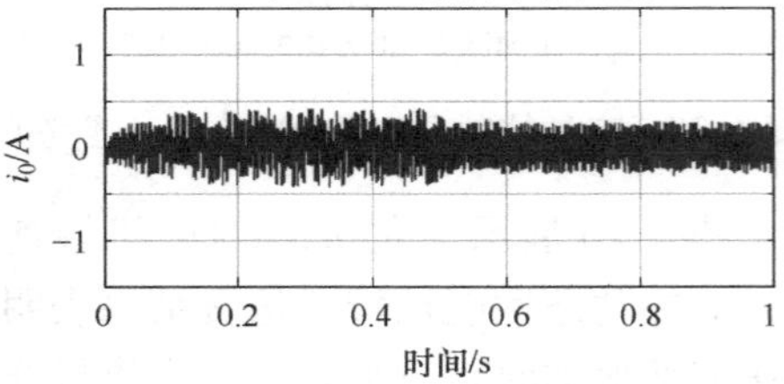

d2) MPCC-Ⅱ方法的零序电流

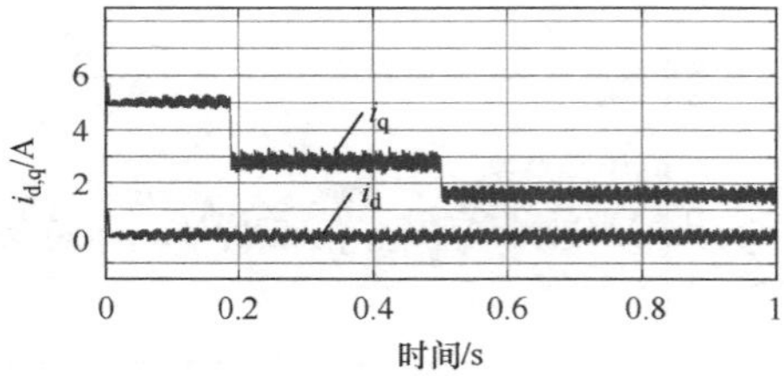

c3) MPCC-Ⅲ方法的dq轴电流

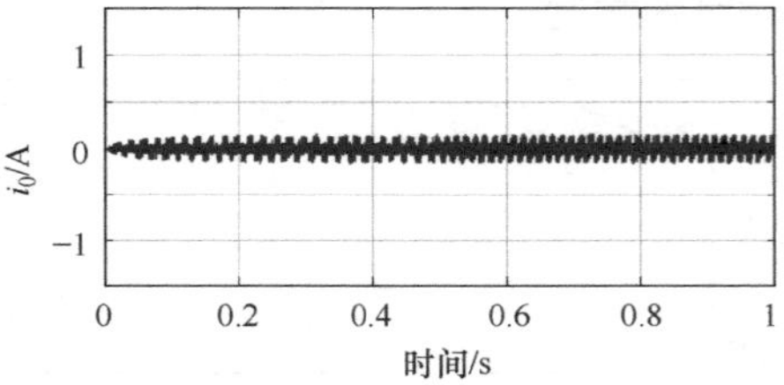

d3) MPCC-Ⅲ方法的零序电流

图4-26 三种控制方法在0.5s时转速从500r/min增加到700r/min情况下的动态性能比较（续）

2. 实验结果

在4.1.4节所搭建的OW-PMSG系统实验平台上，对三种方法分别进行了实验验证，系统参数见表4-2，采样频率设置为10kHz。

图4-27显示了三种控制方法下稳态性能的比较结果，实验条件为直流母线电压$u_{dc}^*=100$V，电机转速$n=500$r/min。三种方法的直流电压、相电流和零序电流分别如图4-27a1、a2和a3所示。可以看出，在MPCC-Ⅰ和MPCC-Ⅱ的控制下，两种方法的相电流均存在一定的纹波，零序电流都在±1.6A波动，说明MPCC-Ⅰ方法和MPCC-Ⅱ方法具有相似的稳态性能；另一方面，MPCC-Ⅲ方法可以有效抑制相电流纹波，同时零序电流从1.6A降到了0.6A，降幅高达62.5%。另外，在三种方法控制下dq轴电流和零序电流的比较结果如图4-27b1、b2和b3所示，很明显，当采用MPCC-Ⅰ和MPCC-Ⅱ方法时，d轴和q轴电流的纹波较大，对比而言，在MPCC-Ⅲ方法的控制下，电流纹波得到了有效抑制。

三种方法的电流THD分析结果如图4-28所示，从比较结果可以看出，MPCC-Ⅰ方法和MPCC-Ⅱ方法具有相似的电流谐波水平。而与MPCC-Ⅰ方法和MPCC-Ⅱ方法对比，所采用的MPCC-Ⅲ方法具有更好的电流控制性能，THD分析结果进一步证明了MPCC-Ⅲ方法的稳态优越性。

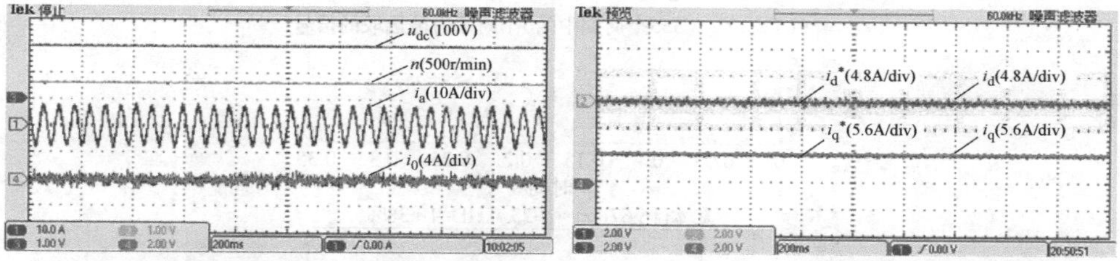

a1) MPCC-Ⅰ方法的测量直流电压和相电流/零序电流　　b1) MPCC-Ⅰ方法的dq轴电流

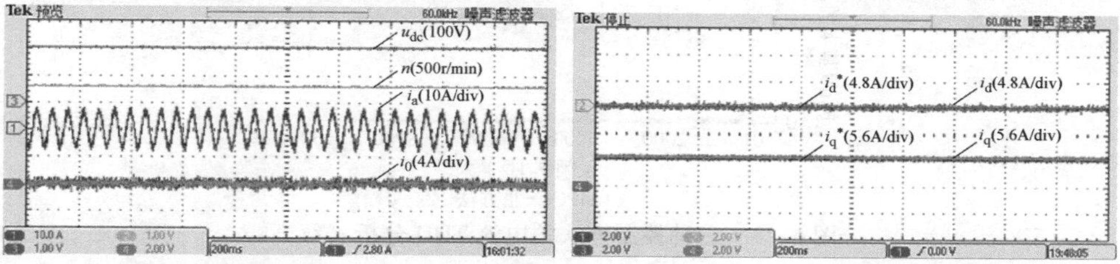

a2) MPCC-Ⅱ方法的测量直流电压和相电流/零序电流　　b2) MPCC-Ⅱ方法的dq轴电流

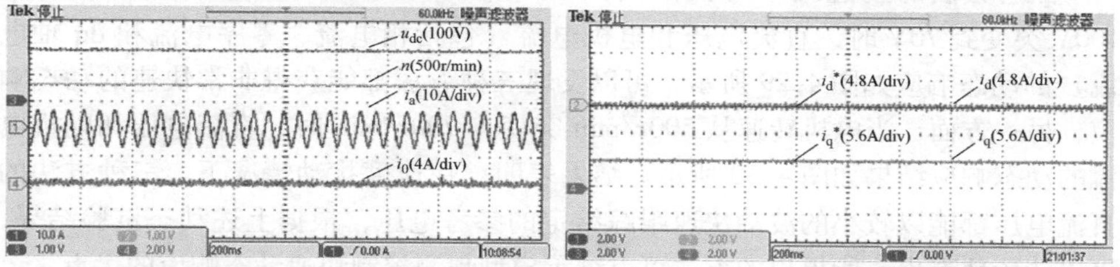

a3) MPCC-Ⅲ方法的测量直流电压和相电流/零序电流　　b3) MPCC-Ⅲ方法的dq轴电流

图 4-27　三种控制方法在 500r/min、100V 参考直流电压下的稳态实验结果

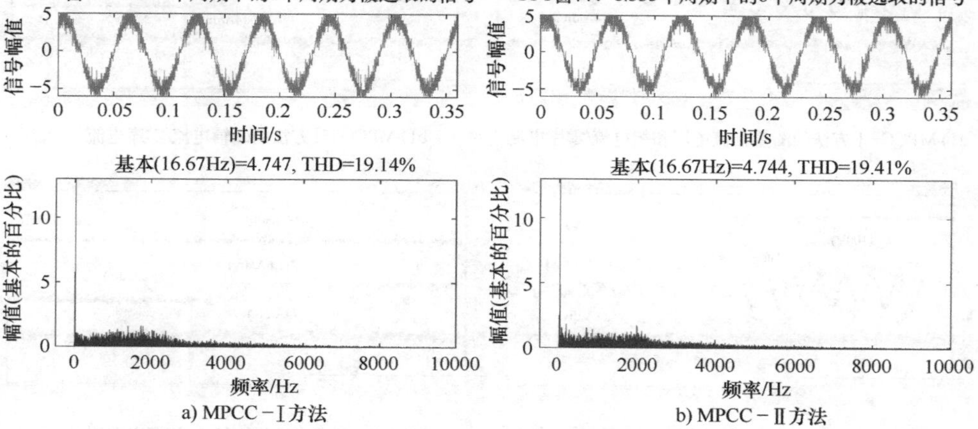

a) MPCC－Ⅰ方法　　b) MPCC－Ⅱ方法

图 4-28　三种控制方法的电流 THD 分析

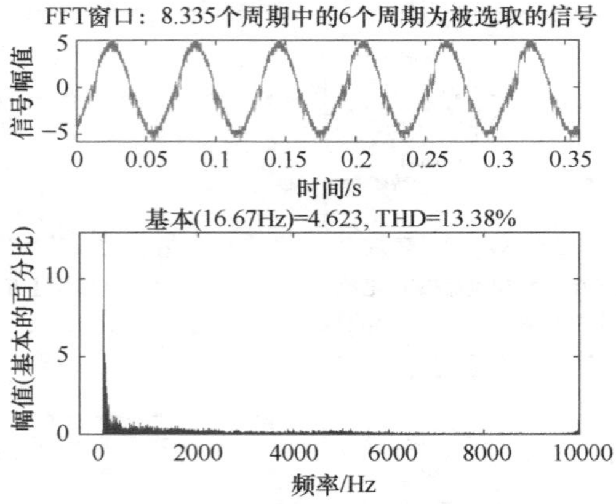

c) MPCC-Ⅲ方法

图 4-28　三种控制方法的电流 THD 分析（续）

三种方法的动态结果对比如图 4-29 和图 4-30 所示。当参考直流电压从 100V 突变到 70V 时，直流电压和电机电流（包括相电流、零序电流和 dq 轴电流）的动态响应如图 4-29 所示，可以发现三种方法都能获得非常快速的动态响应；另一方面，当电机转速从 500r/min 突变为 700r/min 时，直流电压和电机电流的动态响应结果如图 4-30 所示。结果表明，在速度扰动情况下，三种方法的直流电压都能以较小的波动快速跟踪给定的参考电压，根据上述动态试验结果，可以清楚地看出，所提出的方法可以继承模型预测控制快速动态响应的优点。

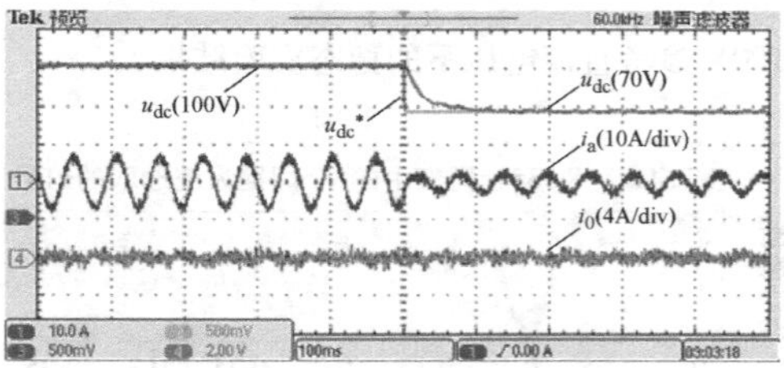

a1) MPCC-Ⅰ方法的测量直流电压和相电流/零序电流

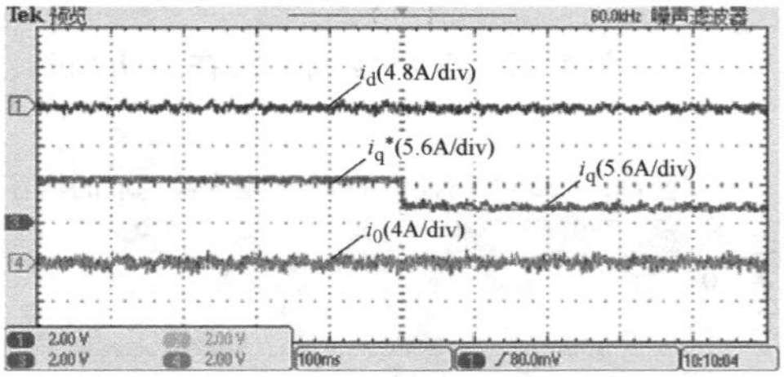

b1) MPCC-Ⅰ方法的dq轴电流/零序电流

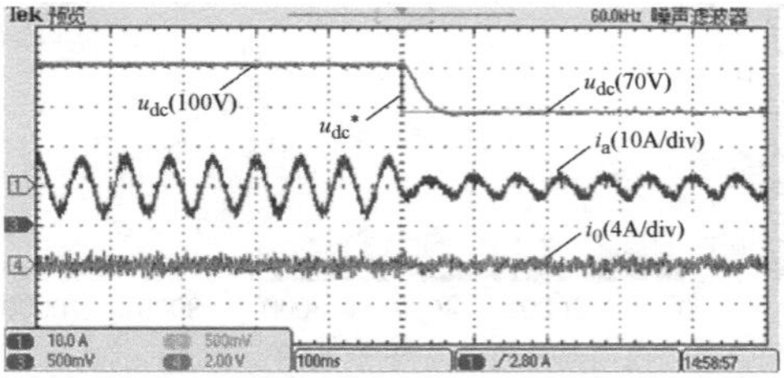

a2) MPCC-Ⅱ方法的测量直流电压和相电流/零序电流

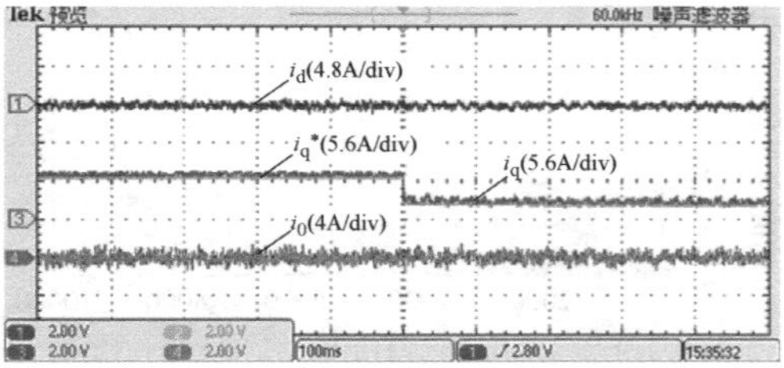

b2) MPCC-Ⅱ方法的dq轴电流/零序电流

图 4-29　三种控制方法对直流母线电压变化的动态响应

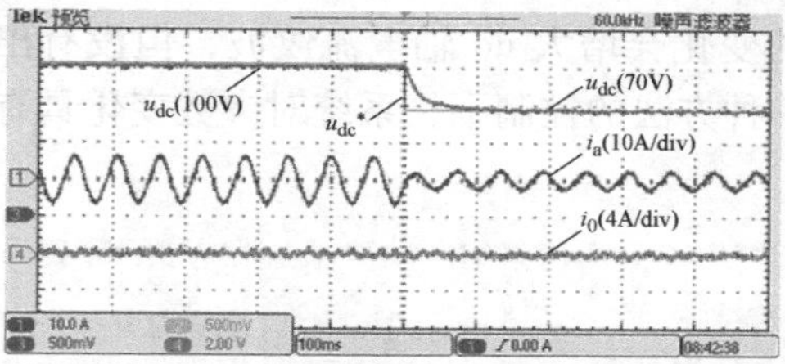

a3) MPCC-Ⅲ方法的测量直流电压和相电流/零序电流

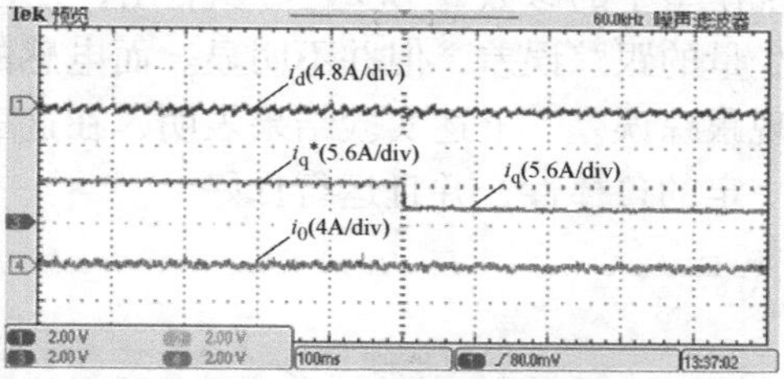

b3) MPCC-Ⅲ方法的dq轴电流/零序电流

图 4-29　三种控制方法对直流母线电压变化的动态响应（续）

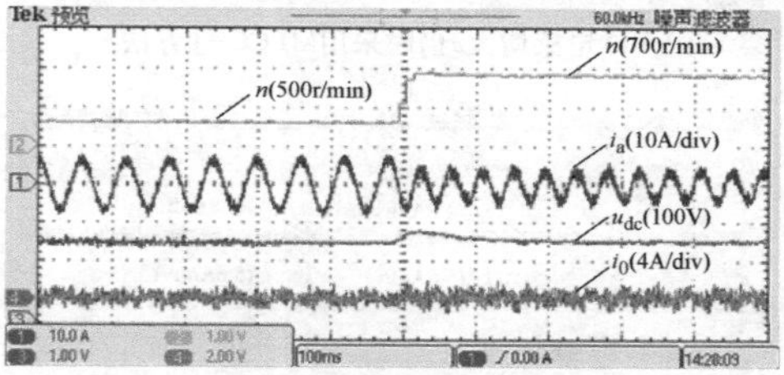

a1) MPCC-Ⅰ方法的测量速度、直流电压和相电流/零序电流

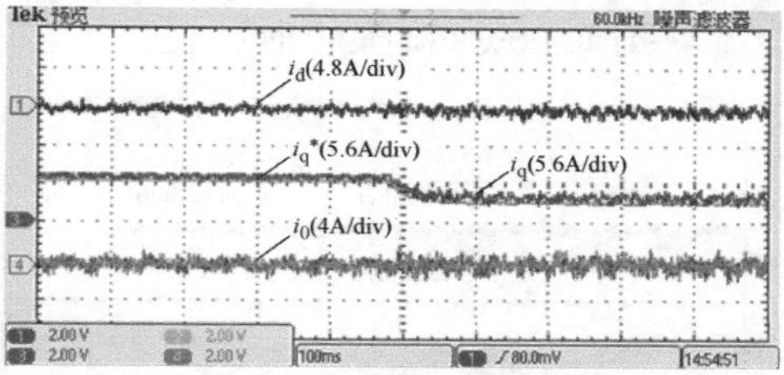

b1) MPCC-Ⅰ方法的dq轴电流/零序电流

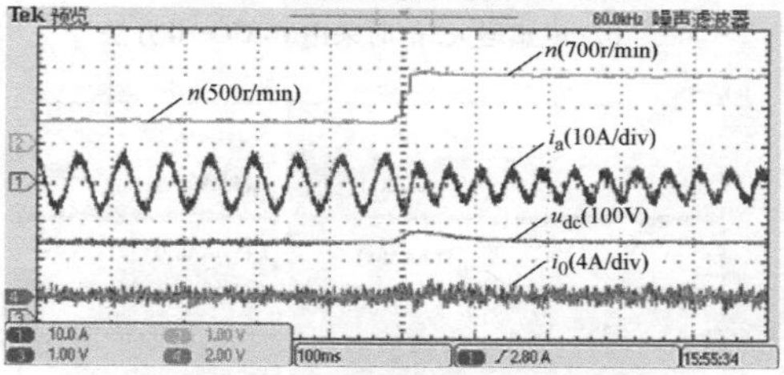

a2) MPCC-Ⅱ方法的测量速度、直流电压和相电流/零序电流

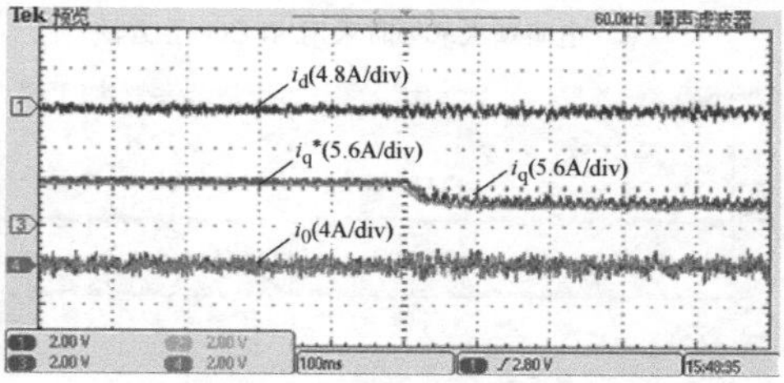

b2) MPCC-Ⅱ方法的dq轴电流/零序电流

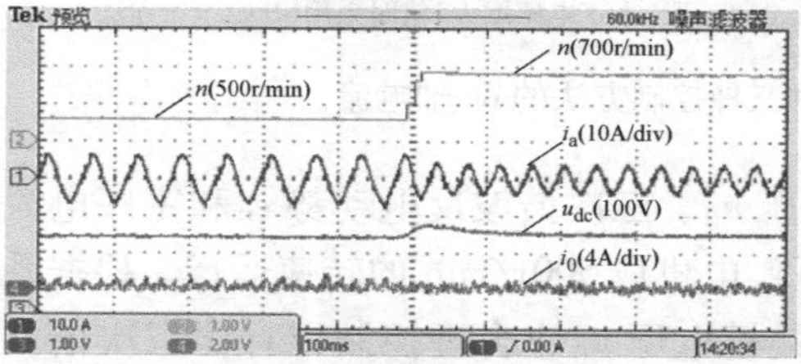

a3) MPCC-Ⅲ方法的测量速度、直流电压和相电流/零序电流

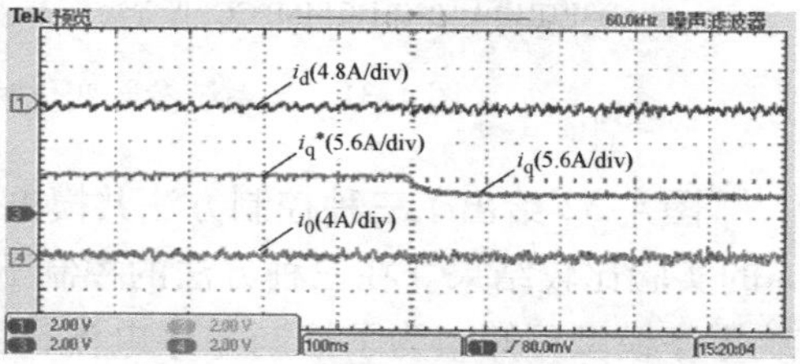

b3) MPCC-Ⅲ方法的dq轴电流/零序电流

图 4-30　三种控制方法对速度变化的动态响应

另外，为了评估参数变化对系统控制性能的影响，图 4-31 给出了定子电阻增加50%和电感增大3 倍时，三种方法在转速为500r/min 和100V 直流电压下的实验结果。在实际实验中，为了模拟所提方法的参数变化，用1.5R 和3L 代替系

统模型中的参数 R 和 L，可以看出，在这三种方法中，定子电阻的变化都会产生少量的跟踪误差，但并不明显。而电感的变化会增大 dq 轴电流纹波，但没有出现跟踪误差。上述实验结果表明，在这三种方法的控制下，系统对参数变化具有一定的鲁棒性，并且运行良好。

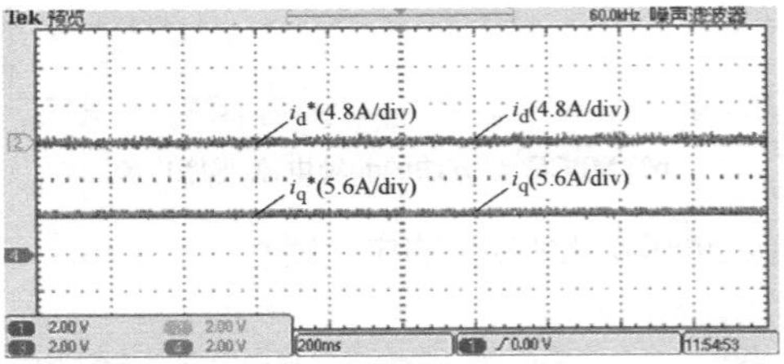

a1) 电阻增大50%时采用MPCC-Ⅰ方法

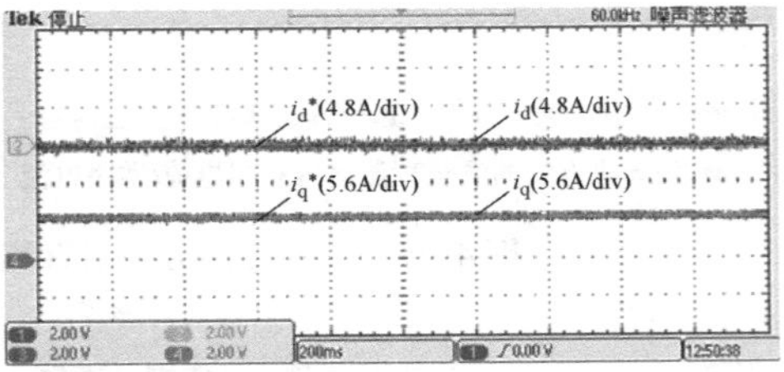

b1) 电感增大3倍时采用MPCC-Ⅰ方法

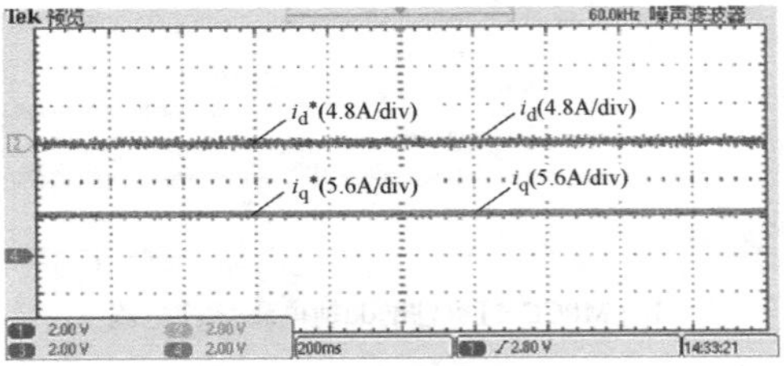

a2) 电阻增大50%时采用MPCC-Ⅱ方法

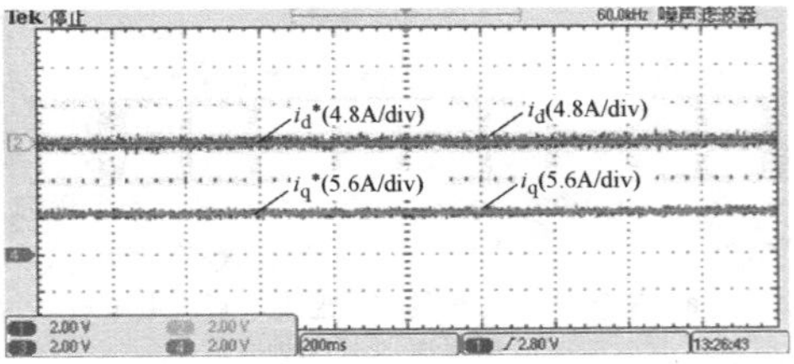

b2) 电感增大3倍时采用MPCC-Ⅱ方法

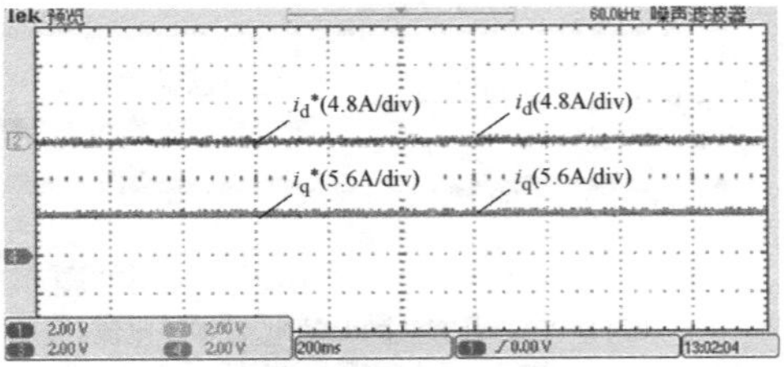

a3) 电阻增大50%时采用MPCC-Ⅲ方法

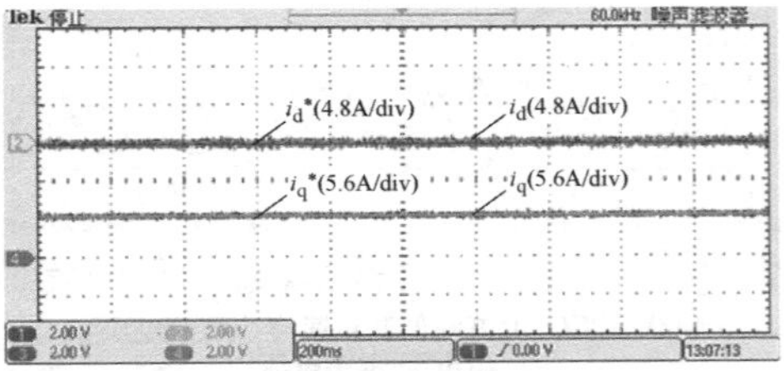

b3) 电感增大3倍时采用MPCC-Ⅲ方法

图 4-31　当系统参数变化时三种控制方法的 dq 轴电流

图 4-32 给出了三种控制方法共模电压 u_0、三次谐波反电动势 e_0 和零序电流 i_0 的实验比较结果。在三种方法的控制下，电机以 500r/min 的转速运行。根据系统零序模型可知，为了抑制零序电流，共模电压 u_0 应合理控制以补偿三次谐波反电动势 e_0。从图 4-32a 和 b 可以看出，当采用 MPCC－Ⅰ和 MPCC－Ⅱ方法时，共模电压 u_0 能抵消三次谐波反电动势 e_0 的影响，从而有效地抑制零序电流 i_0；另一方面，如图 4-32c 所示，当采用 MPCC－Ⅲ方法时，u_0 的波形与 e_0 更接近，这意味着 MPCC－Ⅲ方法与 MPCC－Ⅰ方法和 MPCC－Ⅱ方法相比，对于零序电流的抑制有更明显的效果。图 4-32a、b 和 c 的零序电流比较结果也证明了 MPCC－Ⅲ方法的有效性。

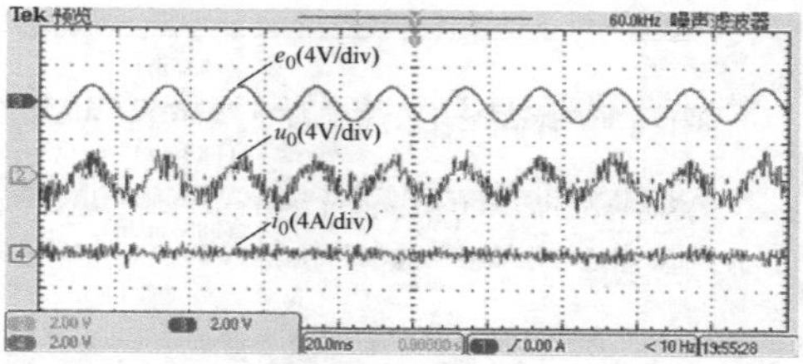

a) MPCC-Ⅰ方法

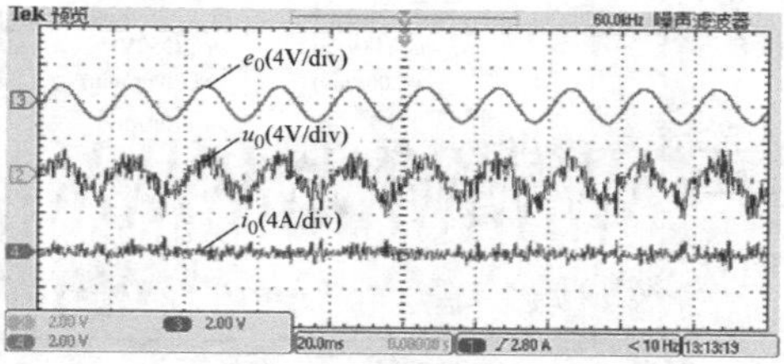

b) MPCC-Ⅱ方法

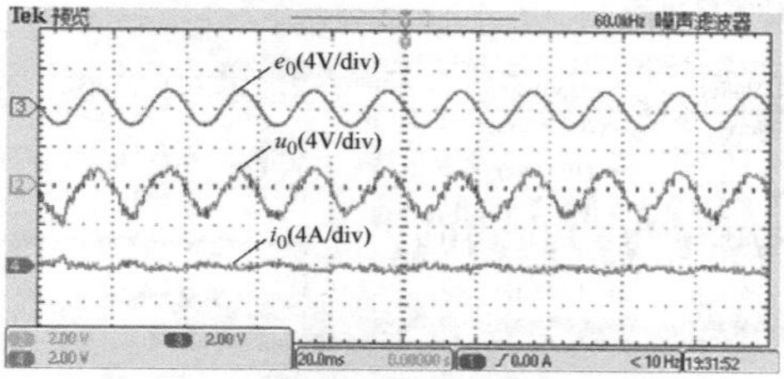

c) MPCC-Ⅲ方法

图 4-32　三种控制方法共模电压 u_0、三次谐波反电动势 e_0 和零序电流 i_0 的实验比较

电机的额定转速和额定转矩分别为 2000r/min 和 6N · m，该系统的总功率可用转矩 T_e 和速度 n 表示，即 $P_e = T_e^* n/9550$。系统功率 P_e 由直流母线电压和负载电阻决定，即 $P_e = u_{dc}^* u_{dc}/R$，P_e 的单位为 kW。由于负载电阻 R 是不变的，直流母线电压 u_{dc} 也被控制为一个固定值，所以系统功率是固定值，同时 i_d 被控制为零，因此，电流、速度和系统功率之间的关系可以表示为 $P_e = 1.5p\psi_f^* i_q^* n/9550$。当额定转速 $n = 2000$r/min，额定转矩 $T_e = 6$N · m 时，系统的负载电阻为 50Ω，直流母线电压可达 250V。MPCC-Ⅰ、MPCC-Ⅱ和 MPCC-Ⅲ三种方法在额定转速和额定转矩下的稳态性能实验结果如图 4-33 所示。

另外，对三种方法的计算时间进行了实验比较，MPCC-Ⅰ方法需要 99.5μs 才能完成程序的运行，而 MPCC-Ⅱ和 MPCC-Ⅲ分别需要 59.2μs 和 63.6μs。这意味着，相比于 MPCC-Ⅰ方法，采用所提出的 MPCC-Ⅱ和 MPCC-Ⅲ方法，系统的计算量可减少 40.5% 和 36.1%。

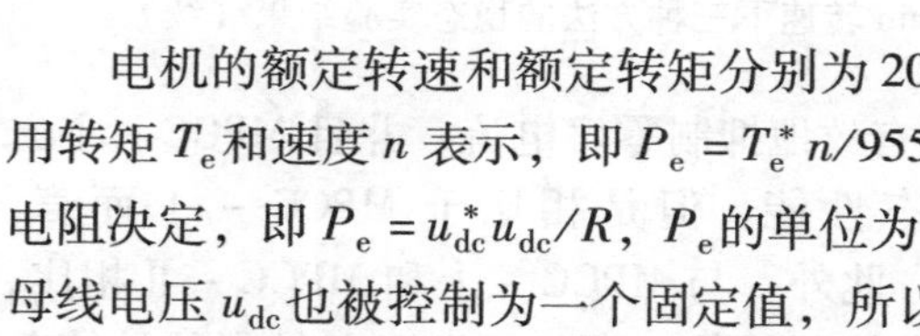

a1) MPCC-Ⅰ方法测得的直流电压和相电流/零序电流

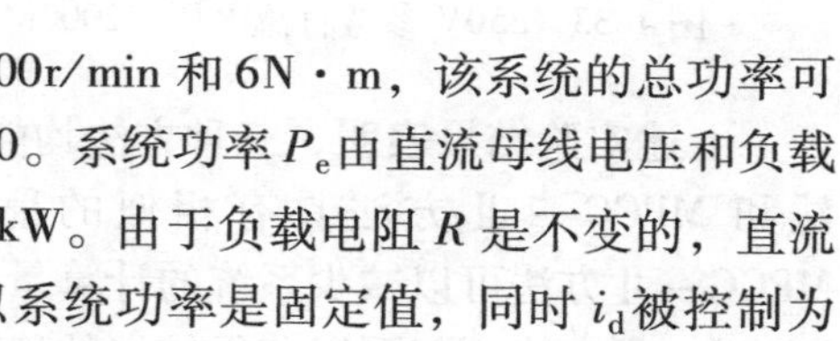

b1) MPCC-Ⅰ方法测得的dq轴电流和转矩

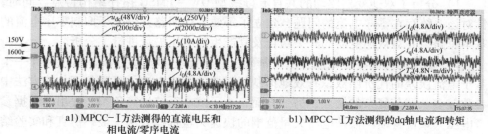

图 4-33　250V 参考直流电压、2000r/min 转速下三种方法的稳态实验结果

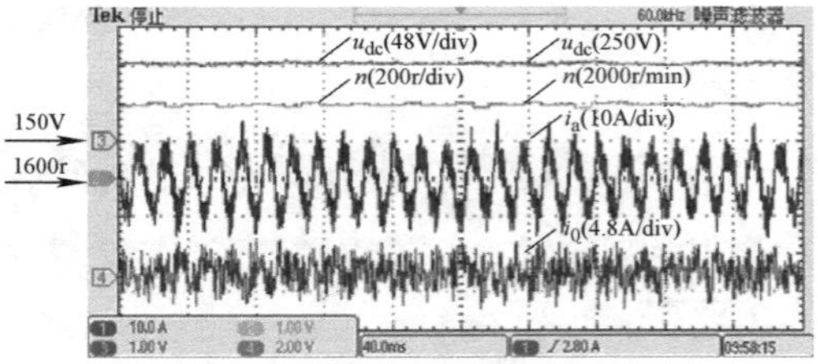

a2) MPCC-Ⅱ方法测得的直流电压和相电流/零序电流

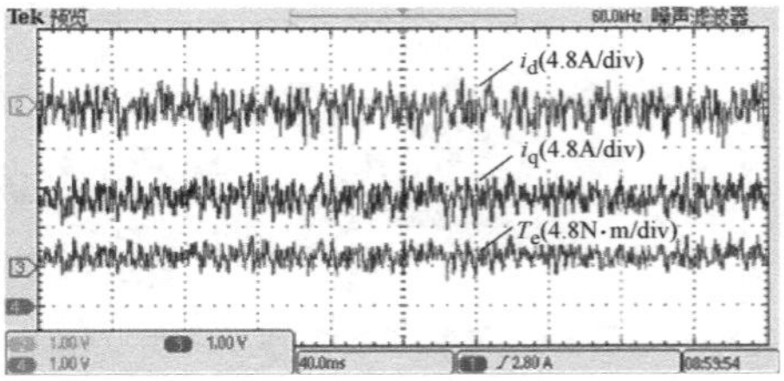

b2) MPCC-Ⅱ方法测得的dq轴电流和转矩

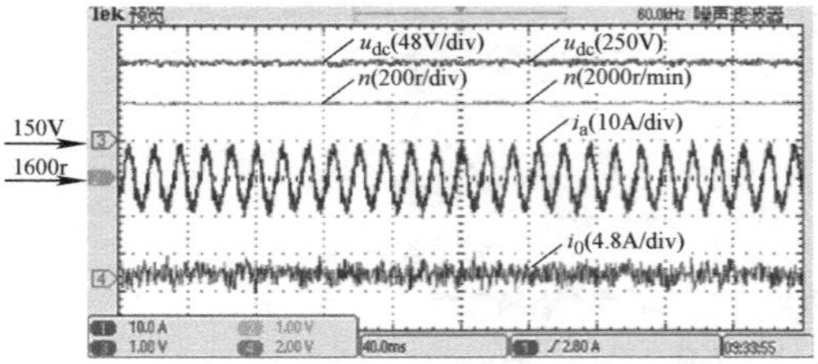

a3) MPCC-Ⅲ方法测量的直流电压和相电流/零序电流

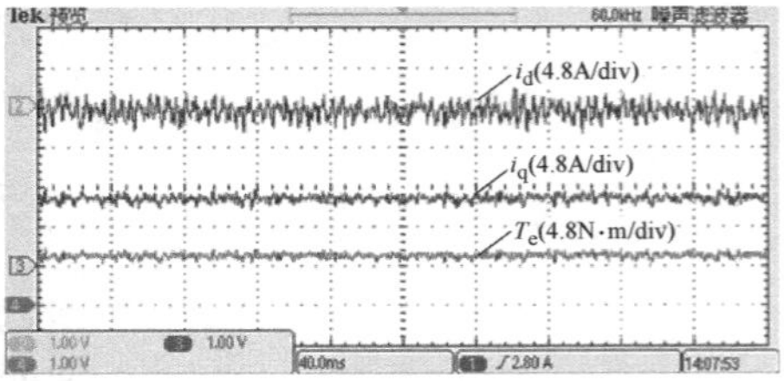

b3) MPCC-Ⅲ方法测得的dq轴电流和转矩

图 4-33　250V 参考直流电压、2000r/min 转速下三种方法的稳态实验结果（续）

上述实验结果表明，三种方法均能有效地抑制零序电流，并且 MPCC - Ⅰ方法和 MPCC - Ⅱ方法具有相似的稳态性能，但是相比于 MPCC - Ⅰ而言，MPCC - Ⅱ方法可以减少系统的计算量；此外，与 MPCC - Ⅰ和 MPCC - Ⅱ相比，MPCC - Ⅲ方法不仅可以获得较好的稳态控制性能，而且可以避免较大的计算负担；最后，在动态响应方面，三种方法均具有良好的动态控制性能。

4.3 本章小结

本章主要研究了模型预测电流控制（MPCC）方法在共直流母线型双边可控 OW - PMSG 系统上的应用，从理论分析、仿真研究和实验验证这几个方面进行了介绍，主要内容总结如下：

1）分析了双逆变器驱动的共直流母线型 OW - PMSG 拓扑结构特点。同时，针对该系统存在零序电流的问题，建立了等效零序回路并分析了抑制零序电流的基本思路，并对双逆变器的开关组合及其产生的电压矢量进行了分析。

2）在传统抑制零序电流方法的基础上，给出了 MPCC 方法，通过设计一个基于电流误差的代价函数，有效地抑制了系统的零序电流，且避免了传统方法中参数较多、调节复杂的缺点；另一方面，为了减小系统计算负担，提出了根据参考电压矢量位置缩小候选电压矢量范围的快速矢量选择方法，最终仿真和实验结果验证了所提方法的正确性和可行性。

3）通过分析双逆变器电压矢量产生的零序电压，将电压矢量的分布从 αβ 平面拓展到三维空间，并提出了从三维空间所有矢量中选择最优电压矢量的预测控制方案。此外，为了减小系统计算量，给出了根据系统参考电压矢量在零轴和 αβ 平面上的位置缩小候选电压矢量范围的矢量选择方法。以此为基础，为了提高系统的稳态性能，提出了两个逆变器电压矢量分开选择，且单个逆变器的矢量由两个电压矢量合成的方法，根据单个逆变器基本电压矢量产生的零序电压确定了基本电压矢量在空间上的分布，通过该逆变器参考电压矢量的零轴及平面分量的位置进一步缩小候选电压矢量的范围，减小系统计算量，最终仿真和实验验证了所提方法的正确性和可行性。

参考文献

［1］ZHANG X，ZHANG W，XU C，et al. 3 – D Vector – Based Model Predictive Current Control for Open – End Winding PMSG System With Zero – Sequence Current Suppression［J］. IEEE Journal of Emerging and Selected Topics in Power Electronics，2021，9（1）：242 – 258.

［2］ZHANG X，LI Y，WANG K，et al. Model Predictive Control of the Open – winding PMSG System Based on Three – Dimensional Reference Voltage – Vector［J］. IEEE Transactions on Industrial Electronics，2020，67（8）：6312 – 6322.

第 5 章

绕组开路永磁同步电机驱动系统模型预测全转矩控制

模型预测转矩控制（MPTC）通常根据电机数学模型对控制系统下一周期的状态进行预测，并通过代价函数择优选出使电磁转矩和定子磁链误差最小的一组电压矢量[1]，并根据电压矢量的开关状态作用于变换器来实现对转矩和磁链的跟踪。根据 MPTC 的控制原理，可将其概括为 4 个步骤：①利用离散模型对控制变量进行预测；②评估存在的电压矢量及其开关状态；③基于代价函数选择最优的电压矢量；④根据对应的开关状态作用于变换器来实现控制。

MPTC 是一种直接控制电磁转矩的方法，其针对转矩具有很好的控制性能，但由于其代价函数中的控制目标不处于同一量纲，需要设计权重系数来平衡电磁转矩与定子磁链之间的控制性能。在确定权重系数的过程中，不可避免地需要进行大量的仿真分析和实验验证，这大大增加了控制系统的复杂性。为此，在 OW－PMSM 结构下，本章在 MPTC 方法基础上提出了一种模型预测全转矩控制（Model Predictive Full Torque Control，MPFTC）策略。这种方法不仅可以有效地抑制零序电流，而且通过对控制目标的统一化处理消除了传统 MPTC 方法中的权重系数。另外，为了减少矢量枚举带来的计算负担，提出了一种基于三维空间的电压矢量划分方法，有效地减少了系统的运算时间。

5.1 绕组开路永磁同步电机模型预测转矩控制

在共直流母线 OW－PMSM 系统中，零序电流会增加系统额外的损耗并会使转矩产生较大的脉动，从而降低整个系统的效率[2]。因此，在 OW－PMSM 结构下如何有效地抑制零序电流这一问题被广泛研究，本书的前述章节在 MPCC 框架下也进行了针对性的研究。然而，不同于 MPCC 中 dq0 轴电流的相同量纲，在 MPTC 控制框架下，转矩、磁链与零序电流三者的量纲不同，不能照搬 MPCC 方案。因此，本节针对 MPTC 方法进行了优化，在控制电磁转矩和定子磁链的同时考虑零序电流的抑制，优化后的 MPTC 方法原理图如图 5-1 所示，其结构主要包括五部分：①一拍延时补偿；②三维空间中的候选电压矢量；③确定转矩、磁链和零序电流的参考值；④转矩、磁链与零序电流的预测；⑤基于代价函数最小原则选择出最优电压矢量并输出其开关状态。

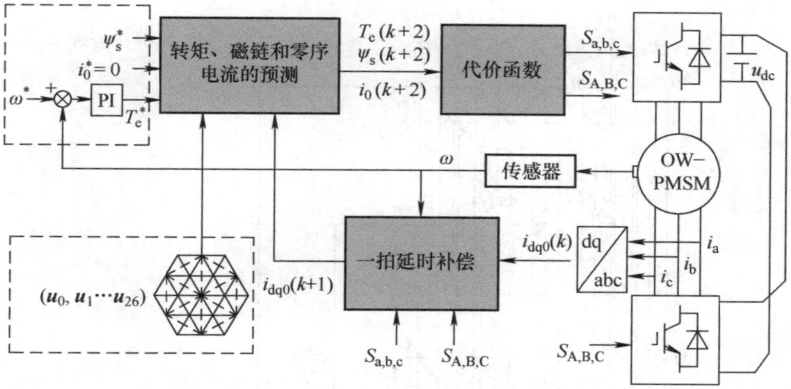

图 5-1　共直流母线 OW - PMSM 下 MPTC 控制框图

5.1.1　一拍延时补偿

为了实现一拍延时补偿，通常需要根据 OW - PMSM 的离散化方程，对控制目标提前进行一拍的预测。因此，基于离散化数学模型，可以得到电流的预测方程为

$$\begin{cases} i_d(k+1) = (1 - RT_s/L)i_d(k) + T_s/L \cdot u_d + \omega T_s i_q(k) \\ i_q(k+1) = (1 - RT_s/L)i_q(k) + T_s/L \cdot u_q - \omega T_s i_d(k) - \omega T_s \varphi_f/L \\ i_0(k+1) = (1 - RT_s/L)i_0(k) + T_s/L_0 \cdot u_0 + 3\omega T_s \varphi_{3f}\sin 3\theta/L_0 \end{cases} \tag{5.1}$$

根据 OW - PMSM 的磁链方程和转矩方程，可以推导得到一拍延时补偿后的磁链和转矩表达式为

$$\psi_s(k+1) = L_s i_s(k) + \psi_f \tag{5.2}$$

$$T_e(k+1) = 1.5 p_n \psi_f i_s(k) \tag{5.3}$$

5.1.2　三维空间中的候选电压矢量

根据双逆变器结构的数学模型，经过筛选可以得到最终有效的电压矢量为 27 个，其分别分布于 7 个不同的零序电压层，即 $u_0=0$ 的零层；$u_0=u_{dc}/3$ 的 $u_{dc}/3$ 层；$u_0=2u_{dc}/3$ 的 $2u_{dc}/3$ 层；$u_0=u_{dc}$的 u_{dc}层；$u_0=-u_{dc}/3$ 的 $-u_{dc}/3$ 层；$u_0=-2u_{dc}/3$ 的 $-2u_{dc}/3$ 层；$u_0=-u_{dc}$的 $-u_{dc}$层。值得注意的是，得到的 27 个不同的电压矢量，其中有 7 个电压矢量不产生零序分量，有 20 个电压矢量产生零序分量，具体如图 5-2 所示。

5.1.3　确定转矩、磁链和零序电流的参考值

在 OW - PMSM 系统中 MPTC 方法参考值的确定过程基本与常规电机 MPTC

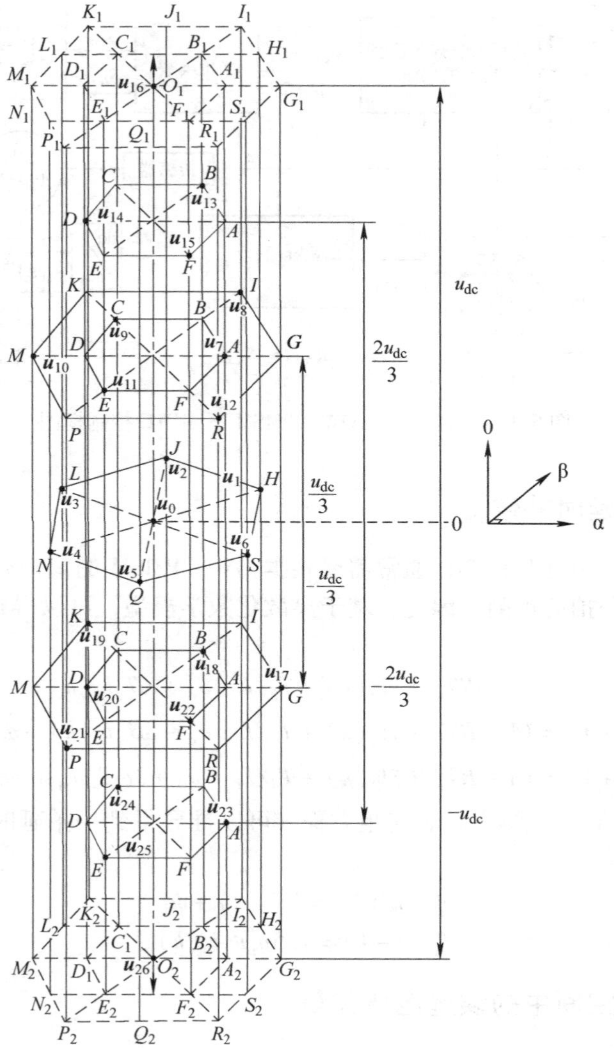

图 5-2　三维空间电压矢量分布

方法参考值的确定过程一致。在此过程中，需要确定三个控制变量的参考值，即转矩、磁链和零序电流。如 MPTC 控制原理图所示，参考转矩（T_e^*）是根据转速外环经过 PI 控制器计算而得到的；参考磁链（ψ_s^*）是根据永磁体的磁链大小和最大转矩电流比（Maximum Torque Per Ampere，MTPA）的公式计算得到的[5]，如式（5.4）所示；而零序电流（i_0^*）的参考值直接设置为 0 即可[6]。

$$\psi_s^* = \sqrt{\psi_f^2 + \left(L\frac{T_e^*}{\frac{3}{2}p\psi_f}\right)^2} \tag{5.4}$$

5.1.4 转矩、磁链与零序电流的预测及代价函数构建

在常规电机系统中，MPTC 的主要控制目标是使系统能够实现对转矩和磁链参考值的快速准确跟踪。然而，与常规电机系统不同，OW – PMSM 的结构打开了传统永磁同步电机的绕组中性点，为零序电流提供了回路。因此，为了有效提升绕组开路电机系统的整体控制表现，在 MPTC 控制中，不仅需要对转矩和磁链进行预测与控制，还需要考虑零序电流的预测控制。鉴于此，在 MPTC 中加入零序电流作为第三控制目标。

在一拍延时补偿后，为了计算下一控制时刻磁链、转矩与零序电流三个变量的预测值，首先，根据 OW – PMSM 的离散化数学模型，获取离散后的电压方程如下：

$$\begin{cases} u_d = L_d\dfrac{i_d(k+2) - i_d(k+1)}{T_s} + Ri_d(k+1) - \omega L_q i_q(k+1) \\ u_q = L_q\dfrac{i_q(k+2) - i_q(k+1)}{T_s} + Ri_q(k+1) + \omega L_d i_d(k+1) + \omega\psi_f \\ u_0 = L_0\dfrac{i_0(k+2) - i_0(k+1)}{T_s} + Ri_0(k+1) - 3\omega\psi_{f3}\sin(3\theta) \end{cases} \tag{5.5}$$

其次，与磁链方程在两相旋转坐标系下的磁链方程联立，可得到磁链预测方程为

$$\begin{cases} \psi_d(k+2) = T_s u_d(k+1) + \psi_d(k+1) + T_s\omega(k)\psi_q(k+1) - \dfrac{T_s R}{L}[\psi_d(k+1) - \psi_f] \\ \psi_q(k+2) = T_s u_q(k+1) + \psi_q(k+1) - T_s\omega(k)\psi_d(k+1) - \dfrac{T_s R}{L}\psi_q(k) \end{cases} \tag{5.6}$$

然后，将磁链和转矩的方程联立，可得到转矩预测方程为

$$T_e(k+2) = \frac{3}{2}p_n\frac{\psi_f}{L}\psi_q(k+2) \tag{5.7}$$

最后，对离散化后的电压方程中的零序分量进行移项分解，可得到零序电流预测方程为

$$i_0(k+2) = \left(1 - \frac{RT_s}{L_o}\right)i_0(k+1) + \frac{T_s}{L_o}u_o + \frac{3\omega T_s\psi_{f3}\sin(3\theta)}{L_o} \tag{5.8}$$

对于 OW – PMSM 控制系统，为了更好地抑制零序电流以提高控制性能，本

节在传统 MPTC 方法基础上，在其代价函数中加入零序电流误差项，从而使控制目标由对转矩和磁链的协调控制转换为对转矩、磁链和零序电流的协调控制。然而，由于三个控制目标不属于同一量级，需要设计三个系数来平衡这三个控制目标之间的权重关系。因此，在转矩预测、磁链预测和零序电流预测的基础上，为了在 OW－PMSM 系统中实现对三者的同步控制，代价函数可以设计为

$$g = A\left|T_e^* - T_e(k+2)\right| + B\left|\psi_s^* - \psi_s(k+2)\right| + C\left|i_0^* - i_0(k+2)\right| \tag{5.9}$$

其中，A、B 和 C 分别代表平衡转矩、磁链和零序电流控制的权重系数。在理论上，权重系数的设计可以由控制目标在额定状态下的比值进行分析而得到，但是在实际应用中，权重系数需要综合考虑转矩脉动、磁链脉动、电流限制、运行速度与电机负载工况等多种因素。因此，若要获得合适的权重系数，需要大量的仿真和实验进行分析验证，这将大大降低预测控制的实用性。

5.2 绕组开路永磁同步电机模型预测全转矩控制

在上一节描述的 OW－PMSM 控制系统中，MPTC 将电机转矩、磁链和零序电流同时作为控制目标来优化系统控制表现。但由于这三个控制目标不属于同一量级，因此需要设计三个权重系数来平衡三者之间的控制关系。为了解决上述 MPTC 方法中权重系数设计复杂的问题，本节基于瞬时功率理论提出了一种无权重系数的 MPFTC 方法。该方法将转矩、磁链和零序电流有效地转化为了包括实转矩、虚转矩和零转矩在内的全转矩。在此基础上，设计了将全转矩作为控制目标的代价函数。由于实转矩、虚转矩和零转矩这三个新的控制目标具有相同的量纲和相似的数量级，因此有效地避免了 MPTC 中权重系数设计所带来的问题。图 5-3所示为提出的 MPFTC 的控制框图。

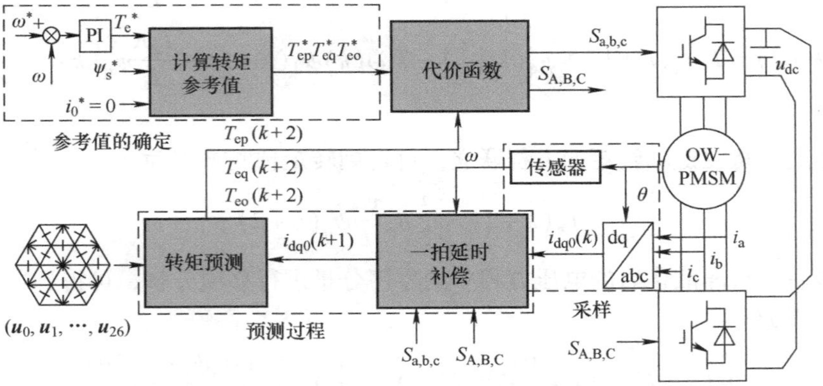

图 5-3 共直流母线 OW－PMSM 下 MPFTC 控制框图

由上述 MPFTC 的控制原理图可以看出，其控制结构与 MPTC 基本相似，主要分为五部分：①一拍延时补偿；②三维空间中的参考电压矢量；③全转矩预测；④转矩参考值的确定；⑤基于代价函数最小的最优电压矢量选择及开关状态输出。相比于 MPTC，新提出的 MPFTC 主要针对全转矩的预测、转矩参考值的计算和全转矩代价函数的设计这三个部分进行了优化，接下来本节将针对这三部分进行详细介绍。

5.2.1 全转矩的预测

首先，根据转矩的定义，电机转矩是由电机的转速和功率推导而来，即转矩与功率的关系可描述为

$$T_e = p_n(P_e/\omega) \tag{5.10}$$

在 MPFTC 方法中，通过引入瞬时功率理论（$p-q$ 理论）来计算 OW－PMSM 系统的功率，从而进一步基于转矩与功率的关系式（5.10）来计算得到系统的全转矩信息。需要注意的是，OW－PMSM 系统与传统的电机系统不同，该系统中存在零序电流，因此在功率计算过程中不可忽略零序分量的作用。

在传统的功率概念中，三相系统被视为三个单相系统，即 $P = u_a i_a + u_b i_b + u_c i_c$。而 $p-q$ 理论的基础是在时域中定义瞬时功率，并且该理论不受电压、电流波形的限制，广泛适用于有或无中性点的三相系统，因此将其应用于 OW－PMSM 系统是合适的。在 $p-q$ 理论中，电压和电流首先要从三相静止坐标系转换到两相静止坐标系，然后在两相静止坐标系下重新对功率进行定义，其转换关系是 $P = u_a i_a + u_b i_b + u_c i_c \rightarrow P = u_\alpha i_\alpha + u_\beta i_\beta + u_0 i_0$。基于在两相静止坐标系下的瞬时电压和瞬时电流，可以得到三种不同的瞬时功率：

$$\begin{cases} P = u_\alpha i_\alpha + u_\beta i_\beta \\ Q = u_\beta i_\alpha - u_\alpha i_\beta \\ P_0 = u_0 i_0 \end{cases} \tag{5.11}$$

其中，u_α、u_β 和 u_0 为在两相静止坐标系下的瞬时定子电压；P、Q 和 P_0 分别为瞬时实功率、瞬时虚功率和瞬时零功率。其中瞬时虚功率可以看作是相与相之间交换的能量，瞬时实功率可视为在无零序电流和零序电压的情况下系统单位时间内的总能量流，瞬时零功率可视为瞬时有功功率的零序分量，其只存在于含有零序电流和零序电压的系统中，对能量流有影响，并且瞬时实功率和瞬时零功率的总和可以被视为单位时间内的总能量流，即 $P = u_\alpha i_\alpha + u_\beta i_\beta + u_0 i_0$。

然而，由于本章的控制变量是在两相旋转坐标系中进行控制的，因此将坐标变换方程代入瞬时功率方程。在不考虑铜损耗的情况下，可得到在两相旋转坐标系下的瞬时功率表达式为

$$\begin{cases}P = 1.5(e_d i_d + e_q i_q)\\Q = 1.5(e_q i_d - e_d i_q)\\P_0 = 3e_0 i_0\end{cases} \tag{5.12}$$

式中，e_d、e_q和e_0分别为电机的d轴、q轴和零序电动势。

联立转矩与功率的关系方程（5.10）和瞬时功率方程（5.12），可得OW-PMSM的全转矩方程为

$$\begin{cases}T_{ep} = 1.5p_n\psi_f i_q\\T_{eq} = 1.5p_n[L(i_d^2 + i_q^2) + \psi_f i_d]\\T_{eo} = 9p_n\psi_{f3}\sin(3\theta)i_0\end{cases} \tag{5.13}$$

在全转矩方程中，T_{ep}、T_{eq}和T_{eo}分别根据实功率、虚功率和零功率推导而来，因此称其为实转矩、虚转矩和零转矩。值得注意的是，零转矩表示零序电流和零序电压系统中电机电磁转矩的零序分量，其只存在于同时含有零序电流和零序电压的系统中。

因此，根据式（5.13）中的全转矩方程可以得到实转矩、虚转矩和零转矩的预测方程如下：

$$\begin{cases}T_{ep}(k+2) = 1.5p_n\psi_f i_q(k+2) = T_e(k+2)\\T_{eq}(k+2) = 1.5p_n[L(i_d^2(k+2) + i_q^2(k+2)] + \psi_f i_d(k+2) = 1.5p_n[\psi_s^2(k+2) - \psi_f^2]/L\\T_{eo}(k+2) = 9p_n\psi_{f3}\sin(3\theta)i_0(k+2)\end{cases} \tag{5.14}$$

5.2.2 转矩参考值的确定

转矩参考值的确定与MPTC方法相似。首先，实转矩T_{ep}表示电机的电磁转矩，故其参考值与MPTC方法转矩的参考值相同均可由转速外环求得，如式（5.15a)所示。另一方面，将定子磁链方程（$\psi_s^{*2} = \psi_d^{*2} + \psi_q^{*2}$）和转矩方程联立来消除$q$轴电流，因此，虚转矩方程可以用定子磁链的形式表示，即

$$\begin{aligned}T_{eq} &= 1.5p_n[L(i_d^2 + i_q^2) + \psi_f i_d] = 1.5p_n[(L^2 i_d^2 + L^2 i_q^2 + \psi_f^2 + 2L\psi_f i_d) - \psi_f^2]/L\\&= 1.5p_n[\psi_s^2 - \psi_f^2 - L\psi_f i_d]/L_0\end{aligned}$$

以此为基础，结合最大转矩电流比和$i_d = 0$的控制策略可以得到虚转矩参考值，如式（5.15b）所示。另外，零转矩（T_{eo}）可以直接利用零序电流来表示，因此，根据零序参考电流可以得到零转矩的参考值，如式（5.15c）所示。

$$T_{ep}^* = T_e^* \tag{5.15a}$$

$$T_{eq}^* = 1.5p_n(\psi_s^{*2} - \psi_f^2)/L \tag{5.15b}$$

$$T_{eo}^* = 9p_n\psi_{f3}\sin(3\theta)i_0^* \tag{5.15c}$$

上述方程中的转矩、磁链和零序电流的参考值均与 MPTC 方法中的参考值相同，因此，两种控制方法可使用相同的转速外环结构及参数。

5.2.3　全转矩代价函数

根据上述分析，为了消除 MPTC 方法中的权重系数，MPFTC 方法已将转矩、磁链和零序电流三个控制目标统一转化为了全转矩的形式表示。因此，MPFTC 方法中代价函数可通过全转矩来进行设计，其表达式为

$$g=[T_{ep}^{*}-T_{ep}(k+2)]^{2}+[T_{eq}^{*}-T_{eq}(k+2)]^{2}+[T_{eo}^{*}-T_{eo}(k+2)]^{2} \tag{5.16}$$

然后，基于代价函数最小化原则，可选择出最优电压矢量如下：

$$u_{best}(k+2)=\operatorname{argmin}_{\{j=0,\cdots,27\}} g[u_{j}(k+2)] \tag{5.17}$$

需要注意的是，当采用基于枚举的矢量选择方法来获得最优电压矢量时，由于 OW - PMSM 系统可产生 27 个不同的电压矢量，因此在控制期内需要进行 27 次转矩预测和矢量选择的计算，这意味着在实际应用中，计算时间和控制系统的负担将显著增加。

5.3　减少计算负荷的矢量划分选择方法

为了减少预测控制的计算负荷，本节提出一种基于三维空间 OW - PMSM 系统的矢量划分选择方法。该方法将整个矢量分布空间分割成 24 个小空间，然后根据参考电压矢量的具体位置来确定候选电压矢量。这种方法可以有效地缩小矢量选择的范围并缩短程序的执行时间，本节将从两方面对该方法进行说明：①矢量分布空间的划分和参考电压的位置确定；②候选电压矢量的确定。

5.3.1　矢量分布空间的划分和参考电压的位置确定

为了确定参考电压矢量的具体位置，本章基于数学中的三维投影方法对整个矢量分布空间进行了详细的划分。首先，对两相静止坐标系内的矢量分布空间以 αβ 平面作为投影平面，对整个分布空间进行正射投影，如图 5-4a 所示。根据在投影平面上的矢量分布，可以将整个投影平面可分为 24 小扇区，如图 5-4b 所示。因此，在三维空间中，通过对投影平面的划分可将整个三维矢量分布空间分为 24 个三棱柱，其中每个三棱柱对应一个小扇区。

其次，为了确定参考电压矢量落在哪个三棱柱内，本节将参考电压矢量的相角和幅值作为标准进行判断。基于无差拍的控制原理，通过电压、定子磁链和转矩方程得到参考电压矢量，其表达式为

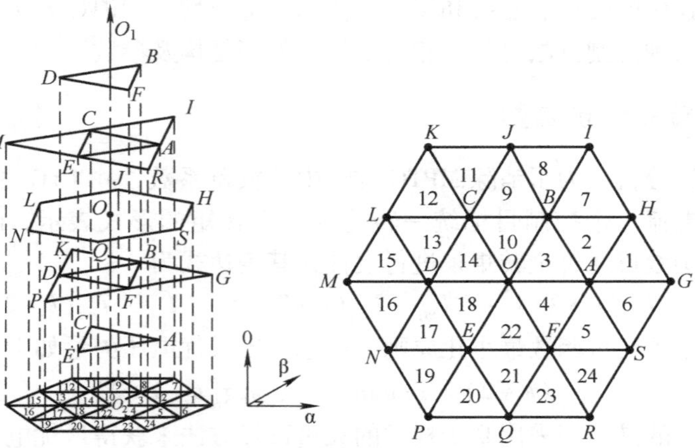

a) 向量分布的正交投影　　b) 投影平面划分

图 5-4　基于三维投影的三维矢量分布空间划分

$$\begin{cases} \boldsymbol{u}_{\mathrm{dref}} = (-X_1 \pm \sqrt{X_1^2 - X_2})/T_{\mathrm{s}} \\ \boldsymbol{u}_{\mathrm{qref}} = X_3/T_{\mathrm{s}} \\ \boldsymbol{u}_{0\mathrm{ref}} = X_{\mathrm{o}}/T_{\mathrm{s}} \end{cases} \tag{5.18}$$

其中，$X_{\mathrm{o}} = L_{\mathrm{o}} i_{\mathrm{o}}^* - (L_{\mathrm{o}} - RT_{\mathrm{s}}) i_{\mathrm{o}}(k+1) - 3\omega\psi_{3\mathrm{f}} T_{\mathrm{s}} \sin 3\theta$；$X_1 = \psi_{\mathrm{d}}(k+1) + \omega\psi_{\mathrm{q}}(k+1) T_{\mathrm{s}}$；$X_2 = X_3^2 + 2X_3[\psi_{\mathrm{q}}(k+1) - \omega\psi_{\mathrm{d}}(k+1) T_{\mathrm{s}}] + [\psi_{\mathrm{d}}(k+1)]^2 + [\psi_{\mathrm{q}}(k+1)]^2 + \omega^2 T_{\mathrm{s}}^2\{[\psi_{\mathrm{d}}(k+1)]^2 + [\psi_{\mathrm{q}}(k+1)]^2\} - (\psi_{\mathrm{s}}^*)^2$；$X_3 = 2L[T_{\mathrm{e}}^* - T_{\mathrm{e}}(k+1)]/(3p\psi_{\mathrm{f}}) + T_{\mathrm{s}} R\psi_{\mathrm{q}}(k+1)/L + T_{\mathrm{s}}\omega\psi_{\mathrm{d}}(k+1)$。

在式（5.18）中，$\boldsymbol{u}_{\mathrm{dref}}$、$\boldsymbol{u}_{\mathrm{qref}}$和$\boldsymbol{u}_{0\mathrm{ref}}$分别表示 d 轴参考电压矢量、q 轴参考电压矢量和零序参考电压矢量。在式（5.18）计算得到的参考电压矢量基础上，对其进行 Clark 变换可以得到 αβ 平面内的参考电压矢量为

$$\begin{cases} \boldsymbol{u}_{\alpha\mathrm{ref}} = \boldsymbol{u}_{\mathrm{dref}} \cos(\theta) - \boldsymbol{u}_{\mathrm{qref}} \sin(\theta) \\ \boldsymbol{u}_{\beta\mathrm{ref}} = \boldsymbol{u}_{\mathrm{dref}} \sin(\theta) + \boldsymbol{u}_{\mathrm{qref}} \cos(\theta) \end{cases} \tag{5.19}$$

进一步通过三角函数关系，可以得到参考电压矢量的相角（称其为位置角 θ_1）：

$$\theta_1 = \arctan(\boldsymbol{u}_{\beta\mathrm{ref}} / \boldsymbol{u}_{\alpha\mathrm{ref}}) \tag{5.20}$$

根据式（5.20）中的位置角可以确定参考电压矢量的基本方向。在此基础上，为了进一步确定参考电压矢量在投影平面中的具体位置，引入了两个辅助电压矢量 $\boldsymbol{u}_{\mathrm{refs1}}$ 和 $\boldsymbol{u}_{\mathrm{refs2}}$。第一辅助电压矢量 $\boldsymbol{u}_{\mathrm{refs1}}$ 可以根据位置角（θ_1）来确定，其中，位置角与第一辅助电压矢量之间的关系见表 5-1，其几何关系如图 5-5 所示。

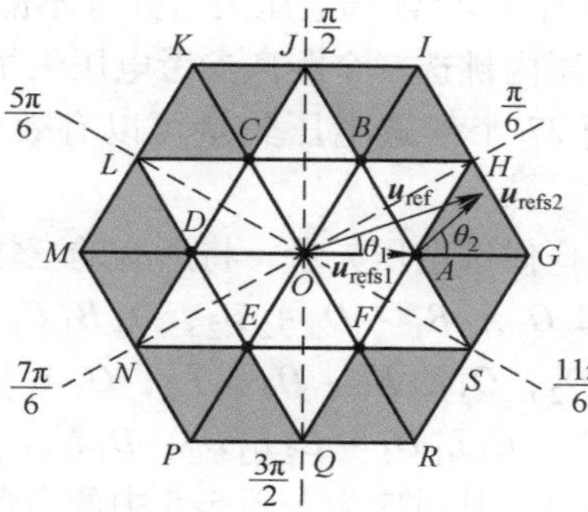

图 5-5　在投影平面内参考电压矢量与两个辅助电压矢量的位置关系

表 5-1　位置角与第一辅助电压矢量之间的关系

参考电压矢量位置角（θ_1）	第一辅助电压矢量（$\boldsymbol{u}_{refs1}$）
$\theta_1 \in [0,\pi/6]\ \mathrm{I}\ [11\pi/6,2\pi]$	$\boldsymbol{u}_{refs1} = OA(100)$
$\theta_1 \in [\pi/6,\pi/2]$	$\boldsymbol{u}_{refs1} = OB(110)$
$\theta_1 \in [\pi/2,5\pi/6]$	$\boldsymbol{u}_{refs1} = OC(010)$
$\theta_1 \in [5\pi/6,7\pi/6]$	$\boldsymbol{u}_{refs1} = OD(011)$
$\theta_1 \in [7\pi/6,3\pi/2]$	$\boldsymbol{u}_{refs1} = OE(001)$
$\theta_1 \in [3\pi/2,11\pi/6]$	$\boldsymbol{u}_{refs1} = OF(101)$

根据第一辅助电压矢量，可以得到第二辅助电压矢量 $\boldsymbol{u}_{refs2}$，它们之间的关系为

$$\boldsymbol{u}_{refs2} = \boldsymbol{u}_{ref} - \boldsymbol{u}_{refs1} \tag{5.21}$$

其中，$\boldsymbol{u}_{ref}$为参考电压矢量，可视为在投影平面中以点 O 为原点的电压矢量；$\boldsymbol{u}_{refs2}$是第二个辅助电压矢量，可以看作是投影平面内分别以点 $A/B/C/D/E/F$ 为原点的电压矢量，如图 5-5 所示。

另外，根据第二辅助电压矢量可以得到第二位置角（θ_2）为

$$\theta_2 = \arctan[\boldsymbol{u}_{refs2\beta}(k)/\boldsymbol{u}_{refs2\alpha}(k)] \tag{5.22}$$

最后，根据第一和第二位置角的大小可以精准地确定在投影平面内参考电压矢量的具体位置，如在图 5-5 中根据 $\theta_1 \in [0,\pi/6]$和 $\theta_2 \in [0,\pi/6]$的信息，即可得到参考电压矢量落于扇区 AHG 内。

5.3.2　候选电压矢量的确定

基于对双逆变器数学模型的分析可以看出，其 27 个电压矢量均有规律地分布在 7 个矢量层，分别为 $u_o = 0$ 层、$u_o = \pm u_{dc}/3$ 层、$u_o = \pm 2u_{dc}/3$ 层和 $u_o =$

$\pm u_{dc}$层。为了避免枚举所有 27 个候选电压矢量并且不漏掉可能为最优的电压矢量，本节采用在每个矢量层内挑选一个距离参考电压矢量位置最近的矢量作为候选电压矢量的方法，从而 27 个候选电压矢量可以有效地简化为 7 个候选电压矢量。

首先，为了更好地选择候选电压矢量，将所有的三棱柱分为两种类型：第一类包括 12 个三棱柱（即 $O_1A_1B_1-O_2A_2B_2$，$O_1B_1C_1-O_2B_2C_2$，$O_1C_1D_1-O_2C_2D_2$，$O_1E_1D_1-O_2E_2D_2$，$O_1E_1F_1-O_2E_2F_2$，$O_1A_1F_1-O_2A_2F_2$，$A_1H_1B_1-A_2H_2B_2$，$B_1J_1C_1-B_2J_2C_2$，$C_1L_1D_1-C_2L_2D_2$，$D_1N_1E_1-D_2N_2E_2$，$E_1Q_1F_1-E_2Q_2F_2$和$F_1S_1A_1-F_2S_2A_2$），其对应为在图 5-5 中的白色扇区。落在第一种三棱柱内的参考电压矢量可以根据其所在扇区的位置从 7 个矢量层中选择出 7 个候选矢量；而第二类也包括 12 个三棱柱（即 $A_1H_1G_1-A_2H_2G_2$，$A_1G_1S_1-A_2G_2S_2$，$F_1S_1R_1-F_2S_2R_2$，$F_1R_1Q_1-F_2R_2Q_2$，$E_1Q_1P_1-E_2Q_2P_2$，$E_1P_1N_1-E_2P_2N_2$，$D_1N_1M_1-D_2N_2M_2$，$D_1M_1L_1-D_2M_2L_2$，$C_1L_1K_1-C_2L_2K_2$，$C_1K_1J_1-C_2K_2J_2$，$B_1J_1I_1-B_2J_2I_2$和 $B_1H_1I_1-B_2H_2I_2$），其对应为在图 5-5 中距离原点较远的蓝色扇区。而落在第二种三棱柱内的参考电压矢量可以根据其所在扇区的位置从 7 个矢量层中可选择出 6 个候选矢量。

为了更好地说明选择候选电压矢量的原则，第一类三棱柱以三棱柱 $O_1A_1B_1-O_2A_2B_2$和 $A_1B_1H_1-A_2B_2H_2$为例。当参考电压矢量落在三棱柱$O_1A_1B_1-O_2A_2B_2$内时，图 5-2 可简化为图 5-6a。通过图 5-6a 可发现在三棱柱 $O_1A_1B_1-O_2A_2B_2$中存在 7 个不同层的矢量。因此，选择各层中距离最近的电压矢量作为候选电压即可，其分别为 $\boldsymbol{u}_0$、$\boldsymbol{u}_7$、$\boldsymbol{u}_{13}$、$\boldsymbol{u}_{16}$、$\boldsymbol{u}_{18}$、$\boldsymbol{u}_{23}$、$\boldsymbol{u}_{26}$。当参考电压矢量落在三棱柱 $A_1B_1H_1-A_2B_2H_2$ 内时，图 5-2 可简化为图 5-6b。可发现在三棱柱 $A_1B_1H_1-A_2B_2H_2$ 内共包含有 5 个不同层的电压矢量（即 $\boldsymbol{u}_1$、$\boldsymbol{u}_7$、$\boldsymbol{u}_{13}$、$\boldsymbol{u}_{18}$、$\boldsymbol{u}_{23}$）。此外，根据位置分析，在 $u_o=\pm u_{dc}$层中的矢量（$\boldsymbol{u}_{16}$、$\boldsymbol{u}_{26}$）也需要被选择为候选矢量，因为当参考电压矢量落在 $u_o=\pm u_{dc}$层中时，其相比于其他电压矢量更接近于参考电压的矢量。因此，得到各层中距离三棱柱 $A_1B_1H_1-A_2B_2H_2$最近的电压矢量，其作为候选电压矢量分别为 $\boldsymbol{u}_1$、$\boldsymbol{u}_7$、$\boldsymbol{u}_{13}$、$\boldsymbol{u}_{16}$、$\boldsymbol{u}_{18}$、$\boldsymbol{u}_{23}$、$\boldsymbol{u}_{26}$。

第二类三棱柱以三棱柱 $A_1H_1G_1-A_2H_2G_2$为例。当参考电压矢量落在三棱柱 $A_1H_1G_1-A_2H_2G_2$内时，图 5-2 可简化为图 5-6c。通过图 5-6c 可发现在三棱柱 $A_1H_1G_1-A_2H_2G_2$内共包含 4 个不同层的电压矢量（$\boldsymbol{u}_1$、$\boldsymbol{u}_7$、$\boldsymbol{u}_{17}$、$\boldsymbol{u}_{23}$）。此外，$u_o=2u_{dc}/3$ 和 $u_o=\pm u_{dc}$层中的电压矢量（$\boldsymbol{u}_{13}$、$\boldsymbol{u}_{16}$、$\boldsymbol{u}_{26}$）相比于其他电压矢量更接近于参考电压的矢量，因此也应该加入到候选电压矢量内。因此，对三棱柱 $A_1H_1G_1-A_2H_2G_2$来说，各层中距离最近的电压矢量作为候选电压分别为 $\boldsymbol{u}_1$、$\boldsymbol{u}_7$、$\boldsymbol{u}_{13}$、$\boldsymbol{u}_{16}$、$\boldsymbol{u}_{18}$、$\boldsymbol{u}_{23}$、$\boldsymbol{u}_{26}$。但是，假设当参考电压矢量落在三棱柱 $A_1H_1G_1-A_2H_2G_2$中的 $u_o=u_{dc}$层时，根据欧氏距离方程可得到电压矢量 $\boldsymbol{u}_{23}$ 比电压矢量 $\boldsymbol{u}_{26}$

更接近于参考电压向量。因此，候选电压矢量可以采用电压矢量 $\boldsymbol{u}_{23}$ 替代电压矢量 $\boldsymbol{u}_{26}$。从而得到，当参考电压落在三棱柱 $A_1H_1G_1-A_2H_2G_2$ 内时，候选电压矢量为 6 个矢量即可，其分别为 $\boldsymbol{u}_1$、$\boldsymbol{u}_7$、$\boldsymbol{u}_{13}$、$\boldsymbol{u}_{16}$、$\boldsymbol{u}_{17}$、$\boldsymbol{u}_{23}$。

同理，根据矢量分布空间的对称性，也可推出当参考电压矢量落入其他三棱柱时可选择的候选电压矢量。基于以上分析，可得到第一和第二位置角（θ_1 和 θ_2）与候选电压矢量之间的关系，如表 5-2 所示。由表可知，本节提出的矢量划分选择方法将候选电压矢量的数目减小到了 6 或 7 个，成功避免了对全部 27 个电压矢量的循环计算。

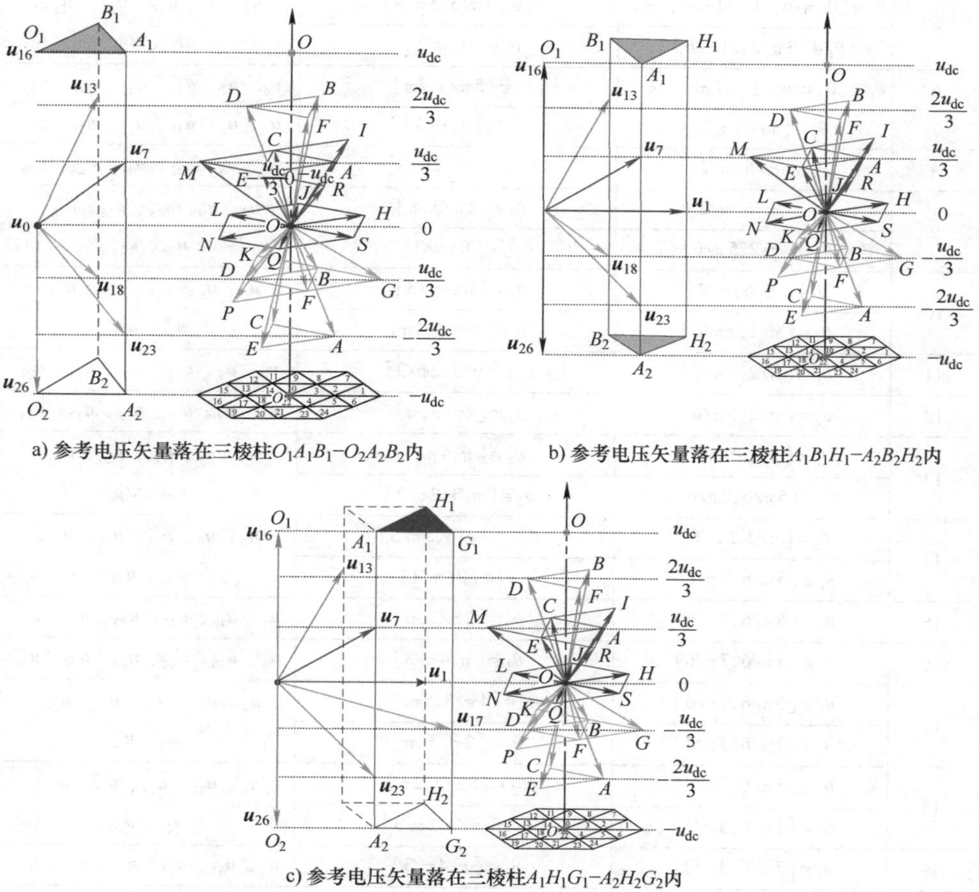

a) 参考电压矢量落在三棱柱 $O_1A_1B_1-O_2A_2B_2$ 内

b) 参考电压矢量落在三棱柱 $A_1B_1H_1-A_2B_2H_2$ 内

c) 参考电压矢量落在三棱柱 $A_1H_1G_1-A_2H_2G_2$ 内

图 5-6　候选电压矢量在三维空间中的分布

表 5-2 位置角与候选电压矢量之间的关系

三棱柱号	参考电压矢量的位置角	第二个辅助电压向量的位置角	候选电压矢量
1	$\theta_1\in[0,\pi/6]\ \mathrm{I}\ [11\pi/6,2\pi]$	$\theta_2\in[0,\pi/3]$	$\boldsymbol{u}_1$、$\boldsymbol{u}_7$、$\boldsymbol{u}_{13}$、$\boldsymbol{u}_{16}$、$\boldsymbol{u}_{17}$、$\boldsymbol{u}_{23}$
2	$\theta_1\in[0,\pi/6]\ \mathrm{I}\ [11\pi/6,2\pi]$	$\theta_2\in[\pi/3,2\pi/3]$	$\boldsymbol{u}_1$、$\boldsymbol{u}_7$、$\boldsymbol{u}_{13}$、$\boldsymbol{u}_{16}$、$\boldsymbol{u}_{18}$、$\boldsymbol{u}_{23}$、$\boldsymbol{u}_{26}$
	$\theta_1\in[\pi/6,\pi/2]$	$\theta_2\in[5\pi/3,2\pi]$	
3	$\theta_1\in[0,\pi/6]\ \mathrm{I}\ [11\pi/6,2\pi]$	$\theta_2\in[2\pi/3,\pi]$	$\boldsymbol{u}_0$、$\boldsymbol{u}_7$、$\boldsymbol{u}_{13}$、$\boldsymbol{u}_{16}$、$\boldsymbol{u}_{18}$、$\boldsymbol{u}_{23}$、$\boldsymbol{u}_{26}$
	$\theta_1\in[\pi/6,\pi/2]$	$\theta_2\in[4\pi/3,5\pi/3]$	
4	$\theta_1\in[0,\pi/6]\ \mathrm{I}\ [11\pi/6,2\pi]$	$\theta_2\in[\pi,4\pi/3]$	$\boldsymbol{u}_0$、$\boldsymbol{u}_7$、$\boldsymbol{u}_{15}$、$\boldsymbol{u}_{16}$、$\boldsymbol{u}_{22}$、$\boldsymbol{u}_{23}$、$\boldsymbol{u}_{26}$
	$\theta_1\in[3\pi/2,11\pi/6]$	$\theta_2\in[\pi/3,2\pi/3]$	
5	$\theta_1\in[0,\pi/6]\ \mathrm{I}\ [11\pi/6,2\pi]$	$\theta_2\in[4\pi/3,5\pi/3]$	$\boldsymbol{u}_6$、$\boldsymbol{u}_7$、$\boldsymbol{u}_{15}$、$\boldsymbol{u}_{16}$、$\boldsymbol{u}_{22}$、$\boldsymbol{u}_{23}$、$\boldsymbol{u}_{26}$
	$\theta_1\in[3\pi/2,11\pi/6]$	$\theta_2\in[0,\pi/3]$	
6	$\theta_1\in[0,\pi/6]\ \mathrm{I}\ [11\pi/6,2\pi]$	$\theta_2\in[5\pi/3,2\pi]$	$\boldsymbol{u}_6$、$\boldsymbol{u}_7$、$\boldsymbol{u}_{15}$、$\boldsymbol{u}_{16}$、$\boldsymbol{u}_{17}$、$\boldsymbol{u}_{23}$
7	$\theta_1\in[\pi/6,\pi/2]$	$\theta_2\in[0,\pi/3]$	$\boldsymbol{u}_1$、$\boldsymbol{u}_8$、$\boldsymbol{u}_{13}$、$\boldsymbol{u}_{18}$、$\boldsymbol{u}_{23}$、$\boldsymbol{u}_{26}$
8	$\theta_1\in[\pi/6,\pi/2]$	$\theta_2\in[\pi/3,2\pi/3]$	$\boldsymbol{u}_2$、$\boldsymbol{u}_8$、$\boldsymbol{u}_{13}$、$\boldsymbol{u}_{18}$、$\boldsymbol{u}_{24}$、$\boldsymbol{u}_{26}$
9	$\theta_1\in[\pi/6,\pi/2]$	$\theta_2\in[2\pi/3,\pi]$	$\boldsymbol{u}_2$、$\boldsymbol{u}_9$、$\boldsymbol{u}_{13}$、$\boldsymbol{u}_{16}$、$\boldsymbol{u}_{18}$、$\boldsymbol{u}_{24}$、$\boldsymbol{u}_{26}$
	$\theta_1\in[\pi/2,5\pi/6]$	$\theta_2\in[0,\pi/3]$	
10	$\theta_1\in[\pi/6,\pi/2]$	$\theta_2\in[\pi,4\pi/3]$	$\boldsymbol{u}_0$、$\boldsymbol{u}_9$、$\boldsymbol{u}_{13}$、$\boldsymbol{u}_{16}$、$\boldsymbol{u}_{18}$、$\boldsymbol{u}_{24}$、$\boldsymbol{u}_{26}$
	$\theta_1\in[\pi/2,5\pi/6]$	$\theta_2\in[5\pi/3,2\pi]$	
11	$\theta_1\in[\pi/2,5\pi/6]$	$\theta_2\in[\pi/3,2\pi/3]$	$\boldsymbol{u}_2$、$\boldsymbol{u}_9$、$\boldsymbol{u}_{13}$、$\boldsymbol{u}_{16}$、$\boldsymbol{u}_{19}$、$\boldsymbol{u}_{24}$
12	$\theta_1\in[\pi/2,5\pi/6]$	$\theta_2\in[2\pi/3,\pi]$	$\boldsymbol{u}_3$、$\boldsymbol{u}_9$、$\boldsymbol{u}_{13}$、$\boldsymbol{u}_{16}$、$\boldsymbol{u}_{19}$、$\boldsymbol{u}_{24}$
13	$\theta_1\in[\pi/2,5\pi/6]$	$\theta_2\in[\pi,4\pi/3]$	$\boldsymbol{u}_3$、$\boldsymbol{u}_9$、$\boldsymbol{u}_{14}$、$\boldsymbol{u}_{16}$、$\boldsymbol{u}_{20}$、$\boldsymbol{u}_{24}$、$\boldsymbol{u}_{26}$
	$\theta_1\in[5\pi/6,7\pi/6]$	$\theta_2\in[\pi/3,2\pi/3]$	
14	$\theta_1\in[\pi/2,5\pi/6]$	$\theta_2\in[4\pi/3,5\pi/3]$	$\boldsymbol{u}_0$、$\boldsymbol{u}_9$、$\boldsymbol{u}_{14}$、$\boldsymbol{u}_{16}$、$\boldsymbol{u}_{20}$、$\boldsymbol{u}_{24}$、$\boldsymbol{u}_{26}$
	$\theta_1\in[5\pi/6,7\pi/6]$	$\theta_2\in[0,\pi/3]$	
15	$\theta_1\in[5\pi/6,7\pi/6]$	$\theta_2\in[2\pi/3,\pi]$	$\boldsymbol{u}_3$、$\boldsymbol{u}_{10}$、$\boldsymbol{u}_{14}$、$\boldsymbol{u}_{20}$、$\boldsymbol{u}_{24}$、$\boldsymbol{u}_{26}$
16	$\theta_1\in[5\pi/6,7\pi/6]$	$\theta_2\in[\pi,4\pi/3]$	$\boldsymbol{u}_4$、$\boldsymbol{u}_{10}$、$\boldsymbol{u}_{14}$、$\boldsymbol{u}_{20}$、$\boldsymbol{u}_{24}$、$\boldsymbol{u}_{26}$
17	$\theta_1\in[5\pi/6,7\pi/6]$	$\theta_2\in[4\pi/3,5\pi/3]$	$\boldsymbol{u}_4$、$\boldsymbol{u}_{11}$、$\boldsymbol{u}_{14}$、$\boldsymbol{u}_{16}$, $\boldsymbol{u}_{20}$、$\boldsymbol{u}_{25}$、$\boldsymbol{u}_{26}$
	$\theta_1\in[7\pi/6,3\pi/2]$	$\theta_2\in[2\pi/3,\pi]$	
18	$\theta_1\in[5\pi/6,7\pi/6]$	$\theta_2\in[5\pi/3,2\pi]$	$\boldsymbol{u}_0$、$\boldsymbol{u}_{11}$、$\boldsymbol{u}_{14}$、$\boldsymbol{u}_{16}$、$\boldsymbol{u}_{20}$、$\boldsymbol{u}_{25}$、$\boldsymbol{u}_{26}$
	$\theta_1\in[7\pi/6,3\pi/2]$	$\theta_2\in[\pi/3,2\pi/3]$	
19	$\theta_1\in[7\pi/6,3\pi/2]$	$\theta_2\in[\pi,4\pi/3]$	$\boldsymbol{u}_4$、$\boldsymbol{u}_{11}$、$\boldsymbol{u}_{14}$、$\boldsymbol{u}_{16}$、$\boldsymbol{u}_{21}$、$\boldsymbol{u}_{25}$
20	$\theta_1\in[7\pi/6,3\pi/2]$	$\theta_2\in[4\pi/3,5\pi/3]$	$\boldsymbol{u}_5$、$\boldsymbol{u}_{11}$、$\boldsymbol{u}_{14}$、$\boldsymbol{u}_{16}$、$\boldsymbol{u}_{21}$、$\boldsymbol{u}_{25}$
21	$\theta_1\in[7\pi/6,3\pi/2]$	$\theta_2\in[5\pi/3,2\pi]$	$\boldsymbol{u}_5$、$\boldsymbol{u}_{11}$、$\boldsymbol{u}_{15}$、$\boldsymbol{u}_{16}$、$\boldsymbol{u}_{22}$、$\boldsymbol{u}_{25}$、$\boldsymbol{u}_{26}$
	$\theta_1\in[3\pi/2,11\pi/6]$	$\theta_2\in[\pi,4\pi/3]$	

（续）

三棱柱号	参考电压矢量的位置角	第二个辅助电压向量的位置角	候选电压矢量
22	$\theta_1 \in [7\pi/6, 3\pi/2]$	$\theta_2 \in [0, \pi/3]$	u_0、u_{11}、u_{15}、u_{16}、u_{22}、u_{25}、u_{26}
	$\theta_1 \in [3\pi/2, 11\pi/6]$	$\theta_2 \in [2\pi/3, \pi]$	
23	$\theta_1 \in [3\pi/2, 11\pi/6]$	$\theta_2 \in [4\pi/3, 5\pi/3]$	u_5、u_{12}、u_{15}、u_{22}、u_{25}、u_{26}
24	$\theta_1 \in [3\pi/2, 11\pi/6]$	$\theta_2 \in [5\pi/3, 2\pi]$	u_6、u_{12}、u_{15}、u_{22}、u_{25}、u_{26}

5.4 实验结果

为验证所提 MPFTC 方法的控制性能，本节给出了 MPTC 方法与 MPFTC 方法的实验对比结果，并将考虑零序电流抑制的 MPTC 方法简称为 T－MPTC。实验中采用了一组对托式电机作为验证平台，其中一边电机为 OW－PMSM 电机，另一边为普通的永磁电机，平台照片如图5-7 所示。关于 OW－PMSM 系统实验参数列于表5-3 中，其中两种方法的控制频率均设为 10kHz。

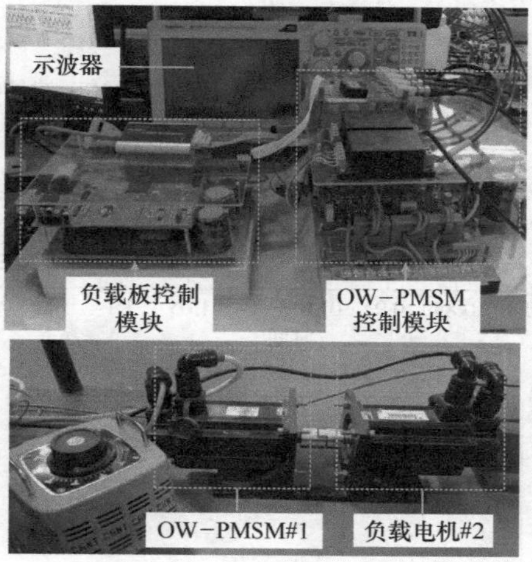

图5-7　OW－PMSM 系统实验平台

表5-3　OW－PMSM 系统实验参数

参数	数值
极对数 P_n	$P_n = 2$
绕组内阻 R	$R = 1.8\Omega$
额定转速 n	$n = 2000\text{r/min}$
绕组自感 L	$L_d = L_q = 6.6\text{mH}$
零序电感 L_0	$L_0 = 4.97\text{mH}$
永磁磁链 Ψ_{f1}	$\Psi_{f1} = 0.2404\text{Wb}$
永磁磁链三次谐波分量 Ψ_{f3}	$\Psi_{f3} = 0.0059152\text{Wb}$

首先，使用提出的 MPFTC 方法对有无零序电流抑制的情况进行了对比验证，实验波形对比如图 5-8 所示。根据实验结果可以看出，当不考虑零序电流抑制时，零序电流的脉动增加引起了整个系统的电流 THD 升高，导致系统控制性能

并不理想。但当增加了对零序电流抑制时，零序电流波形脉动明显降低且电流THD降低至10.91%，整体控制性能有所提高。以上实验结果证明，零序电流控制对共直流母线型OW－PMSM系统的控制性能具有重要影响。

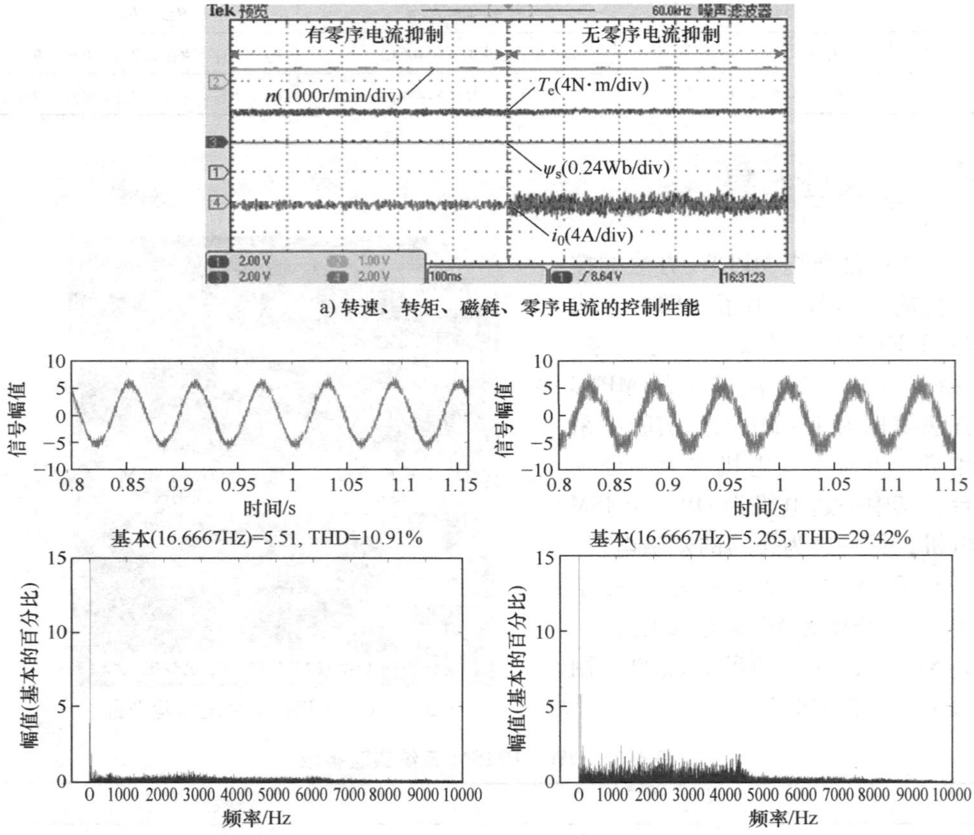

a) 转速、转矩、磁链、零序电流的控制性能

b) 有零序电流抑制的电流THD分析

c) 无零序电流抑制的电流THD分析

图5-8 有无零序电流抑制的MPFTC方法稳态实验结果

其次，为了评估T－MPTC方法和所提出的MPFTC方法的稳态性能，对电机在三种不同的转速工况下进行分析（低速工况：500r/min、中速工况：1000r/min、高速工况：2000r/min）。图5-9～图5-11为两种方法在4N·m负载下三种不同速度工况下的稳态性能对比结果。通过对转速、转矩、磁链、零序电流，以及电流THD的实验结果分析对比，可看出两种方法在不同转速工况条件下具有相似的稳态性能，从而表明无权重系数的MPFTC方法并未影响到整个系统的稳态性能。

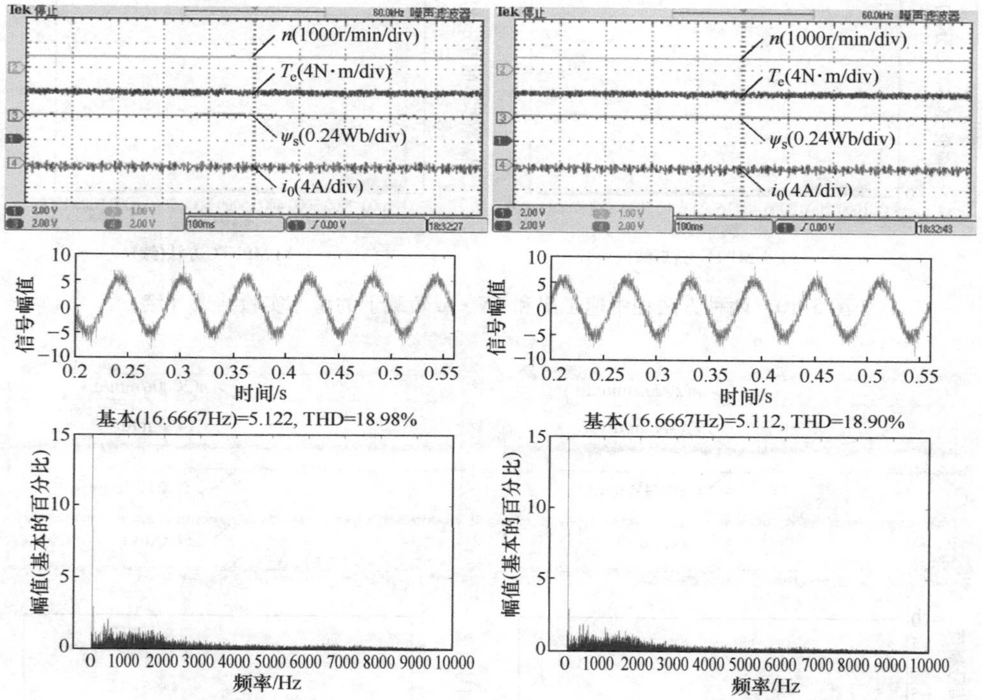

a) T–MPTC方法　　b) MPFTC方法

图 5-9　两种方法在低速工况和 4N · m 负载下的稳态实验结果

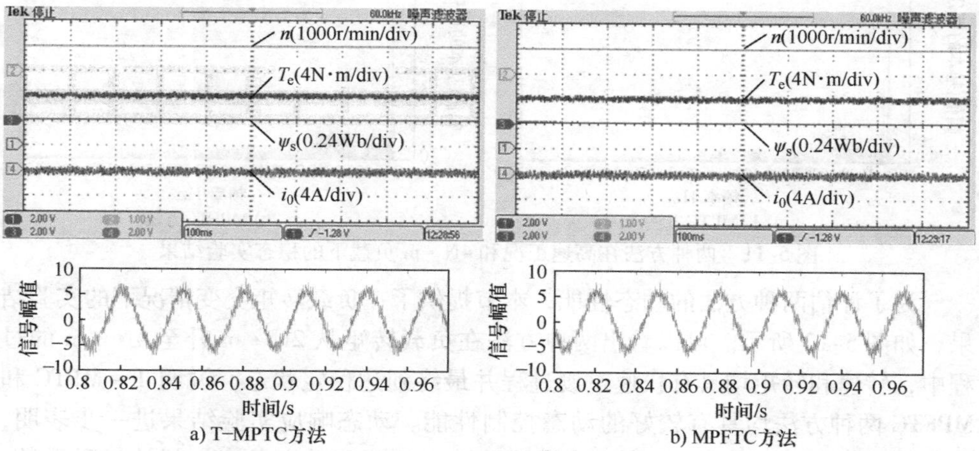

a) T–MPTC方法　　b) MPFTC方法

图 5-10　两种方法在中速工况和 4N · m 负载下的稳态实验结果

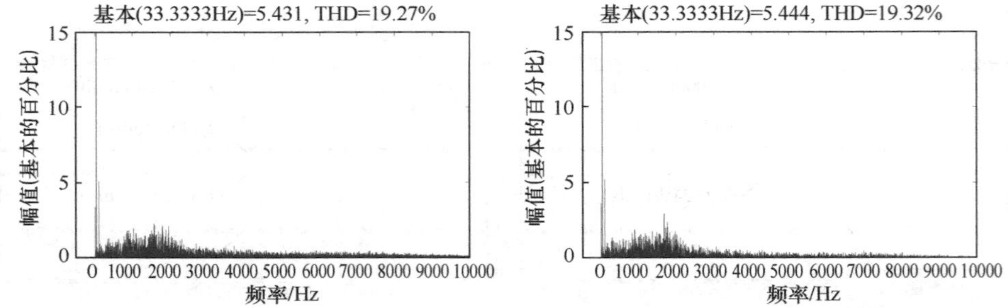

a) T−MPTC方法(续)　　b) MPFTC方法(续)

图 5-10　两种方法在中速工况和 4N · m 负载下的稳态实验结果（续）

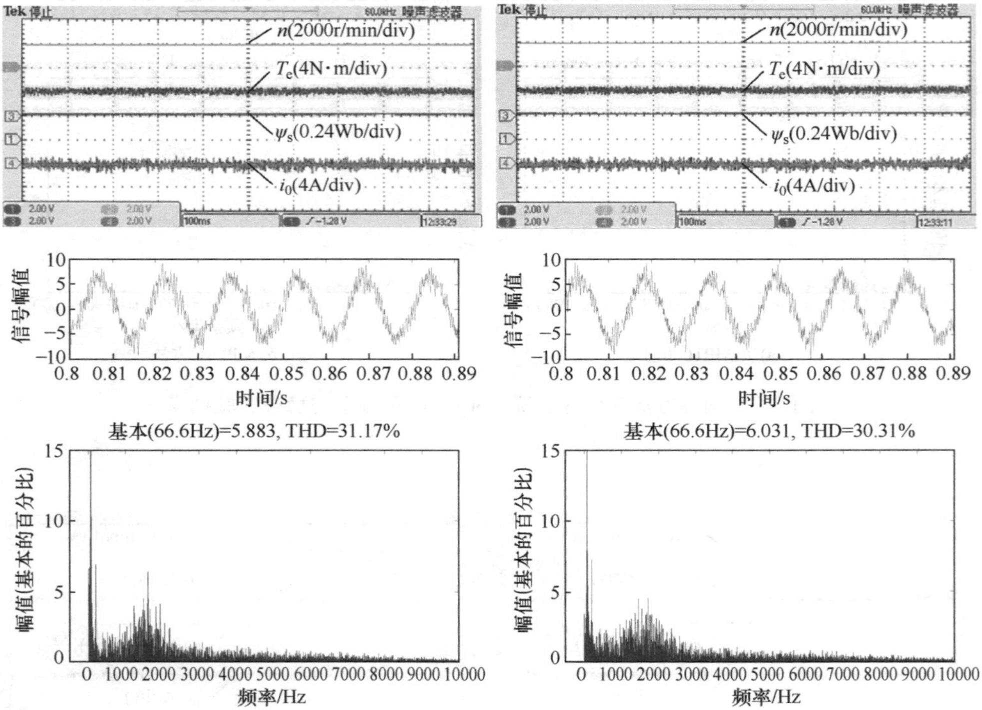

a) T−MPTC方法　　b) MPFTC方法

图 5-11　两种方法在高速工况和 4N · m 负载下的稳态实验结果

为了评估两种方法的动态性能，本节提供了在负载转矩突变情况下的实验结果，如图 5-12 所示。可以看出两种方法在负载转矩从 2N · m 升至 4N · m 的过程中，转速和转矩均具有快速过渡过程并最终到达稳定状态，说明 T－MPTC 和 MPFTC 两种方法均具有较好的动态控制性能。动态响应实验结果进一步表明，提出的 MPFTC 方法不仅成功地消除了转矩、磁链和零序电流之间的权重系数，而且未影响到传统 MPC 方法动态响应快的优势。

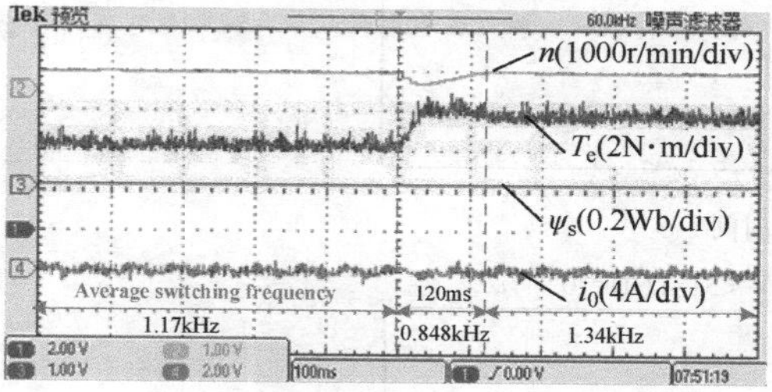

a) T–MPTC方法

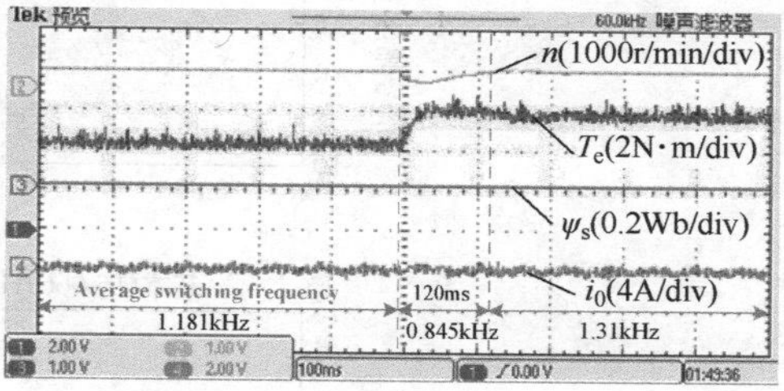

b) MPFTC方法

图 5-12　两种方法在负载从 2N · m 突变到 4N · m 过程的动态实验结果

另外，为了比较 T – MPTC 方法和所提出的 MPFTC 方法的计算负荷，以控制程序的运算时间作为标准进行比较。表 5-4 列出了两种方法的计算时间对比，其中，T – MPTC 方法需要 98. 6μs 来实现控制算法，而 MPFTC 方法只需要 60. 6μs 来实现控制算法，这意味着在 MPTFC 方法控制下的计算量减少了 34. 2%。

表 5-4　T – MPTC 和 MPFTC 的计算时间

方法	T – MPTC	MPFTC
时间/μs	98. 6	60. 6

需要指出的是，由于 T – MPTC 方法计算量大，难以通过增加控制频率来进一步优化控制性能。然而，由于加入矢量划分选择后的 MPFTC 方法具有计算量小的优点，因此可以根据计算时间适当增加控制频率来进一步提高系统的稳态控制性能。为了评估所提 MPFTC 方法提升控制频率后的稳态性能，将控制频率提升至 15kHz，此时低速工况下的转速、转矩、磁链、零序电流，以及电流 THD 分析结果如图 5-13所示。将其与图 5-9 的结果进行对比可知，本章所提出的 MPFTC 方法可以利用计算量小的优势，通过增加控制频率的方式来进一步提高稳态控制性能。

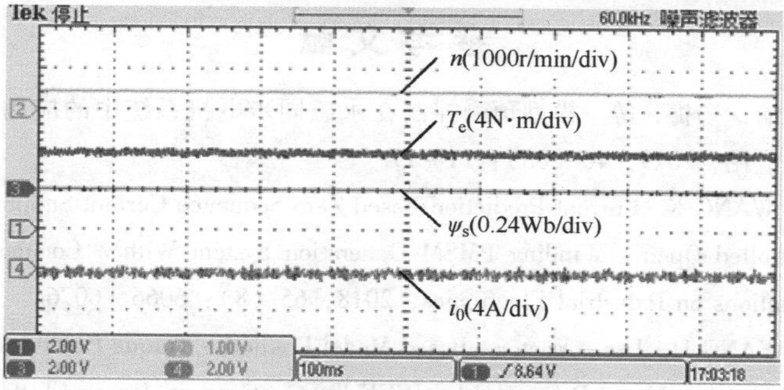

a) 转速、转矩、磁链、零序电流的控制性能

图 5-13　控制频率为 15kHz 时，MPFTC 方法在低速工况和 4N · m 负载下的稳态实验结果

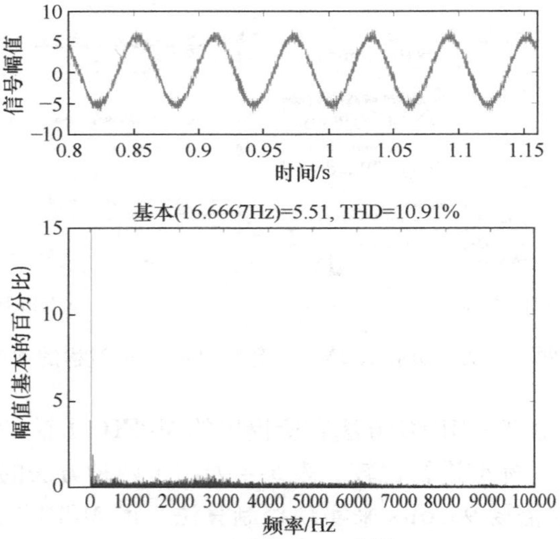

b) 电流的THD分析

图 5-13 控制频率为 15kHz 时，MPFTC 方法在低速工况和 4N · m 负载下的稳态实验结果（续）

5.5 本章小结

本章提出了一种基于空间矢量划分选择的 MPFTC 方法，通过引入全转矩概念，消除了存在于代价函数中用于平衡转矩、磁链和零序电流之间控制关系的权重系数，有效避免了权重系数的复杂设计过程。此外，针对传统枚举法计算量大的问题，基于全转矩控制的特点，提出了一种矢量划分选择方法，简化了矢量选择过程并将候选矢量的数目从 27 个减少至 6 ~ 7 个，从而有效地减少了系统的计算负荷，为通过增加控制频率来改善稳态性能提供了可能性。

参 考 文 献

[1] 常勇，包广清，杨梅，等. 模型预测控制在永磁同步电机系统中的应用发展综述 [J]. 电机与控制应用，2019，46 (08)：11 – 17.

[2] ZHANG X，WANG K. Current Prediction Based Zero Sequence Current Suppression Strategy for the Semicontrolled Open – Winding PMSM Generation System With a Common DC Bus [J]. IEEE Transactions on Industrial Electronics，2018，65 (8)：6066 – 6076.

[3] ZHANG Y，YANG H. Two – Vector – Based Model Predictive Torque Control Without Weighting Factors for Induction Motor Drives [J]. IEEE Transactions on Power Electronics，2016，31 (2)：1381 – 1390.

[4] 王伟华，肖曦，丁有爽．永磁同步电机改进电流预测控制 [J]．电工技术学报，2013，28 (03)：50 – 55.

[5] AKAGI H，WATANABE E H，AREDES M. Instantaneous Reactive Power Compensators Comprising Switching Devices without Energy Storage Components [J]．IEEE Trans. Ind. Appl.，1984，IA – 20 (3)：625 – 630.

[6] ZHANG X，HOU B. Double Vectors Model Predictive Torque Control Without Weighting Factor Based on Voltage Tracking Error [J]．IEEE Trans. Power Electron.，2018，33 (3)：2368 – 2380.

第6章

绕组开路永磁同步电机驱动系统时变周期复合矢量模型预测电流控制

在电机系统预测控制中，根据是否需要进行调制，可分为无差拍预测控制（Deadbeat Predictive Control，DPC）和模型预测控制（MPC）两种。DBC 方法通过电机数学模型来预测参考电压矢量，并利用 SVPWM 策略输出逆变器的开关信号来实现对整个系统的控制。而在 SVPWM 过程中，采用了开关周期的 7 段矢量分配方案，因此其控制方法具有良好的稳态跟踪性能和较好的谐波抑制能力。在矢量分配方案中，由于电压矢量的对称划分，相对地会增加逆变器的开关频率并导致更大的逆变器开关损耗，从而导致逆变器的使用寿命[1]缩短。若在 SVPWM 方式下，降低开关频率将会导致电流脉动和谐波含量增加，因此，在不增加电流纹波的前提下降低逆变器的开关频率成为高性能电机控制领域的研究课题。

在电机系统 MPC 中，模型预测电流控制（MPCC）是一种基于电机离散化模型对未来控制周期的电流进行预测，并以电流差作为代价函数对下一控制周期最优电压矢量进行选择的控制方案。相比于模型预测转矩控制（MPTC），MPCC 方法在对电流的控制上有着更好的控制性能[2]。MPCC 方法利用了系统的离散化模型和电压型逆变器开关状态有限的这一特点，通过代价函数预测出下一时刻可以使电流脉动最小的一组电压矢量[3]，最终，根据电压矢量的开关状态作用于逆变器来实现对电流的跟踪。值得注意的是，MPCC 方法所选择的开关状态是直接作用于整个开关周期的。因此，相比于 DBC 方法，MPCC 方法不需要对矢量进行分配从而也有效地降低了系统的开关频率。但是在 MPCC 方法中，每个开关周期只有一个基本电压矢量，所以无法准确地合成参考电压矢量从而导致电流纹波较大。

本章基于 MPCC 方法对降低系统电流纹波和系统开关频率这两方面的内容进行了研究。本章的主要内容可概括如下：首先，在 6.1 节中根据 OW - PMSM 的数学模型介绍传统的 MPCC 方法。然后，在 6.2 节中介绍了一种多矢量选择策略，通过合成准确参考电压矢量从而减少电流纹波。在 6.3 节中，为了减小电流纹波并有效地降低开关频率，提出了一种时变周期的复合矢量 MPCC 方法。最终，在 6.4 节中，通过对实验结果的对比分析验证了所提出方法的可行性。

6.1　模型预测电流控制

在本书的第 3 章与第 4 章介绍了绕组开路永磁同步发电机系统的模型预测电流控制（MPCC），然而并未提及绕组开路永磁同步电动机的模型预测电流控制方法，因此本节对其进行介绍。共直流母线型 OW－PMSM 系统的 MPCC 方法原理图如图 6-1 所示。其控制结构主要包括一拍延时补偿、dq0 轴电流参考值的确定、dq0 轴电流的预测和代价函数最小化几个部分。其中，dq 轴电流参考值的确定是根据 $i_d=0$ 的控制策略和转速外环的整定所得到的，而零轴的电流参考值是根据期望值所确定的。内环是 dq0 轴的电流控制，OW－PMSM 三相电流经过坐标变换得到在两相旋转坐标系下 dq0 轴电流 $i_{dq0}(k)$，经过一拍延时补偿后得到 $i_{dq0}(k+1)$。然后，通过电压离散方程对补偿后的电流做下一时刻的电流预测可得到 $i_{dq0}(k+2)$。最终将预测得到的 $i_{dq0}(k+2)$ 代入代价函数与 dq0 轴电流的参考值作对比，得到一组最优的电压矢量并作用于两个变换器，从而实现对整个系统的闭环控制。在本节中，将根据控制原理图的结构对控制方法进行简单的介绍。

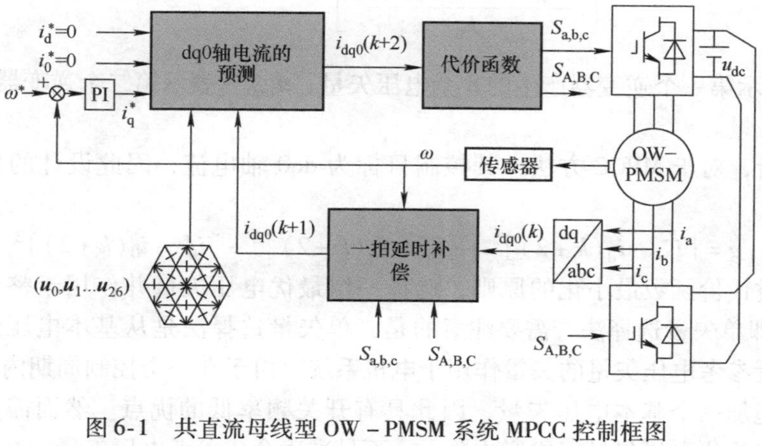

图 6-1　共直流母线型 OW－PMSM 系统 MPCC 控制框图

首先，为了补偿一拍延时所造成的影响，根据 OW－PMSM 的离散化方程对控制目标提前进行一拍预测，本节用于一拍延时补偿的电流预测方程为

$$\begin{cases} i_d(k+1)=(1-RT_s/L)i_d(k)+T_s/L\cdot u_d+\omega T_s i_q(k) \\ i_q(k+1)=(1-RT_s/L)i_q(k)+T_s/L\cdot u_q-\omega T_s i_d(k)-\omega T_s\varphi_f/L \\ i_0(k+1)=(1-RT_s/L)i_0(k)+T_s/L_0\cdot u_0+3\omega T_s\varphi_{3f}\sin 3\theta/L_0 \end{cases} \tag{6.1}$$

其次，在一拍延时补偿基础上，根据 OW - PMSM 的离散化数学模型对 dq0 轴电流进行预测，可获得 $k+2$ 时刻的预测电流为

$$i_{dq0}(k+2)=F(k)i_{dq0}(k+1)+G[\boldsymbol{u}_{dq0-1}(k+1)-\boldsymbol{u}_{dq0-2}(k+1)]+H(k) \tag{6.2}$$

式中，$F(k)=\begin{bmatrix}1-\dfrac{T_sR}{L_d} & T_s\omega(k) & 0\\ -T_s\omega(k) & 1-\dfrac{T_sR}{L_q} & 0\\ 0 & 0 & 1-\dfrac{T_sR}{L_0}\end{bmatrix}$，$G=\begin{bmatrix}\dfrac{T_s}{L_d} & 0 & 0\\ 0 & \dfrac{T_s}{L_q} & 0\\ 0 & 0 & \dfrac{T_s}{L_0}\end{bmatrix}$，

$$H(k)=\begin{bmatrix}0\\ -\dfrac{\omega(k)\psi_{1f}T_s}{L_q}\\ \dfrac{3\omega_{3f}\sin(3\theta)T_s\omega(k)}{L_0}\end{bmatrix},$$

$\boldsymbol{u}_{dq0-1}$表示第一个逆变器产生的 8 个电压矢量；$\boldsymbol{u}_{dq0-2}$表示第二个逆变器产生的 8 个电压矢量。

最后，对于 MPCC 方法，其控制目标为 dq0 轴电流，因此设计的代价函数如下：

$$g=[i_d^*-i_d(k+2)]^2+[i_q^*-i_q(k+2)]^2+[i_0^*-i_0(k+2)]^2 \tag{6.3}$$

通过代价函数最小化的原则，选择一组最优电压矢量并作用于整个开关周期[4]，即单矢量选择法。需要注意的是，单矢量选择法是从基本电压矢量中选取最接近参考电压矢量的矢量作用于电机系统。由于在一个控制周期内对每个逆变器只施加一个基本电压矢量，因此具有开关频率低的优点。然而需要注意的是，由于最优电压矢量组成形式单一，不易准确合成参考电压矢量，在无法实现高控制频率的情况下将会导致电流纹波水平偏高。图 6-2 展示了每个逆变器的参考电压矢量与最优电压矢量之间的关系，图 6-2 中假设参考电压矢量落在第一扇区，图 6-2a 在矢量分布图中表明了最优电压矢量与参考电压矢量之间存在电压差，图 6-2b 在一个控制周期示意图中进一步阐释了两者间的差值。由图 6-2 可以看出，参考电压矢量与最优电压矢量之间存在一定误差，即 Δu_{ref}，这是系统产生电流纹波的重要原因。

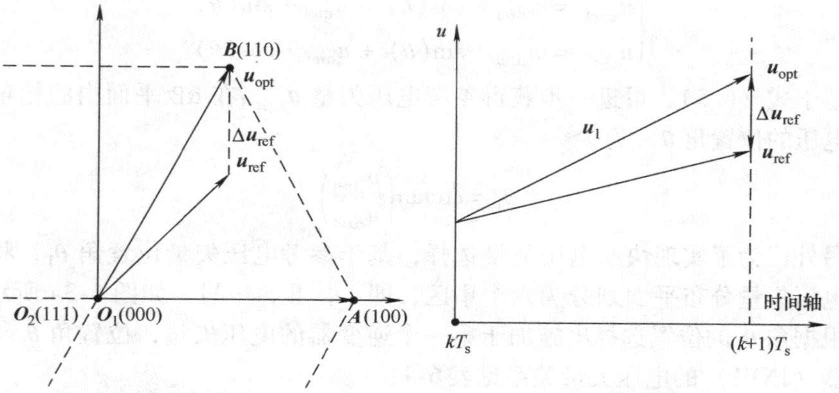

a) 矢量分布图　　　b) 控制周期图

图 6-2　施加单矢量情况下参考电压矢量与最优电压矢量之间的关系

6.2　多矢量模型预测电流控制

与第 4 章 OW－PMSG 系统 MPCC 相似，在一个控制周期中可通过施加多个电压矢量的方式提升系统稳态控制性能。因此，在本章研究的双逆变器驱动 OW－PMSM 系统中，为了实现降低开关频率的同时改善稳态控制表现，基于无差拍控制原理给出了多矢量模型预测电流控制方案，对两个逆变器进行分别控制。其设计思路为：第一个逆变器在一个控制周期施加开关频率最低的单矢量，第二个逆变器在一个控制周期施加多个电压矢量以提升稳态性能。

首先，基于无差拍控制原理对参考电压矢量进行预测［即满足 $i_{dq0}(k+2)=i_{dq0}^*$］，可获得 u_{ref} 如下：

$$\begin{cases} u_{dref}=\dfrac{L_d}{T_s}i_d^*+\left(R-\dfrac{L_d}{T_s}\right)i_d(k+1)-\omega Li_q(k+1) \\ u_{qref}=\dfrac{L_q}{T_s}i_q^*+\left(R-\dfrac{L_q}{T_s}\right)i_q(k+1)+\omega Li_d(k+1)+\omega\psi_{f1} \\ u_{0ref}=\dfrac{L_0}{T_s}i_0^*+\left(R-\dfrac{L_0}{T_s}\right)i_0(k+1)-3\omega\psi_{f3}\sin(3\theta) \end{cases} \tag{6.4}$$

式中，u_{dref}、u_{qref} 和 u_{0ref} 分别代表两相旋转坐标系下 dq0 轴的电压分量。将式（6.4）计算所得到的参考电压矢量进行 Clark 变换，可以得到 αβ 平面内的参考电压矢量为

$$\begin{cases} \boldsymbol{u}_{\alpha\mathrm{ref}} = u_{\mathrm{dref}} \cdot \cos(\theta) - u_{\mathrm{qref}} \cdot \sin(\theta) \\ \boldsymbol{u}_{\beta\mathrm{ref}} = u_{\mathrm{dref}} \cdot \sin(\theta) + u_{\mathrm{qref}} \cdot \cos(\theta) \end{cases} \tag{6.5}$$

基于式（6.5），可进一步获得参考电压矢量 $\boldsymbol{u}_{\alpha\beta\mathrm{ref}}$在 αβ 平面内的相角（即参考电压的位置角 θ）为

$$\theta_1 = \arctan\left(\frac{u_{\beta\mathrm{ref}}}{u_{\alpha\mathrm{ref}}}\right) \tag{6.6}$$

另外，为了实现快速电压矢量选择，基于参考电压矢量位置角 θ_1，将双逆变器电压矢量分布平面划分为六个扇区，即Ⅰ，Ⅱ，…Ⅵ，如图 6-3a 所示。然后，根据角 θ_1的位置选择出施加于第一个逆变器的电压矢量，位置角 θ_1与第一逆变器（INV1）的电压矢量关系见表 6-1。

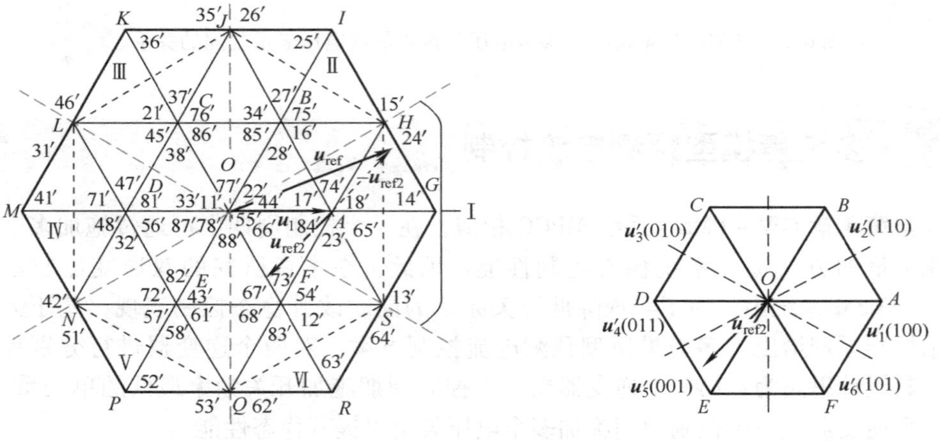

a) 双逆变器空间电压矢量分布　　b) 单矢量方法INV1电压矢量选择

图 6-3　快速电压矢量选择示意图

表 6-1　位置角与第一逆变器的电压矢量之间的关系

参考电压矢量位置角（θ_1）	第一逆变器的电压矢量（$\boldsymbol{u}_{\mathrm{refs1}}$）
$\theta_1 \in [0, \pi/6] \cup [11\pi/6, 2\pi]$	$\boldsymbol{u}_{\mathrm{refs1}} = OA(100)$
$\theta_1 \in [\pi/6, \pi/2]$	$\boldsymbol{u}_{\mathrm{refs1}} = OB(110)$
$\theta_1 \in [\pi/2, 5\pi/6]$	$\boldsymbol{u}_{\mathrm{refs1}} = OC(010)$
$\theta_1 \in [5\pi/6, 7\pi/6]$	$\boldsymbol{u}_{\mathrm{refs1}} = OD(011)$
$\theta_1 \in [7\pi/6, 3\pi/2]$	$\boldsymbol{u}_{\mathrm{refs1}} = OE(001)$
$\theta_1 \in [3\pi/2, 11\pi/6]$	$\boldsymbol{u}_{\mathrm{refs1}} = OF(101)$

在确定第一逆变器（INV1）的电压矢量后，根据双逆变器的电压方程和参

考电压矢量，可推算得到第二逆变器所需要的参考电压矢量为

$$\boldsymbol{u}_{\text{ref2}} = \boldsymbol{u}_{\text{ref1}} - \boldsymbol{u}_{\text{ref}} \tag{6.7}$$

其中，$\boldsymbol{u}_{\text{ref}}$为参考电压矢量；$\boldsymbol{u}_{\text{ref1}}$和$\boldsymbol{u}_{\text{ref2}}$分别为第一逆变器（INV1）所选择的电压矢量和第二逆变器（INV2）的参考电压矢量。

最后，根据得到的第二逆变器（INV2）参考电压矢量，在第二逆变器的每一个控制周期中施加多个电压矢量。基于一个控制周期施加矢量个数的不同，分为双矢量 MPCC 和三矢量 MPCC 两种方法。

6.2.1 双矢量模型预测电流控制

相比于单矢量 MPCC，由于在一个开关周期内使用两个基本电压矢量共同对参考电压矢量进行合成，双矢量 MPCC 必将使得合成的电压矢量更接近于参考电压矢量，参考电压矢量与双电压矢量最优组合的关系图如图 6-4 所示。虽然双矢量 MPCC 的矢量合成准确度优于单矢量 MPCC，但由于控制周期是一个固定值，使得双矢量 MPCC 仍无法准确地合成参考电压矢量，电压差仍然存在，相电流波动在所难免。

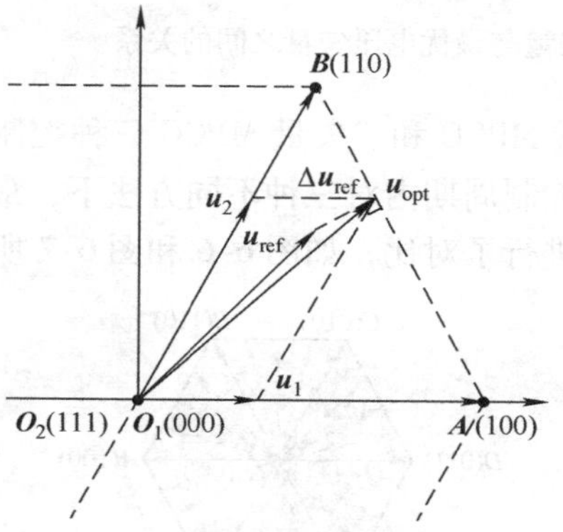

a) 矢量分布区

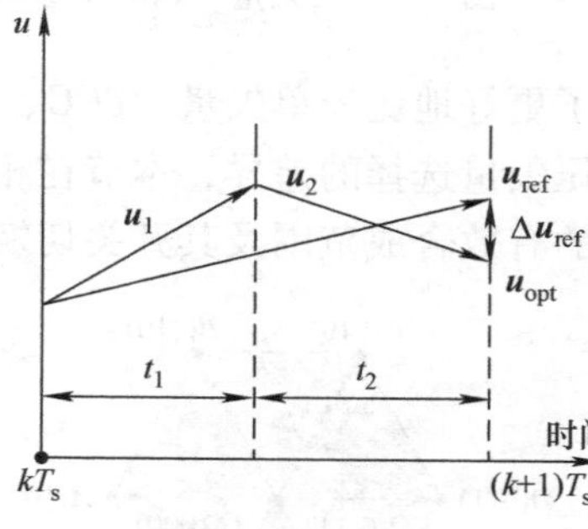

b) 控制周期图

图 6-4 双矢量 MPCC 的参考电压矢量与双电压矢量最优组合之间的关系

6.2.2 三矢量模型预测电流控制

为了可以更加准确地合成参考电压矢量，基于三矢量的 MPCC 方法被提出。三矢量 MPCC 在每个固定的控制周期内选择两个非零电压矢量和一个零电压矢量作为最优电压矢量组合施加于电机系统。相比于单矢量 MPCC 及双矢量 MPCC 而言，由于在一个控制周期内使用三个基本电压矢量共同对参考电压矢量进行合成，因此可以准确地在调制范围内合成系统所需的参考电压矢量，三矢量 MPCC

下参考电压矢量与最优电压矢量组合的关系如图 6-5 所示。由图 6-5 可知，基本电压矢量个数的增加可以消除参考电压矢量与最优电压矢量之间的电压误差，与单矢量和双矢量 MPCC 相比，可以有效地降低电流纹波从而改善稳态控制性能。但是需要注意的是，由于每个控制周期电压矢量的增加，三矢量 MPCC 的开关频率将会不可避免的升高。

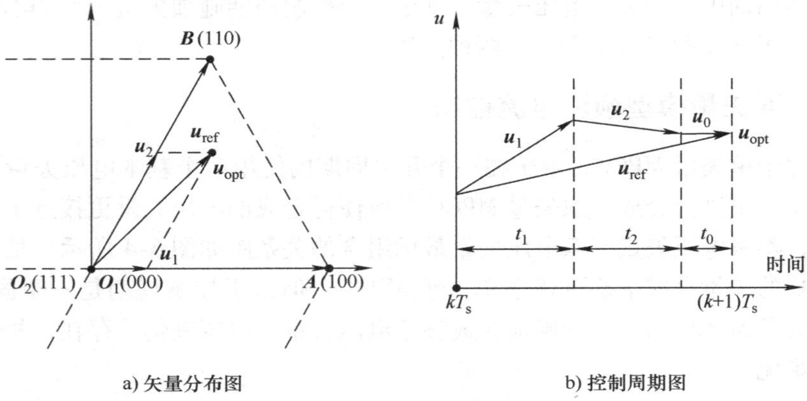

a) 矢量分布图　　b) 控制周期图

图 6-5　三矢量 MPCC 下参考电压矢量与最优电压矢量之间的关系

为了更好地比较单矢量 MPCC、双矢量 MPCC 和三矢量 MPCC 三种控制方案之间电压矢量选择的差异，本节在相同的控制周期内对三种不同方法下，最优电压矢量的有效合成范围及其开关切换顺序进行了对比，如图 6-6 和图 6-7 所示。

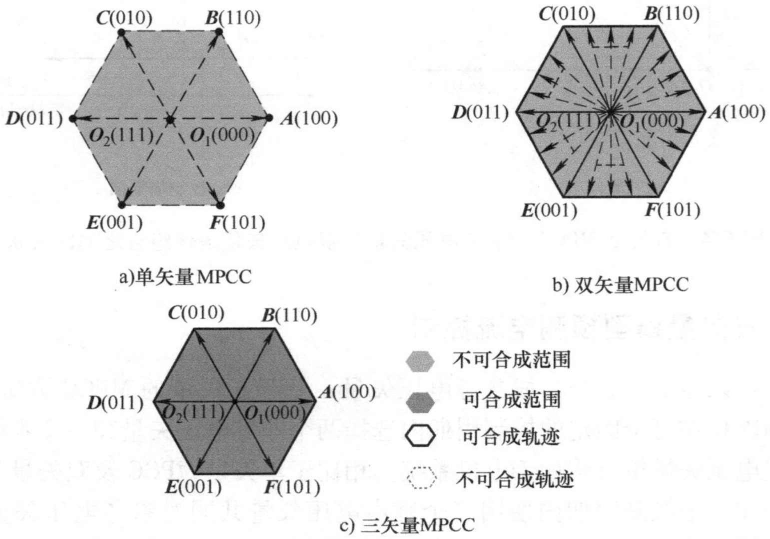

图 6-6　三种方法下最优电压矢量的合成范围

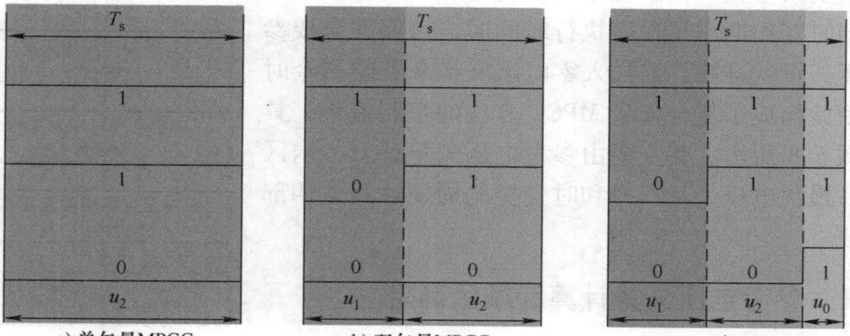

a) 单矢量MPCC　b) 双矢量MPCC　c) 三矢量MPCC

图 6-7　三种方法在一个控制周期内的开关切换顺序

从图 6-7 中可以明显看出，单矢量 MPCC 和双矢量 MPCC 在一个控制周期内开关动作较少，即切换频率较低。然而，在一个开关周期内由于电压矢量的数量受限，这两种方法只能合成参考电压矢量落在调制区域边缘的情况，而大多数落在调制区域内的参考电压矢量均无法被单矢量和双矢量方法准确地合成，如图 6-6a和 b 所示。因此，这两种方法的稳态控制性能还有待进一步提升，也就是说，虽然单矢量 MPCC 和双矢量 MPCC 的开关频率较低，但由于无法精准地合成参考电压矢量，导致电流出现较大纹波的情况在所难免。提高系统控制频率可以改善单矢量 MPCC 和双矢量 MPCC 电流控制表现，但是控制频率的提升受到算法执行时间长短等因素的限制。另一方面，在三矢量 MPCC 方法控制下，由于在一个控制周期中施加三个基本电压矢量，整个调制区域边缘和内部的参考电压矢量均可以被精准地合成，如图 6-6c 所示，因此，系统整体稳态表现能够获得明显改善，但其开关频率也将会明显提高，如图 6-7c 所示。

由以上分析可知，在 MPCC 方法中，开关频率和稳态控制性能之间存在相互矛盾的问题，想要获得理想的稳态控制性能，需要付出系统开关频率升高的代价。因此，本章提出了一种能够在确保系统稳态性能的前提下，降低系统开关频率的 MPCC 方法，即时变周期的复合矢量 MPCC。

6.3　时变周期的复合矢量模型预测电流控制

本节提出了一种时变周期的复合矢量 MPCC 方法，该方法选择两个非零电压矢量作为最优电压矢量，并利用它们的动作时间来确定控制周期。这意味着为了可以准确地合成参考电压矢量，该方法的控制周期不是固定的而是时变的。为了保证控制程序的完整执行，时变控制周期需要满足一定的限制条件，即其最小周期必须要大于整个控制程序的执行时间。因此，当计算出的时变周期小于程序执行时间时，为保证合成参考电压矢量的准确，需加入零电压矢量来补偿剩余时间，由此构成了复合矢量 MPCC 方法的控制流程，具体如图 6-8 所示。其主要由参考电压矢量计算、扇区确定、最优电压矢量选择和时变控制周期计算这四部分组成。

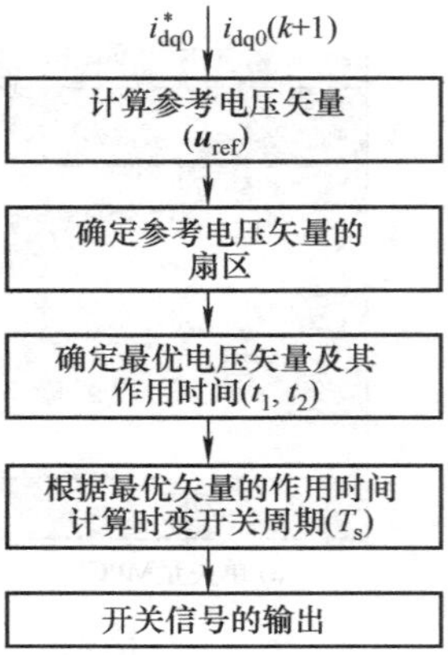

图 6-8　时变周期的复合矢量 MPCC 方法的控制流程图

6.3.1　参考电压矢量计算和扇区确定

根据得到的第二逆变器（INV2）参考电压矢量 $\boldsymbol{u}_{ref2}$，通过 Clark 变换将其转化至两相静止坐标系下，可知 αβ 平面的参考电压矢量为

$$\begin{cases}\boldsymbol{u}_{\alpha ref2}=u_{dref2}\cdot\cos(\theta)-u_{qref2}\cdot\sin(\theta)\\ \boldsymbol{u}_{\beta ref2}=u_{dref2}\cdot\sin(\theta)+u_{qref2}\cdot\cos(\theta)\end{cases}\tag{6.8}$$

同理，基于式（6.8），可得到参考电压矢量 $\boldsymbol{u}_{\alpha\beta ref2}$ 在 αβ 平面内的相角（即 INV2 参考电压的位置角 θ_2）为

$$\theta_2=\arctan\left(\frac{\boldsymbol{u}_{\beta ref2}}{\boldsymbol{u}_{\alpha ref2}}\right)\tag{6.9}$$

其次，根据参考电压位置角 θ_2，可以得到第二逆变器（INV2）参考电压矢量所在的扇区及其与候选电压矢量的关系，如图 6-9 所示。

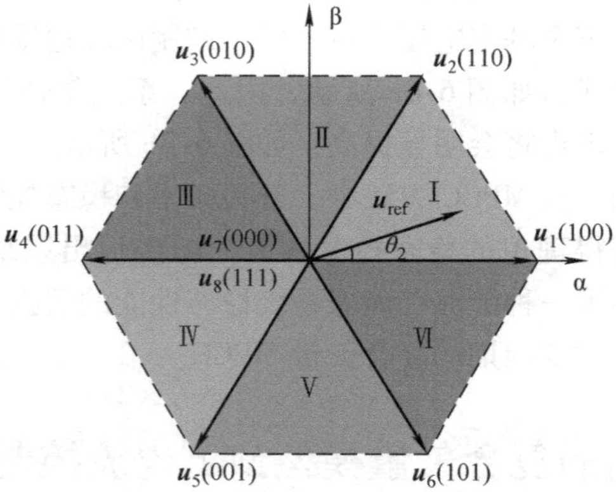

图 6-9　矢量分布图中的扇区划分

6.3.2　最优电压矢量确定

根据矢量合成图中对参考电压矢量的合成可以看出，零电压矢量对合成参考

电压矢量的幅值和相位没有实质的影响。因此，为了有效地降低开关频率，本节所提出的方法采用两个非零电压矢量对参考电压矢量进行合成，由此可得到合成参考电压矢量的表达式为

$$\boldsymbol{u}_{\mathrm{s}} = \frac{t_i}{T_{\mathrm{s}}}\boldsymbol{u}_i + \frac{t_j}{T_{\mathrm{s}}}\boldsymbol{u}_j \tag{6.10}$$

其中，$\boldsymbol{u}_{\mathrm{s}}$为参考电压矢量；$\boldsymbol{u}_i$和$\boldsymbol{u}_j$分别为两个非零电压矢量；$T_{\mathrm{s}}$为控制周期；$t_i$和$t_j$分别为两个非零电压矢量的作用时间。根据图 6-9 中参考电压矢量的扇区，可以确定距离参考电压矢量最近的两个非零矢量并将其作为最优电压矢量，见表 6-2。

表 6-2　INV2 参考电压矢量的位置角、扇区与最优电压矢量的关系

INV2 参考电压矢量的位置角（θ_2）	$\boldsymbol{u}_{\mathrm{ref2}}$所在扇区	INV2 最优电压矢量
$\theta_2 \in [0, \pi/3]$	Ⅰ	$\boldsymbol{u}_1(100), \boldsymbol{u}_2(110)$
$\theta_2 \in [\pi/3, 2\pi/3]$	Ⅱ	$\boldsymbol{u}_2(110), \boldsymbol{u}_3(010)$
$\theta_2 \in [2\pi/3, \pi]$	Ⅲ	$\boldsymbol{u}_3(010), \boldsymbol{u}_4(011)$
$\theta_2 \in [\pi, 4\pi/3]$	Ⅳ	$\boldsymbol{u}_4(011), \boldsymbol{u}_5(001)$
$\theta_2 \in [4\pi/3, 5\pi/3]$	Ⅴ	$\boldsymbol{u}_5(001), \boldsymbol{u}_6(101)$
$\theta_2 \in [5\pi/3, 2\pi]$	Ⅵ	$\boldsymbol{u}_6(101), \boldsymbol{u}_1(100)$

6.3.3　最优电压矢量的作用时间计算和时变控制周期的确定

为了实现 dq 轴电流的无差拍跟踪，电流可表示为

$$\boldsymbol{i}_{\mathrm{s}}^* = \boldsymbol{i}_{\mathrm{s}}(k+2) = \boldsymbol{i}_{\mathrm{s}}(k+1) + \boldsymbol{s}_i t_i + \boldsymbol{s}_j t_j \tag{6.11}$$

其中，$\boldsymbol{i}_{\mathrm{s}} = [i_{\mathrm{d}} \quad i_{\mathrm{q}}]^T$；$\boldsymbol{s}_{i,j} = [s_{\mathrm{d}(i,j)} \quad s_{\mathrm{q}(i,j)}]^T$，$\boldsymbol{s}_{i,j}$代表$\boldsymbol{s}_i$和$\boldsymbol{s}_j$，分别表示所选的两个非零电压矢量的电流斜率，每个非零电压矢量对 dq 轴电流均产生不同的电流斜率，其可通过电压方程推导得到，具体表达式如下：

$$\begin{cases} s_{\mathrm{d}(i,j)} = \left.\dfrac{\mathrm{d}i_{\mathrm{d}}}{\mathrm{d}t}\right|_{u_{\mathrm{d}} = u_{\mathrm{d}(i,j)}} = \dfrac{1}{L}(-Ri_{\mathrm{d}} + \omega L i_{\mathrm{q}} + u_{\mathrm{d}(i,j)}) \\ s_{\mathrm{q}(i,j)} = \left.\dfrac{\mathrm{d}i_{\mathrm{q}}}{\mathrm{d}t}\right|_{u_{\mathrm{q}} = u_{\mathrm{q}(i,j)}} = \dfrac{1}{L}(-Ri_{\mathrm{q}} - \omega L i_{\mathrm{d}} - \omega\psi_{\mathrm{f}} + u_{\mathrm{q}(i,j)}) \end{cases} \tag{6.12}$$

然后，将式（6.12）代入式（6.11），可得到两个非零电压矢量的作用时间为

$$\begin{cases} t_i = \dfrac{s_{qj}[i_d^* - i_d(k)] - s_{dj}[i_q^* - i_q(k)]}{s_{di}s_{qj} - s_{qi}s_{dj}} \\ t_j = \dfrac{s_{di}[i_q^* - i_q(k)] - s_{qi}[i_d^* - i_d(k)]}{s_{di}s_{qj} - s_{qi}s_{dj}} \end{cases} \tag{6.13}$$

为了保证参考电压矢量的准确合成，提出的方法通过两个非零电压矢量的作用时间来确定控制周期。由于两个非零矢量的作用时间是随参考电压矢量的变化而变化的，因此提出方法的控制周期是时变的，根据式（6.13），可得到时变控制周期为

$$T_s' = t_i + t_j \tag{6.14}$$

其中，T_s'为时变控制周期，其大小与两个非零电压矢量的作用时间相关。

值得注意的是，时变控制周期具有最小的时间限制，即：程序执行时间（TN）。为了保证控制程序的完整执行，时变控制周期不能小于程序执行周期（即：$T_s' \geqslant T_N$）。当计算得到的控制周期小于程序执行时间时（即：$T_s' < T_N$），为了保证计算的控制周期等于程序执行时间，需要加入零电压矢量来补偿剩余时间。这个过程等效于三矢量选择方法。另一方面，当计算的控制周期大于程序执行周期时（即：$T_s' > T_N$），在整个控制周期中应用两个非零电压矢量来合成参考电压矢量。另外，如果出现计算得到的其中一个非零电压矢量的作用时间为 0（即 $t_{i/j} = 0$），在整个控制周期中只应用一个非零电压矢量进行控制，这个过程等效于单矢量选择方法。综合以上各种情况，即可实现 OW－PMSM 系统时变周期复合矢量 MPCC 方法。

6.4 实验结果

为了验证所提方法的控制性能，本节给出了传统三矢量 MPCC 方法与所提方法的实验结果对比。实验中使用的数字信号处理器为 TI－DSP28335，时钟频率为 150MHz，这意味着时钟周期是 1/150μs，因此，该方法的程序执行时间可以用时钟周期数来度量。提出方法的程序执行时间为 55μs，可得到时变控制周期的最小限制时间为 55μs（即方法的最大控制频率为 18kHz）。为了公平比较三矢量 MPCC 方法和所提出的方法，将两种方法的控制频率均设置为 18kHz。对两种方法在 4N · m 负载情况下进行了实验验证，在不同转速工况中的实验结果对比如图 6-10 ~ 图 6-14 所示。结果表明，在相同的控制频率下，三矢量 MPCC 方法和所提出的方法都具有较好的控制性能。

另外，两种方法的开关频率比较结果如图 6-14 所示。根据对比结果可以看出，与三矢量方法相比，提出方法在中高速阶段的开关频率明显降低，这表明在不增加电流纹波的情况下，该方法可以有效地降低中高速状态下的开关频率。

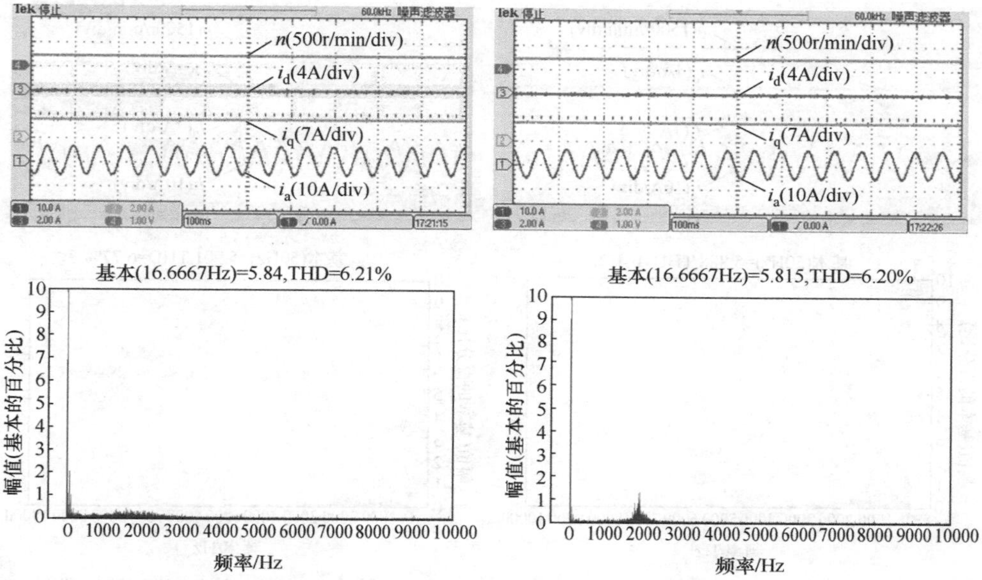

a) 提出方法及其电流THD分析　　b) 三矢量MPCC方法及其电流THD分析

图6-10　两种方法在低速工况（500r/min）和4N·m负载下的稳态实验结果

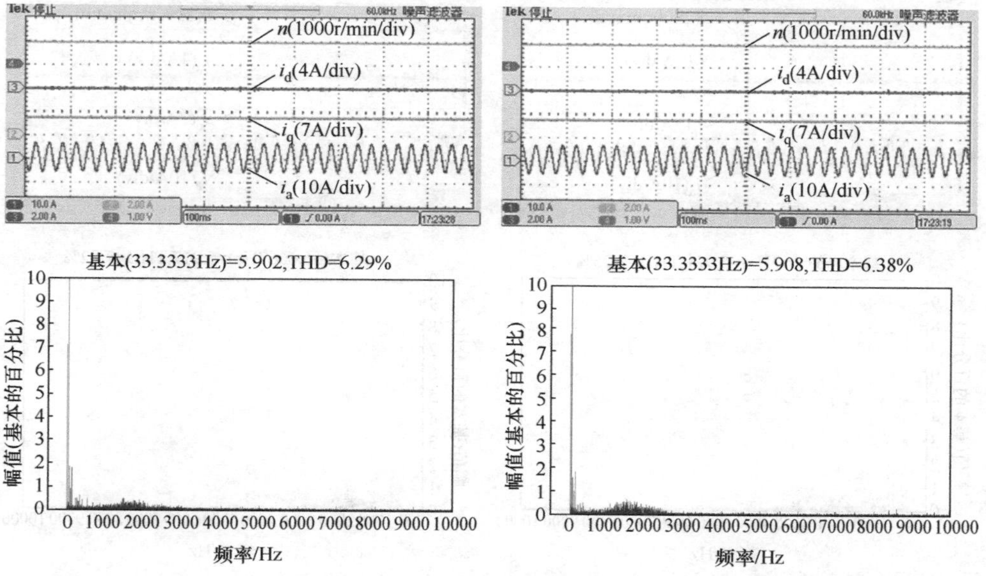

a) 提出方法及其电流THD分析　　b) 三矢量MPCC方法及其电流THD分析

图6-11　两种方法在中速工况（1000r/min）和4N·m负载下的稳态实验结果

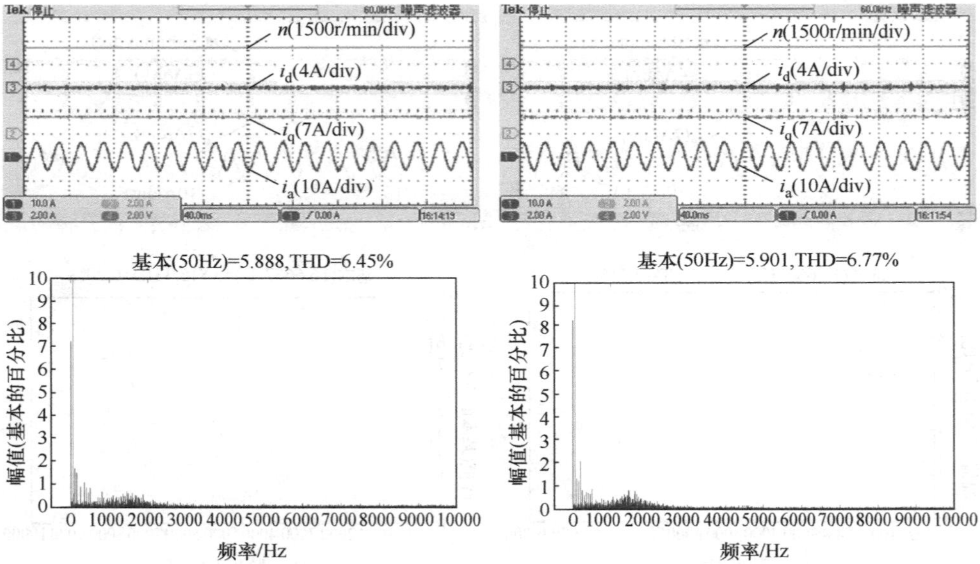

a) 提出方法及其电流THD分析　　b) 三矢量MPCC方法及其电流THD分析

图 6-12　两种方法在高速工况（1500r/min）和 4N · m 负载下的稳态实验结果

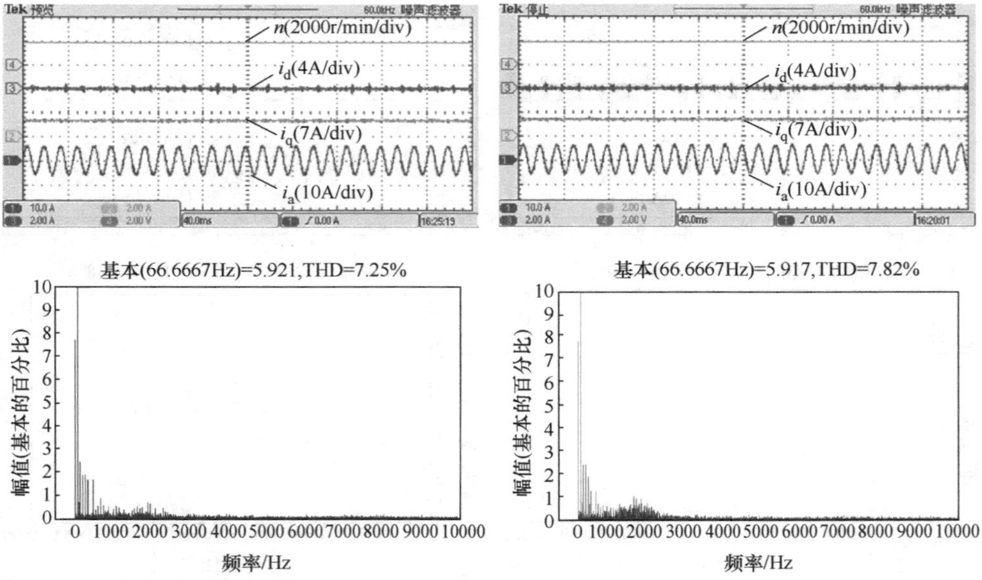

a) 提出方法及其电流THD分析　　b) 三矢量MPCC方法及其电流THD分析

图 6-13　两种方法在额定工况（2000r/min）和 4N · m 负载下的稳态实验结果

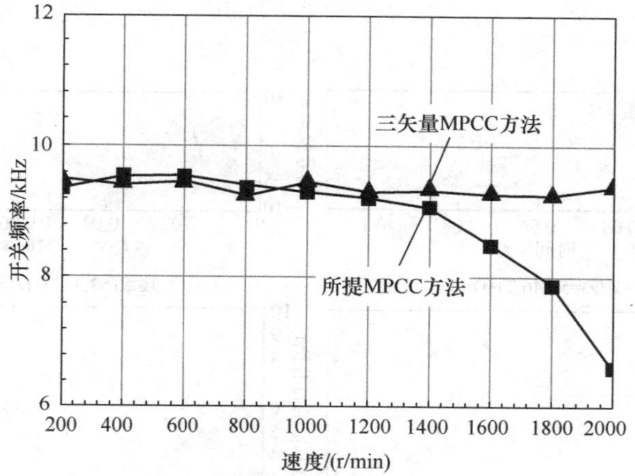

图 6-14　两种方法在不同转速情况下的开关频率对比结果

为了进一步比较两种方法在相同开关频率下的稳态控制性能，以所提方法的开关频率为参考，对三矢量 MPCC 方法在不同速度下的控制频率进行了修正。在相同的开关频率下，三矢量 MPCC 方法与提出方法的电流 THD 分析比较结果如图 6-15 所示，可以看出，在低速阶段，由于所提出的方法需要满足最小控制周期的限制，因此两种方法具有相似的稳态控制性能。然而，在中高速阶段，从图 6-16中可以看出，与三矢量 MPCC 方法相比，该方法对电流纹波的抑制效果更好，电流 THD 降低了近 2%。这表明，在相同开关频率的情况下，该方法具有较好的稳态控制性能。

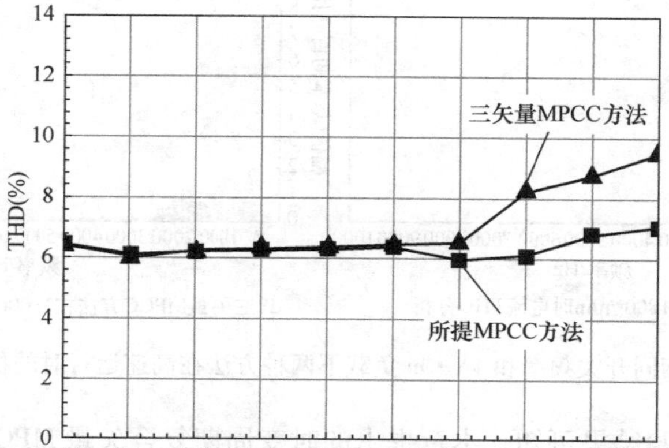

图 6-15　在相同的开关频率下两种方法在不同转速情况下的电流 THD 分析对比结果

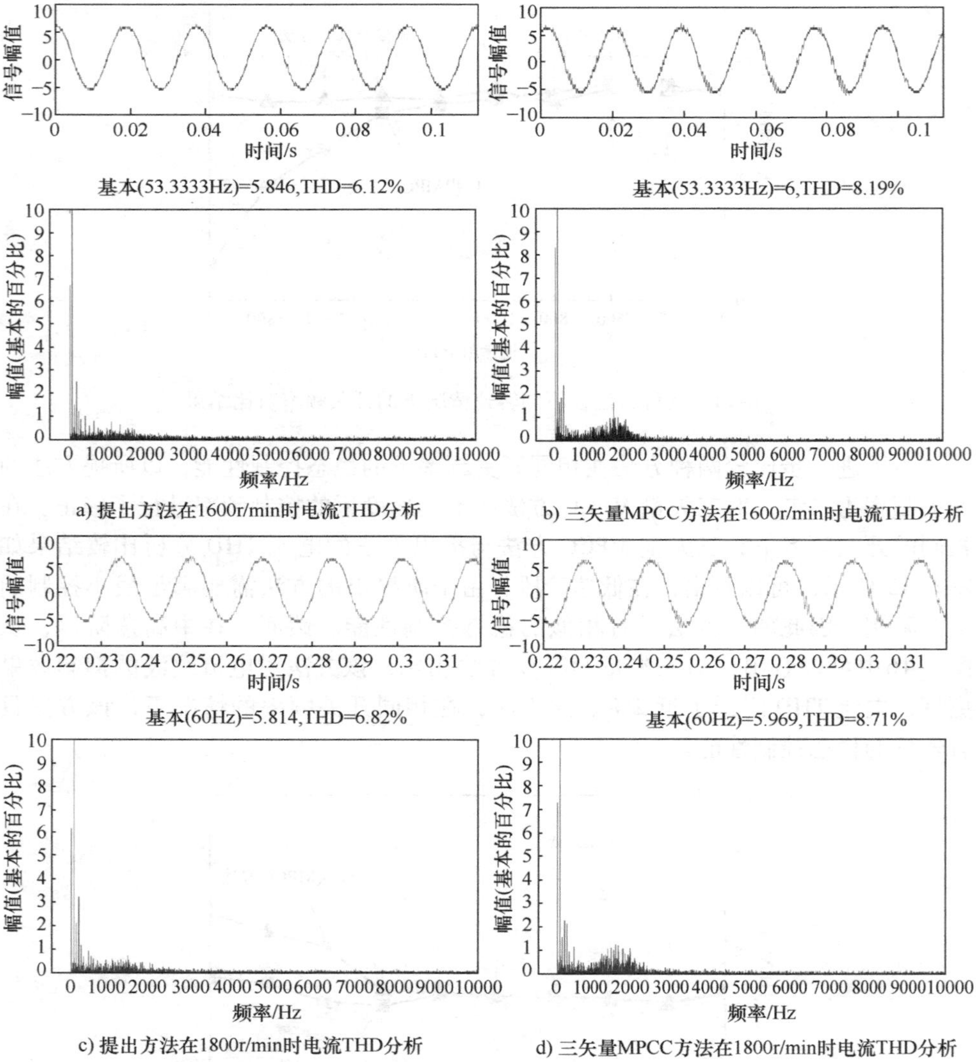

图 6-16　在相同开关频率和 4N · m 负载下两种方法在高速运行时的稳态实验结果

综合上述实验结果可知，本章提出的时变周期复合矢量 MPCC 方法可以在相同控制频率情况下有效地降低整个系统的平均开关频率，而在相同开关频率情况下可有效地抑制电流纹波。

6.5 本章小结

本章提出了一种具有时变周期的复合矢量 MPCC 方法，并通过实验对其可行性进行了验证。结果表明，与传统的三矢量 MPCC 方法相比，在稳态性能相近的情况下，该方法具有较低的平均开关频率；另一方面，在相同开关频率的情况下，中高速阶段时所提方法对电流纹波具有较好的抑制能力。

参考文献

[1] 沈乐昕．三相无源软开关逆变器的损耗特性研究［D］．沈阳：东北大学，2010.

[2] WANG F，LI S，MEI X et al. Model - Based Predictive Direct Control Strategies for Electrical Drives：An Experimental Evaluation of PTC and PCC Methods［J］．IEEE Transactions on Industrial Informatics，2015，11（3）：671 - 681.

[3] ZHANG X，HOU B．Double Vectors Model Predictive Torque Control Without Weighting Factor Based on Voltage Tracking Error［J］．IEEE Transactions on Power Electronics，2018，33（3）：2368 - 2380.

[4] 徐艳平，王极兵，周钦，等．永磁同步电动机双优化三矢量模型预测电流控制［J］．中国电机工程学报，2018，38（06）：1857 - 1864 + 192.

第 7 章
绕组开路永磁同步电机四段式模型预测电流控制与改进无差拍预测电流控制

本章提出了一种 OW－PMSM 系统四段式 MPCC 方法[1,2]，该方法对绕组两侧的双逆变器分别单独控制，共同构成参考电压矢量。具体而言，逆变器 INV1 采用快速电压矢量选择的方法选定最优单矢量，逆变器 INV2 利用 aβ 轴平面电压参考值和电流预测模型，快速枚举两组相邻的非零矢量，再将两个不同的零矢量 $\boldsymbol{u}_0$ 和 $\boldsymbol{u}_7$ 根据与非零矢量最小切换原则作用在控制周期的首尾，循环交替，构成四段式效果。这样一来，逆变器 INV2 中两控制周期间由于采用了相同的零矢量，不产生开关状态的切换，单桥臂开关管在每个控制周期内四个电压矢量间的开关动作次数仅为一次，大大降低了变换器的开关频率。在此基础上，又利用了一种零序电流最小脉动法对零矢量进行准确的时间分配，零序电流得以抑制。此外，还将上述方法进行延伸，提出了一种基于零序电流抑制的 OW－PMSM 双边四段式 MPC 方法[3]，将 aβ 轴参考电压值平均分配给两个逆变器，两个逆变器均采用四段式作用于 OW－PMSM 系统，进一步提升了系统的稳态性能，并且具有更好的零序电流抑制效果。

四段式方法的零序电流抑制本质是通过调制四个电压矢量产生的零序电压以抵消电机的三次谐波反电动势，但多矢量调制产生较高的共模电压会通过寄生电容等回路作用在电机轴上产生轴电流，危害电机的长久运行[4]。为此，本章提出了一种改进的无差拍预测电流控制方法[5]，该方法将 αβ 轴和 0 轴控制变量统一考虑，设计了一个权重因子以优化分配双逆变器的参考电压，通过调制有源电压矢量产生的零序电压以抵消电机的三次谐波反电动势。零序电流得以抑制的同时，无须零矢量 $\boldsymbol{u}_7$（111）参与 SVPWM，可进一步降低系统的共模电压和开关频率。

7.1 单边四段式模型预测电流控制方法

与常规的单矢量 MPCC 方法相比（单矢量＋单矢量），增加每个控制周期应用的矢量个数可合成误差较小的参考电压矢量以提高稳态性能。但是，随着电压矢量个数的增加，开关频率大大增加，器件损耗也将提升。这意味着稳态性能的提高和开关频率的降低之间存在着固有矛盾，且在共直流母线型 OW－PMSM 系统中，所选电压矢量不仅需要满足 αβ 轴的控制变量，还需要额外考虑零序分量的干扰。因此，为了平衡稳态性能和开关频率间的矛盾，本节提出了在单控制周期施加四个电压矢量，并结合零电压矢量再分配策略，构成一种四段式控制策略。在该方式下，可有效保证较小的零序电流和较低的开关频率。

该方法的控制框图如图7-1所示，主要包括两大部分：逆变器INV1的单矢量选择；逆变器INV2的矢量选择。其中逆变器INV1的单矢量选择与常规单矢量MPCC方法相同，而逆变器INV2的矢量选择又分为3个小部分：①非零电压矢量的选择与作用时间分配；②降低开关频率的矢量优化排序；③基于零序电流抑制的零矢量作用时间再分配。

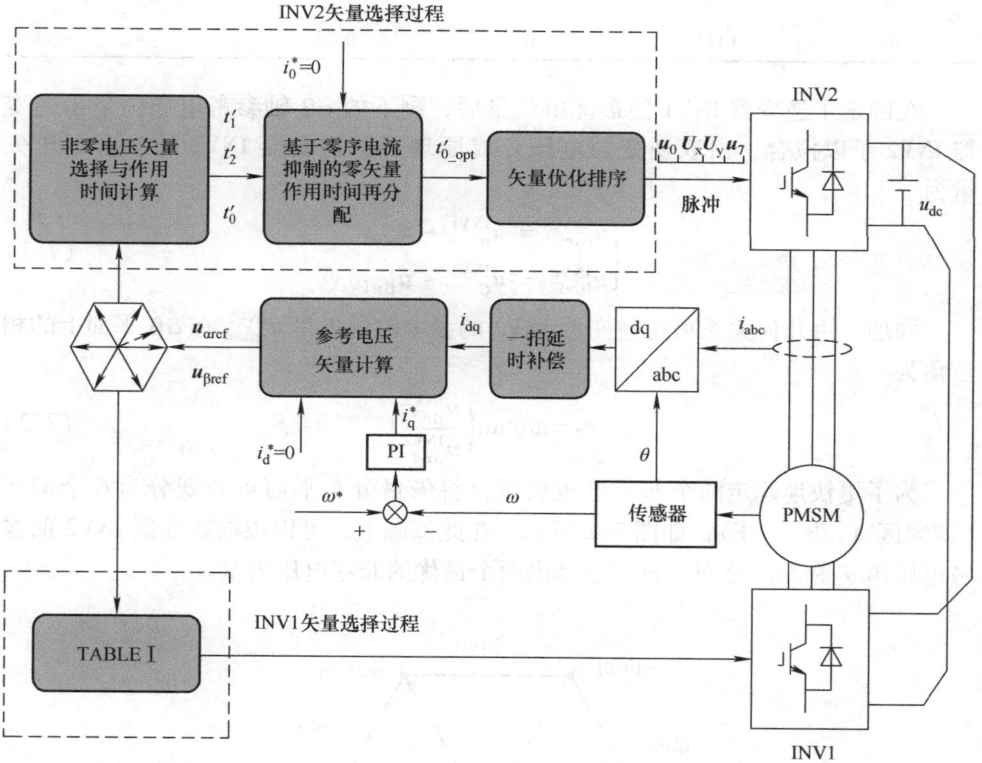

图7-1　单边四段式MPCC方法的控制框图

7.1.1　逆变器INV2的非零矢量选择和作用时间分配

首先，根据前述章节，通过参考电压相位角θ_{ref}判断和选择出了逆变器INV1的最优非零电压矢量$\boldsymbol{U}_1$，表7-1列出了逆变器INV1的基本电压矢量对应输出的αβ轴电压分量。

表 7-1 基本电压矢量与输出零序电压的关系

电压矢量	开关状态	u_α	u_β	u_0
u_1	(100)	$2u_{dc}/3$	0	$u_{dc}/3$
u_2	(110)	$u_{dc}/3$	$\sqrt{3}u_{dc}/3$	$2u_{dc}/3$
u_3	(010)	$-u_{dc}/3$	$\sqrt{3}u_{dc}/3$	$u_{dc}/3$
u_4	(011)	$-2u_{dc}/3$	0	$2u_{dc}/3$
u_5	(001)	$-u_{dc}/3$	$-\sqrt{3}u_{dc}/3$	$u_{dc}/3$
u_6	(101)	$u_{dc}/3$	$-\sqrt{3}u_{dc}/3$	$2u_{dc}/3$
u_0	(000)	0	0	0
u_7	(111)	0	0	u_{dc}

在确定了逆变器 INV1 的最优单矢量后，剩下的 αβ 轴参考电压矢量由逆变器 INV2 予以拟合，由双逆变器电压合成原理可得逆变器 INV2 的参考电压矢量为

$$\begin{cases} \boldsymbol{u}_{\alpha\text{ref}}^{\text{INV2}} = \boldsymbol{u}_{\alpha}^{\text{INV1}} - \boldsymbol{u}_{\alpha\text{ref}} \\ \boldsymbol{u}_{\beta\text{ref}}^{\text{INV2}} = \boldsymbol{u}_{\beta}^{\text{INV1}} - \boldsymbol{u}_{\beta\text{ref}} \end{cases} \tag{7.1}$$

同理，由几何关系可得逆变器 INV2 的参考电压矢量 $\boldsymbol{u}_{\alpha\beta\text{ref}}^{\text{INV2}}$ 在 αβ 平面上的相位角为

$$\theta_2 = \arctan\left(\frac{\boldsymbol{u}_{\beta\text{ref}}^{\text{INV2}}}{\boldsymbol{u}_{\alpha\text{ref}}^{\text{INV2}}}\right) \tag{7.2}$$

为了更快地确定两个非零电压矢量，将矢量分布平面重新划分为 6 个扇区（即扇区 A、B、…F），如图 7-2 所示。在此基础上，可以根据逆变器 INV2 的参考电压角 θ_2和扇区分布，直接选择出两个最优的非零电压矢量。

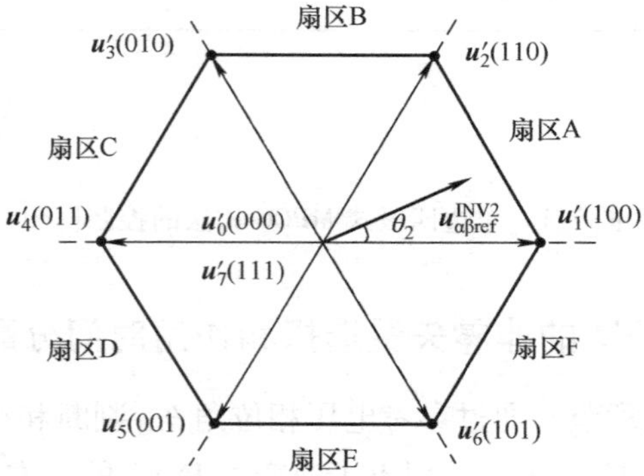

图 7-2 逆变器 INV2 的矢量平面划分

以图7-2所示的参考电压矢量为例，可以看出参考电压矢量$\boldsymbol{u}_{\alpha\beta\mathrm{ref}}^{\mathrm{INV2}}$位于扇区A内，应选择距离其最近的矢量$\boldsymbol{u}'_1$和$\boldsymbol{u}'_2$作为当前控制周期最优的两个非零电压矢量。类似地，当参考电压矢量位于不同扇区时，扇区位置和两个非零矢量的对应关系见表7-2。为便于排序，将$\boldsymbol{u}_1$、$\boldsymbol{u}_3$和$\boldsymbol{u}_5$等奇电压矢量表示为$\boldsymbol{u}_x$（$x=1$、3、5）；将$\boldsymbol{u}_2$、$\boldsymbol{u}_4$和$\boldsymbol{u}_6$等偶电压矢量表示为$\boldsymbol{u}_y$（$y=2$、4、6）。

表7-2　逆变器INV2的矢量选择

扇区号	参考电压相位角	两个最优的非零矢量	
		奇矢量$\boldsymbol{u}_x$	偶矢量$\boldsymbol{u}_y$
A	$\theta_2\in[0,\pi/6]\cup(11\pi/6,2\pi]$	$\boldsymbol{u}'_1(100)$	$\boldsymbol{u}'_2(110)$
B	$\theta_2\in(\pi/6,\pi/2]$	$\boldsymbol{u}'_3(010)$	$\boldsymbol{u}'_2(110)$
C	$\theta_2\in(\pi/2,5\pi/6]$	$\boldsymbol{u}'_3(010)$	$\boldsymbol{u}'_4(011)$
D	$\theta_2\in(5\pi/6,7\pi/6]$	$\boldsymbol{u}'_5(001)$	$\boldsymbol{u}'_4(011)$
E	$\theta_2\in(7\pi/6,3\pi/2]$	$\boldsymbol{u}'_5(001)$	$\boldsymbol{u}'_6(101)$
F	$\theta_2\in(3\pi/2,11\pi/6]$	$\boldsymbol{u}'_1(100)$	$\boldsymbol{u}'_6(101)$

通过上述分析可以看出，只需确定双逆变器的参考电压矢量的位置，采用快速矢量选择法，无须遍历每个基础电压矢量即可以直接选择出最优的电压矢量。基于代价函数的最优矢量遴选被几何关系所取代，有助于进一步减轻系统的计算负担。

获得了双逆变器的最优电压矢量之后，应进一步针对所选择的两个最优电压矢量的作用时间进行优化，以确定最佳的电压矢量组合。本章采用dq轴电流无差拍控制原理来分配逆变器INV2两个非零矢量的作用时间，即在一个控制周期内，通过相应电压矢量与其作用时间的组合以实现dq轴参考电流的无静差跟踪。预测电流（等于参考电流）可用对应的dq轴电流斜率和作用时间的乘积表示。

$$\begin{cases} i_{\mathrm{d}}^* = i_{\mathrm{d}}(k) + S_{\mathrm{d1}}t'_1 + S_{\mathrm{d2}}t'_2 + S_{\mathrm{d0}}(T_{\mathrm{s}} - t'_1 - t'_2) \\ i_{\mathrm{q}}^* = i_{\mathrm{q}}(k) + S_{\mathrm{q1}}t'_1 + S_{\mathrm{q2}}t'_2 + S_{\mathrm{q0}}(T_{\mathrm{s}} - t'_1 - t'_2) \end{cases} \tag{7.3}$$

式（7.3）中，$i_{\mathrm{d}}(k)$和$i_{\mathrm{q}}(k)$表示经过一拍延时补偿后的dq轴电流；t'_1和t'_2分别表示两个最优非零电压矢量的作用时间；S_{d0}和S_{q0}是应用零电压矢量时dq轴电流i_{d}和i_{q}的斜率，可表示为

$$\begin{cases} S_{\mathrm{d0}} = \left.\dfrac{\mathrm{d}i_{\mathrm{d}}}{\mathrm{d}t}\right|_{u_{\mathrm{d}}=0} = [-Ri_{\mathrm{d}}(k) + \omega_{\mathrm{e}}Li_{\mathrm{q}}(k)]/L \\ S_{\mathrm{q0}} = \left.\dfrac{\mathrm{d}i_{\mathrm{q}}}{\mathrm{d}t}\right|_{u_{\mathrm{q}}=0} = -\{Ri_{\mathrm{q}}(k) + \omega_{\mathrm{e}}[Li_{\mathrm{d}}(k) + \psi_{\mathrm{f}}]\}/L \end{cases} \tag{7.4}$$

同理，式（7.3）中的S_{d1}、S_{q1}、S_{d2}和S_{q2}分别表示逆变器INV2两个非零电

压矢量作用下的dq轴电流 i_d 和 i_q 的斜率，可表示为

$$\begin{cases} S_{di} = S_{d0} + u_{di}(k)/L \\ S_{qi} = S_{q0} + u_{qi}(k)/L \end{cases} \tag{7.5}$$

将上述计算结果代入式（7.3）即可解得两个非零矢量的作用时间为

$$\begin{cases} t'_1 = \dfrac{t_2(S_{q2} - S_{q0}) + S_{q0}T_s - [i_q^* - i_q(k)]}{S_{q0} - S_{q1}} \\ t'_2 = \dfrac{(S_{q0} - S_{q1})[i_d^* - i_d(k)] - (S_{d0} - S_{d1})[i_q^* - i_q(k)] + T_s(S_{d0}S_{q1} - S_{d1}S_{q0})}{S_{d0}S_{q1} - S_{d0}S_{q2} + S_{d1}S_{q2} - S_{d1}S_{q0} + S_{d2}S_{q0} - S_{d2}S_{q1}} \\ t'_0 = T_s - t'_1 - t'_2 \end{cases} \tag{7.6}$$

式中，t'_0 表示剩余零矢量的作用时间。

7.1.2 降低开关频率的矢量优化排序

由于逆变器 INV1 采用快速电压矢量选择方式选出最优单矢量，下面主要分析逆变器 INV2 的矢量排序以优化开关频率。图 7-3a 所示为第 6 章所述三矢量 MPCC 方法在一个周期内的 q 轴电流跟踪示意图，与此不同的是，将零电压矢量进行灵活分配，便可以得到如图 7-3b 所示的四段式方法。其中，两个零电压矢量分布在每个控制周期的首尾两侧，两个非零电压矢量分布在每个控制周期的中间。很明显，一个控制周期可以分为四段，故称之为四段式 MPCC 方法。通过合理的优化零电压矢量的排序，可进一步减少电流纹波、改善系统的稳态性能。

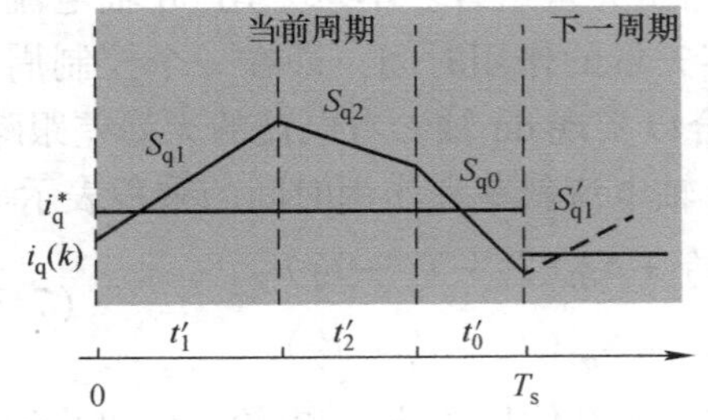

a) 混合三矢量MPCC

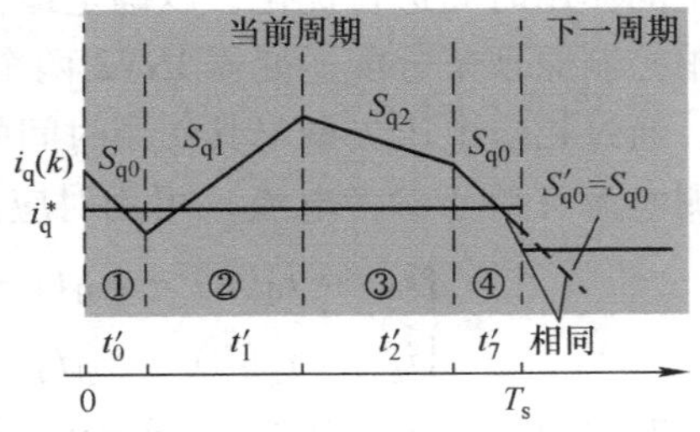

b) 四段式MPCC

图 7-3 两方法下 INV2 的 q 轴电流图

然而，矢量数目的增加必然会引起开关频率的增大。因此，为了确保不同控制周期之间的最小切换动作，设计了零电压矢量周期变化策略，即 $\boldsymbol{u}'_0$ 和 $\boldsymbol{u}'_7$ 周期交替，如图 7-4 所示。显然，$\boldsymbol{u}'_0$ 和 $\boldsymbol{u}'_7$ 在每个控制周期的开始和结束时交替，并且当前控制周期结束时的零电压矢量与下一个控制周期开始时的零电压矢量相

同，不产生切换动作。即每个控制周期结束时的零电压矢量延伸作用于下一个控制周期的开始，有效地消除了前后两个控制周期中电压矢量的切换动作。

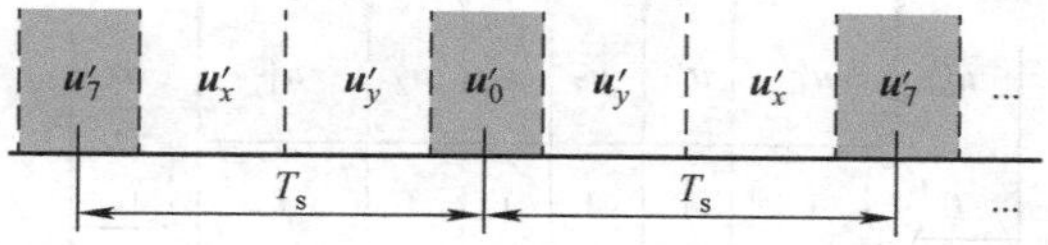

图 7-4　逆变器 INV2 零电压矢量周期交替示意图

另一方面，从表 7-2 中可以看出，每个控制周期选择的两个非零矢量号为一奇一偶，这意味着当所选的两个非零电压矢量互相切换时，仅有一相桥臂的开关状态将发生改变。此外，为了保证非零电压矢量和零电压矢量之间的最小切换动作，进一步降低切换频率，表 7-3 给出了零电压矢量和非零电压矢量的最小切换动作分类，可以看出零电压矢量 $\boldsymbol{u}'_0$与奇矢量 $\boldsymbol{u}'_x$具有最小的开关动作次数；零电压矢量 $\boldsymbol{u}'_7$与偶矢量 $\boldsymbol{u}'_y$具有最小的开关动作次数。例如，假设参考电压矢量在扇区 A 中，所选的两个非零的奇偶电压矢量为 $\boldsymbol{u}'_1$和 $\boldsymbol{u}'_2$。为了使矢量间切换次数达到最小，当前控制周期内的最佳电压矢量动作顺序应为 $\boldsymbol{u}'_0-\boldsymbol{u}'_1-\boldsymbol{u}'_2-\boldsymbol{u}'_7$（或 $\boldsymbol{u}'_7-\boldsymbol{u}'_2-\boldsymbol{u}'_1-\boldsymbol{u}'_0$），而下一个相邻控制周期的电压矢量动作顺序为 $\boldsymbol{u}'_0-\boldsymbol{u}'_x-\boldsymbol{u}'_y-\boldsymbol{u}'_7$（或 $\boldsymbol{u}'_7-\boldsymbol{u}'_y-\boldsymbol{u}'_x-\boldsymbol{u}'_0$）。

表 7-3　零电压矢量和非零电压矢量间具有最小切换次数的矢量分类

零电压矢量	最小切换次数的非零电压矢量
$\boldsymbol{u}'_0(000)$	$\boldsymbol{u}_x=\{\boldsymbol{u}'_1(100),\boldsymbol{u}'_3(010),\boldsymbol{u}'_5(001)\}$
$\boldsymbol{u}'_7(111)$	$\boldsymbol{u}_y=\{\boldsymbol{u}'_2(110),\boldsymbol{u}'_4(011),\boldsymbol{u}'_6(101)\}$

综上所述，合理的电压矢量动作顺序可有效降低系统的开关频率，减少开关损耗。接下来，为了进一步揭示这种四段式 MPCC 方法所带来的低开关频率，图 7-5给出了当逆变器 INV2 的参考电压矢量位于第一扇区时，两个相邻控制周期内的开关脉冲示意图。S_a、S_b和 S_c分别代表三个上桥臂的开关状态，“0”表示断开，“1”表示开通。假设转子位置在两个相邻控制周期的变化不大，当参考电压矢量位于第一扇区时，电压矢量的最优排序为 $\boldsymbol{u}'_0-\boldsymbol{u}'_1-\boldsymbol{u}'_2-\boldsymbol{u}'_7-\boldsymbol{u}'_7-\boldsymbol{u}'_2-\boldsymbol{u}'_1-\boldsymbol{u}'_0$。通常，MPC 的开关频率定义为单位时间内六个开关管的平均开关次数，即平均开关频率。从图 7-5 可以看出，从 k 时刻到 $k+2$ 时刻，每个开关管在两个控制周期内均开关一次，因此，逆变器 INV2 的开关频率固定为控制频率的一半，即：

$$f_{开关}=\frac{1}{2}f_{控制} \tag{7.7}$$

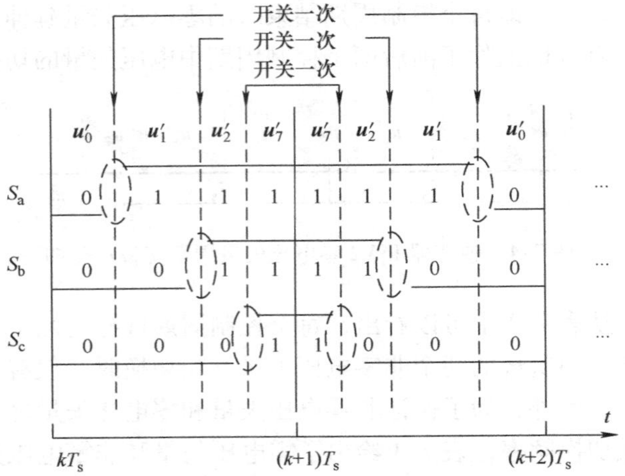

图 7-5 逆变器 INV2 的矢量开关动作示意图

7.1.3 基于零序电流抑制的零矢量作用时间再分配

前面内容已获得逆变器 INV2 的两个非零电压矢量及其作用时间，电机输出的基础转矩得以保证。然而，在共直流母线 OW－PMSM 系统中，为获得平滑的转矩输出，还需对系统的零序分量加以抑制。根据上述分析，在一个控制周期内包括两种零电压矢量（$\boldsymbol{u}'_0$和 $\boldsymbol{u}'_7$）。然而，应注意的是，如何分配两个零电压矢量的作用时间将直接影响零序分量的大小。以图 7-6 为例，可以看出，当两个零

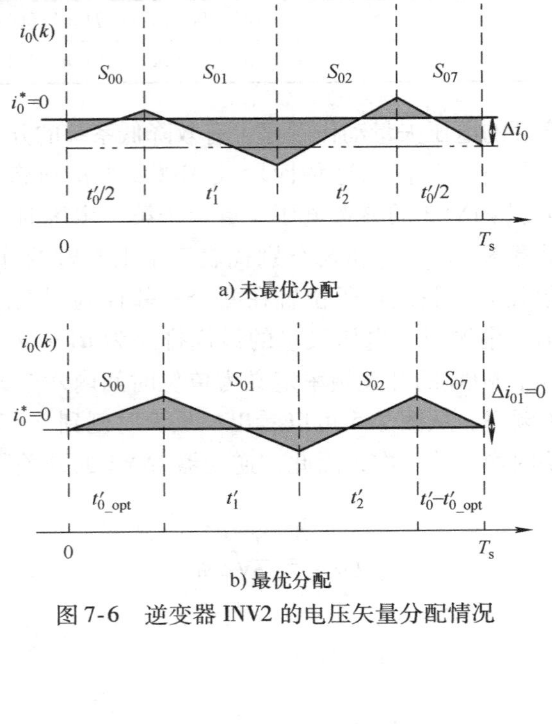

图 7-6 逆变器 INV2 的电压矢量分配情况

电压矢量的作用时间不同时，电流控制性能不同（$\Delta i_{01} < \Delta i_0$）。因此，有必要优化零电压矢量的作用时间分配，进而补偿零序分量。

通过前面内容的分析，两个非零电压矢量的作用时间以及每段电压矢量产生的零轴电流斜率已固定，可控的零序电压只能通过调制两个零电压矢量的作用时间获得。为了抑制零序分量，需求得一种零矢量作用时间的最优分配，以便零序电流在每个控制周期结束时能够无静差跟踪其参考值 $i_0^* = 0$。当 $\boldsymbol{u}'_0$ 默认在周期始端时，零序电流由四段电压矢量共同影响，表达如下：

$$i_0^* = i_0(k) + S_{01}t'_1 + S_{02}t'_2 + S_{00}t'_{0\_opt} + S_{07}(T_s - t'_1 - t'_2 - t'_{0\_opt}) \tag{7.8}$$

式中，S_{00}、S_{01}、S_{02} 和 S_{07} 分别为双逆变器的电压矢量共同作用下的 0 轴电流斜率，求解过程类比第一小节，再结合上文计算得到的 t'_1、t'_2，就可计算得到此控制周期首端零电压矢量 $\boldsymbol{u}'_0$ 的作用时间，表达式为

$$t'_{0\_opt} = \frac{[i_0^* - i_0(k)] - S_{01}t'_1 - S_{02}t'_2 - S_{07}(T_s - t'_1 - t'_2)}{S_{00} - S_{07}} \tag{7.9}$$

另一种情况，在 $\boldsymbol{u}'_7$ 默认在周期始端时，零序电流由四段电压矢量共同决定，表达式如下：

$$i_0^* = i_0(k) + S_{01}t'_1 + S_{02}t'_2 + S_{00}(T_s - t'_1 - t'_2 - t'_{0\_opt}) + S_{07}t'_{0\_opt} \tag{7.10}$$

得到周期首端零电压矢量 $\boldsymbol{u}'_7$ 的作用时间表达式为

$$t'_{0\_opt} = \frac{[i_0^* - i_0(k)] - S_{01}t'_1 - S_{02}t'_2 - S_{00}(T_s - t'_1 - t'_2)}{S_{07} - S_{00}} \tag{7.11}$$

因此，作用于控制周期末端的另一个零电压矢量的作用时间为 $t'_0 - t'_{0\_opt}$。

为了更清楚地展示电压矢量作用时间计算的顺序和限幅大小，下面给出逆变器 INV2 电压矢量作用时间计算流程图，如图 7-7 所示。

基于本节描述的上述概念，所提出方法的流程图如图 7-8 所示，所提出的单边四段式 MPCC 方法的具体实现步骤如下：

步骤1：首先是逆变器 INV1 的控制过程，通过参考电压相位角 θ_{ref} 及扇区判断可得逆变器 INV1 的最优单矢量。查表 7-1 得到该单矢量的 αβ 轴电压分量，依次代入式（7.1）和式（7.2）得到逆变器 INV2 的参考电压相位角 θ_2。

步骤2：进入逆变器 INV2 的控制过程，在第一个控制周期首尾设置两个不同的零矢量的初始设置。接下来，通过查表 7-2 确定两个最优的非零电压矢量 $\boldsymbol{u}'_x$ 和 $\boldsymbol{u}'_y$ 并计算其作用时间。

步骤3：根据式（7.9）或式（7.11），计算首端零电压矢量的时间，优化零矢量的分配。

步骤4：判断控制周期的首端零电压矢量 $\boldsymbol{U}_0$ 是否为 $\boldsymbol{u}'_0$。如果是，则将下一个控制周期的首端零电压矢量 $\boldsymbol{U}_0$ 设置为 $\boldsymbol{u}'_7$，将第末端设置为 $\boldsymbol{u}'_0$，输出 PWM 脉冲序列 $\boldsymbol{U}_{opt1}$。否则，零电压矢量设置模式相反，输出 PWM 脉冲序列 $\boldsymbol{U}_{opt2}$。

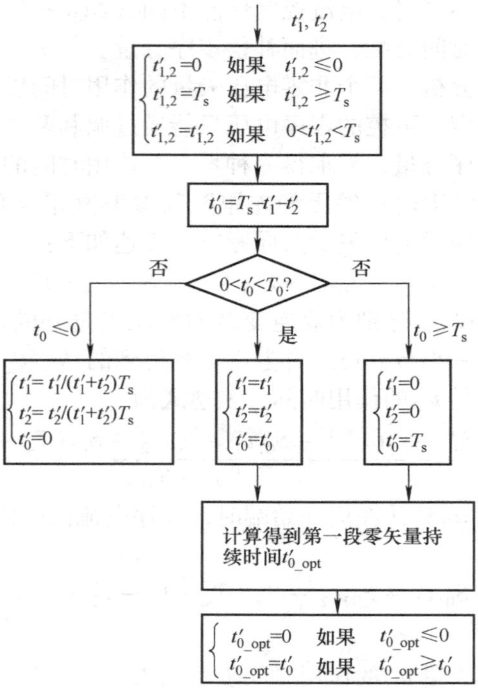

图 7-7 逆变器 INV2 矢量作用时间的流程图

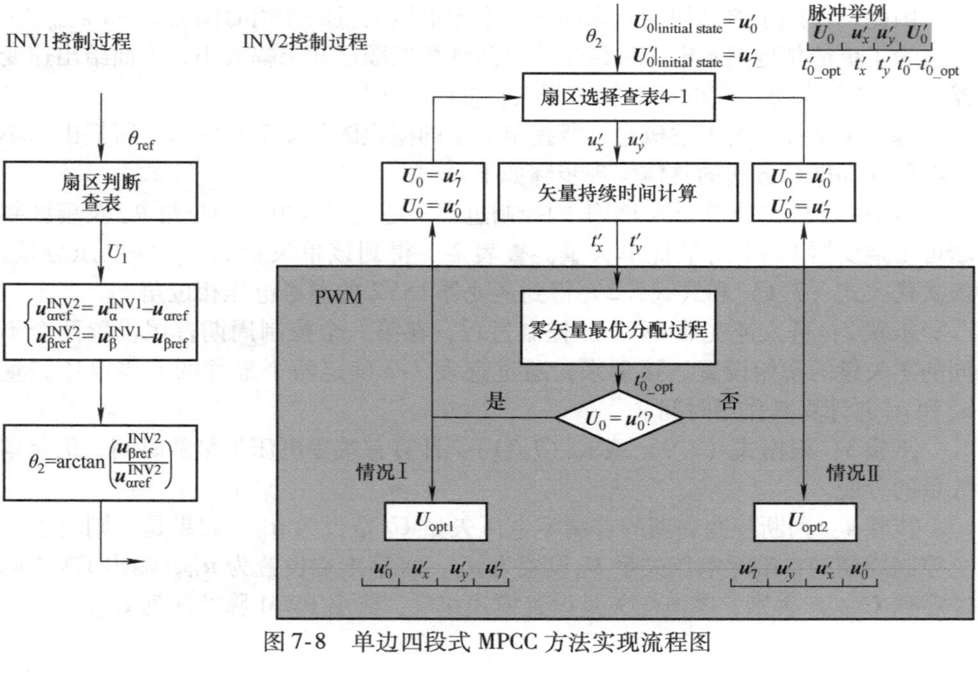

图 7-8 单边四段式 MPCC 方法实现流程图

7.2 双边四段式模型预测电流控制方法

在7.1节中，提出了四段式MPCC策略并应用于逆变器INV2形成单边四段式MPCC，虽然这种零矢量交替使用和零序电流脉动最小化的方式有着很好的控制效果，但其器件负担主要由INV2来承担，且两侧逆变器开关管的结温不一致，长期使用存在隐藏风险。此外，受限于逆变器INV1的开关状态箝位为单矢量，单边四段式的稳态性能有待提升。因此，该节在单边四段式的基础上延伸出双边四段式MPCC方法，将αβ平面的参考电压矢量平均分配给双逆变器，即两个逆变器对OW－PMSM系统的控制能力相当，每个逆变器均输出一半的参考电压矢量。其控制框图如图7-9所示，主要分为以下部分，首先是由一拍延时补偿和参考值计算所共同构成的参考电压分配部分，其次分别是逆变器INV1和逆变器INV2的四段式MPCC部分。

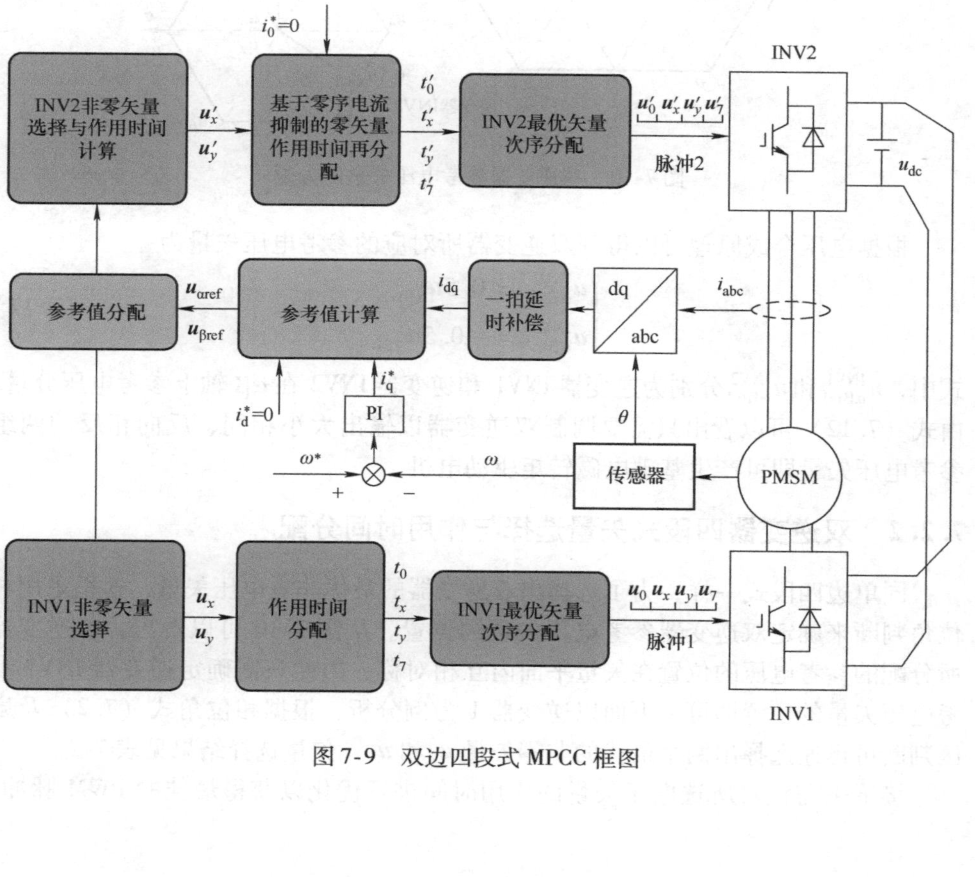

图7-9　双边四段式MPCC框图

7.2.1 双逆变器电压参考值分配

根据电流无差拍控制原理即可获得下一个控制周期的参考电压矢量，计算过程见式（6.4），进一步通过坐标变换式（6.5）可获得 αβ 轴的总参考电压矢量 $\boldsymbol{u}_{\alpha\text{ref}}$、$\boldsymbol{u}_{\beta\text{ref}}$。在该策略中，双逆变器平均分配 αβ 平面的参考电压矢量，如图 7-10所示。

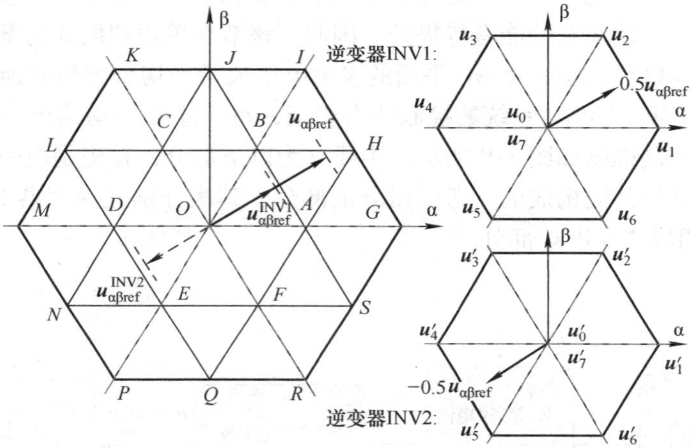

图 7-10 双逆变器参考电压矢量的分配

根据电压合成原理可以得到双逆变器所对应的参考电压矢量为

$$\begin{cases}\boldsymbol{u}_{\alpha\beta\text{ref}}^{\text{INV1}}=0.5\boldsymbol{u}_{\alpha\beta\text{ref}}\\ \boldsymbol{u}_{\alpha\beta\text{ref}}^{\text{INV2}}=-0.5\boldsymbol{u}_{\alpha\beta\text{ref}}\end{cases}\tag{7.12}$$

式中，$\boldsymbol{u}_{\alpha\beta\text{ref}}^{\text{INV1}}$和$\boldsymbol{u}_{\alpha\beta\text{ref}}^{\text{INV2}}$分别为逆变器 INV1 和逆变器 INV2 在 αβ 轴上参考电压分量。由式（7.12）可以看出只需要调制双逆变器以输出大小相同、反向相反的两组参考电压矢量即可产生基础电磁转矩驱动电机。

7.2.2 双逆变器四段式矢量选择与作用时间分配

同单边四段式一样，为了选择出双逆变器的最优非零电压矢量，这里采用相位角判断来确定双逆变器参考电压矢量的位置。从图 7-10 可以看出，双逆变器所分配的参考电压的位置在矢量平面内互相对称，因此只需确定逆变器 INV1 参考电压矢量的位置即可。下面以逆变器 1 为例分析，根据相位角式（7.2）及扇区判断可迅速选择出两个最优的非零矢量 $\boldsymbol{u}_x$ 和 $\boldsymbol{u}_y$，矢量选择结果见表 7-2。

接下来需针对所选电压矢量的作用时间进行优化以获得最佳的 PWM 脉冲。

不同于单边四段式方法，本节从电压合成角度出发，采用伏秒平衡原理来分配双逆变器的两个有源电压矢量的驻留时间，即在一个控制周期内，将相应电压矢量与其占空比的乘积组合以拟合给定的参考电压矢量。图 7-11给出了当逆变器 INV1 的参考电压矢量位于第一扇区的情况，由基础电压矢量 $\boldsymbol{u}_1$ 和 $\boldsymbol{u}_2$ 合成参考电压矢量，电压平衡方程为

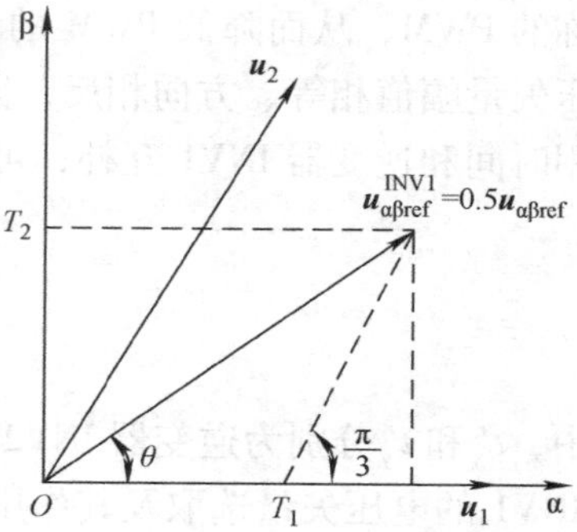

图 7-11　矢量合成分析图

$$\begin{cases}\boldsymbol{u}_{\alpha ref}^{INV1}=\dfrac{t_1}{T_s}|\boldsymbol{u}_1|+\dfrac{t_2}{T_s}|\boldsymbol{u}_2|\cos\dfrac{\pi}{3}\\ \boldsymbol{u}_{\beta ref}^{INV1}=\dfrac{t_2}{T_s}|\boldsymbol{u}_2|\sin\dfrac{\pi}{3}\end{cases}\tag{7.13}$$

式中，$\boldsymbol{u}_{\alpha ref}^{INV1}$ 和 $\boldsymbol{u}_{\beta ref}^{INV1}$ 分别为逆变器 INV1 的 α、β 轴参考电压分量；t_1 和 t_2 为矢量 $\boldsymbol{u}_1$ 和 $\boldsymbol{u}_2$ 的作用时间；T_s 为控制周期。

通常需要将 6 个扇区的电压矢量作用时间逐个算出，查表即可得到不同的参考电压所对应的驻留时间。为不失一般性，下面进行简化处理，根据表 7-1，可得逆变器 INV1 所选的两个最优矢量的 αβ 轴电压分量。由于零电压矢量对 α、β 轴电压分量没有贡献，因此逆变器 INV1 的参考电压平衡方程可由式（7.14）统一表示。

$$\begin{cases}\boldsymbol{u}_{\alpha ref}^{INV1}=\boldsymbol{u}_{\alpha-x}^{INV1}\cdot\dfrac{t_x}{T_s}+\boldsymbol{u}_{\alpha-y}^{INV1}\cdot\dfrac{t_y}{T_s}\\ \boldsymbol{u}_{\beta ref}^{INV1}=\boldsymbol{u}_{\beta-x}^{INV1}\cdot\dfrac{t_x}{T_s}+\boldsymbol{u}_{\beta-y}^{INV1}\cdot\dfrac{t_y}{T_s}\end{cases}\tag{7.14}$$

式中，$\boldsymbol{u}_{\alpha-x}^{INV1}$、$\boldsymbol{u}_{\alpha-y}^{INV1}$、$\boldsymbol{u}_{\beta-x}^{INV1}$ 和 $\boldsymbol{u}_{\beta-y}^{INV1}$ 分别为逆变器 INV1 选定的两个最优的奇偶矢量的 α、β 轴分量；t_x 和 t_y 分别表示对应的奇、偶电压矢量的作用时间。

通过简单计算可得 t_x 和 t_y 为通用解为

$$\begin{cases}t_x=\dfrac{T_s(\boldsymbol{u}_{\beta-y}^{INV1}\cdot\boldsymbol{u}_{\alpha ref}^{INV1}-\boldsymbol{u}_{\alpha-y}^{INV1}\cdot\boldsymbol{u}_{\beta ref}^{INV1})}{\boldsymbol{u}_{\alpha-x}^{INV1}\cdot\boldsymbol{u}_{\beta-y}^{INV1}-\boldsymbol{u}_{\beta-x}^{INV1}\cdot\boldsymbol{u}_{\alpha-y}^{INV1}}\\ t_y=\dfrac{T_s(\boldsymbol{u}_{\beta-x}^{INV1}\cdot\boldsymbol{u}_{\alpha ref}^{INV1}-\boldsymbol{u}_{\alpha-x}^{INV1}\cdot\boldsymbol{u}_{\beta ref}^{INV1})}{\boldsymbol{u}_{\alpha-y}^{INV1}\cdot\boldsymbol{u}_{\beta-x}^{INV1}-\boldsymbol{u}_{\beta-y}^{INV1}\cdot\boldsymbol{u}_{\alpha-x}^{INV1}}\\ t_0=T_s-t_x-t_y\end{cases}\tag{7.15}$$

式中，t_0 表示剩余时间，这里平均分配给两个零电压矢量 $\boldsymbol{u}_0$ 和 $\boldsymbol{u}_7$，以获得前后

对称的 PWM，从而降低 PWM 的谐波分量。此外，由于双逆变器所分配的参考电压矢量幅值相等、方向相反，因此，逆变器 INV2 所选的两个奇偶电压矢量的作用时间和逆变器 INV1 互补，可以表示为

$$\begin{cases} t'_{x} = t_{y} \\ t'_{y} = t_{x} \\ t'_{0} = t_{0} \end{cases} \tag{7.16}$$

式中，t'_{x}和 t'_{y}分别为逆变器 INV2 两个奇、偶电压矢量的作用时间。至此，逆变器 INV1 的电压矢量选取及其作用时间分配已完成，即可获得相应的四段式 PWM 脉冲。接下来通过重新分配逆变器 INV2 两个零矢量的作用时间以抑制系统的零序分量，计算过程同 7.1.3 节。其思路和单边四段式一样，在确定了一个逆变器的最优 PWM 脉冲后，通过调制另一个逆变器的零矢量作用时间以灵活跟踪零序参考电流 $i_{0\mathrm{ref}}=0$。

综上所述，双边四段式 MPCC 方法的执行框图如图 7-12 所示，具体实现过程如下：

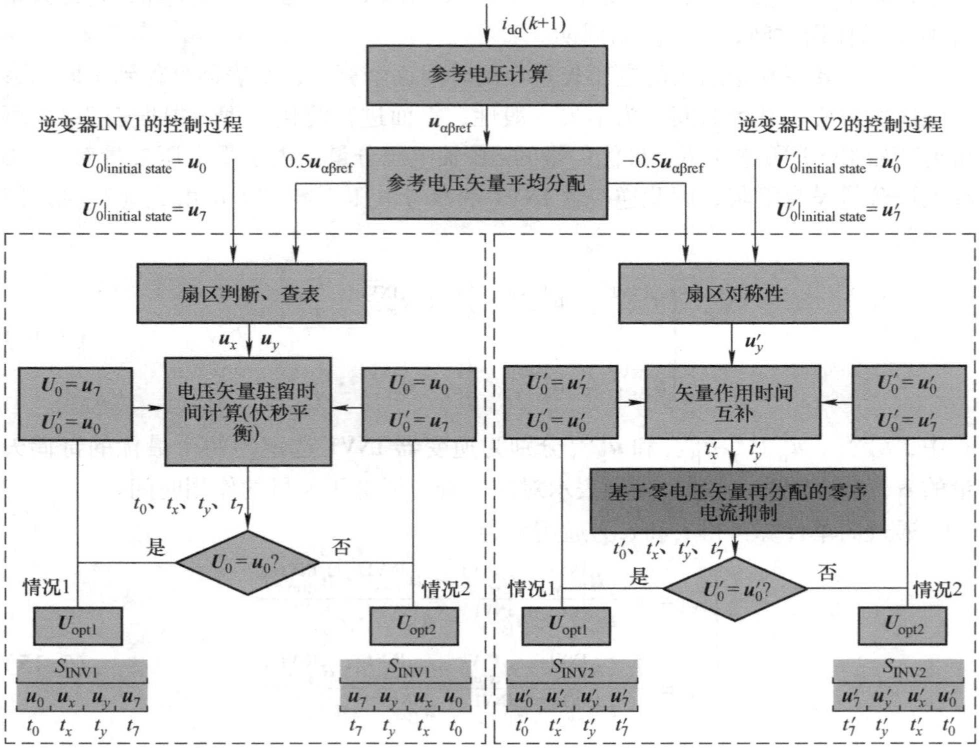

图 7-12　双边四段式 MPCC 方法实现流程图

步骤1：首先，根据无差拍公式计算系统 αβ 轴的参考电压，然后根据式（7.12）将参考电压平均分配给两个逆变器；

步骤2：接下来进入逆变器 INV1 的电压矢量选择过程，根据相位角和扇区判断得到两个非零电压矢量组合 $\boldsymbol{u}_x$ 和 $\boldsymbol{u}_y$，并通过伏秒平衡计算其作用时间；

步骤3：由扇区对称性及矢量作用时间互补原理可推导出逆变器 INV2 的矢量和作用时间。此外，对逆变器 INV2 的零矢量的作用时间重新分配以抑制零序分量。

步骤4：进入双逆变器的矢量排序过程，判断控制周期的首端零矢量 $\boldsymbol{U}_0$ 是否为 $\boldsymbol{u}'_0$。如果是，则将下一个控制周期的首端零矢量 $\boldsymbol{U}_0$ 设置为 $\boldsymbol{u}'_7$，将第末端设置为 $\boldsymbol{u}'_0$，输出 PWM 脉冲序列 $\boldsymbol{U}_{\mathrm{opt1}}$。否则，零电压矢量设置模式相反，输出 PWM 脉冲序列 $\boldsymbol{U}_{\mathrm{opt2}}$。

7.3 改进无差拍预测电流控制方法

四段式 MPCC 方法采取 αβ 轴和零序分量的先后级联控制，通过在一个控制周期增加矢量个数来提升系统的稳态性能，但四个电压矢量的应用一定程度上增大了系统的共模电压。在 PWM 过程中，有源电压矢量产生基础电磁转矩，其产生的零序电压无法避免。然而，零电压矢量 $\boldsymbol{u}_7$（111）会产生 u_{dc} 的零序电压，其产生的零序电压在所有电压矢量中最大，若抛弃零电压矢量 $\boldsymbol{u}_7$（111）或采用产生较小零序电压的电压矢量进行 PWM 将极大地减小系统的共模电压。为此，本节给出了一种改进的无差拍预测电流控制方法，不同于四段式的级联结构，该方法将 αβ 轴控制变量和零序分量统一考虑，设计了一个权重因子以优化分配双逆变器的参考电压，通过调制有源电压矢量产生的零序电压以抵消电机的三次谐波反电动势。零序电流得以抑制的同时，不再需要零电压矢量 $\boldsymbol{u}_7$（111）参与 SVPWM，可进一步降低系统的共模电压。该方法的控制框图如图 7-13 所示，主要分为三大部分，包括一拍延时补偿和参考值计算、基于参考电压再分配的零序电流抑制，以及开关频率优化调制。

7.3.1 基于参考电压再分配的零序电流抑制

首先，通过一拍延时补偿和电流无差拍算法求得双逆变器 αβ0 轴的总参考电压 $\boldsymbol{u}_{\alpha\beta0\mathrm{ref}}$。接下来，需要将系统的参考电压分配给双逆变器以生成两个 SVPWM 模块。在 OW－PMSM 系统中，系统总输出电压为两个逆变器输出的电压之差，即：

$$\boldsymbol{u}_{\alpha\beta0} = \boldsymbol{u}_{\alpha\beta0}^{\mathrm{INV1}} - \boldsymbol{u}_{\alpha\beta0}^{\mathrm{INV2}} \tag{7.17}$$

式中，$\boldsymbol{u}_{\alpha\beta0}^{\mathrm{INV1}}$ 和 $\boldsymbol{u}_{\alpha\beta0}^{\mathrm{INV2}}$ 分别代表逆变器 INV1 和逆变器 INV2 输出的 αβ0 轴的电压分

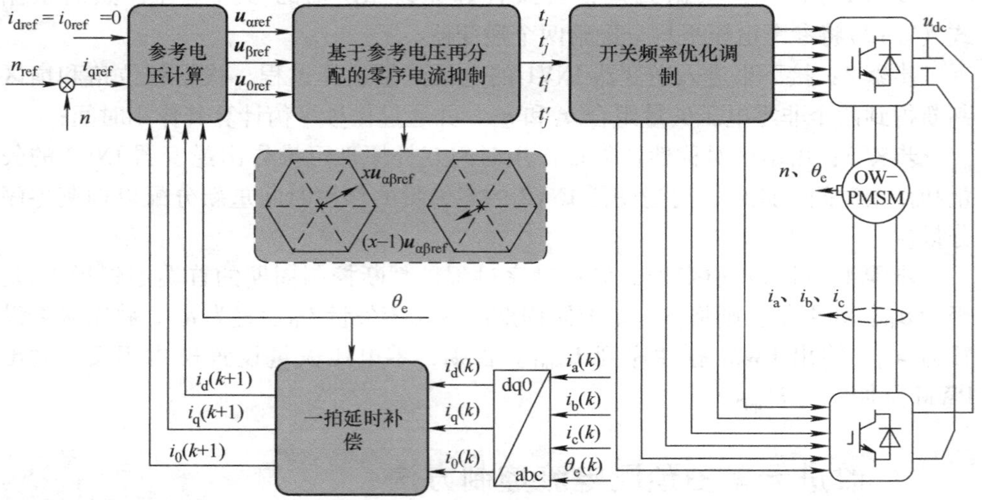

图 7-13 改进的无差拍预测电流控制

量。在 7.1~7.2 节所述的单边/双边四段式 MPCC 方法中，双逆变器均采取简单的分配方法，非零电压矢量及其作用时间的组合用以满足 αβ 轴变量的控制需要，其输出的零序电压固定，故需要额外零矢量 $\boldsymbol{u}_7$（111）的调制以补偿零序分量，这同时也增大了系统的共模电压。因此，为了确保双逆变器的 αβ0 轴参考电压可以灵活调制，所选电压矢量应同时满足式（7.17）的需要。为此，本章设计了一个权重因子 x 来重新分配双逆变器 αβ 轴的参考电压，权重因子满足 $0<x<1$，双逆变器的参考电压可表示为

$$\begin{cases}\boldsymbol{u}_{\alpha\beta ref}^{INV1}=x\cdot\boldsymbol{u}_{\alpha\beta ref}\\ \boldsymbol{u}_{\alpha\beta ref}^{INV2}=(x-1)\cdot\boldsymbol{u}_{\alpha\beta ref}\end{cases}\tag{7.18}$$

如图 7-14 所示，总参考电压的 x 倍（即 $x\boldsymbol{u}_{\alpha\beta ref}$）被分配给逆变器 INV1，剩下的（$x-1$）$\boldsymbol{u}_{\alpha\beta ref}$被分配给逆变器 INV2。根据相位角计算和扇区判断，即可选择出两个最优的非零电压矢量用于参考电压合成（见表 7-2），即可生成两个 SVPWM 模块。然而，考虑到共直流母线 OW－PMSM 系统零序分量的影响，非零电压矢量不仅需要被用来拟合 αβ 轴的参考电压，还需要调制输出相应的零序电压以抵消电机的三次谐波反电动势。因此，需要寻求一个最优的权重因子 x 以同时满足上述两个条件。

首先，利用伏秒平衡原理求得双逆变器非零电压矢量的作用时间，伏秒平衡方程可以表示为

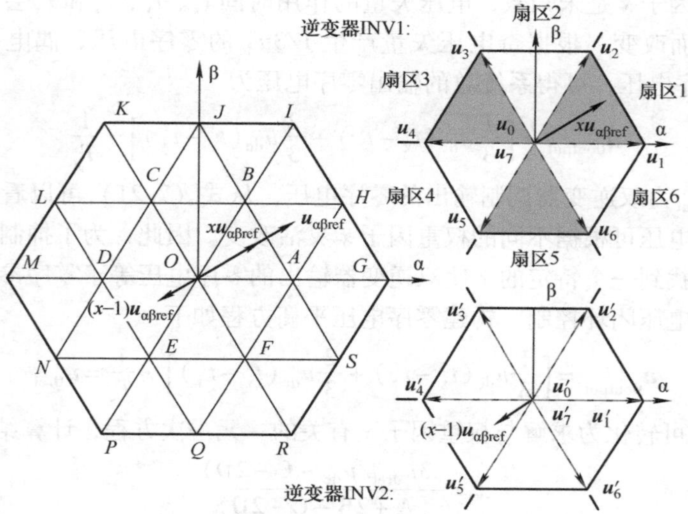

图 7-14　双逆变器参考电压再分配

$$\text{逆变器 INV1:}\begin{cases} x\cdot \boldsymbol{u}_{\alpha ref}=\boldsymbol{u}_{\alpha-x}^{INV1}\cdot\dfrac{t_x}{T_s}+\boldsymbol{u}_{\alpha-y}^{INV1}\cdot\dfrac{t_y}{T_s} \\ x\cdot \boldsymbol{u}_{\beta ref}=\boldsymbol{u}_{\beta-x}^{INV1}\cdot\dfrac{t_x}{T_s}+\boldsymbol{u}_{\beta-y}^{INV1}\cdot\dfrac{t_y}{T_s} \end{cases} \tag{7.19a}$$

$$\text{逆变器 INV2:}\begin{cases} (x-1)\cdot \boldsymbol{u}_{\alpha ref}=\boldsymbol{u}_{\alpha-x}^{INV2}\cdot\dfrac{t'_x}{T_s}+\boldsymbol{u}_{\alpha-y}^{INV2}\cdot\dfrac{t'_y}{T_s} \\ (x-1)\cdot \boldsymbol{u}_{\beta ref}=\boldsymbol{u}_{\beta-x}^{INV2}\cdot\dfrac{t'_x}{T_s}+\boldsymbol{u}_{\beta-y}^{INV2}\cdot\dfrac{t'_y}{T_s} \end{cases} \tag{7.19b}$$

式中，$\boldsymbol{u}_{\alpha-x}^{INV1}$、$\boldsymbol{u}_{\alpha-y}^{INV1}$、$\boldsymbol{u}_{\beta-x}^{INV2}$和$\boldsymbol{u}_{\beta-y}^{INV2}$分别表示双逆变器所选的两个奇偶电压矢量的α、β 轴电压分量，可通过表 7-1 获得；t_x、t_y、t'_x和t'_y分别表示对于电压矢量的作用时间，进一步求解得：

$$\begin{cases} t_x=x\cdot\dfrac{T_s(\boldsymbol{u}_{\beta-y}^{INV1}\cdot\boldsymbol{u}_{\alpha ref}-\boldsymbol{u}_{\alpha-y}^{INV1}\cdot\boldsymbol{u}_{\beta ref})}{\boldsymbol{u}_{\alpha-x}^{INV1}\cdot\boldsymbol{u}_{\beta-y}^{INV1}-\boldsymbol{u}_{\beta-x}^{INV1}\cdot\boldsymbol{u}_{\alpha-y}^{INV1}} \\ t_y=x\cdot\dfrac{T_s(\boldsymbol{u}_{\beta-x}^{INV1}\cdot\boldsymbol{u}_{\alpha ref}-\boldsymbol{u}_{\alpha-x}^{INV1}\cdot\boldsymbol{u}_{\beta ref})}{\boldsymbol{u}_{\alpha-y}^{INV1}\cdot\boldsymbol{u}_{\beta-x}^{INV1}-\boldsymbol{u}_{\beta-y}^{INV1}\cdot\boldsymbol{u}_{\alpha-x}^{INV1}} \end{cases} \tag{7.20a}$$

$$\begin{cases} t'_x=(x-1)\cdot\dfrac{T_s(\boldsymbol{u}_{\beta-y}^{INV2}\cdot\boldsymbol{u}_{\alpha ref}-\boldsymbol{u}_{\alpha-y}^{INV2}\cdot\boldsymbol{u}_{\beta ref})}{\boldsymbol{u}_{\alpha-x}^{INV2}\cdot\boldsymbol{u}_{\beta-y}^{INV2}-\boldsymbol{u}_{\beta-x}^{INV2}\cdot\boldsymbol{u}_{\alpha-y}^{INV2}} \\ t'_y=(x-1)\cdot\dfrac{T_s(\boldsymbol{u}_{\beta-x}^{INV2}\cdot\boldsymbol{u}_{\alpha ref}-\boldsymbol{u}_{\alpha-x}^{INV2}\cdot\boldsymbol{u}_{\beta ref})}{\boldsymbol{u}_{\alpha-x}^{INV2}\cdot\boldsymbol{u}_{\beta-x}^{INV2}-\boldsymbol{u}_{\beta-y}^{INV2}\cdot\boldsymbol{u}_{\alpha-x}^{INV2}} \end{cases} \tag{7.20b}$$

式中，权重因子 x 是未知数，电压矢量的作用时间 t_x、t_y、t'_x和 t'_y会根据不同的权重因子 x 而改变。根据奇电压矢量产生 $1/3u_{dc}$的零序电压、偶电压矢量产生 $2/3u_{dc}$的零序电压，可得系统总的输出零序电压为

$$\boldsymbol{u}_{0output}=\left[\frac{1}{3}u_{dc}(t_x-t'_x)+\frac{2}{3}u_{dc}(t_y-t'_y)\right]\cdot\frac{1}{T_s} \tag{7.21}$$

式中，$\boldsymbol{u}_{0output}$为双逆变器调制输出的零序电压，从式（7.21）可以看出双逆变器输出的零序电压可根据不同的权重因子 x 灵活改变。因此，为了抑制系统的零序分量，必须找到一个特定的 x 使双逆变器输出的零序电压等于零序参考电压，从而形成零序电压闭环控制。构建零序电压平衡方程如下：

$$\boldsymbol{u}_{0output}=\left[\frac{1}{3}u_{dc}(t_x-t'_x)+\frac{2}{3}u_{dc}(t_y-t'_y)\right]\cdot\frac{1}{T_s}=\boldsymbol{u}_{0ref} \tag{7.22}$$

式（7.22）可转化为求解与权重因子 x 有关的一元一次方程，计算结果如下：

$$x=\frac{(3u_{0ref}/u_{dc}-C-2D)}{(A+2B-C-2D)} \tag{7.23}$$

式中，$\begin{cases}A=(\boldsymbol{u}_{\beta-y}^{INV1}\cdot\boldsymbol{u}_{\alpha ref}-\boldsymbol{u}_{\alpha-y}^{INV1}\cdot\boldsymbol{u}_{\beta ref})/(\boldsymbol{u}_{\alpha-x}^{INV1}\cdot\boldsymbol{u}_{\beta-y}^{INV1}-\boldsymbol{u}_{\beta-x}^{INV1}\cdot\boldsymbol{u}_{\alpha-y}^{INV1})\\B=(\boldsymbol{u}_{\beta-x}^{INV1}\cdot\boldsymbol{u}_{\alpha ref}-\boldsymbol{u}_{\alpha-x}^{INV1}\cdot\boldsymbol{u}_{\beta ref})/(\boldsymbol{u}_{\alpha-y}^{INV1}\cdot\boldsymbol{u}_{\beta-x}^{INV1}-\boldsymbol{u}_{\alpha-x}^{INV1}\cdot\boldsymbol{u}_{\beta-y}^{INV1})\\C=(\boldsymbol{u}_{\beta-y}^{INV2}\cdot\boldsymbol{u}_{\alpha ref}-\boldsymbol{u}_{\alpha-y}^{INV2}\cdot\boldsymbol{u}_{\beta ref})/(\boldsymbol{u}_{\alpha-x}^{INV2}\cdot\boldsymbol{u}_{\beta-y}^{INV2}-\boldsymbol{u}_{\beta-x}^{INV2}\cdot\boldsymbol{u}_{\alpha-y}^{INV2})\\D=(\boldsymbol{u}_{\beta-x}^{INV2}\cdot\boldsymbol{u}_{\alpha ref}-\boldsymbol{u}_{\alpha-x}^{INV2}\cdot\boldsymbol{u}_{\beta ref})/(\boldsymbol{u}_{\alpha-y}^{INV2}\cdot\boldsymbol{u}_{\beta-x}^{INV2}-\boldsymbol{u}_{\beta-x}^{INV2}\cdot\boldsymbol{u}_{\alpha-y}^{INV2})\end{cases}$。

将求得的权重因子 x 代入式（7.20）可得到双逆变器两个非零电压矢量的作用时间，剩余时间分配给零电压矢量 $\boldsymbol{u}_0(000)/\boldsymbol{u}'_0(000)$，即可获得两个 SVPWM 模块。下面以图 7-15 所示特例进行说明，假设参考电压 $\boldsymbol{u}_{\alpha\beta ref}$的振幅为 $2/3u_{dc}$，位于 α 轴上且零序参考电压为 0，此时 $\boldsymbol{u}_1$和 $\boldsymbol{u}'_4$分别被选取为逆变器 INV1 和逆变器 INV2 的最优电压矢量。根据伏秒平衡原理，可得出以下等式：

$$\frac{1}{3}u_{dc}\cdot\left|\frac{\boldsymbol{u}_{\alpha\beta ref}^{INV1}}{2/3u_{dc}}\right|-\frac{2}{3}u_{dc}\cdot\left|\frac{\boldsymbol{u}_{\alpha\beta ref}^{INV2}}{2/3u_{dc}}\right|=u_{0ref}=0 \tag{7.24}$$

解得 $\boldsymbol{u}_{\alpha\beta ref}^{INV1}=2\boldsymbol{u}_{\alpha\beta ref}^{INV2}$，因此，为确保双逆变器输出的零序电压为 0，需将幅值为 $2/3\boldsymbol{u}_{\alpha\beta ref}$的参考电压矢量分配给逆变器 INV1，剩余参考电压矢量分配给逆变器 INV2，即权重因子 x 设为 2/3。

基于参考电压再分配的零序电流抑制策略流程图如图 7-16 所示，所提策略的新颖之处在于巧妙利用了双逆变器的电压合成规律，集成 αβ 轴和零序控制变量统一考虑，只需寻求一个特定的权重因子 x，即可同时满足 αβ0 轴参考电压和零序参考电压的准确拟合，避免先后逐级调制的零序电压约束问题，无须额外的零序电压用于补偿，有助于进一步降低系统的共模电压分量。

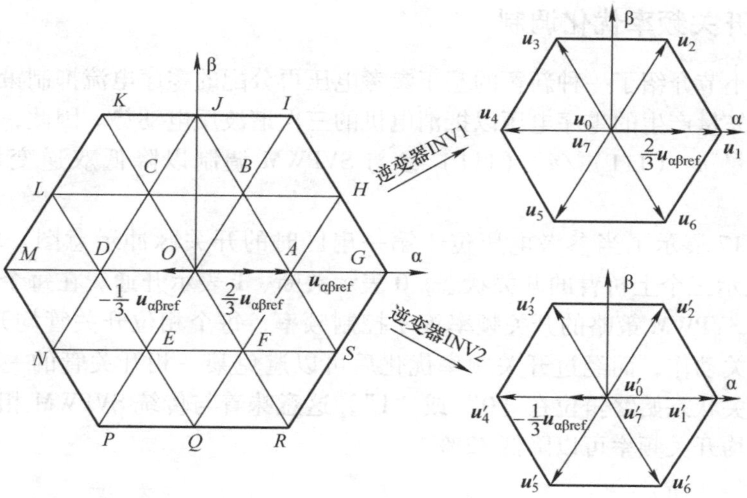

图7-15 参考电压幅值为$2/3u_{dc}$且位于α^+轴上的示意图

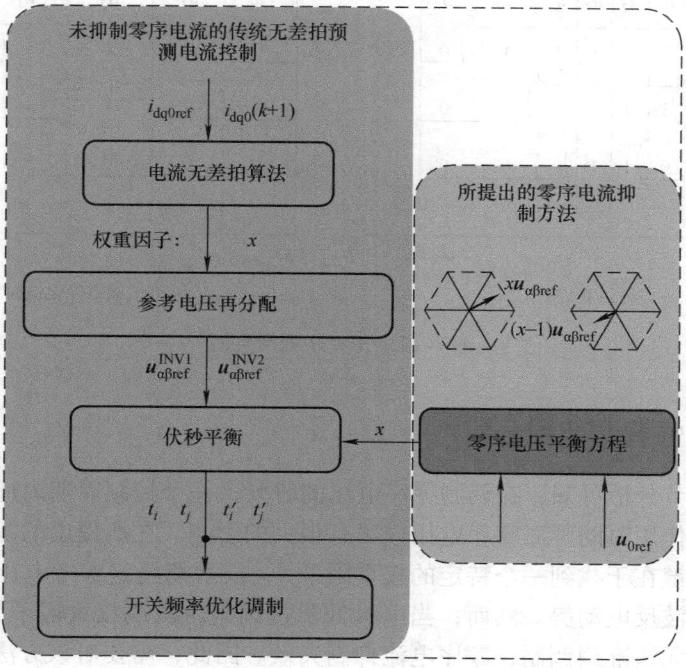

图7-16 基于参考电压再分配的零序电流抑制策略流程图

7.3.2 开关频率优化调制

上一小节介绍了一种新颖的基于参考电压再分配的零序电流抑制策略，调制有源电压矢量产生的零序电压以抵消电机的三次谐波反电动势。因此，可以抛弃零电压矢量 $\boldsymbol{u}_7$（111）/$\boldsymbol{u}_7'$（111）参与 SVPWM 调制以降低双逆变器的开关频率。

图 7-17 展示了当参考电压位于第一扇区时的开关脉冲示意图，S_{a1}、S_{b1}、S_{c1}分别表示三个上桥臂的开关状态，0 表示关断、1 表示开通。在每个控制周期内，传统 SVPWM 策略的开关频率等于控制频率，每个相位开关管均开关 1 次，共 3 次开关动作，而经过开关频率优化后可以避免某一相开关管的一次开关动作，其开关状态始终箝位在“0”或“1”，这意味着与传统 SVPWM 相比，双逆变器的平均开关频率可以降低 33%。

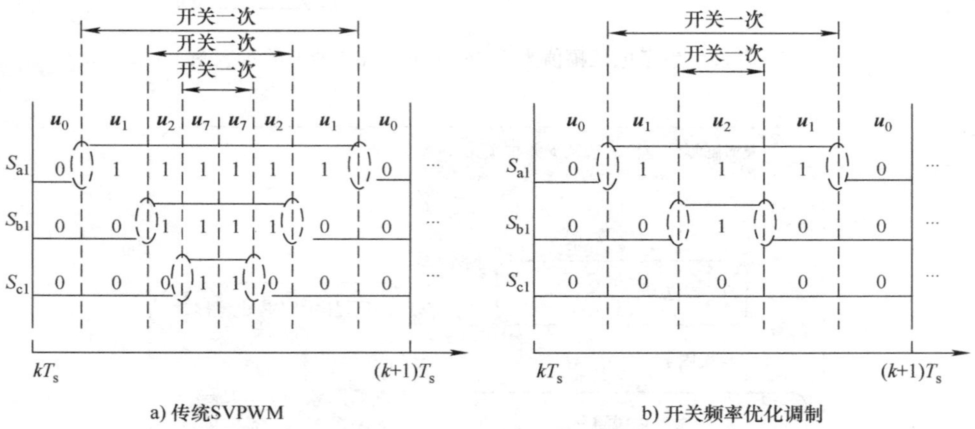

图 7-17　开关序列示意图

7.3.3 线性调制范围分析

由 7.2 节分析可知，在调制零序电压的时候，一个控制周期内逆变器的每个电压矢量的作用时间都对零序电压输出有很大的影响。在所提出的零序电流抑制方法中，关键在于找到一个特定的权重因子 x，以平衡给定参考电压下的零序电压和三次谐波反电动势。然而，当电机处于过调制阶段或权重因子 x 大于 1 时，零序电压便无法准确调制，零序电流抑制失效。因此，需要对该方法进行更深入的理论探讨，分析当电机处于不同工况下，所能调制的零序电压范围。

定义调制系数：

$$m=\frac{\left|\boldsymbol{u}_{\alpha\beta\mathrm{ref}}\right|}{2\sqrt{3}u_{\mathrm{dc}}/3} \tag{7.25}$$

结合式（7.18）和式（7.25），可得权重因子 x 和调制系数 m 之间的关系为

$$\frac{\boldsymbol{u}_{\alpha\beta\mathrm{ref}}^{\mathrm{INV1}}}{u_{\mathrm{dc}}}=\frac{2}{\sqrt{3}}m\cdot x \tag{7.26}$$

绘制调制系数 m 与权重因子 x 之间的关系图，如图7-18所示。对于单个的两电平逆变器，SVPWM策略的最大合成电压幅值为$\sqrt{3}/3u_{\mathrm{dc}}$。当调制系数 m 满足 $0<m<0.5$（即总参考电压 $\boldsymbol{u}_{\alpha\beta\mathrm{ref}}$的幅值小于$\sqrt{3}/3u_{\mathrm{dc}}$），无论参考电压如何分配，单台逆变器的αβ0轴参考电压总能被精确调制。然而，在 $0.5\leqslant m<1$ 的情况下（即参考电压 $\boldsymbol{u}_{\alpha\beta\mathrm{ref}}$的幅值大于$\sqrt{3}/3u_{\mathrm{dc}}$），当权重因子 x 足够大时，总参考电压可能会超过单台逆变器的最大可调电压容量，此时单个逆变器不再能准确合成所分配的参考电压。在这种情况下，系统的零序电流无法得到有效抑制。接下来，将对零序电压的调制范围进行分析。

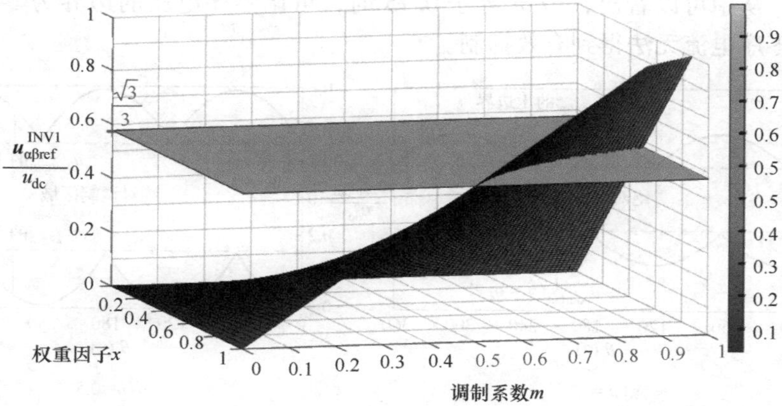

图7-18　调制系数 m 与权重因子 x 之间的关系

根据几何关系，式（7.20）可转化为与电角度 θ_{e}、权重因子 x 和调制系数 m 相关的表达式，当参考电压矢量 $\boldsymbol{u}_{\alpha\beta\mathrm{ref}}$位于第一扇区时，双逆变器可调制的零序电压为（这里用零序电压和母线电压的比值来表示）

$$\frac{\left[u_{0\mathrm{output}}\right]_{\max}}{u_{\mathrm{dc}}}=\begin{cases}\dfrac{1}{3}m(\sqrt{3}\cos\theta_{\mathrm{e}}+3\sin\theta_{\mathrm{e}}) & m<0.5\\[2ex] \sin\left(\dfrac{\pi}{3}+\theta_{\mathrm{e}}\right)-\dfrac{2\sqrt{3}}{3}m\cos\theta_{\mathrm{e}} & m\geqslant 0.5\end{cases} \tag{7.27a}$$

$$\frac{[u_{0\text{output}}]_{\min}}{u_{dc}}=\begin{cases}-\dfrac{2\sqrt{3}}{3}m\cos\theta_e & m<0.5\\ \sin\left(\dfrac{\pi}{3}+\theta_e\right)-\dfrac{1}{3}m(\sqrt{3}\cos\theta_e+3\sin\theta_e) & m\geqslant 0.5\end{cases}\tag{7.27b}$$

将上述分析推广至其他五个扇区，可以得到不同调制系数 m 所对应的 $u_{0\text{output}}/u_{dc}$ 与电角度 θ_e 的关系。如图 7-19 所示，$u_{0\text{output}}$ 的上边界和下边界之间的范围称为绝对调制区域。可以看出，当调制系数 $m<0.5$ 时，绝对调制区域随着 m 的增大而增大；当调制系数 $m\geqslant 0.5$ 时，绝对调制区域随着 m 的减小而减小。当 $m=0.5$ 且总参考电压全部分配给逆变器 INV1 时，可获得最大可调制的零序电压，而当 m 继续增大时，逆变器 INV2 的所分配参考电压开始反向增大，可调制的零序电压被压缩。此外，从图 7-19 中还可以发现，在绝对调制区域，可调零序电压的上边界最小值 $[u_{0\text{outputmax}}]_{\min}$ 总是可以在 $\theta_e=0$、$2\pi/3$、$4\pi/3$ 处获得，可调零序电压的下边界最大值 $[u_{0\text{outputmin}}]_{\max}$ 总是可以在 $\theta_e=\pi/3$、π、$5\pi/3$ 处获得。图 7-20 显示了 $[u_{0\text{outputmax}}]_{\min}$、$[u_{0\text{outputmin}}]_{\max}$ 与调制指数 m 之间的关系，从中可以看出，当 m 等于 0.75 时，可调零序电压的边界为零，此时，系统的零序电流无法得到有效抑制。

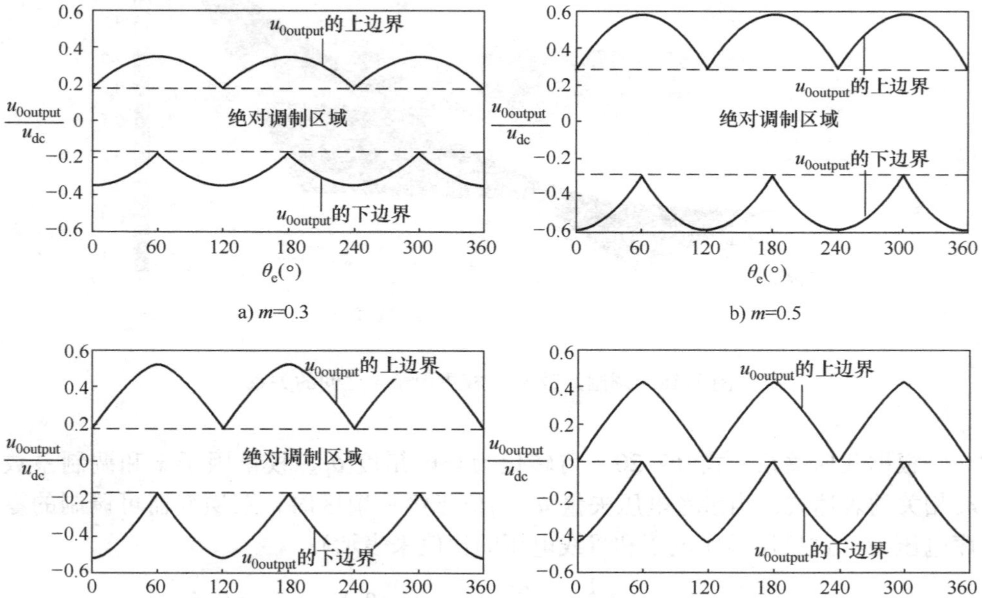

a) m=0.3　b) m=0.5　c) m=0.6　d) m=0.75

图 7-19　零序电压调制边界分析

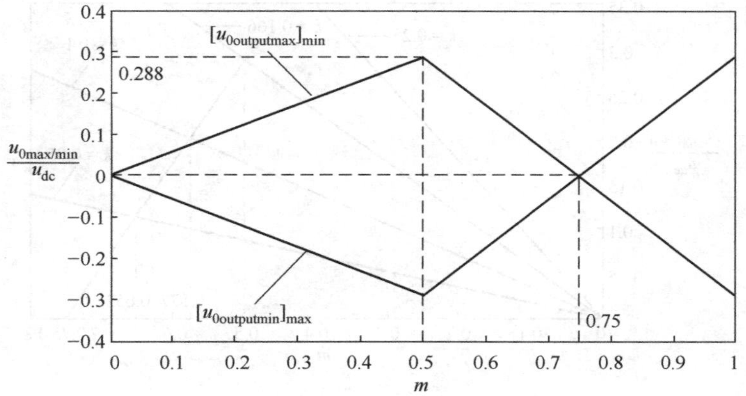

图7-20　不同调制系数下、零序电压的绝对调制区域

此外，从逆变器侧分析，调制输出的零序电压需要抵消三次谐波反电动势以抑制零序电流，三次谐波反电动势的幅值为

$$E_0=3\omega_e\psi_f \tag{7.28}$$

忽略参考电压$\boldsymbol{u}_{dref}$、$\boldsymbol{u}_{qref}$中电阻压降、动态项及耦合项，可以建立以下假设：

$$\boldsymbol{u}_{\alpha\beta ref}=\sqrt{\boldsymbol{u}_{dref}^2+\boldsymbol{u}_{qref}^2}=\omega_e\psi_f \tag{7.29}$$

结合式（7.25）和式（7.29），式（7.28）可以被改写为

$$E_0=3\frac{2u_{dc}}{\sqrt{3}}m\frac{\psi_{f3}}{\psi_f}=3\frac{2u_{dc}}{\sqrt{3}}mk \tag{7.30}$$

为了方便分析，定义三次谐波磁链分量与基波磁链分量的比值为k，由式（7.30）可知，三次谐波反电动势的幅值E_0与调制系数m和k成正比，即使在相同调制系数m的情况下，不同的k也会产生不同的三次谐波反电动势。当k为0.05、0.1和0.166时，三次谐波反电动势与调制指数m的关系如图7-21所示，从图中可以看出，三次谐波反电动势随k的增大而增大。因此，可以获得最大可允许的三次谐波磁链和基波磁链的比值，使调制的零序电压和三次谐波反电动势相互抵消。在图7-21中，$m<0.5$时的三次谐波反电动势曲线与可调制最大零序电压曲线重合，故当调制系数$m<0.5$时，最大的k为0.166。当调制指数$m\geqslant0.5$时，可容忍的最大k值会减小。例如，当m从0.577增加到0.652时，最大可容忍k的值从0.1压缩到0.05。从以上分析可以得出结论，电机永磁磁链的三次谐波分量越丰富，可调制的零序电压范围就越小。对于一台特定的OW-PMSM，在最大可容忍的k值范围，一定存在最大的调制系数m，在该范围内的零序电流可以得到有效抑制。

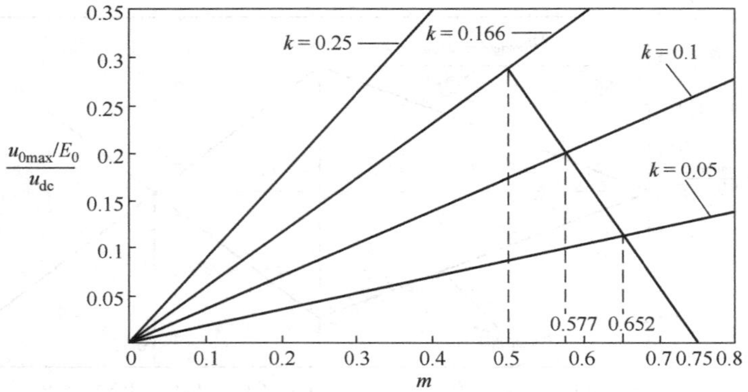

图 7-21　不同 k 时，最大可调制的零序电压和三次谐波反电动势之间的关系

7.4 实验验证

为了验证本章所提出的四段式 MPCC 方法和改进无差拍预测电流控制方法的控制性能，本节给出了综合对比实验。其中“单矢量 + 四段式”被定义为单边四段式 MPCC 方法，而“四段式 + 四段式”被定义为双边四段式 MPCC 方法。本节在 OW - PMSM 的模型下进行实验分析，其模型参数和实验平台均与上一章参数相同。系统的控制频率为 15kHz。接下来以稳态、开关频率、动态三个方面进行分析。

7.4.1 稳态性能实验

首先，给出了全速域且带额定负载 5N · m 的情况下，单/双边四段式 MPCC 方法和改进无差拍预测电流控制方法的稳态实验结果，如图 7-22 所示。实验结

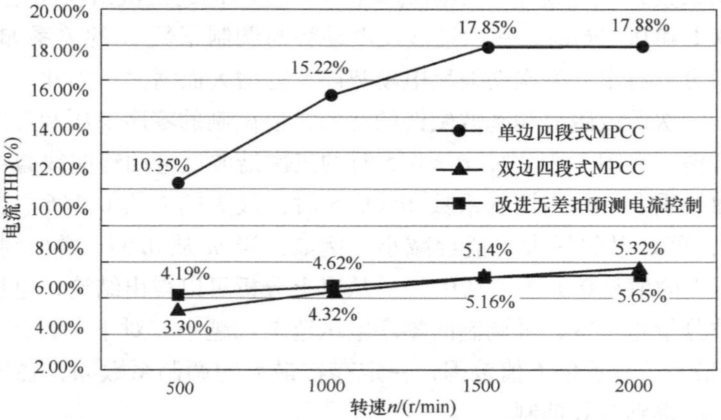

图 7-22　全转速下两种方法的电流 THD 对比结果

果以折线图的形式展示了三种方法在四个均匀速度采样点的电流 THD 结果。电机转速分别为 500（r/min）、1000（r/min）、1500（r/min）和 2000（r/min）。

从图 7-22 可以看出，三种方法相电流的谐波畸变率都随着速度的增加呈上升趋势。值得注意的是，随着转速的提升，单边四段式 MPCC 方法的电流 THD 快速增大，其稳态性能明显劣于双边逆变器都采用四段式控制策略的双边四段式 MPCC 方法和改进无差拍预测电流控制方法，这是由于单边四段式 MPCC 方法的逆变器 INV1 的开关状态被箝位为单矢量，剩下较小部分的参考电压矢量由逆变器 INV2 合成，导致其相电流控制纹波脉动较大。而后两种方法的双逆变器均采用多矢量策略，可大幅度降低脉冲调制产生的谐波含量。此外，为了更直观地展示三种方法的稳态性能，本小节还给出了额定工况下的实验示波器波形图。示波器展示的结果中包括通道 1 的 a 相电流、通道 2 的零序电流、通道 3 的 q 轴电流和通道 4 的共模电压分量，如图 7-23 所示。

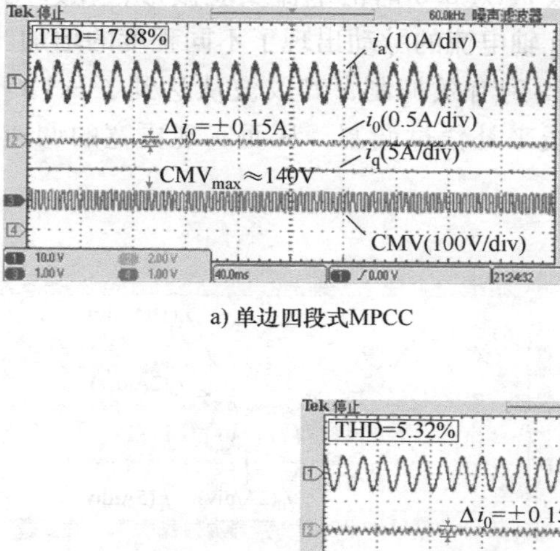

a) 单边四段式MPCC

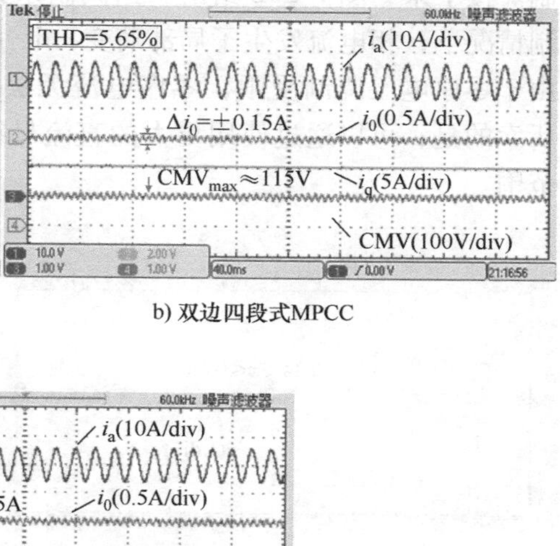

b) 双边四段式MPCC

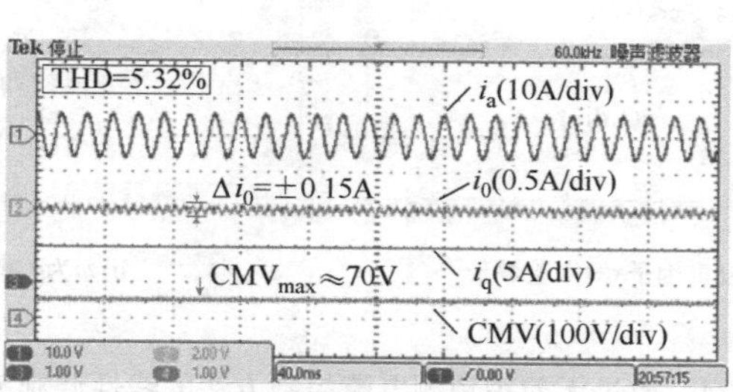

c) 改进无差拍预测电流控制

图 7-23　额定运行工况下三种方法的稳态实验结果

三种方法均采用了不同的零序电流抑制策略，由图 7-22 通道 2 的零序电流波形可见，系统的零序电流均得到了有效的抑制，在额定工况下，三种方法的零序电流纹波均在 ±0.15A 左右。然而，由于更精准的参考电压合成，双边四段式 MPCC 方法和改进无差拍预测电流控制方法的相电流纹波更小，波形更平滑。然而，单边四段式 MPCC 方法和双边四段式 MPCC 方法都采用了零电压矢量再分配策略，而调制过程中使用零矢量 $\boldsymbol{u}_7$(111)/$\boldsymbol{u}_7'$(111)会导致较高的共模电压，进一步诱发轴电流，不利于电机的长久、稳定运行。从图 7-22 通道 4 显示的共模电压波形可知，单/双边四段式 MPCC 方法调制产生的共模电压最大值分别在 140V 和 115V 附近，而改进无差拍预测电流控制方法的共模电压最大值仅为 70V 左右。摒弃零电压矢量 $\boldsymbol{u}_7$(000)/$\boldsymbol{u}_7'$(111)参与 SVPWM 极大降低了系统的共模电压，这对大功率 OW - PMSM 的安全运行非常重要。

此外，为了验证所提出改进无差拍预测电流控制方法的线性调制范围分析，图 7-24a 给出了电机运行在额定工况下，权重因子 x 的实验波形。可以看出，权重因子 x 呈锯齿状循环往复，波动范围为 0.34 ~ 0.66，满足 $0 < x < 1$ 的约束条件。然而，当调制指数 m 大于最大可调制指数 0.75 时，零序电压便无法精确调制。接下来，图 7-24b 给出了当调制系数 m 为 0.8 时的电流实验波形，在过调制情况下，相电流发生了局部畸变，d、q 轴电流的脉动出现了不同程度的增加。由于零序电压调制受限，零序电流无法得到有效抑制，其纹波从达到了 ±1A。所幸的是，可以通过使用更大的直流母线来补偿过调制，从而实现更宽的调速范围。

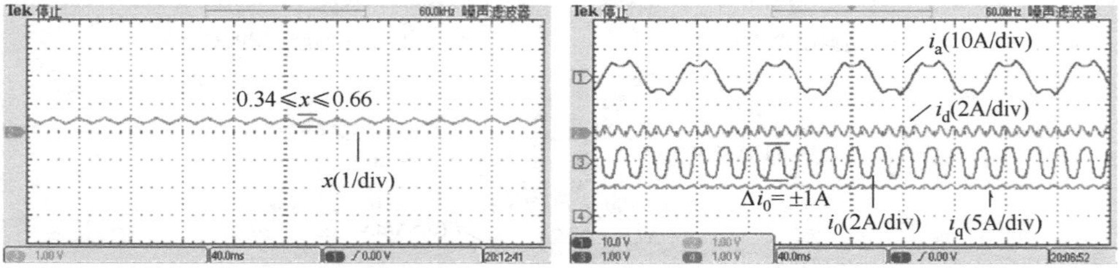

a) 额定工况下权重因子x的实验波形　　b) m为0.8时的电流实验波形

图 7-24　改进无差拍预测电流控制方法的线性调制范围分析

7.4.2　开关频率对比实验

图 7-25 给出了相同控制频率下三种方法的开关频率。测得双逆变器在单位时间内六个开关管的平均动作次数，即平均开关频率。

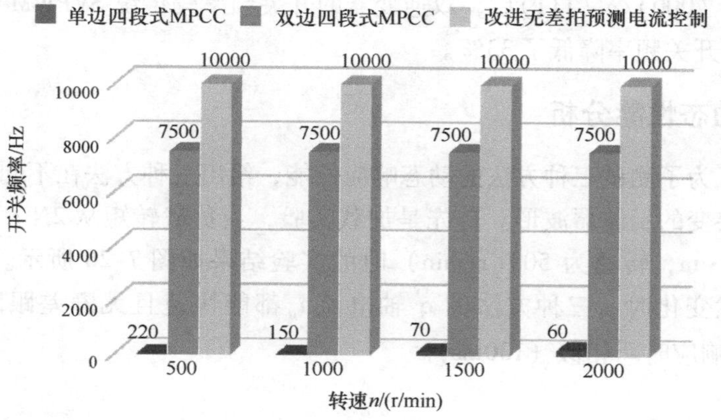

a) 逆变器INV1

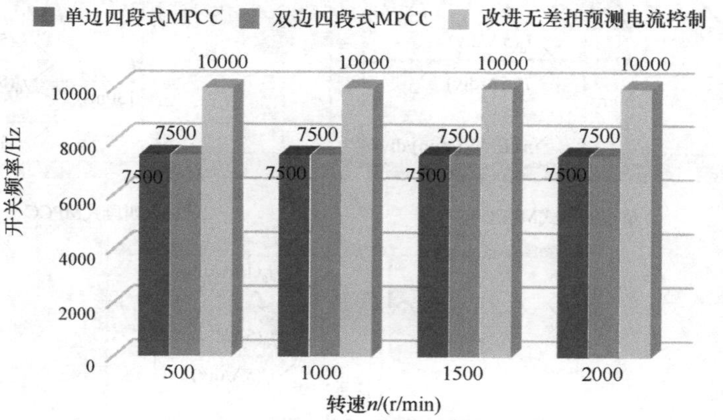

b) 逆变器INV2

图 7-25　三种方法的双逆变器平均开关频率

从图 7-25 可以看出，得益于四段式的矢量优化排序，单边四段式 MPCC 方法和双边四段式 MPCC 方法的逆变器 INV2 的平均开关频率均为 7.5kHz，是控制频率 15kHz 的一半。不同的是，单边四段式的逆变器 INV1 的开关状态始终被箝位在单矢量，其开关频率仅为 220Hz、150Hz、70Hz 和 60Hz，远小于逆变器 INV2 固定的 7.5kHz。并且随着速度的增加，参考电压矢量旋转角度增大，落在同一个扇区的时间缩短，切换次数减少，从而使得开关频率也小幅降低。虽然双边四段式 MPCC 方法在稳态性能上表现更好，但却是牺牲了逆变器 INV1 的开关频率而达到的控制效果。因此，在大功率场合可选用开关频率更低的单边四段式

MPCC 方法。此外，改进无差拍预测电流控制方法采用固定的 SVPWM 模块，抛弃零矢量 $u_7(000)/u_7'(111)$后，双逆变器的开关频率较传统 SVPWM 的 15kHz 降至 10kHz，开关频率降低了 33%。

7.4.3 动态性能分析

此外，为了测试三种方法的动态响应性能，给出三种方法在不同工况下的速度、负载突变的示波器波形。首先是加载实验，当负载转矩从 2N·m 突增到额定转矩 5N·m，转速为 500(r/min) 时的实验结果如图 7-26 所示。可以看出，当负载突然变化时，三种方法的 q 轴电流 i_q 都能快速且无静差跟踪其参考值 i_{qref}^*，动态响应时间相似（130ms）。

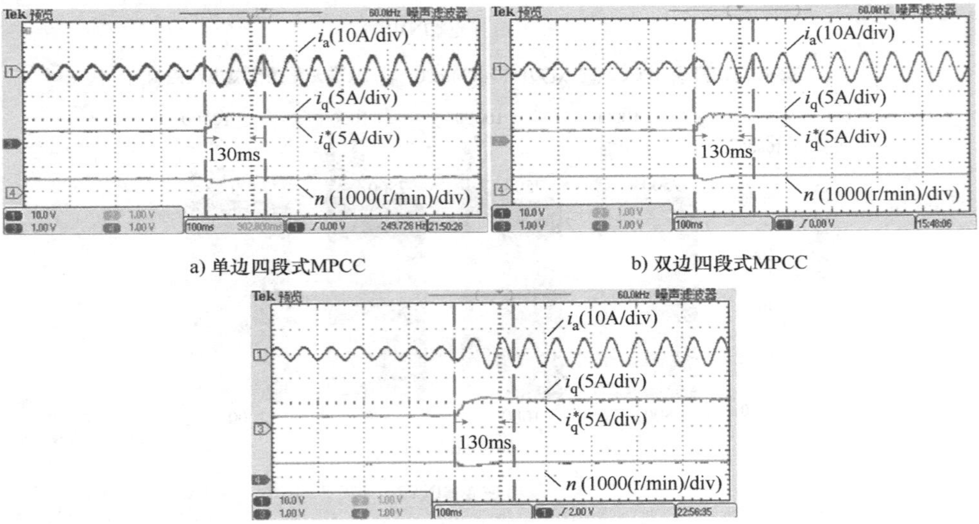

a) 单边四段式MPCC

b) 双边四段式MPCC

c) 改进无差拍预测电流控制

图 7-26　三种方法的加载动态实验

另一方面，在额定负载下，图 7-27 给出了转速从 500（r/min）阶跃至 1000（r/min）的动态速度响应波形，可以看出在转速突然变化的情况下，三种方法都具有良好的速度响应能力，实际转速 n 均能快速跟踪其参考值 n^*，动态响应时间为 130ms 附近。

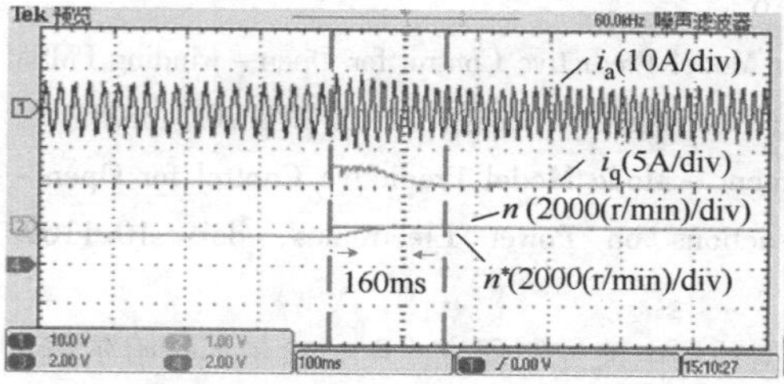

a) 单边四段式MPCC

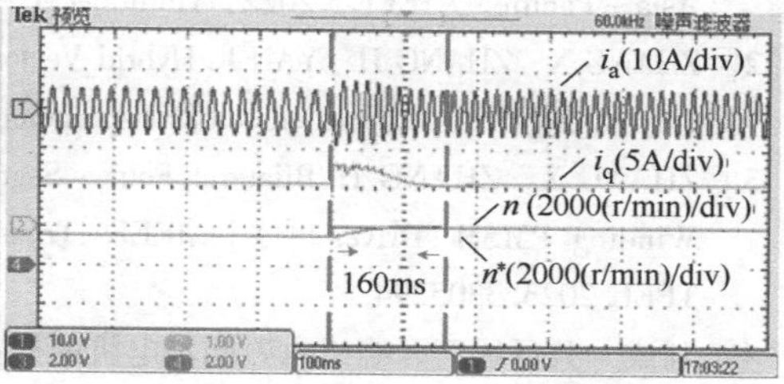

b) 双边四段式MPCC

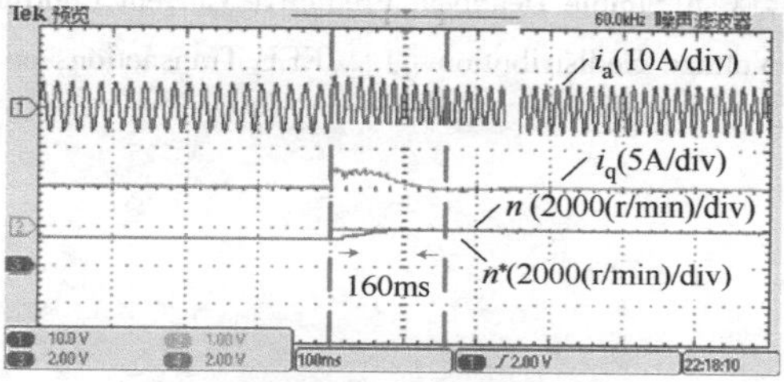

c) 改进无差拍预测电流控制

图 7-27　三种方法的加速动态实验

7.5 本章小结

本章首先提出了一种基于零序电流抑制的四段式 MPCC 策略，主要分为单边四段式 MPCC 和双边四段式 MPCC。四段式即两个相邻非零矢量和两个不同的零矢量共同构成一个控制周期的作用矢量，且零矢量交替分布在控制周期首尾，使周期间切换不产生开关管动作，再加上与非零矢量的合理排序，大幅降低系统平均开关频率。两种方法各有优势，在零序电流抑制方面都表现突出。其次，为进一步降低系统的共模电压分量，提高电流控制性能，提出了一种改进的无差拍预测电流控制方法。该方法不同于传统的级联控制结构，综合 αβ0 轴控制变量一体化考虑，通过最优分配双逆变器的参考电压矢量，在抑制零序电流的同时可进一步降低双逆变器的共模电压分量。此外，本章对该方法的零序电压调制范围进行了分析，求得了最大可调制零序电压和调制系数之间的关系，对工程应用具有重要的理论和实际意义。

参考文献

[1] ZHANG X, ZHANG H, YAN K. Hybrid Four - segment - mode Model Predictive Control for Open - winding PMSM Drives with Zero Sequence Current Suppression and Fixed Switching Frequency [C] // IEEE Transportation Electrification Conference and Expo, Asia - Pacific (ITEC

Asia – Pacific), IEEE, 2022, Haining: 1 – 6.

[2] ZHANG X, ZHANG H, YAN K. Hybrid Vector Model Predictive Control for Open – winding PMSM Drives [J]. IEEE Transactions on Transportation Electrification, doi: 10. 1109/TTE. 2023. 3308570.

[3] ZHANG X, ZHANG H. Bilateral Four – Segment – Mode Model Predictive Control for Open – Winding PMSM Drives [J]. IEEE Transactions on Power Electronics, doi: 10. 1109/TPEL. 2023. 3305294.

[4] 刘成. 共母线型开绕组永磁同步电机的模型预测电流控制研究 [D]. 哈尔滨: 哈尔滨工业大学, 2022.

[5] ZHANG H, ZHANG X. A Simple Deadbeat Predictive Current Control for OW – PMSM Drives Based on Reference Voltage Redistribution [J]. IEEE Transactions on Power Electronics, doi: 10. 1109/TPEL. 2024. 3371467.

第 8 章
考虑死区影响的绕组开路永磁同步电机系统模型预测电流控制

本章提出了一种考虑死区影响的模型预测电流控制（Model Predictive Current Control considering Dead－Zone Effect，MPCC－DZE）方法。在 MPCC－DZE 方法中，通过重新分配逆变器 INV2 的死区时间可以有效改善 OW－PMSM 系统中传统单矢量 MPCC（Conventional Single Vector Model Predictive Current Control，CSV－MPCC）方法的稳态效果，实验验证了所提方法可以有效降低电流谐波含量并且可以保证零序电流的抑制。

8.1 OW－PMSM 传统单矢量模型预测电流控制

根据第 2 章分析可知，对于 OW－PMSM 系统而言，其双逆变器拓扑会产生 27 个不同的电压矢量。在 CSV－MPCC 方法中，每个控制周期仅有一个最优电压矢量（u_{opt1}，u_{opt2}）分别作用于逆变器 INV1 和 INV2，具体实施过程如下所述。

首先，电流预测方程可以通过离散化电压方程得到：

$$\begin{cases} i_{\mathrm{d}}(k+1)=\left(1-\dfrac{TR}{L}\right)i_{\mathrm{d}}(k)+\dfrac{T}{L}u_{\mathrm{d}}(k)+\omega_{\mathrm{e}}Ti_{\mathrm{q}}(k) \\ i_{\mathrm{q}}(k+1)=\left(1-\dfrac{TR}{L}\right)i_{\mathrm{q}}(k)+\dfrac{T}{L}u_{\mathrm{q}}(k)-\omega_{\mathrm{e}}Ti_{\mathrm{d}}(k)-\dfrac{T}{L}\omega_{\mathrm{e}}\psi_{\mathrm{f}} \\ i_{0}(k+1)=\left(1-\dfrac{TR}{L_0}\right)i_{0}(k)+\dfrac{T}{L_0}u_{0}(k)+\dfrac{T}{L_0}3\omega_{\mathrm{e}}\psi_{\mathrm{f3}}\sin(3\theta_{\mathrm{e}}) \end{cases} \tag{8.1}$$

式中，T 为控制周期。考虑到实际控制系统中存在一拍延时问题，需要对一拍延时补偿后的电流进行预测并结合代价函数进行最优电压矢量选择。因此，考虑一拍延时补偿的电流预测方程可以表示为

$$\begin{cases} i_{\mathrm{d}}(k+2)=\left(1-\dfrac{TR}{L}\right)i_{\mathrm{d}}(k+1)+\dfrac{T}{L}u_{\mathrm{d}}(k+1)+\omega_{\mathrm{e}}Ti_{\mathrm{q}}(k+1) \\ i_{\mathrm{q}}(k+2)=\left(1-\dfrac{TR}{L}\right)i_{\mathrm{q}}(k+1)+\dfrac{T}{L}u_{\mathrm{q}}(k+1)-\omega_{\mathrm{e}}Ti_{\mathrm{d}}(k+1)-\dfrac{T}{L}\omega_{\mathrm{e}}\psi_{\mathrm{f}} \\ i_{0}(k+2)=\left(1-\dfrac{TR}{L_0}\right)i_{0}(k+1)+\dfrac{T}{L_0}u_{0}(k+1)+\dfrac{T}{L_0}3\omega_{\mathrm{e}}\psi_{\mathrm{f3}}\sin(3\theta_{\mathrm{e}}) \end{cases} \tag{8.2}$$

考虑到 OW－PMSM 系统中零序电流抑制的问题，需要在代价函数中加入零序电流差。因此，代价函数 C 可以表示为

$$C=\left|i_{\mathrm{d}}^{*}-i_{\mathrm{d}}(k+2)\right|+\left|i_{\mathrm{q}}^{*}-i_{\mathrm{q}}(k+2)\right|+\left|i_{0}^{*}-i_{0}(k+2)\right| \tag{8.3}$$

根据上述电压矢量选择流程可知，在每个控制周期内需要进行 27 次预测电流计算。为减小计算量，可以将快速矢量选择的方法应用于逆变器 INV1 的最优电压矢量选择；而在选择逆变器 INV2 的最优电压矢量时，可以采用遍历循环 8 个基本电压矢量的方法。

由电压方程知，参考电压预测值可以表示为

$$\begin{cases} u_{\mathrm{dref}}=Ri_{\mathrm{d}}(k+1)+L\dfrac{i_{\mathrm{dref}}-i_{\mathrm{d}}(k+1)}{T}-\omega_{\mathrm{e}}Li_{\mathrm{q}}(k+1) \\ u_{\mathrm{qref}}=Ri_{\mathrm{q}}(k+1)+L\dfrac{i_{\mathrm{qref}}-i_{\mathrm{q}}(k+1)}{T}+\omega_{\mathrm{e}}Li_{\mathrm{d}}(k+1)+\omega_{\mathrm{e}}\psi_{\mathrm{f}} \\ u_{0\mathrm{ref}}=Ri_{0}(k+1)+L_{0}\dfrac{i_{0\mathrm{ref}}-i_{0}(k+1)}{T}-3\omega_{\mathrm{e}}\psi_{\mathrm{f3}}\sin(3\theta_{\mathrm{e}}) \end{cases} \tag{8.4}$$

式中，$i_{n\mathrm{ref}}(n=\mathrm{d,q,0})$为 dq0 轴参考电流，且 $i_{\mathrm{dref}}=i_{0\mathrm{ref}}=0$，$i_{\mathrm{qref}}$可以从速度环 PI 控制器输出获取。

为了快速选取作用在逆变器 INV1 上的电压矢量，与前述章节类似，可以将电压矢量空间划分为 12 个扇区，每个扇区的夹角差为 π/6，如图 8-1 所示。

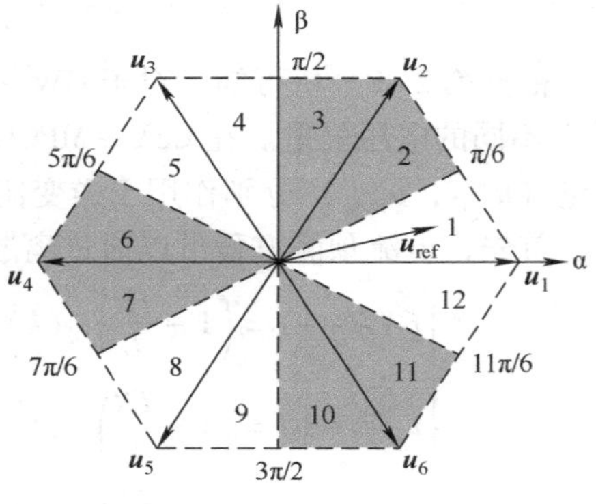

图 8-1　电压矢量空间划分

然后，将式（8.4）计算得到的 dq0 坐标系下的参考电压矢量通过坐标变换矩阵转换至 αβ0 坐标系。相位角可以表示为

$$\theta=\arctan\left(\frac{u_{\beta\mathrm{ref}}}{u_{\alpha\mathrm{ref}}}\right) \tag{8.5}$$

式中，$u_{\alpha\mathrm{ref}}$、$u_{\beta\mathrm{ref}}$为 αβ 轴参考电压。

通过相位角可以得到参考电压矢量的位置，与其最接近的基本电压矢量便被选为作用于逆变器 INV1 的最优电压矢量。同时，可以结合电流预测方程与代价函数从 8 个基本电压矢量中选出作用于逆变器 INV2 的最优电压矢量。因此，CSV – MPCC 方法的控制框图可以用图 8-2 表示。

由图 8-2 可知，采样电流经过一拍延时补偿后计算得到参考电压预测值，通过快速矢量选择方法可以确定作用于逆变器 INV1 的最优电压矢量。然后，通过计算基本电压矢量对应电流预测值并结合代价函数便能确定作用于逆变器 INV2 的最优电压矢量。同循环 27 个电压矢量的方法相比，这种方法仅需循环 8 次便能确定所选电压矢量，减小了程序计算量，在一定程度上改善了 OW – PMSM 系统的控制效果（如可通过提高控制频率的方式改善控制效果）。

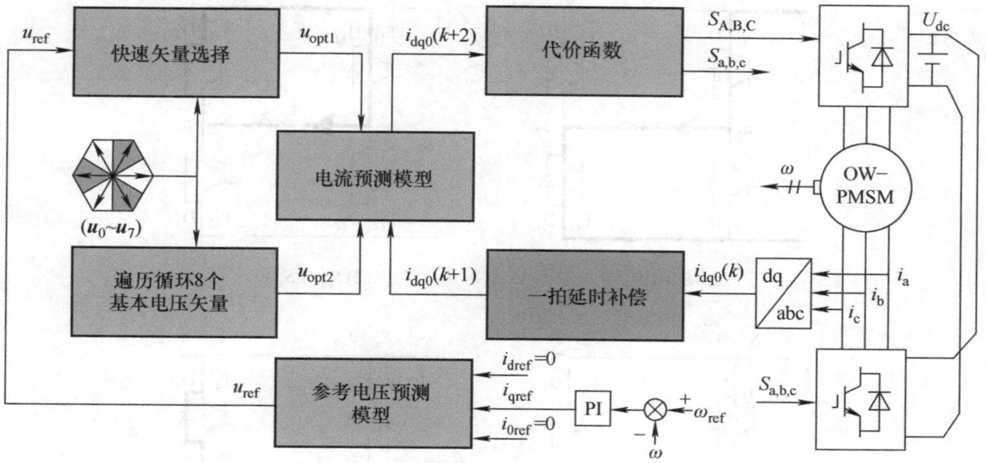

图 8-2　OW - PMSM 系统 CSV - MPCC 方法的控制框图

8.2 死区影响分析及死区电压矢量判断

在实际控制系统中，为了防止电源短路，需要在逆变器上桥臂和下桥臂之间配置死区，这意味着开关状态的每一次改变都会存在死区，而死区的存在会导致逆变器的实际输出电压和理想输出电压之间存在电压误差，从而影响 OW - PMSM 系统中 CSV - MPCC 方法的控制效果。因此，有必要在本节对死区影响进行分析并介绍死区电压矢量（Dead Zone Voltage Vector，DZVV）的判断方法。

8.2.1 死区影响分析

考虑到拓扑高度对称，只需要以 A 相电流为例进行分析。A 相中有两组桥臂，开关状态 S_{a1}、S_{a2}有四种有效状态组合：(0，0)，(0，1)，(1，0) 和 (1，1)。当电流处于不同方向时，可能的电流路径如图 8-3 和图 8-4 所示，其中，电流的正方向定义为绕组端 $a_1b_1c_1$ 到 $a_2b_2c_2$。

在死区时间内，开关器件 T_{11}、T_{12}、T_{41}、T_{42} 为关断状态。因此，二极管 D_{11}、D_{12}、D_{41}、D_{42}的状态将由 A 相电流的方向确定。如图 8-3a4 所示，当电流为正时，A 相的端电压为 $-U_{dc}$。同理，当电流为负时，A 相的端电压为 U_{dc}，如图 8-4b1 所示。可以看出，在死区时间内，A 相的端电压是由电流的方向确定的，A 相拓扑示意图如图 8-5 所示。

为了进一步分析死区影响，需要对开关器件的动作信号进行分析。当开关状态由图 8-4b4 变为图 8-3a1 时，开关装置的控制信号如图 8-6a 所示。同理，当

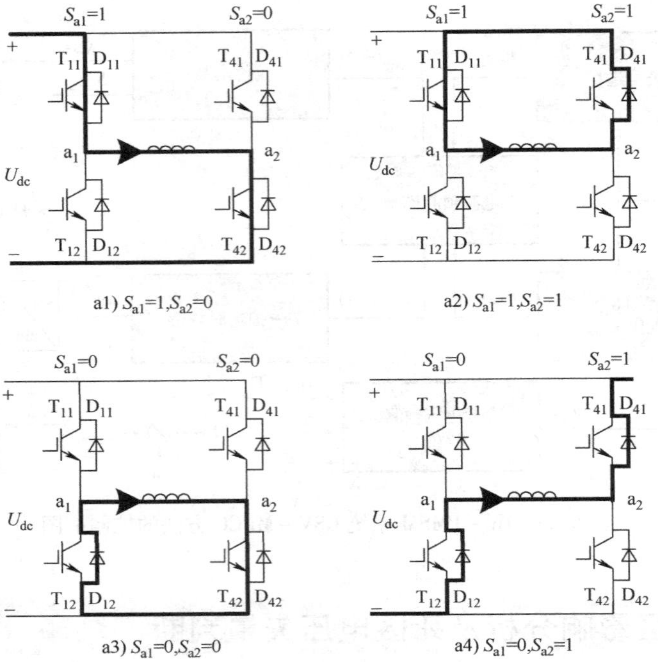

图 8-3 电流正方向时的流通路径

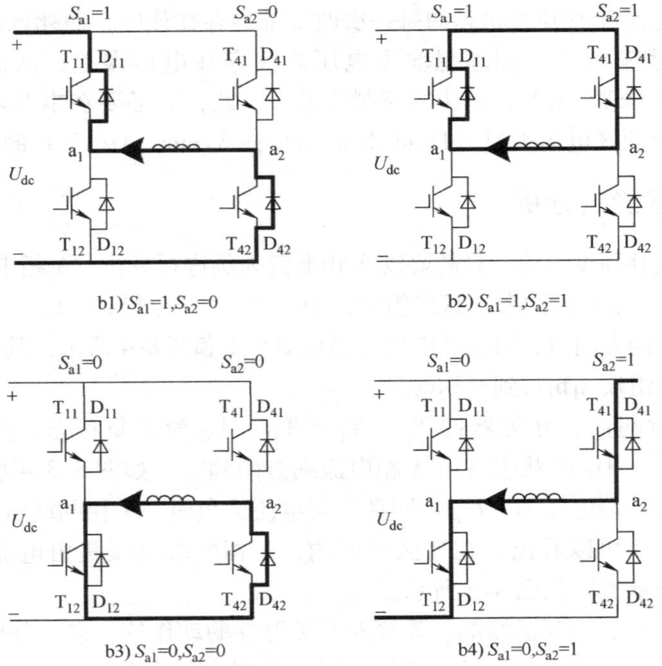

图 8-4 电流负方向时的流通路径

开关状态由图 8-3a1 变为图 8-4b4 时，开关器件的动作信号如图 8-6b 所示。

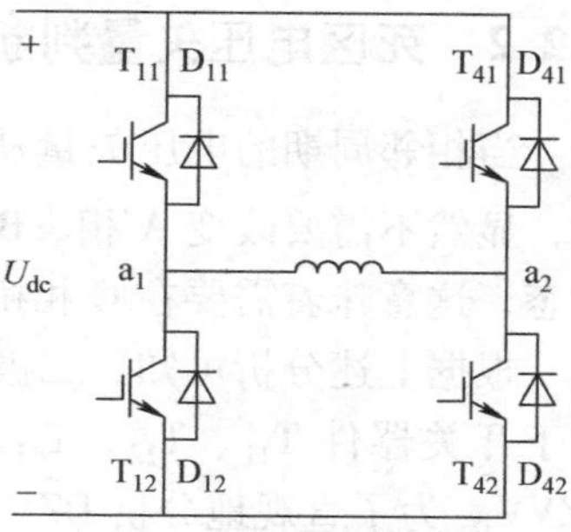

图 8-5　A 相拓扑示意图

在图 8-6 中，（i）和（ii）分别为理想状态和实际状态下的动作信号，由图可知，死区会导致图 8-6（iii）所示的电压误差。在 OW－PMSM 系统 CSV－MPCC 方法中，这意味着实际施加在电机上的电压可能不是理论计算得到的最优电压。而实际施加在电机上的电压可以利用式（8.6）进行表示。

$$\begin{cases} u_{sf} = \dfrac{t_1}{T}u_{x1} + \dfrac{t_{dt1}}{T}u_{dt1} - \dfrac{t_2}{T}u_{x2} - \dfrac{t_{dt2}}{T}u_{dt2} \\ T = t_1 + t_{dt1} = t_2 + t_{dt2} \end{cases} \tag{8.6}$$

式中，u_{sf} 为施加在 OW－PMSM 上的实际电压；u_{dt1}、u_{dt2} 为作用于双逆变器的死区电压矢量 DZVV（下一小节将进行介绍）；t_1、t_2、t_{dt1}、t_{dt2} 分别为对应于双逆变器的最优电压矢量和 DZVV 的实际作用时间。

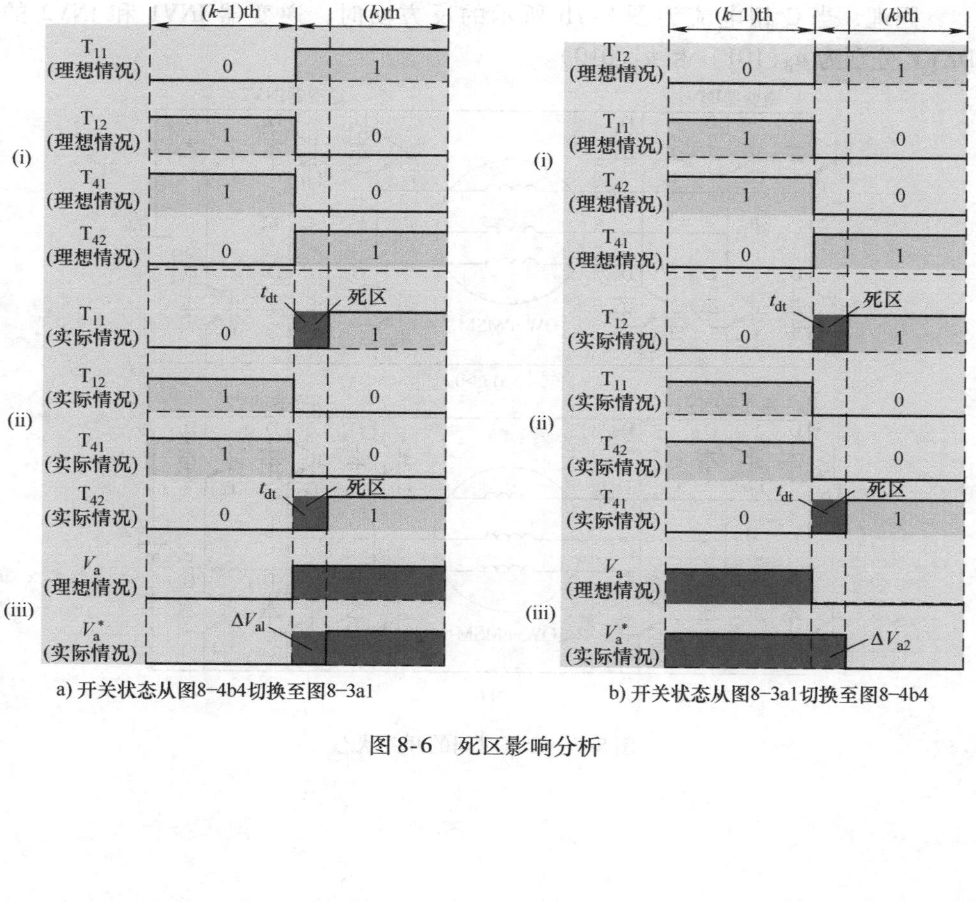

a) 开关状态从图8-4b4切换至图8-3a1　　b) 开关状态从图8-3a1切换至图8-4b4

图 8-6　死区影响分析

8.2.2 死区电压矢量判断

当相邻周期的电压矢量从 $\boldsymbol{u}_6$(101) 和 $\boldsymbol{u}_3$(010) 变为 $\boldsymbol{u}_1$(100) 和 $\boldsymbol{u}_4$(011) 时，显然不需要改变 A 相、B 相桥臂的开关状态，只需要改变 C 相桥臂的开关状态，这意味着需要在 C 相桥臂中插入一个死区。

根据上述分析可知，二极管 D_{11}、D_{12}、D_{41}、D_{42}在死区时间内的状态可以等效于开关器件 T_{11}、T_{12}、T_{41}、T_{42}，这表明死区影响可以等效为电压矢量，即 DZVV。为了直观地分析 DZVV，假设 $\boldsymbol{u}_6$(101) 和 $\boldsymbol{u}_3$(010) 分别是当前控制周期作用于逆变器 INV1 和 INV2 上的电压矢量，$\boldsymbol{u}_1$(100) 和 $\boldsymbol{u}_4$(011) 是下一个控制周期作用于逆变器 INV1 和 INV2 的电压矢量。

如图 8-7a 所示，如果 C 相电流为正方向，由于 T_{32}和 T_{61}在死区时间内处于关断状态，电流将流过 D_{32}和 D_{61}。此时 D_{32}和 D_{61}处于开启状态，可以等效为 T_{32}和 T_{61}处于开启状态，只需要改变 C 相的开关状态，而 A 相和 B 相的开关状态保持前一时刻的状态。因此，逆变器 INV1 和 INV2 的 DZVV 分别为 $\boldsymbol{u}_1$(100) 和 $\boldsymbol{u}_4$(011)。

同理，当 C 相电流为图 8-7b 所示的反方向时，逆变器 INV1 和 INV2 的 DZVV 分别为 $\boldsymbol{u}_6$(101) 和 $\boldsymbol{u}_3$(010)。

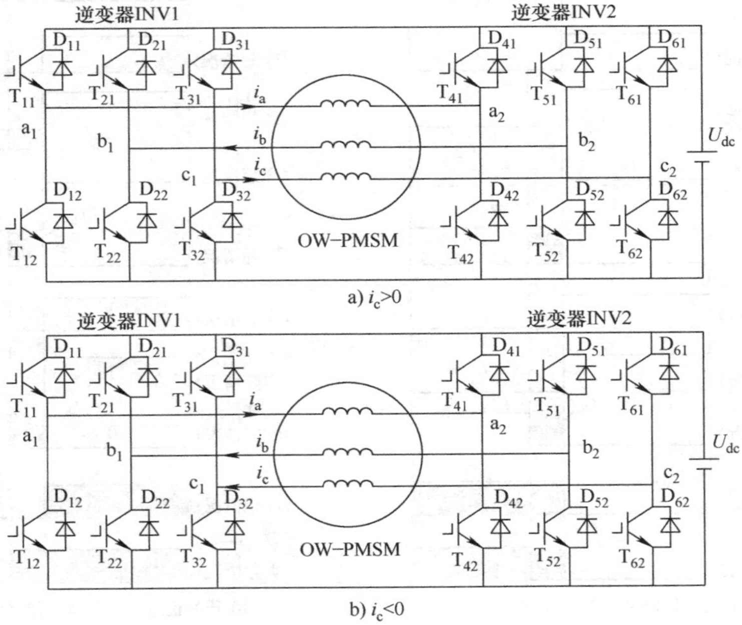

a) $i_c>0$

b) $i_c<0$

图 8-7 死区时间的开关状态

因此，结合开关状态和电流方向便可以完成对 DZVV 的判断，判断过程如图 8-8 所示，主要包括三个步骤：

步骤 1：比较当前控制周期的电压矢量和下一时刻的最优电压矢量，从而判断需要插入死区的桥臂；

步骤 2：根据电流方向确定需要插入死区桥臂的等效开关状态；

步骤 3：不需要插入死区的桥臂保持开关状态不变。

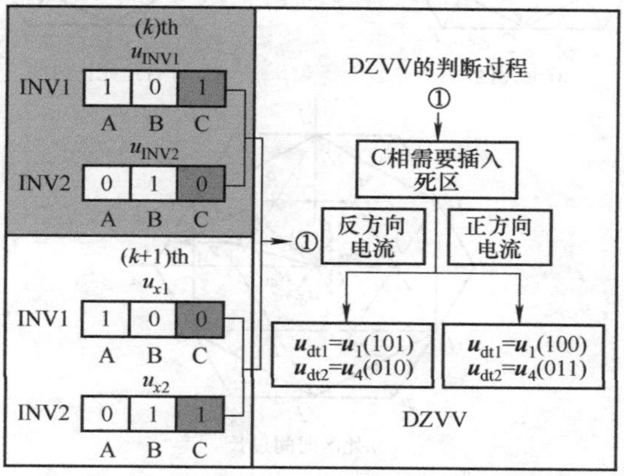

图 8-8　DZVV 的判断过程

通过上述分析可知，在知道相邻控制周期的电压矢量和电流极性后便可以得到 DZVV。

8.2.3　死区时间影响分析

由式（8.6）可知，DZVV 的作用时间会影响实际系统中施加到 OW－PMSM 的合成电压。因此，为了直观地分析 DZVV 作用时间对合成电压矢量的影响，图 8-9 给出了 CSV－MPCC 方法中的电压合成图，其中，$\boldsymbol{u}_{\mathrm{opt1}}$、$\boldsymbol{u}_{\mathrm{opt2}}$、$\boldsymbol{u}_{\mathrm{dt1}}$、$\boldsymbol{u}_{\mathrm{dt2}}$ 分别表示作用于双逆变器的有效电压矢量和 DZVV。

由图 8-9a 可知，在理想条件下，参考电压与合成电压之间存在电压误差。但当 DZVV 作用于如图 8-9b 所示的合适死区时间时，电压误差会显著减小，OW－PMSM 系统的控制性能也会优于图 8-9a。当然，如果 DZVV 作用时间不合适，毫无疑问会存在图 8-9c 所示的更大的电压误差，OW－PMSM 系统的控制性能将会差于图 8-9a。

上述分析表明，DZVV 的作用时间对 OW－PMSM 系统中 CSV－MPCC 方法的控制效果有明显的影响。

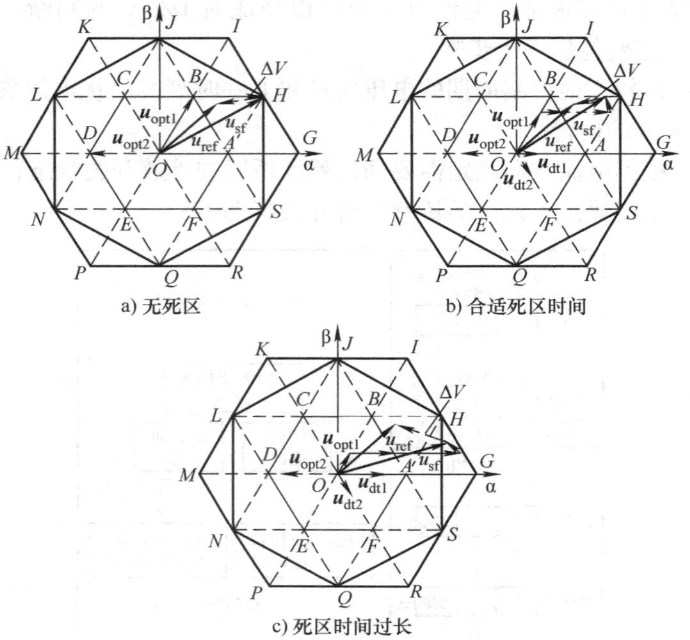

图 8-9 CSV – MPCC 方法中的电压合成图

8.3 考虑死区影响的绕组开路永磁同步电机模型预测电流控制

由 8.2 节的分析可知，DZVV 的作用时间对 OW – PMSM 系统的控制效果具有明显的影响[1-4]。同传统 PMSM 相比，OW – PMSM 由双逆变器供电，逆变器 INV1 和 INV2 中分别存在 DZVV 作用。因此，在 OW – PMSM 系统 CSV – MPCC 方法中，死区的影响更为显著。因此，本节提出了一种考虑死区影响的 OW – PMSM MPCC 方法（MPCC – DZE），在该方法中，DZVV 将作为基本电压矢量参与总电压的合成。所提方法主要包含以下四个部分：参考电压预测模型、作用于逆变器 INV1 和 INV2 的最优电压矢量选择、DZVV 判断及死区时间计算。MPCC – DZE 方法的控制框图如图 8-10 所示。

8.3.1 双逆变器最优电压矢量选择及死区电压矢量判断

DZVV 的判断是在知道下一时刻的最优电压矢量基础上完成的，因此，首先需要确定下一时刻作用于双逆变器的最优电压矢量。由 8.1 节的介绍可知，在计算得到参考电压预测值后，可以采用快速矢量选择方法确定作用在逆变器 INV1 上的最优电压矢量。同时，结合电流预测模型和代价函数可以从 8 个基本电压矢

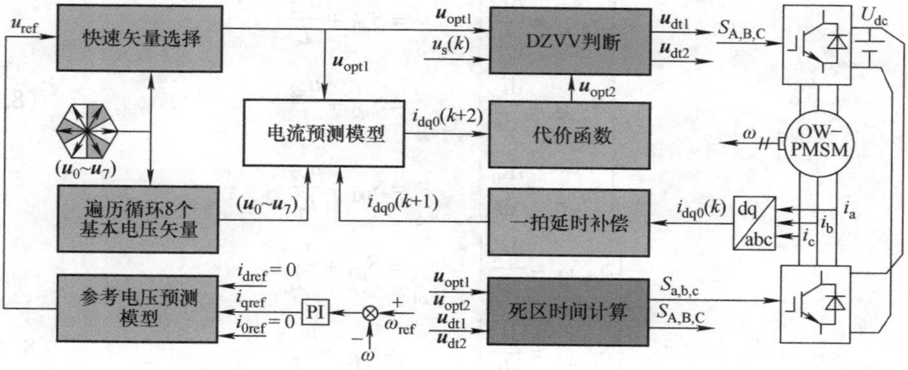

图 8-10　考虑死区影响的 OW－PMSM MPCC 的控制框图

量中选择出作用在逆变器 INV2 上的最优电压矢量。于是，作用在双逆变器上的最优电压矢量便可以确定。此外，DZVV 的具体判断过程也已经在 8.2 节进行了详细介绍。

8.3.2　死区时间计算

在 MPCC－DZE 方法中，逆变器 INV2 的 DZVV 作用时间被当作一个变量参与电压矢量作用时间的重新分配，逆变器 INV1 中 DZVV 的时间设置为固定的 2.5μs，该固定死区时间可以从器件手册中查询得到。也就是说，在本节中仅考虑改变逆变器 INV2 的死区时间。

首先，根据电压方程，可以求得零电压矢量作用时 dq0 轴的电流变化率为

$$\begin{cases} S_{d0} = \left.\dfrac{di_d}{dt}\right|_{u_x=0} = \dfrac{1}{L}[-Ri_d(k) + \omega_e L i_q(k)] \\ S_{q0} = \left.\dfrac{di_q}{dt}\right|_{u_x=0} = \dfrac{1}{L}[-Ri_q(k) - \omega_e L i_d(k) - \omega_e \psi_f] \\ S_{00} = \left.\dfrac{di_0}{dt}\right|_{u_x=0} = \dfrac{1}{L_0}[-Ri_0(k) + 3\omega_e \psi_{f3} \sin(3\theta_e)] \end{cases} \tag{8.7}$$

同理，有效电压矢量作用时 dq0 轴的电流变化率为

$$\begin{cases} S_{d\_x1} = \left.\dfrac{di_d}{dt}\right|_{u_x=u_{x1}} = S_{d0} + \dfrac{u_{x1}}{L} \\ S_{q\_x1} = \left.\dfrac{di_q}{dt}\right|_{u_x=u_{x1}} = S_{q0} + \dfrac{u_{x1}}{L} \\ S_{0\_x1} = \left.\dfrac{di_0}{dt}\right|_{u_x=u_{x1}} = S_{00} + \dfrac{u_{x1}}{L_0} \end{cases} \tag{8.8}$$

$$\begin{cases} S_{\mathrm{d\_x2}} = \left.\dfrac{\mathrm{d}i_{\mathrm{d}}}{\mathrm{d}t}\right|_{u_x = u_{x2}} = S_{\mathrm{d0}} + \dfrac{u_{x2}}{L} \\ S_{\mathrm{q\_x2}} = \left.\dfrac{\mathrm{d}i_{\mathrm{q}}}{\mathrm{d}t}\right|_{u_x = u_{x2}} = S_{\mathrm{q0}} + \dfrac{u_{x2}}{L} \\ S_{\mathrm{0\_x2}} = \left.\dfrac{\mathrm{d}i_{0}}{\mathrm{d}t}\right|_{u_x = u_{x2}} = S_{00} + \dfrac{u_{x2}}{L_0} \end{cases} \tag{8.9}$$

$$\begin{cases} S_{\mathrm{d\_dt1}} = \left.\dfrac{\mathrm{d}i_{\mathrm{d}}}{\mathrm{d}t}\right|_{u_x = u_{\mathrm{dt1}}} = S_{\mathrm{d0}} + \dfrac{u_{\mathrm{dt1}}}{L} \\ S_{\mathrm{q\_dt1}} = \left.\dfrac{\mathrm{d}i_{\mathrm{q}}}{\mathrm{d}t}\right|_{u_x = u_{\mathrm{dt1}}} = S_{\mathrm{q0}} + \dfrac{u_{\mathrm{dt1}}}{L} \\ S_{\mathrm{0\_dt1}} = \left.\dfrac{\mathrm{d}i_{0}}{\mathrm{d}t}\right|_{u_x = u_{\mathrm{dt1}}} = S_{00} + \dfrac{u_{\mathrm{dt1}}}{L_0} \end{cases} \tag{8.10}$$

$$\begin{cases} S_{\mathrm{d\_dt2}} = \left.\dfrac{\mathrm{d}i_{\mathrm{d}}}{\mathrm{d}t}\right|_{u_x = u_{\mathrm{dt2}}} = S_{\mathrm{d0}} + \dfrac{u_{\mathrm{dt2}}}{L} \\ S_{\mathrm{q\_dt2}} = \left.\dfrac{\mathrm{d}i_{\mathrm{q}}}{\mathrm{d}t}\right|_{u_x = u_{\mathrm{dt2}}} = S_{\mathrm{q0}} + \dfrac{u_{\mathrm{dt2}}}{L} \\ S_{\mathrm{0\_dt2}} = \left.\dfrac{\mathrm{d}i_{0}}{\mathrm{d}t}\right|_{u_x = u_{\mathrm{dt2}}} = S_{00} + \dfrac{u_{\mathrm{dt2}}}{L_0} \end{cases} \tag{8.11}$$

其中，$S_{\mathrm{d-x1}}$、$S_{\mathrm{q-x1}}$、S_{0-x1}、$S_{\mathrm{d-x2}}$、$S_{\mathrm{q-x2}}$、S_{0-x2}分别表示最优电压矢量作用在逆变器 INV1 和 INV2 时 dq0 轴的电流变化率；$S_{\mathrm{d-dt1}}$、$S_{\mathrm{q-dt1}}$、$S_{0-\mathrm{dt1}}$、$S_{\mathrm{d-dt2}}$、$S_{\mathrm{q-dt2}}$、$S_{0-\mathrm{dt2}}$分别表示死区电压矢量作用于逆变器 INV1 和 INV2 时 dq0 轴的电流变化率。

然后，根据电流无差拍控制原理，控制周期结束时 dq0 轴的电流可以表示为

$$\begin{cases} i_{\mathrm{d}}(k+1) = i_{\mathrm{dref}} = i_{\mathrm{d}}(k) + S_{\mathrm{d\_x1}}t_1 + S_{\mathrm{d\_dt1}}t_{\mathrm{dt1}} - S_{\mathrm{d\_x2}}t_2 - S_{\mathrm{d\_dt2}}t_{\mathrm{dt2}} \\ i_{\mathrm{q}}(k+1) = i_{\mathrm{qref}} = i_{\mathrm{q}}(k) + S_{\mathrm{q\_x1}}t_1 + S_{\mathrm{q\_dt1}}t_{\mathrm{dt1}} - S_{\mathrm{q\_x2}}t_2 - S_{\mathrm{q\_dt2}}t_{\mathrm{dt2}} \\ i_0(k+1) = i_{\mathrm{0ref}} = i_0(k) + S_{\mathrm{0\_x1}}t_1 + S_{\mathrm{0\_dt1}}t_{\mathrm{dt1}} - S_{\mathrm{0\_x2}}t_2 - S_{\mathrm{0\_dt2}}t_{\mathrm{dt2}} \end{cases} \tag{8.12}$$

其中，$T = t_1 + t_{\mathrm{dt1}} = t_2 + t_{\mathrm{dt2}}$且 t_1、t_2、t_{dt1}、t_{dt2}分别表示对应于逆变器 INV1 和 INV2 的最优电压矢量的作用时间和 DZVV 的作用时间。

此外，死区电压矢量在 dq0 轴上产生的电流变化量可表示为

$$\begin{cases} i_{\mathrm{d\_dt1}} = S_{\mathrm{d\_dt1}}t_{\mathrm{dt1}} \\ i_{\mathrm{q\_dt1}} = S_{\mathrm{q\_dt1}}t_{\mathrm{dt1}} \\ i_{\mathrm{0\_dt1}} = S_{\mathrm{0\_dt1}}t_{\mathrm{dt1}} \\ i_{\mathrm{d\_dt2}} = S_{\mathrm{d\_dt2}}t_{\mathrm{dt2}} \\ i_{\mathrm{q\_dt2}} = S_{\mathrm{q\_dt2}}t_{\mathrm{dt2}} \\ i_{\mathrm{0\_dt2}} = S_{\mathrm{0\_dt2}}t_{\mathrm{dt2}} \end{cases} \tag{8.13}$$

结合式（8.12）和式（8.13），可以直接计算出作用于逆变器 INV2 中 DZVV 的作用时间。考虑到 DZVV 与开关器件变换前后的电压矢量有关，死区时间的计算结果可以分为以下三种情况。

情况 1：不存在 DZVV。

当最优电压矢量与前一刻电压矢量一致时，不需要插入 DZVV，即 $t_{dt1}=t_{dt2}=0$，$t_1=t_2=T$。

情况 2：DZVV 与最优电压矢量相同。

当 DZVV 与最优电压矢量相同时，死区时间设置为 2.5μs，最优电压矢量作用时间为（$T-2.5\mu s$）。

情况 3：DZVV 不是一个特殊电压矢量。

当作用在 INV2 中的 DZVV 不是一个特殊矢量时，由式（8.12）和式（8.13）可以计算 DZVV 的作用时间并表示为

$$t_{dt2}=\frac{A+B+C}{(S_{d\_x2}-S_{d\_dt2})^2+(S_{q\_x2}-S_{q\_dt2})^2+(S_{0\_x2}-S_{0\_dt2})^2} \tag{8.14}$$

其中，
$$\begin{cases}A=(i_{dref}-i_d(k)+t_{dt1}(S_{d\_x1}-S_{d\_dt1})-S_{d\_x1}T)(S_{d\_x2}-S_{d\_dt2})\\ B=(i_{qref}-i_q(k)+t_{dt1}(S_{q\_x1}-S_{q\_dt1})-S_{q\_x1}T)(S_{q\_x2}-S_{q\_dt2})\\ C=(i_{0ref}-i_0(k)+t_{dt1}(S_{0\_x1}-S_{0\_dt1})-S_{0\_x1}T)(S_{0\_x2}-S_{0\_dt2})\\ t_{dt1}=2.5\mu s\end{cases}$$
。

基于以上三种情况，逆变器 INV2 中 DZVV 作用时间的计算结果可以用表 8-1 表示。在求得 DZVV 的作用时间后，便可通过数字芯片实现对OW－PMSM 系统的控制。

表 8-1　逆变器 INV2 中 DZVV 作用时间

	DZVV	时间计算
情况 1	不存在	$t_{dt}=0$
情况 2	$\boldsymbol{u}_{dt}=\boldsymbol{u}_{opt}$	$t_{dt}=2.5\mu s$
情况 3	非特殊电压矢量	式（8.14）

需要注意的，当计算出的死区时间小于固定死区时间 2.5μs 时，为保护驱动电路，需将死区时间设置为 2.5μs。图 8-11 给出了 MPCC－DZE 方法的流程图。

由图 8-11 可知，MPCC－DZE 方法可以分为以下步骤，具体为：

1）根据采样电流，得到一拍延时后的电流；

2）采用快速矢量选择方法，确定逆变器 INV1 的最优电压矢量；

3）结合电流预测模型及代价函数，确定逆变器 INV2 的最优电压矢量；

4）判断逆变器 INV1 和 INV2 的 DZVV 并计算 DZVV 的作用时间；

5）通过数字芯片实现对 OW－PMSM 系统的控制。

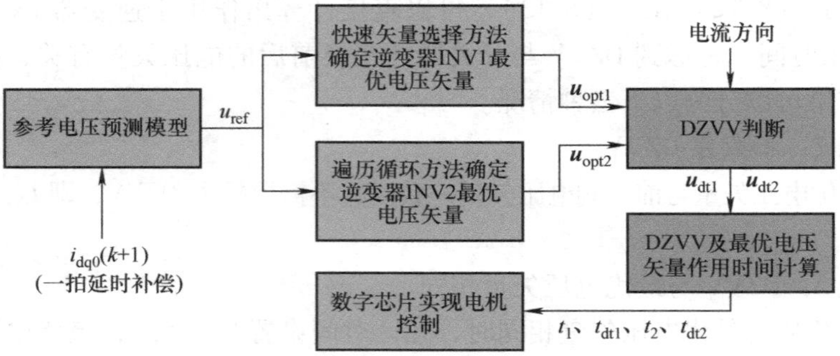

图 8-11　考虑死区影响的 OW－PMSM MPCC 流程图

8.4 实验验证

为验证 MPCC－DZE 方法的有效性，搭建了图 8-12 所示的基于 TMS320F28335 的硬件平台。其中，双逆变器采用型号为 PS21869－AP 的 IPM，直流母线采用直流电压源 EA－PS 9500_30 供电，控制单元实现对 OW－PMSM 和负载电机的控制。此外，实验所用 OW－PMSM 的参数见表 8-2，系统的控制频率设置为 15kHz。

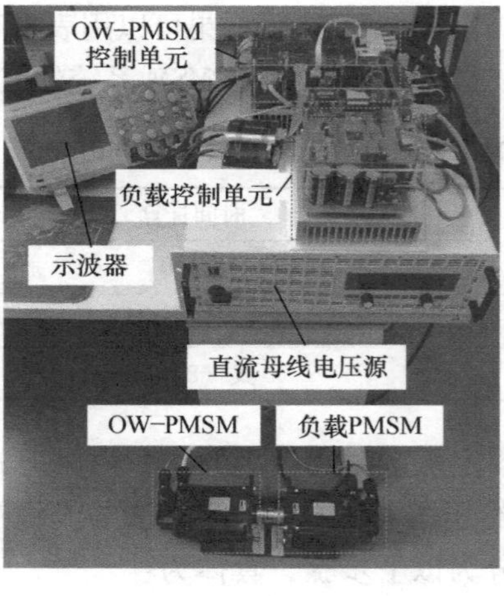

图 8-12　OW－PMSM 系统实验平台

表 8-2　OW－PMSM 参数

参　数	数　值
直流母线电压	220V
额定功率	1.25kW
额定转速	2000r/min
额定转矩	6N·m
定子绕组电阻	1.5Ω
定子绕组电感	6.6mH
永磁体磁链幅值	0.4Wb
永磁体磁链三次谐波幅值	0.0059152Wb

为了直观地比较 CSV－MPCC 方法与 MPCC－DZE 方法在死区作用时间上的差异，图 8-13 给出了同一桥臂的开关信号示意图。从图 8-13a 可以看出，在 CSV－MPCC 方法中，死区作用时间固定为 2.5μs，而 MPCC－DZE 方法中死区

作用时间是可变的，如图 8-13b 所示。

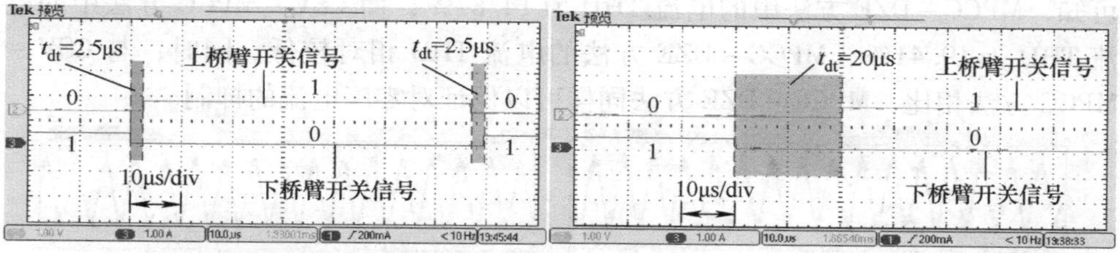

a) CSV−MPCC方法　　b) MPCC−DZE方法

图 8-13　开关信号示意图

8.4.1　稳态性能评估

电流 THD 是评估电机运行时稳态效果的常用参数。电流 THD 越低，往往意味着电机稳态性能越好。电流 THD 的定义如下：

$$I_{\mathrm{THD}}=\frac{1}{I_1}\sqrt{\sum_{n\neq1}I_n^2} \tag{8.15}$$

其中，I 和 I_n 分别表示基波电流和 n 次谐波分量的均方根值。

图 8-14 给出了 CSV－MPCC 方法中电机运行在转速为 500r/min、转矩为额定负载转矩时的波形图。其中，8-14a 和 b 分别表示 CSV－MPCC 方法是否考虑零序电流抑制时的波形。对比可知，当 CSV－MPCC 方法中不考虑零序电流抑制时，电流 THD 为 27.50%，零序电流纹波为 2.5A，此时电机稳态效果较差。当在 CSV－MPCC 方法中考虑零序电流抑制时，电流 THD 和零序电流纹波分别为 19.41% 和 1.2A，相较于图 8-14a，电流 THD 降低。

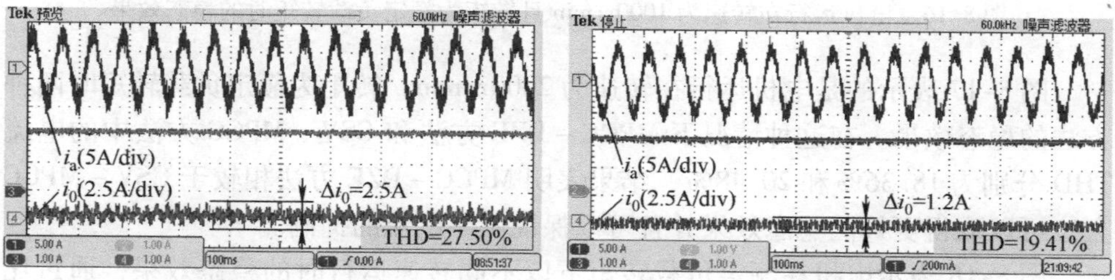

a) 不考虑零序电流抑制　　b) 考虑零序电流抑制

图 8-14　CSV－MPCC 方法稳态效果

为了评估 MPCC－DZE 方法和 CSV－MPCC 方法的稳态性能，图 8-15～图 8-19 给出了两种方法的稳态对比结果。图 8-15 表示的是电机运行在转速为 500r/min，转矩为额定负载转矩时两种方法的稳态效果。其中，图 8-15a 为

CSV－MPCC 方法的实验结果，图 8-15b 为 MPCC－DZE 方法的实验结果。比较可知，MPCC－DZE 方法中的电流 THD 为 14.87%，而 CSV－MPCC 方法中的电流 THD 为 19.41%，MPCC－DZE 方法的电流 THD 相对较低。同时，与 CSV－MPCC 方法相比，MPCC－DZE 方法同样可以保证对零序电流的抑制。

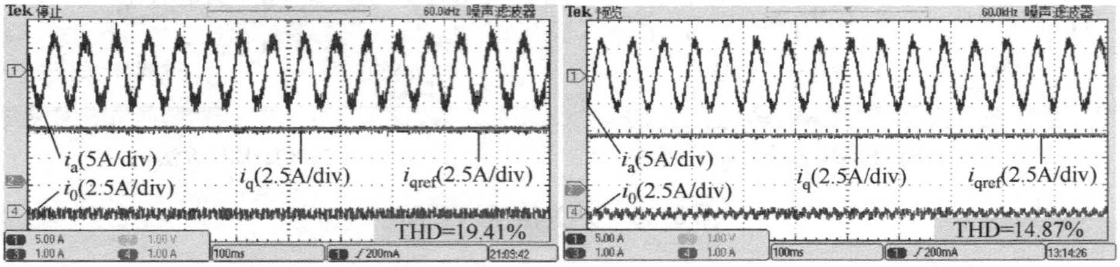

a) CSV–MPCC方法　　b) MPCC–DZE方法

图 8-15　电机运行在转速为 500r/min 且转矩为额定负载转矩时的稳态效果

图 8-16 表示的是电机运行在转速为 1000r/min，转矩为额定负载转矩时两种方法的稳态效果。此时，两种方法中的电流 THD 分别为 15.79% 和 19.09%。此外，在这种情况下，MPCC－DZE 方法仍然可以保证零序电流的抑制。

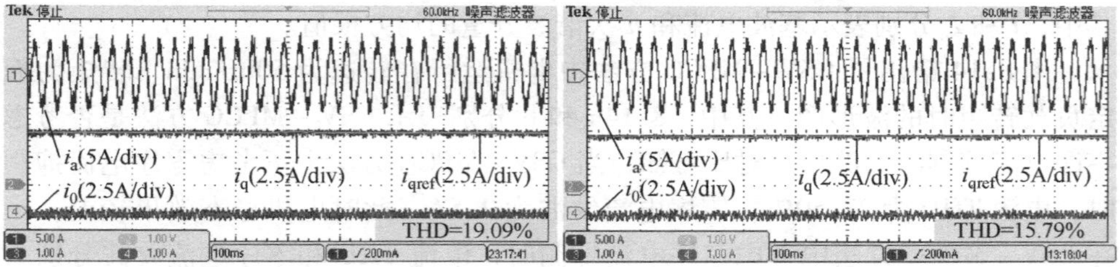

a) CSV–MPCC方法　　b) MPCC–DZE方法

图 8-16　电机运行在转速为 1000r/min 且转矩为额定负载转矩时的稳态效果

图 8-17 表示的是电机运行在转速为 2000r/min，转矩为额定负载转矩时两种方法的稳态效果。在这种情况下 MPCC－DZE 方法和 CSV－MPCC 方法中的电流 THD 分别为 18.36% 和 20.48%，结果表明 MPCC－DZE 方法相较于 CSV－MPCC 方法可以取得更好的稳态效果并且可以保证零序电流的抑制。

图 8-18 表示电机在额定负载转矩下以不同转速运行时的稳态效果，通过比较 CSV－MPCC 方法和 MPCC－DZE 方法可以看出，在不同转速下，MPCC－DZE 方法中的电流 THD 要低于 CSV－MPCC 方法中的电流 THD，这也意味着 MPCC－DZE 方法可以有效改善 OW－PMSM 系统的控制效果。

图 8-19 表示的是电机运行在不同负载转矩时的稳态结果。通过比较可知，当电机运行在不同的工况时，MPCC－DZE 方法中的电流 THD 仍然低于 CSV－MPCC 方法中的电流 THD。

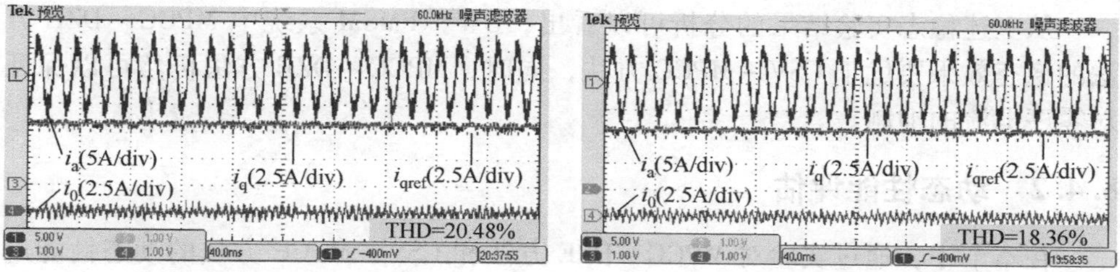

a) CSV-MPCC方法　　b) MPCC-DZE方法

图 8-17　电机运行在转速为 2000r/min 且转矩为额定负载转矩时的稳态效果

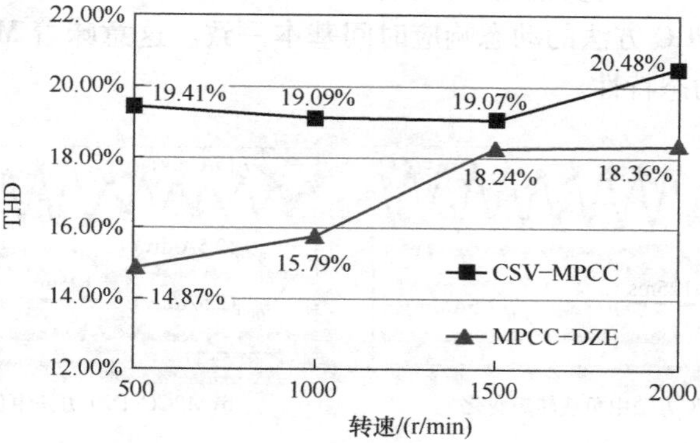

图 8-18　电机运行在不同转速时的稳态效果比较图

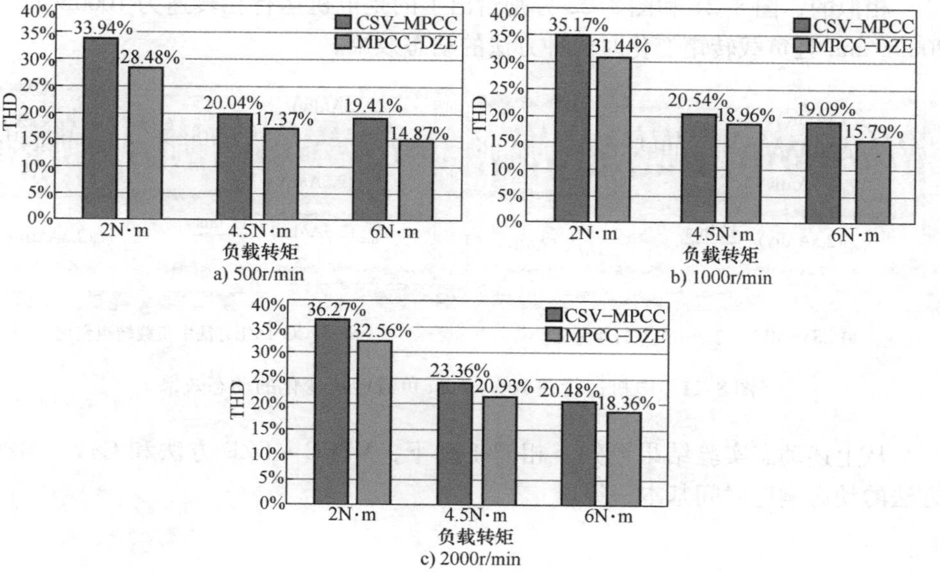

图 8-19　电机运行在不同负载转矩时的稳态效果

从上述稳态实验结果的分析可以看出，OW - PMSM 系统中 MPCC - DZE 方法的稳态效果要优于 CSV - MPCC 方法，同时，MPCC - DZE 方法仍然可以保证对零序电流的抑制。

8.4.2 动态性能评估

在本节中，通过实验对 MPCC - DZE 方法和 CSV - MPCC 方法的动态性能进行了评估。图 8-20 表示的是电机运行在转速 500r/min，负载转矩变化时两种方法的动态效果图。其中，图 8-20a 和 b 分别表示的是两种方法负载转矩从 2N · m 瞬时变化至 4.5N · m 的实验结果。实验结果表明，MPCC - DZE 方法的动态响应时间和 CSV - MPCC 方法的动态响应时间基本一致。这意味着 MPCC - DZE 方法不影响 MPC 的动态特性。

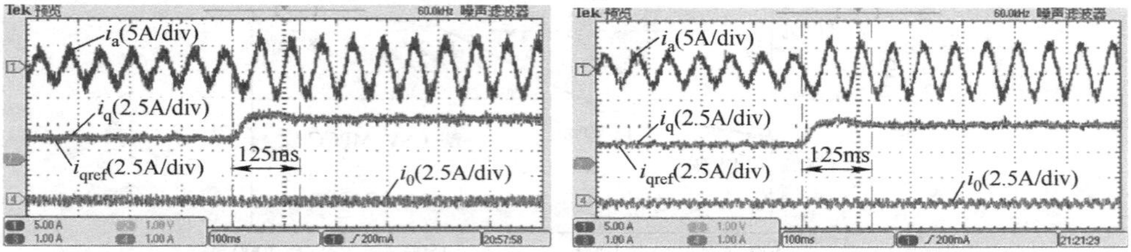

a) CSV-MPCC方法中负载转矩变化　　b) MPCC-DZE方法中负载转矩变化

图 8-20　电机运行在 500r/min 负载转矩变化的动态效果

相似的，图 8-21 和图 8-22 分别给出了的是电机运行在转速为 1000r/min 和 2000r/min 且负载转矩变化时两种方法的动态效果。

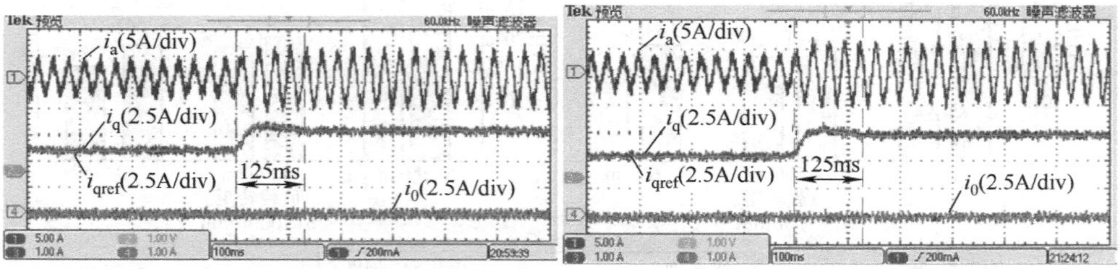

a) CSV-MPCC方法中负载转矩变化　　b) MPCC-DZE方法中负载转矩变化

图 8-21　电机运行在 1000r/min 负载转矩变化的动态效果

从上述动态实验结果可知，相同工况下，MPCC - DZE 方法和 CSV - MPCC 方法的动态响应时间基本一致。

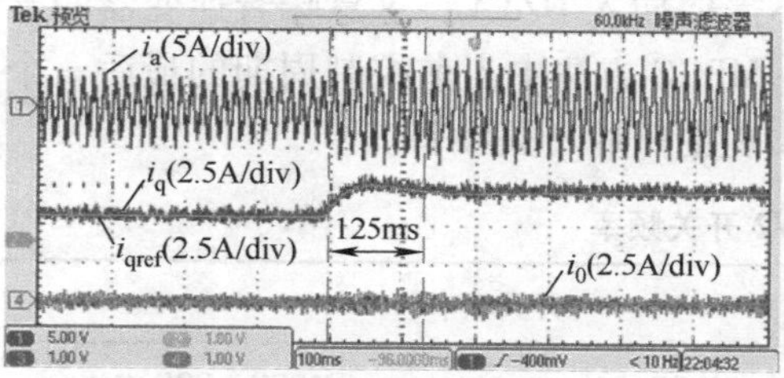

a) CSV-MPCC方法中负载转矩变化

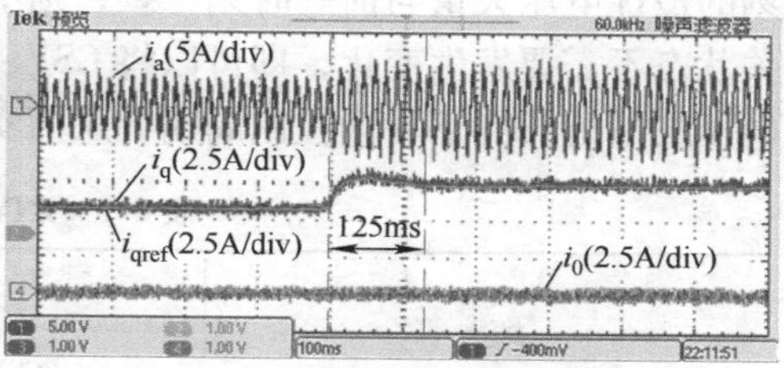

b) MPCC-DZE方法中负载转矩变化

图 8-22　电机运行在 2000r/min 负载转矩变化的动态效果

8.4.3 平均开关频率评估

平均开关频率是评估 OW - PMSM 系统控制效果的重要一环。考虑到 DZVV 作用于逆变器 INV1 的时间是固定的，因此仅需要测量 MPCC - DZE 方法和 CSV - MPCC 方法中逆变器 INV2 的开关频率。MPC 中逆变器的开关频率通常定义为单位时间内所有开关管的平均动作次数，即平均开关频率。实验中，在每个相同转速下检测多个瞬时开关频率并计算平均值，然后得到一个固定值作为该转速下的平均开关频率，用于性能评估。

以 A 相上桥臂开关为例，如图 8-23 所示，当电机以转速为 500r/min、转矩为额定负载转矩工作时，CSV - MPCC 方法中上桥臂开关动作总数为 2333，总时间为 1s，故开关频率为 2.333kHz。相似的，逆变器 INV2 中其他五个开关的开关频率分别为 2.331kHz、2.321kHz、2.323kHz、2.315kHz 和 2.327kHz。因此，CSV - MPCC 方法中平均开关频率为 2.325kHz。同理，可获得 MPCC - DZE 方法的平均开关频率为 2.225kHz，低于 CSV - MPCC 方法中的平均开关频率。

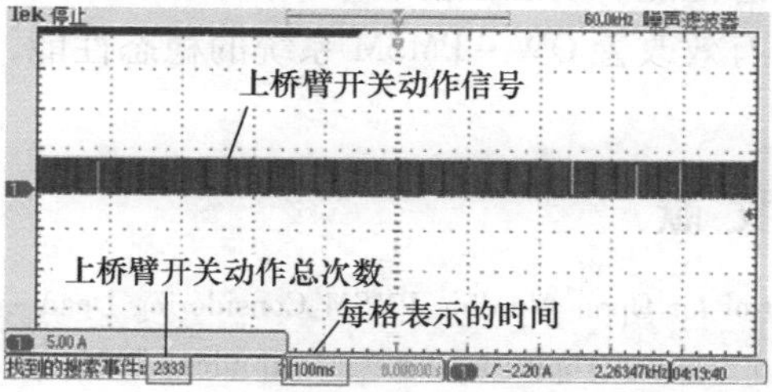

a) CSV-MPCC方法

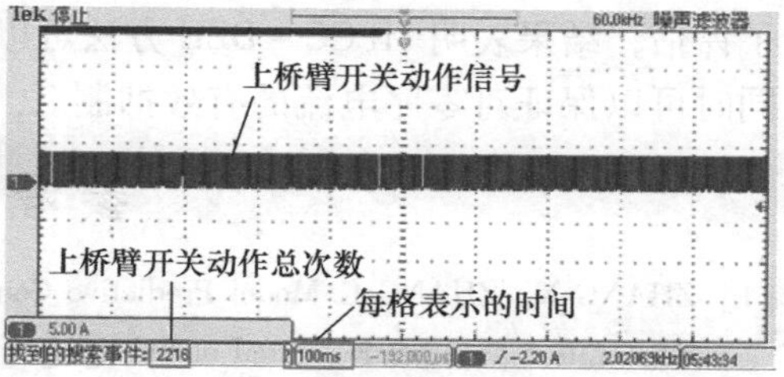

b) MPCC-DZE方法

图 8-23　A 相上桥臂开关频率计算示意图

此外，MPCC - DZE 方法和 CSV - MPCC 方法在不同转速运行时逆变器 INV2 的开关频率也被测量并汇总在表 8-3 中。考虑到 MPCC - DZE 方法中如果当前时刻的最优电压矢量与前一时刻一致，则不需要插入 DZVV，这意味着逆变器的开关状态不需要发生变化，即可以将 CSV - MPCC 方法中当前控制周期的最后一个电压矢量延长到下一个控制周期，从而实现更低的开关频率。

表 8-3 INV2 开关频率

转速	开关频率	
	CSV - MPCC 方法	MPCC - DZE 方法
500r/min	2.325kHz	2.225kHz
1000r/min	2.611kHz	2.525kHz
1500r/min	2.825kHz	2.625kHz
2000r/min	3.975kHz	3.727kHz

从上述开关频率的比较结果可以发现，相对于 CSV - MPCC 方法，MPCC - DZE 方法的提出能够降低系统的平均开关频率，这也意味着逆变器的开关损耗将会减小。

8.5 本章小结

为了提高 OW - PMSM 系统中 CSV - MPCC 方法的控制效果，本章提出了一种考虑死区影响的 OW - PMSM MPCC 方法。首先本章简单介绍了 CSV - MPCC 方法，然后分析了 CSV - MPCC 方法中死区对 OW - PMSM 系统控制效果的影响并总结了 DZVV 的判断方法。在此基础上，提出了 MPCC - DZE 方法，在该方法中，逆变器 INV2 的 DZVV 作用时间被当成一个变量参与作用时间的重新分配。最后，通过实验对 MPCC - DZE 方法的稳态性能、动态性能和平均开关频率进行了评估，结果表明 MPCC - DZE 方法可以有效改善 OW - PMSM 系统的稳态性能，同时可以保证对零序电流的有效抑制。

参考文献

[1] ZHANG X, ZHANG C. Model Predictive Control for Open Winding PMSM Considering Dead - Zone Effect [J]. IEEE Journal of Emerging and Selected Topics in Power Electronics, 2023, 11 (1): 874 - 885.

[2] ZHANG X, ZHANG C. Model Predictive Control for Open Winding PMSM with Variable Dead - Zone Time [C] // IEEE International Electrical and Energy Conference (CIEEC), 2022, IEEE, Nanjing: 722 - 726.

[3] ZHANG X, CHENG Y, ZHAO Z. Optimized Model Predictive Control With Dead - Time Volt-

age Vector for PMSM Drives [J]. IEEE Transactions on Power Electronics, 2021, 36 (3): 3149 - 3158.

[4] ZHANG X, ZHAO Z. Model Predictive Control for PMSM Drives With Variable Dead - Zone Time [J]. IEEE Transactions on Power Electronics, 2021, 36 (9): 10514 - 10525.

第9章 绕组开路永磁同步电机驱动系统故障诊断策略

前文中，已经对 OW - PMSM 驱动系统进行了较为详细的介绍，接下来在本章中将对绕组开路永磁同步电机驱动系统故障诊断策略进行介绍。通常情况下，对于交流电动机驱动系统而言，其主要故障可以分为两大类：电动机绕组故障和逆变器故障，其中后者故障的可能性大于前者[1,5,6]。而对于逆变器中可能发生的故障，开关器件故障的概率要远大于系统其他部分发生故障的概率[4-6]。

开关器件的主要故障可概括为短路故障和开路故障。与短路故障相比，开路故障的诊断技术并未完全成熟，并且开路故障相对而言更加不易被发现。逆变器开关器件开路故障的诊断方法较多，研究对象通常聚焦在传统三相两电平逆变器拓扑上，目前主要有四类实现方法：专家系统法、电压检测法、智能算法和电流检测法[7]。在这四类主要方法中，基于电流信息的电流检测法的算法难度和计算量均要优于智能算法，并且电流检测法并不需要额外的传感器，因此它的通用性也要优于基于电压传感器信息的电压检测法；另外，相对于专家系统法，电流检测法不依靠专业人员的经验，可靠性较高。因此，电流检测法目前是四类诊断方法中最常用的方法。在电流检测法当中，平均 Park 电流矢量法[8]以科英布拉大学的 I. A. A Caseiro 教授发表的论文为代表，通过实时跟踪 $\alpha-\beta$ 坐标系下电流矢量的轨迹信息来实现故障诊断。针对平均 Park 电流矢量法中的不足，文献［5］和［7］又提出了两种不需要进行坐标变换的平均电流诊断法和基于归一化处理的平均电流检测法，在诊断策略计算负担和诊断精度方面都得到了提升。随后，又有许多学者对此展开了进一步的研究，提出了多种不同的平均电流故障诊断方法[10,11]。然而需要注意的是，基于平均电流思想的诊断方法有其固有的局限：计算量普遍偏大和诊断周期长（至少一个电流周期）。基于此，为了探索更快速、高效的故障诊断方法，文献［10］提出了一种基于电流畸变的快速诊断方法。此外，文献［11］和［12］也分别提出了基于逆变器混合逻辑动态模型和基于模型预测思想的开关器件开路故障快速诊断策略，二者均基于逆变器的开关状态信息，能够在几个控制周期内完成故障诊断，诊断速度更快。

对于本书所研究的双逆变器拓扑，在故障诊断方面具有代表性的研究较少。双逆变器拓扑在结构上存在高度对称性，这使逆变器中开关器件在工作特性以及故障后的现象上具有很高的相似性，导致双逆变器开关器件发生故障后进行准确诊断的难度增大。文献［13］提出了一种适用于双馈式风力发电机变流器开关器件故障诊断的方法，该方法基于故障状态下平均电流信息设计了标志位，并构建了故障器件与故障标志关系的数据表，根据故障标志进行查表从而定位具体的故障器件。文献［14］提出了一种适用于双逆变器驱动的直流无刷电机的开关器件故障诊断方法，其利用逆变器直流母线侧的开关将双逆变器中的一个变换为虚拟中性点，将双逆变器拓扑转换为传统星形联结的单逆变器拓扑，并结合电流传感器中的信息来实现故障诊断。文献［17］提出了一种基于平均电流的双逆变器开路故障诊断方法，该方法设计了一种新颖的单极性控制方法来构造故障相响应电流，可以很好地实现对相同特性器件故障的区分。

本章针对绕组开路永磁同步电机驱动系统双逆变器开关器件的开路故障诊断问题展开研究，首先，通过分析故障前后逆变器输出特性的变化，阐述了逆变器输出电压误差与故障器件之间的关系。以此为基础，提出了一种适用于共直流母线型 OW - PMSM 系统的开关器件开路故障诊断策略，并进行了试验验证，实验结果证明了所提故障诊断策略的有效性。此外，本章还研究了电机发电系统在逆变器开路故障时的容错运行技术。

9.1 双逆变器拓扑在开关器件开路故障后的工作特性

为了研究故障诊断方法，有必要对故障前后驱动系统的工作特性进行分析。由于 OW - PMSM 的三相绕组相互独立且具有相似的运行特性，因此只需要分析一相即可。在本章中，以 A 相故障为例进行分析。A 相有两个桥臂，开关状态 S_{a1} 和 S_{a2} 有 4 种状态组合：（0，0）、（0，1）、（1，0）和（1，1）。当开关器件发生开路故障时，本应闭合的开关器件将无法正常闭合，导致开关器件的状态和逆变器的输出存在错误[18-22]。显然，逆变器的错误输出与理论开关状态和电流方向有关。假设电流从绕组端子 a_1 流向绕组端子 a_2（见图 9-1）为电流的正方向，接下来将分别对电流为正和电流为负时逆变器的故障运行特性进行分析。

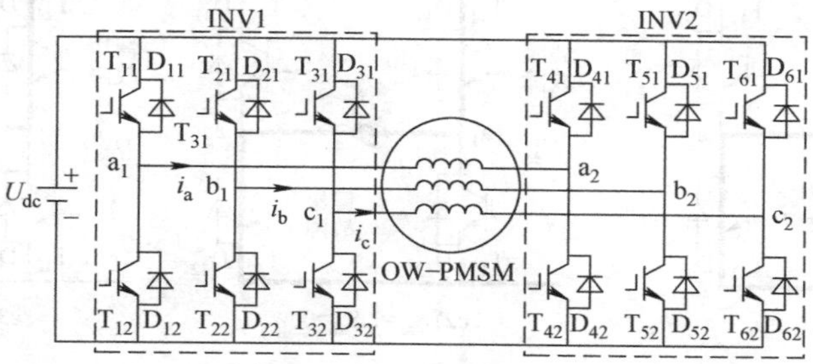

图 9-1　共直流母线型 OW - PMSM 驱动系统拓扑

1. 电流为正方向时

在电流为正的情况下，只有开关器件 T_{11} 或 T_{42} 故障时逆变器才会在特定的开关状态下产生不正常的工作状态。其中故障情况可分为单个开关器件故障和两个开关器件同时故障。逆变器 A 相发生故障前后受到影响的运行状态如图 9-2 所示，其输出特性的具体变化见表 9-1。

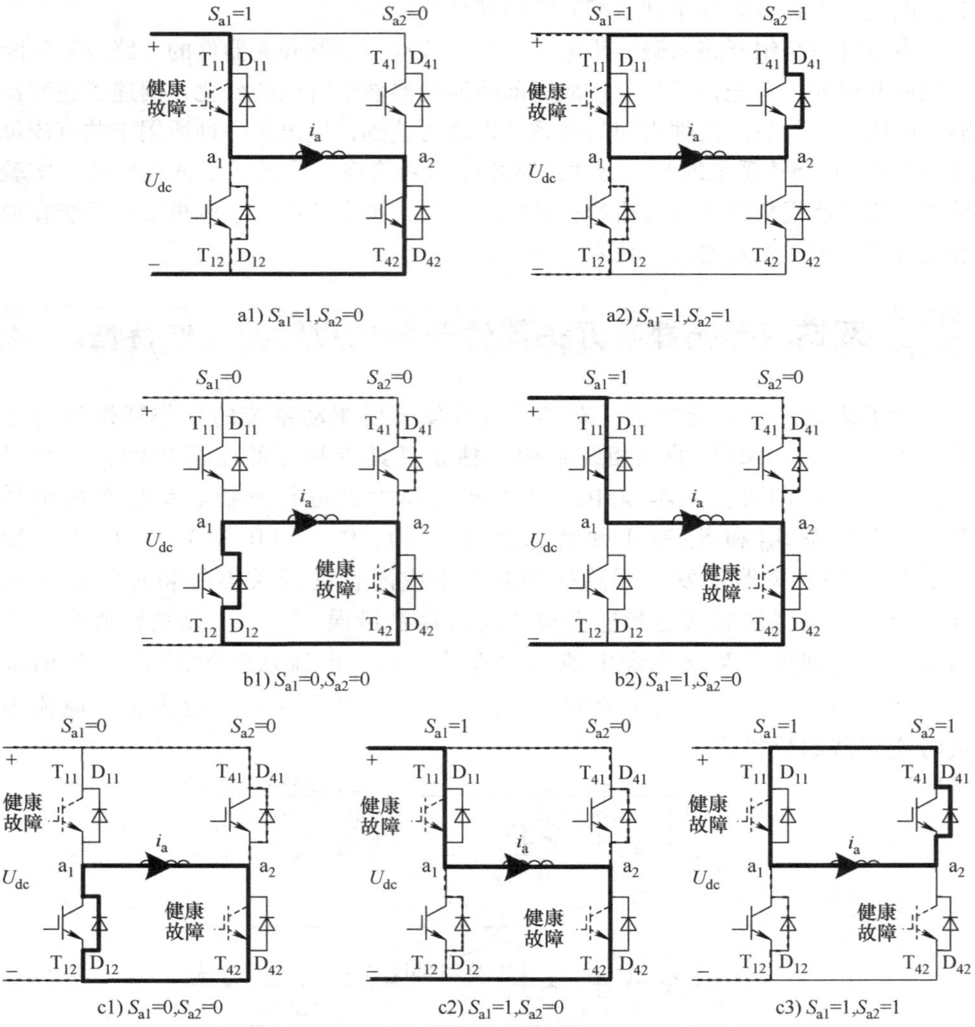

图 9-2　T_{11} 或 T_{42} 故障时受影响的电流路径（实线：健康；虚线：故障）

表 9-1　T_{11} 或 T_{42} 故障前后逆变器 A 相输出特性的变化

电流方向	故障器件	(S_{a1}, S_{a2})	u_a	u_a^*	Δu_a
正	T_{11}	(1, 0)	0	U_{dc}	U_{dc}
正	T_{11}	(1, 1)	$-U_{dc}$	0	U_{dc}
正	T_{42}	(0, 0)	$-U_{dc}$	0	U_{dc}
正	T_{42}	(1, 0)	0	U_{dc}	U_{dc}
正	T_{11}，T_{42}	(0, 0)	$-U_{dc}$	0	U_{dc}
正	T_{11}，T_{42}	(1, 0)	$-U_{dc}$	U_{dc}	$2U_{dc}$
正	T_{11}，T_{42}	(1, 1)	$-U_{dc}$	0	U_{dc}

表 9-1 中，(S_{a1}, S_{a2}) 为 T_{11} 或 T_{42} 开路故障后会导致逆变器工作异常的开关状态；$u_a = u_{a1} - u_{a2}$ 为逆变器在发生开关器件开路故障状态下的输出电压；u_a^* 为逆变器在健康状态下的输出电压，电压误差定义为 $\Delta u_a = u_a^* - u_a$。

从图 9-2 中 T_{11} 或 T_{42} 故障前后电流路径的变化可以发现，在故障发生后，使相电流增大的开关状态将会被使相电流减小的开关状态所取代，这将导致正电流的迅速减小和消失，如图 9-3 中的 i_a 所示。此外，由表 9-1 中逆变器的输出电压信息可以发现一个共同的性质：在这种故障情况下，逆变器的输出电压误差均为正值，即 $\Delta u_a > 0$。

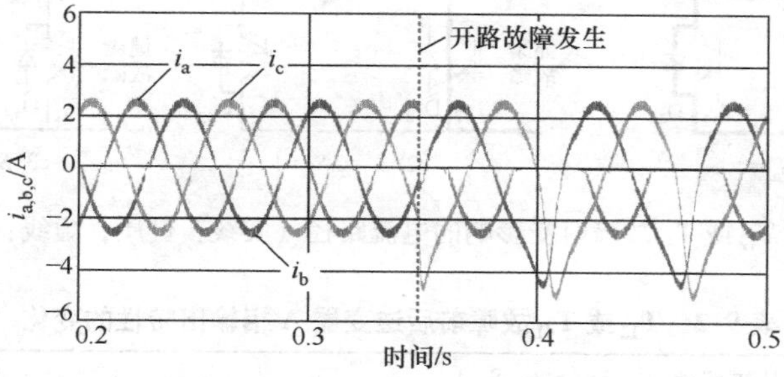

图 9-3　T_{11} 或 T_{42} 开路故障发生前后电流波形

2. 电流为负方向时

电流为负方向时的情况与正电流情况类似，当电流处于负半周期时，只有当开关器件 T_{12} 或 T_{41} 发生开路故障时，特定开关状态下 A 相逆变器的输出特性才会受到影响。故障发生前后 A 相电流的路径变化如图 9-4 所示，逆变器输出特性的变化见表 9-2。

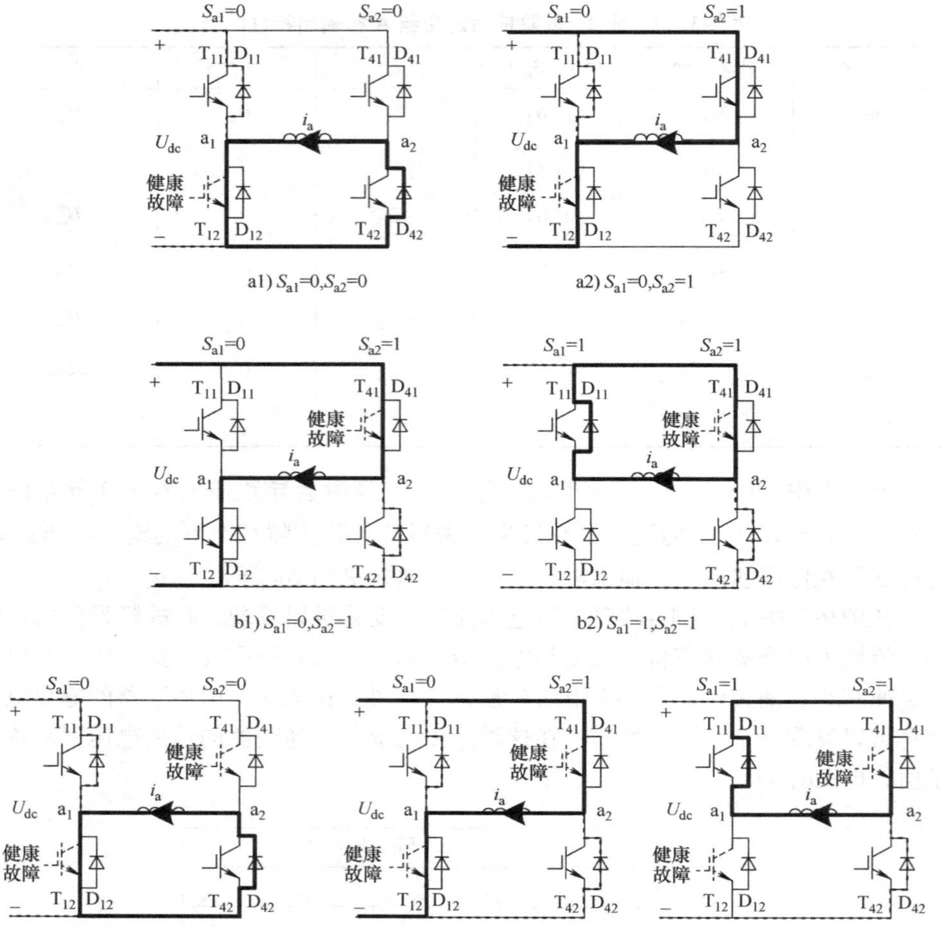

a1) $S_{a1}=0, S_{a2}=0$　a2) $S_{a1}=0, S_{a2}=1$

b1) $S_{a1}=0, S_{a2}=1$　b2) $S_{a1}=1, S_{a2}=1$

c1) $S_{a1}=0, S_{a2}=0$　c2) $S_{a1}=0, S_{a2}=1$　c3) $S_{a1}=1, S_{a2}=1$

图 9-4　T_{12}或 T_{41}故障时受影响的电流路径（实线：健康；虚线：故障）

表 9-2　T_{12}或 T_{41}故障前后逆变器 A 相输出特性的变化

电流方向	故障器件	（S_{a1}，S_{a2}）	u_a	u_a^*	Δu_a
负	T_{12}	(0, 0)	U_{dc}	0	$-U_{dc}$
负	T_{12}	(0, 1)	0	$-U_{dc}$	$-U_{dc}$
负	T_{41}	(0, 1)	0	$-U_{dc}$	$-U_{dc}$
负	T_{41}	(1, 1)	U_{dc}	0	$-U_{dc}$
负	T_{12}，T_{41}	(0, 0)	U_{dc}	0	$-U_{dc}$
负	T_{12}，T_{41}	(0, 1)	U_{dc}	$-U_{dc}$	$-2U_{dc}$
负	T_{12}，T_{41}	(1, 1)	U_{dc}	0	$-U_{dc}$

由图 9-4 可以发现，开关器件 T_{12} 或 T_{41} 发生开路故障时的影响与开关器件 T_{11} 或 T_{42} 在电流为正时发生开路故障的影响是十分相似的。但不同的是，受到影响的为负半周期的电流波形（开路故障发生后原本使负电流增大的开关状态会被使负电流减小的开关状态所代替），这将导致如图 9-5 中 i_a 所示的负电流的迅速减小和消失。同时还可以发现，在这种故障情况下，表 9-2 中的逆变器输出电压的误差均为负值，即 $\Delta u_a < 0$。

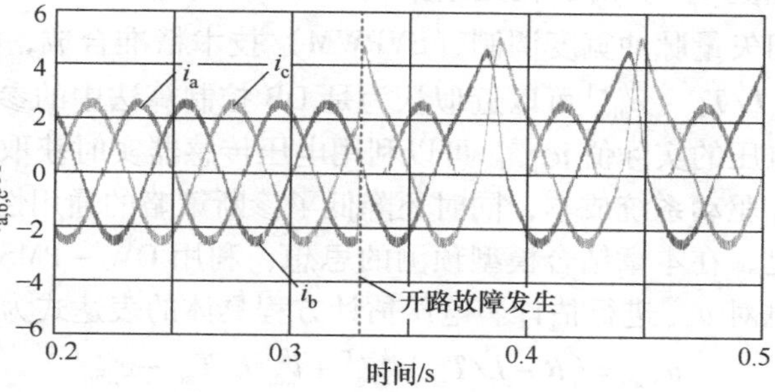

图 9-5　T_{12} 或 T_{41} 开路故障发生前后电流波形

对比表 9-1 和表 9-2 中的信息，可以发现处于同一相对角线上的两个开关器件具备相同的故障特征，这一结论也适用于逆变器的 B 相和 C 相。若将两个具有相同故障特性的开关器件称为开关器件对，则 OW－PMSM 驱动系统中共有 6 个开关器件对：（T_{11}，T_{42}）、（T_{12}，T_{41}）、（T_{21}，T_{52}）、（T_{22}，T_{51}）、（T_{31}，T_{62}）和（T_{32}，T_{61}）。此外，两个表格中的信息还表明若有开关器件发生开路故障则逆变器的输出则会产生电压误差 Δu_a，并且电压误差中包含着故障信息：$\Delta u_a > 0$ 意味着逆变器主对角线上的开关器件发生了故障；$\Delta u_a < 0$ 意味着逆变器副对角线上的开关器件发生了故障。因此，可以根据逆变器输出电压误差的幅值来判断是否存在故障器件，并通过 $\Delta u_x(x = a, b, c)$ 的极性来判断存在故障的器件对。然而，这样仅能实现故障器件对的诊断而不能够诊断出具体的故障器件，下文将为解决这一问题而对故障诊断策略做进一步的研究。

9.2　开关器件开路故障诊断策略

在上一节中，对逆变器开关器件开路故障前后输出特性的分析表明逆变器输出电压的误差可用于判断故障开关器件。因此，在本节将提出一种基于逆变器输出电压误差的开关器件开路故障诊断策略，诊断过程分为两个步骤：①故障器件对的判断；②具体故障器件的诊断。本节将从这两个方面分别对所提出的故障诊断策略进行介绍。

9.2.1 故障开关器件对的判断

通过上一节中对开关器件故障前后逆变器输出特性的分析，可以发现故障器件对可以根据电压误差 Δu_{abc} 直接确定。因此，需要在 OW－PMSM 驱动系统运行过程中实时获得电压误差 Δu_{abc}。

逆变器输出电压误差 Δu_{abc} 包含逆变器输出电压的理论值 u_{abc}^*，以及逆变器输出电压的实际值 u_{abc}。由于在无差拍（Dead Beat，DB）控制策略中认为参考电压可以由空间矢量脉冲宽度调制（SVPWM）技术精准合成，因此 $u_{abc}^* = (R - L/T_{sc}) i_{abc}^{k+1} + i_{abc}^* L/T_{sc} - e_{abc}^{k+1}$ 可以近似认为是 DB 控制算法中的参考电压值。而对于逆变器输出电压的实际值 u_{abc}，可以利用电压传感器实时获取其准确数值，然而这无疑会增加驱动系统成本，同时还降低了诊断策略的通用性。为克服电压传感器带来的不足，在本章结合模型预测的思想，利用 OW－PMSM 系统中原有可获取的运行信息对 u_{abc} 进行估计。电压估计方程具体的表达式为

$$u_{abc} = (R - L/T_{sc}) i_{abc}^{k-1} + i_{abc}^{k} L/T_{sc} - e_{abc}^{k-1} \tag{9.1}$$

其中，i_{abc}^{k-1} 和 e_{abc}^{k-1} 为 OW－PMSM 在第 $k-1$ 控制周期的电流和反电动势；i_{abc}^{k} 为 OW－PMSM 在第 k 控制周期内的电流值。

因此，第 k 控制周期内的逆变器输出电压误差可以表示为

$$\Delta u_{abc} = u_{abc}^{*(k-1)} - u_{abc} \tag{9.2}$$

其中，$u_{abc}^{*(k-1)}$ 为在第 $k-1$ 控制周期内计算得到的电压参考值。为提升故障诊断策略的灵敏度并简化诊断策略，定义一个变量 $E_x(x = a,b,c)$ 用于对故障进行诊断。变量 $E_x(x = a,b,c)$ 和电压误差 Δu_{abc} 之间的关系如下：

$$E_x = \frac{\Delta u_x}{U_{dc}}, (x = a,b,c) \tag{9.3}$$

图 9-6 展示了故障器件对的诊断方法，其中 h_1 为基于实验经验的安全阈值参数。当 $|E_x|(x = a,b,c) \leq h_1$ 时，意味着 OW－PMSM 驱动系统中不存在故障，否则意味着现有系统中存在开关器件开路故障，而具体的故障器件对可以由图 9-6 所示的 $E_x(x = a,b,c)$ 的分布判断。例如，若 E_x 位于 E_a 轴的正半轴，那么意味着器件对（T_{11}，T_{42}）中至少有一个器件发生开路故障了。

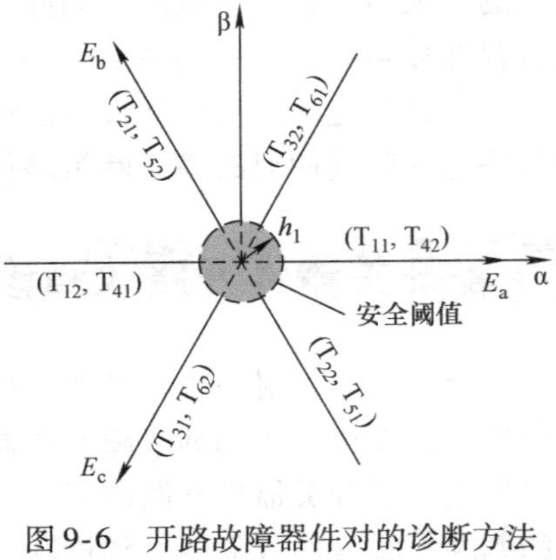

图 9-6 开路故障器件对的诊断方法

此外，需要定义一个在下文中用到的

变量 $Fault_{flag}$，$Fault_{flag}$ 的值由式（9.4）决定。

$$Fault_{flag}=\begin{cases}1, & E_x(x=\mathrm{a,b,c})>h_1\\0, & |E_x|(x=\mathrm{a,b,c})<h_1\\-1, & E_x(x=\mathrm{a,b,c})<-h_1\end{cases}\tag{9.4}$$

9.2.2 具体故障开关器件的判断

在完成故障器件对的定位后，还需要对故障器件对中具体的故障设备进行诊断。由 9.1 节中对逆变器故障前后工作特性的分析可知，发生开路故障的开关器件只会影响逆变器在单向电流半波周期内的工作状态。以 A 相为例，开关器件对（T_{11}，T_{42}）仅会影响逆变器电流处于正半周期时的工作状态，若电流为正时（T_{11}，T_{42}）中发生开路故障则故障特性立刻显示出来（正电流的迅速衰减和消失），但若在电流为负时（T_{11}，T_{42}）中发生开路故障则故障特性要等到下一电流正半周期开始时才会被反映出来，如图 9-7a 中的 i_a 所示，而在此之间 OW－PMSM 系统的运行并不会受到影响；开关器件对（T_{12}，T_{41}）也是类似的，若开路故障在电流为负半周期内发生则故障特性就会被立刻显示出来，但当开路故障发生于电流正半周期时逆变器的故障特性要等到电流下一负半周期开始时才会被反映出来，如图 9-7b 中的 i_a 所示，在此期间内系统的运行也不会受到影响。为

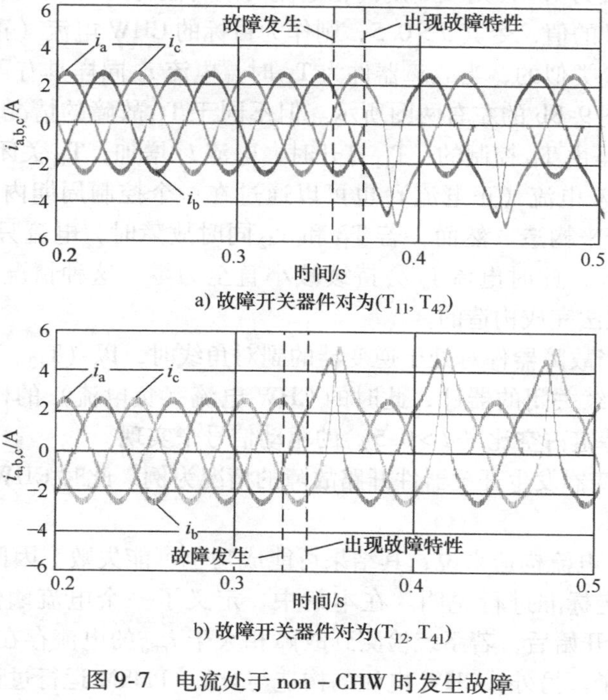

图 9-7　电流处于 non－CHW 时发生故障

了下文中叙述的方便，称可以立刻反映开关器件故障特性的电流半波周期为特性半波（CHW），称不可以立刻反映开关器件故障特性的电流半波周期为非特性半波（non - CHW）。

考虑到故障发生的时间是随机的，故障既可能发生在 CHW 电流中也可能发生在非 CHW 电流中。对于发生于任何时刻的故障而言，故障发生后均不会再存在 CHW 电流了。而根据第二节中的分析可知，CHW 电流对于实现故障诊断是十分重要的。因此，为了进一步诊断故障开关器件对中具体的故障器件，在诊断出存在故障的开关器件对后需要先在故障相中人为构造出 CHW 电流，然后再根据电压误差信息完成进一步的诊断。

1. CHW 电流的构造方法

若故障开关器件为 T_{11}，在 T_{12}和 T_{41}被关闭时电流的可能路径如图 9-8a 所示。在 T_{12}和 T_{41}被关闭时，若 T_{42}也被关闭，则电流路径如图 9-8a 的左图所示，电流为再生路径，此时运行中的 OW - PMSM 向直流母线反向充电，电流 i_a 的幅值会逐渐减小；另一方面，若 T_{42}被打开，电流路径则由图 9-8a 的右图所示，电流路径为一个环流路径，此时电流 i_a 的幅值会由于 OW - PMSM 运行过程中反电动势的存在而逐渐增大。由此可以发现，在 T_{11}故障并且关闭 T_{12}和 T_{41}时电流 i_a 实际上是由 T_{42}的开关状态控制的。因此，若在一个控制周期内将 T_{42}驱动信号的占空比 d 设置为 0.5，则该周期内正电流的平均值将为 0；若合理地增加 T_{42}驱动信号占空比 d 的值，令其 $d>0.5$，则作为目标的 CHW 电流（正电流）就可以被构造出来了。类似的，当故障器件为 T_{42}时，电流 i_a 同样具有再生路径和环流路径，分别如图 9-8b 的左右两图所示。但不同于 T_{11}故障的情况，当 T_{42}故障时电流 i_a 的路径是由 T_{11}控制的：T_{11}打开时，电流 i_a 增加；T_{11}关闭时，电流 i_a 减小。因此，CHW 电流（正电流）也可以通过在一个控制周期内向 T_{11}发送 $d>0.5$ 的驱动信号来构造。然而，若 T_{11}和 T_{42}同时故障时，电流只存在如图 9-8c 所示的再生路径，此时电流 i_a 会持续减小直至为零。这种情况下，CHW 电流（正电流）是无法完成构造的。

相似地，当故障器件对处于逆变器的副对角线时，以（T_{12}，T_{41}）为例，T_{11}和 T_{42}被选为持续关闭的器件，此时的 CHW 电流（负电流）的构造可以通过向 T_{12}或 T_{41}发送特定占空比（$d>0.5$）的驱动信号来实现。

以 A 相逆变器发生开关器件开路故障的情况为例，此时 CHW 电流的构造过程如图 9-9 所示。

对于 CHW 电流构造来说，其结果可能成功也可能失败。因此，需要对电流构造结果的判定标准进行说明。在本章中，定义了一个电流阈值 i_{min}，在构造 CHW 电流过程开始后，若系统检测到故障相大于 i_{min}的电流存在，则认为 CHW 电流构造成功了。另外，CHW 电流的构造与 OW - PMSM 运行过程中的反电动势

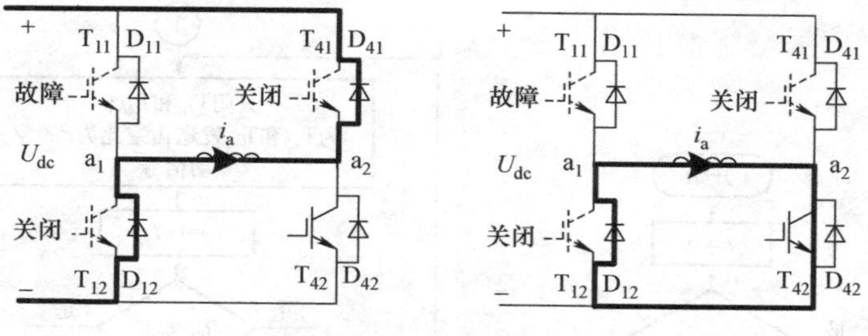

a) 故障器件为T_{11}时电流可能的路径

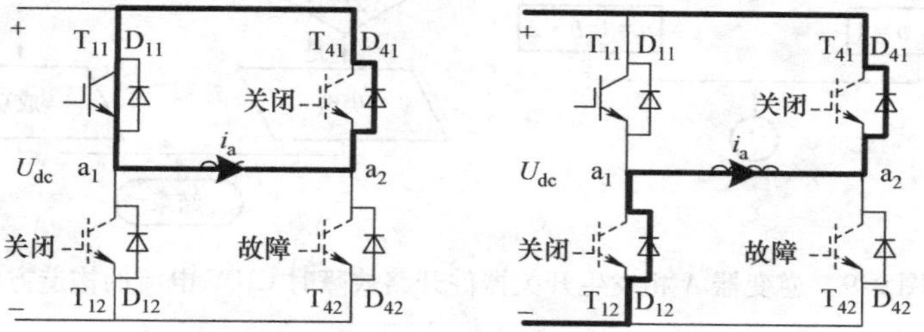

b) 故障器件为T_{42}时电流可能的路径

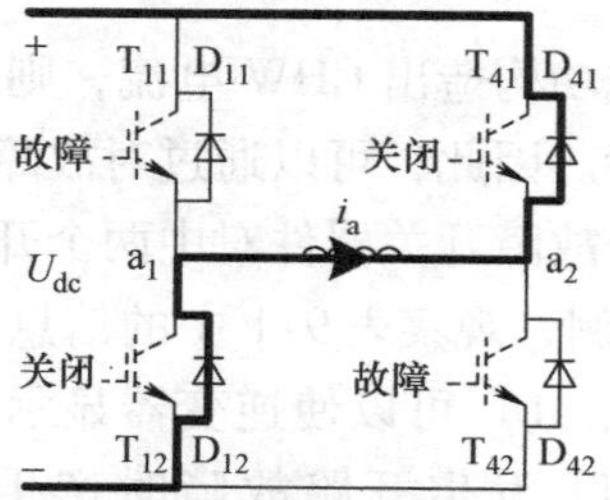

c) T_{11}和T_{42}同时故障情况下电流可能的路径

图 9-8　当故障器件对为（T_{11}，T_{42}）时正电流可能的路径

也有关，能构造的 CHW 电流的最大幅值 i_{max}（$i_{max} > i_{min}$）在 3/4 电流基波周期（$3\pi/2P\omega_m^*$）的时间内必定会出现。因此，若在 CHW 电流构造过程开始后的 3/4 电流基波周期（$3\pi/2P\omega_m^*$）时间内没有检测到幅值大于 i_{min} 的电流，则认为 CHW 电流构造失败了。

从上文中对电流构造的分析可以看出，CHW 电流构造的结果中也包含了诊断具体故障开关器件所需的关键信息，在下文中将对此进行详细说明。

2. 具体故障开关器件的诊断

由上文中对图 9-8c 的分析可以知道，如果 CHW 电流不能被成功构造出来，

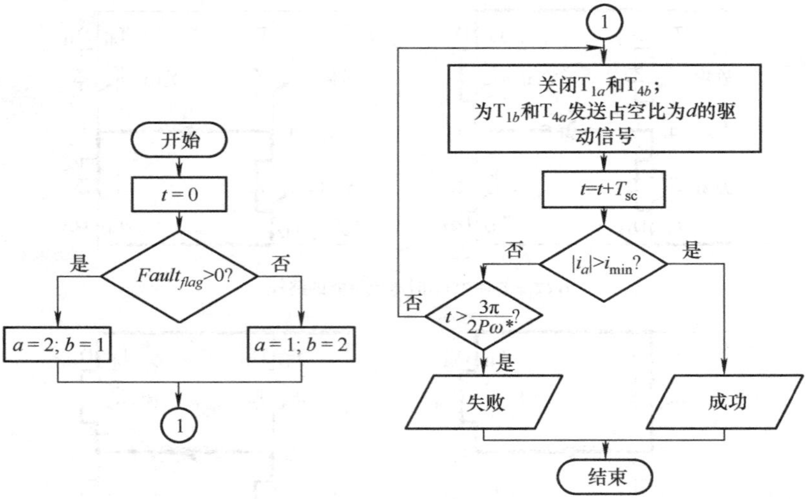

图 9-9　逆变器 A 相发生开关器件开路故障时 CHW 电流的构造方法

则意味着故障开关器件对中的两个开关器件同时发生故障了，此时诊断的过程可以就此结束了。

另一方面，如果可以成功构造出 CHW 电流，则意味着故障开关器件对中只有一个器件发生了开路故障。因此，可以通过对故障开关器件对中的一个开关器件进行故障诊断来确定整个故障开关器件对中两个开关器件的健康状态。以故障开关器件对（T_{11}，T_{42}）为例，观察表 9-1 中的信息可以发现此时有三种开关状态（0，0）、（1，0）和（1，1）可以使逆变器显示出故障特性，其中开关状态（0，0）可以使逆变器在 T_{42} 发生开路故障时产生输出电压误差，开关状态（1，1）可以使逆变器在 T_{11} 发生开路故障时产生输出电压误差，而开关状态（1，0）在 T_{11} 和 T_{42} 发生开路故障时均可以使逆变器的输出电压产生误差。由于开关状态（1，0）对应逆变器输出的电压不为零并且该开关状态对应多个故障器件，为了在对故障器件进行快速诊断的同时不对系统运行造成严重的影响，开关状态（1，0）不会被用于下文中所述的诊断过程。

由于 CHW 电流可以成功被构造，因此只需要对故障开关器件对中的一个开关器件进行诊断就行了，在故障开关器件对（T_{11}，T_{42}）中用于诊断的开关器件为 T_{42}。在 CHW 电流成功被构造出来后，将 A 相逆变器的开关状态设置为（0，0）并在下一控制周期利用逆变器输出电压误差来诊断 T_{42} 的健康状态。由于当开关状态设置为（0，0）时，逆变器在健康状态下的输出为 0，因此逆变器输出电压误差估计方程即式（9.2）可以简化为

$$\Delta u_{abc} = -u_{abc} \tag{9.5}$$

式（9.5）和式（9.3）将在下一控制周期作为诊断 T_{42} 的标准：

1）若 $|E_a| > h_2$（h_2 为另一个用于故障诊断的阈值参数），则认为 T_{42} 是故障的而 T_{11} 是健康的。

2）否则，认为 T_{42} 是健康的而 T_{11} 是故障的。

上述具体故障开关器件的诊断流程如图 9-10 所示。此外，对位于副对角线上的开关器件而言，例如开关器件对（T_{12}，T_{41}）中的开路故障，根据表 9-2 中的信息也可以使用类似的方法来进行诊断。

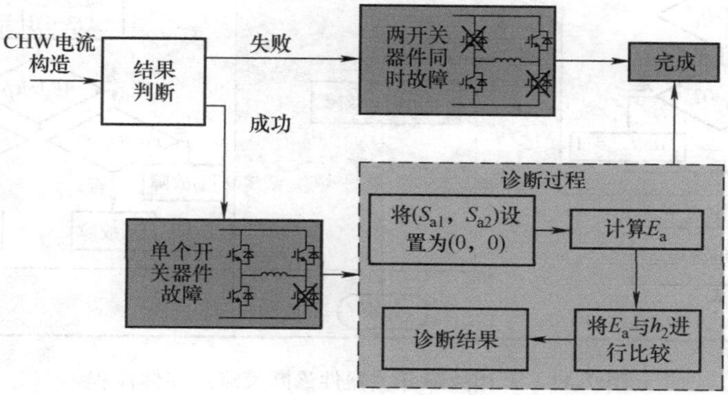

图 9-10　具体故障开关器件的诊断流程

9.2.3　开关器件开路故障的整体诊断策略计算

以逆变器中 A 相发生故障为例，对开路故障器件的整个诊断过程可以分为三个步骤，如图 9-11 所示。

1）故障开关器件对的判断：在 OW－PMSM 驱动系统正常运行过程中对逆变器输出电压的误差进行实时估计，当故障发生时，根据变量 E_a 判断出具有故障的开关器件对。

2）两个开关器件同时故障的判断：从这部分开始，OW－PMSM 驱动系统将处于 B、C 两相容错运行状态，容错运行策略采用文献［22］中提出的基于调制策略实现的 OW－PMSM 容错控制方法。在本部分中，将根据 CHW 电流构造的结果来判断故障类型（两个开关器件同时故障或单个开关器件故障）。如果两个开关器件同时发生故障，则可以结束整个诊断过程；如果只有一个开关器件发生故障，则需要第三步诊断对具体的故障开关器件进行判断。

3）单个开关器件故障时的判断：在本部分中，故障开关器件对中具体的故障器件可以通过构造出 CHW 电流后对 T_{12} 或 T_{42} 进行诊断得到，然后可以结束整个开路故障器件的诊断过程。

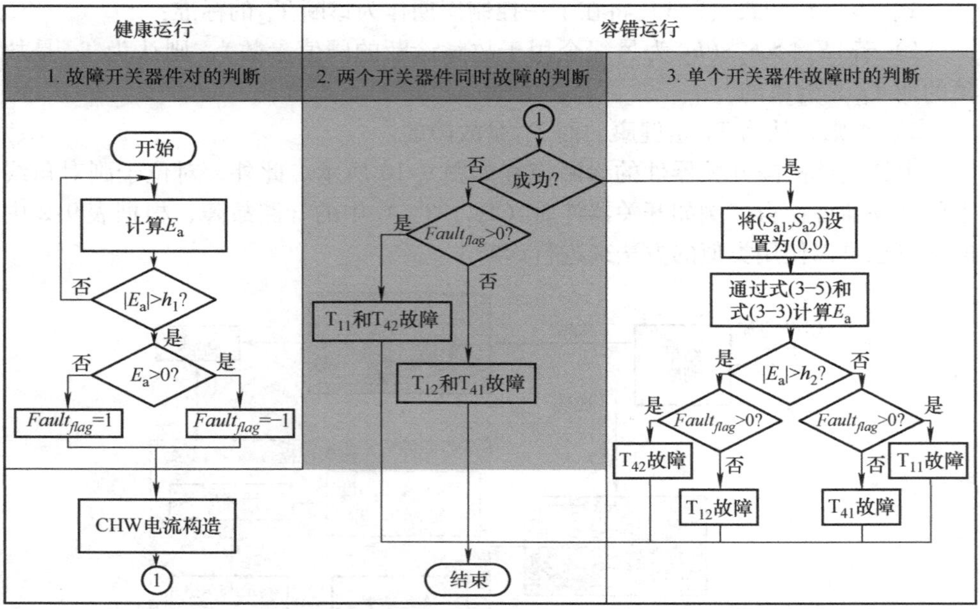

图 9-11　A 相故障开关器件诊断策略的整体流程

9.2.4　实验验证

为验证本章中提出的 OW－PMSM 驱动系统开关器件开路故障诊断策略的可行性和有效性，在本节中将对其进行实验验证。实验中 OW－PMSM 的相关参数如表 9-3 所示。

表 9-3　OW－PMSM 相关参数

直流母线电压	220V
额定功率	1.25kW
额定转速	2000r/min
额定转矩	6N·m
极对数	2
定子绕组电阻	1.5Ω
定子绕组电感	6.6mH
永磁体磁链幅值	0.4Wb
永磁体磁链三次谐波幅值	0.0059152Wb

1. 实验平台介绍

实验搭建的基于数字处理器 TMS320F28335 的硬件平台如图 9-12 所示。双逆变器拓扑中的两个标准三相两电平逆变器采用型号为 PS21869 - AP 的智能功率模块（IPM），直流母线由型号为 EA - PS 9500_300 的直流功率电源提供。实验对象由两个彼此拖动的 OW - PMSM 和负载 PMSM 构成，其中 OW - PMSM 控制单元控制 OW - PMSM 运行并用于对本章中提出的故障诊断策略进行验证，负载控制单元用于控制负载电机为 OW - PMSM 施加负载。实验过程中 OW - PMSM 驱动系统开关器件的开路故障是通过人为断开开关器件驱动信号的连线来实现的，如图 9-12 所示。在实验过程中，OW - PMSM 的运行工况设置转速为 500r/min 并带有 3N · m 的负载，驱动系统的控制频率设置为 15kHz。

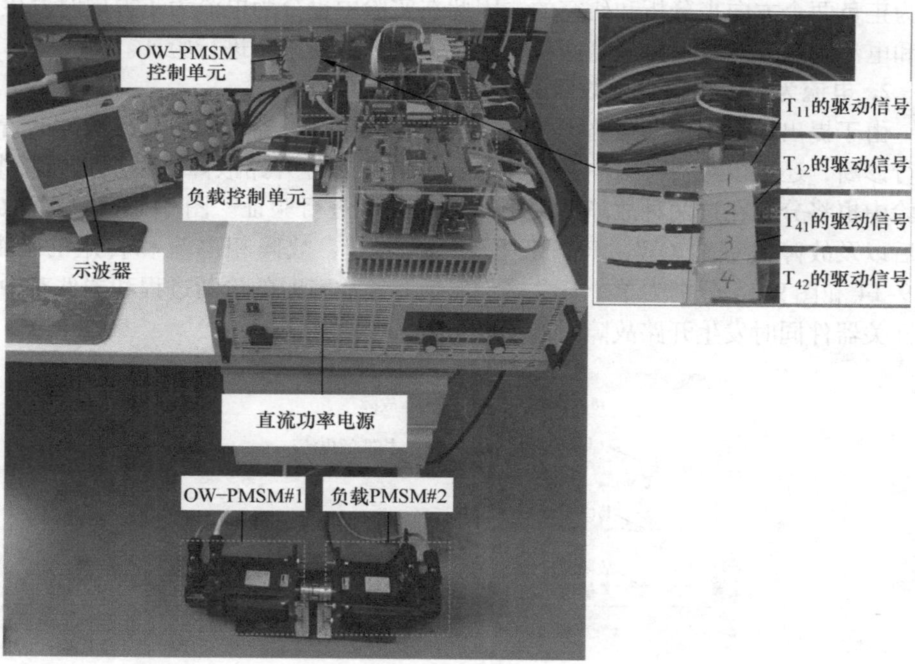

图 9-12 实验平台

由于实验参数与实际系统存在误差，OW - PMSM 驱动系统在健康运行时 $E_a \neq 0$。在实际试验中发现健康运行状态下 $E_a \leq 0.3$，并且其值在故障发生后会迅速增大并超过 0.45，因此 h_1 被设置为 0.45。故障诊断策略中其余的参数分别设置如下：$h_2 = 0.1$、$d = 0.95$ 和 $i_{min} = 0.6A$。此外，为了便于故障诊断策略呈现诊断结果，用故障码来表示判断出来的故障器件，具体故障器件与故障码的对应关系见表 9-4。

表 9-4 故障器件与故障码对应关系

故障种类	故障器件	故障码
单一器件故障	T_{11}	1
	T_{12}	2
	T_{41}	3
	T_{42}	4
两个器件同时故障	T_{11} 和 T_{42}	5
	T_{12} 和 T_{41}	6

在 9.2.2 节对逆变器在开关器件开路故障时工作特性的研究中，都是将电流分为正负两个方向来分析和研究的，因此在实验中也分为电流为正方向时发生故障和电流为负方向时发生故障两种情况对提出的诊断策略进行验证。

2. 电流为正方向时发生故障的诊断

由于提出的故障诊断策略不仅可以实现对单个开关器件发生开路故障的情况进行诊断，还可以对器件对中两个开关器件同时发生开路故障的情况进行诊断，实验中也将分别在这两种故障情况下对诊断策略进行验证。图 9-13 显示了故障前后以及故障过程中 OW－PMSM 驱动系统转速、故障相电流和转矩的情况，图 9-14 和图 9-15 分别为单个开关器件发生开路故障时的诊断过程和器件对中两个开关器件同时发生开路故障时的诊断过程。

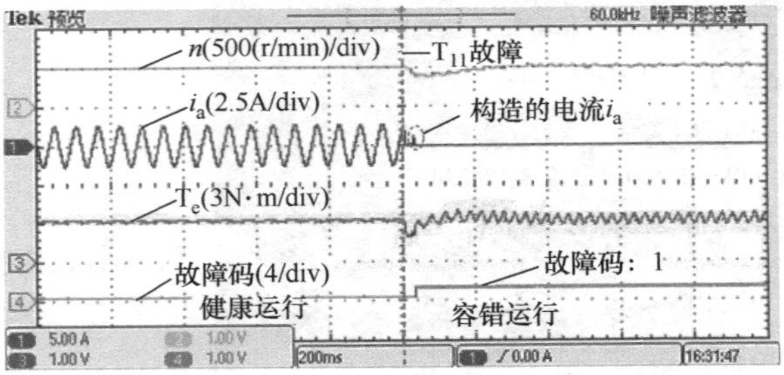

图 9-13 T_{11} 在电流为正时发生开路故障 OW－PMSM 运行状况

电流为正且 T_{11} 发生开路故障时系统运行情况如图 9-13 所示，系统运行处于 500r/min 转速并带有 3N·m 负载的工况。在故障发生前系统的转矩纹波和转速纹波均很小，具有良好的运行性能；在故障发生后系统处于容错运行的过程中，转矩和转速的纹波有所增加；在故障发生瞬间，诊断策略可以立刻判断出故障的存在，驱动系统在故障诊断过程中的过渡较为平缓，构造出来的 CHW 电流也并未对系统运行造成严重的影响。

在正电流情况下发生单个开关器件开路故障时诊断策略的运行情况如

图 9-14 所示，下面以器件对（T_{11}，T_{42}）为例对故障诊断的过程进行说明。在故障发生前故障诊断变量 E_a 的数值由于系统参数准确性影响周期波动，但其幅值一直小于故障判断阈值 h_1。但当故障发生后 CHW 电流会使 E_a 迅速增大并超过 h_1，根据 E_a 的极性可以区分器件对（T_{11}，T_{42}）和（T_{12}，T_{41}）：图 9-14a 和图 9-14d 分别为 T_{11} 和 T_{42} 故障的情况，该故障后 E_a 大于零；图 9-14b 和图 9-14c 分别为 T_{12} 和 T_{41} 故障的情况，该故障后 E_a 小于零。判断出故障器件对后开始进行 CHW 电流的构造，由于能够成功构造出 CHW 电流，因此判断故障情况为单个器件故障。然后，按照诊断策略的第三步向逆变器故障相发送特定的开关状态（0，0），在下一个控制周期判断 E_a 和阈值 h_2 的大小，图 9-14a 中 E_a 值变为 0.096 小于阈值 h_2，诊断策略判定为 T_{11} 故障，输出对应的故障码 1；图 9-14d 中 E_a 值变为 0.112 大于阈值 h_2，诊断策略判定为 T_{42} 故障，输出对应的故障码 4；同样，对于 T_{12} 和 T_{41} 故障的情况，诊断策略也进行了上述过程来实现对故障器件的诊断。

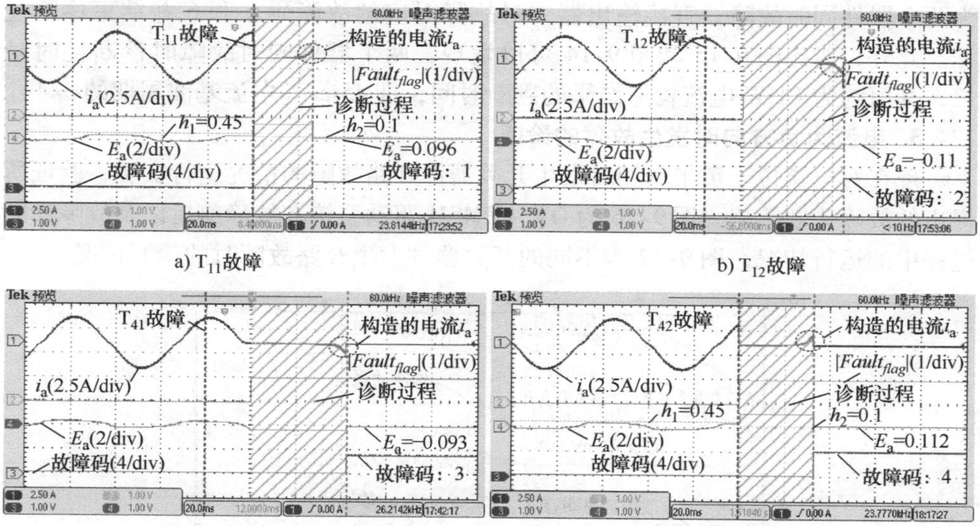

a) T_{11} 故障　　b) T_{12} 故障

c) T_{41} 故障　　d) T_{42} 故障

图 9-14　单个开关器件发生开路故障时的诊断过程

由 9.2.2 节和 9.2.3 节的分析知道，正电流为开关器件 T_{11} 和 T_{42} 的 CHW 电流，当 T_{11} 或 T_{42} 发生故障时逆变器的输出便会立刻显示出故障特性，诊断过程会立刻开始，诊断过程较短，约为 29ms（电流基波周期的 29/60）；而当 T_{12} 或 T_{41} 发生故障时故障特性并不会立刻显示出来，系统运行也不会立刻受到影响，故障直到它们下一个 CHW 电流（负电流）开始时才会被发现，诊断过程从此才会开始，整个诊断过程的耗时相对较长，约为 43ms（电流基波周期的 43/60）。

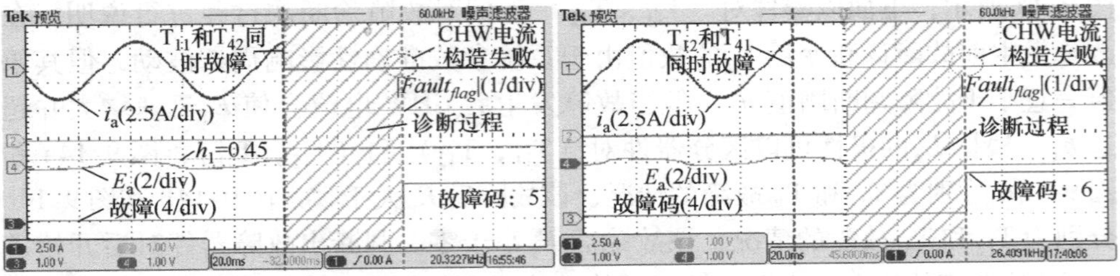

a) T_{11}和T_{42}同时故障　　b) T_{12}和T_{41}同时故障

图 9-15　器件对中两个开关器件同时发生开路故障时的诊断过程

正电流情况下，器件对中两个开关器件同时发生开路故障时诊断策略的运行情况如图 9-15 所示，故障诊断中区别两个器件同时故障和单个器件故障的地方在诊断策略的第二步。在判断出故障器件对后开始执行构造 CHW 的过程，但图 9-15a 和b 中 CHW 电流的构造结果都是不成功的，由诊断策略的第二步判定为两个器件同时故障，直接输出器件对故障对应的故障码 5 和 6 并结束诊断过程。此外，对比图 9-15 和图 9-14 可以发现，两个器件同时故障时诊断耗时最长，其值约为 CHW 电流构造结果的判断时间，即 45ms（电流基波周期的 3/4）。

3. 电流为负方向时发生故障的诊断

现在对电流位于负半周期时发生开关器件开路故障的情况进行实验，验证所提出的故障诊断策略。图 9-16 为 OW－PMSM 驱动系统在故障前后以及故障诊断过程中的运行情况，图 9-17 为不同的开关器件发生开路故障时的诊断情况。

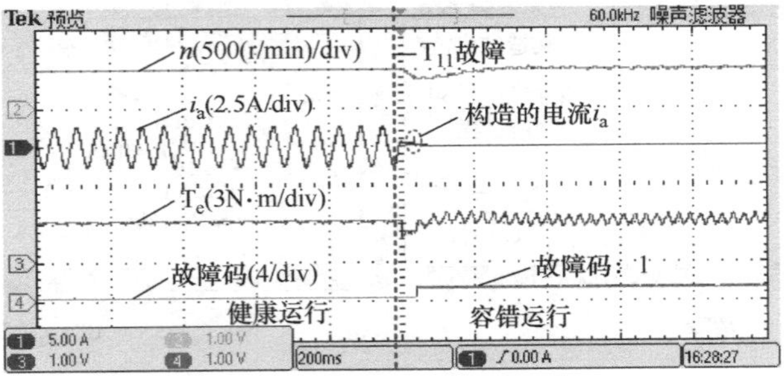

图 9-16　T_{11}在电流为负方向时发生开路故障 OW－PMSM 运行状况

同样以T_{11}发生开路故障为例，由于负电流并不是器件T_{11}的 CHW 电流，所以在故障发生的瞬间，系统运行并不会受到影响。当下一个电流正半周期（CHW 电流）开始时，逆变器会表现出故障器件的特性，通过诊断策略判断故障的存在并迅速诊断出具体的故障器件。图 9-16 所示系统的运行状态表明，对于 OW－PMSM 驱动系统在电流负半周期内发生开关器件开路故障的情况，本章提出的故障诊断策略并不会严重影响系统的运行。

电流为负时不同开关器件发生开路故障后故障诊断策略的执行情况如图 9-17 所示，诊断策略的效果与电流为正时发生故障的情况是类似的。与之不同的是负电流为 T_{12} 和 T_{41} 的 CHW 电流，当 T_{12} 或 T_{41} 发生单个器件故障时诊断策略会立即发现故障并完成诊断，诊断耗时较短，约为 35ms（电流基波周期的 7/12）；当 T_{11} 或 T_{42} 发生单个器件故障时诊断策略会稍有延迟，诊断耗时相对较长，约为 42ms（电流基波周期的 7/10）；当器件对中的两个器件同时发生故障时，诊断所需的时间最长，约为 45ms（电流基波周期的 3/4）。

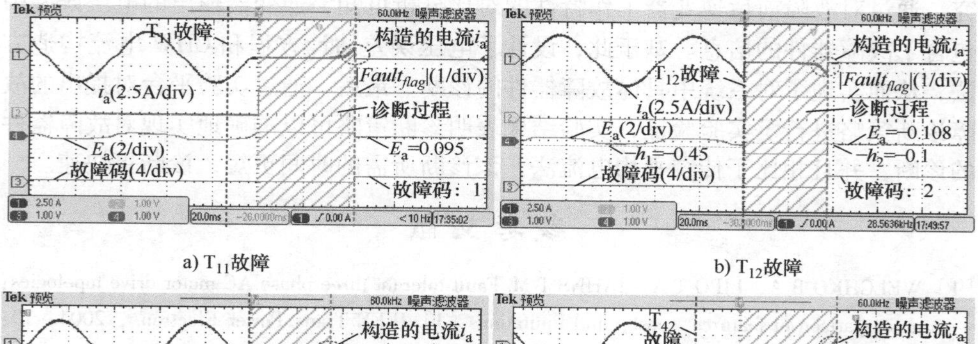

a) T_{11}故障　b) T_{12}故障

c) T_{41}故障　d) T_{42}故障

e) T_{11}和T_{42}同时故障　f) T_{12}和T_{41}同时故障

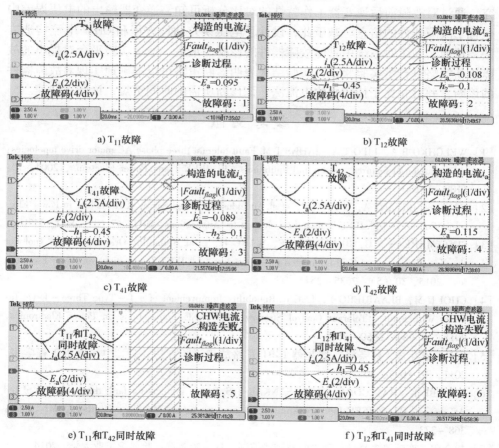

图 9-17　电流为负时不同开关器件发生开路故障的诊断情况

4. 实验小结

在本节中，通过实验对提出的故障诊断策略进行了验证。实验结果表明提出的故障诊断策略可以准确地诊断出发生了故障的开关器件，并且诊断过程所需时间小于电流基波周期的3/4。相比于传统电流法故障诊断策略中至少需要一个电流基波周期的诊断时间，本章提出的诊断策略所需时间更短；相比于电压检测法，虽然本章提出的诊断策略所需诊断时间要长一些，但该诊断策略因不依赖电压传感器而具有更好的经济性和适用性。

9.3 本章小结

在本章中，对 OW – PMSM 驱动系统开关器件开路故障诊断策略进行了研究。通过对故障前后逆变器工作特性的对比分析可知，逆变器输出的电压误差中包含了故障器件的信息。基于此，设计了电压误差估计方程和 CHW 电流构造方法，从而实现了对系统中具体故障器件的诊断。最后，通过实验平台对提出的故障诊断策略进行了实验验证，实验结果表明诊断策略可以准确地实现对故障器件的诊断，并且相比于传统平均电流法，该诊断所需的时间更短，诊断更快速。

参考文献

[1] WELCHKO B A, LIPO T A, JAHNS T M. Fault tolerant three phase AC motor drive topologies: a comparison of features, cost, and limitations [J]. IEEE Trans. Power Electron., 2004, 19: 1108 – 1116.

[2] YANG S, BRYANT A, MAWBY P, et al. An Industry – Based Survey of Reliability in Power Electronic Converters [J]. IEEE Transactions on Industry Applications, 2011, 47 (3): 1441 – 1451.

[3] SINTAMAREAN N C, BLAABJERG F, WANG H, et al. Reliability Oriented Design Tool For the New Generation of Grid Connected PV – Inverters [J]. IEEE Transactions on Power Electronics, 2015, 30 (5): 2635 – 2644.

[4] CHOI U M, BLAABJERG F, LEE K. Reliability Improvement of a T – Type Three – Level Inverter With Fault – Tolerant Control Strategy [J]. IEEE Transactions on Power Electronics, 2015, 30 (5): 2660 – 2673.

[5] 于泳，蒋生成，杨荣峰．变频器 IGBT 开路故障诊断方法 [J]．中国电机工程学报，2011，31 (09)：30 – 35.

[6] DEBEBE K, RAJAGOPALAN V, SANKAR T S. Expert systems for fault diagnosis of VSI fed AC drives [C] // IEEE Industry Applications Society Annual Meeting, Dearborn, MI, 1991: 368 – 373.

[7] 胡金阳．变频器多目标故障诊断及容错控制 [D]．哈尔滨：哈尔滨工业大学，2014.

[8] IM W, KIM J, LEE D, et al. Diagnosis and Fault – Tolerant Control of Three – Phase AC – DC PWM Converter Systems [J]. IEEE Transactions on Industry Applications, 2013, 49 (4): 1539 – 1547.

[9] FREIRE N M A, ESTIMA J O, CARDOSO A J M. Open – Circuit Fault Diagnosis in PMSG Drives for Wind Turbine Applications [J]. IEEE Transactions on Industrial Electronics, 2013,

60 (9): 3957 - 3967.

[10] SHI T, HE Y, WANG T, et al. An Improved Open - Switch Fault Diagnosis Technique of a PWM Voltage Source Rectifier Based on Current Distortion [J]. IEEE Transactions on Power Electronics, 2019, 34 (12): 12212 - 12225.

[11] 张晓光，李正熙．无电压传感器逆变器开路故障诊断方法［J］．电机与控制学报，2016，20（04）：84－92.

[12] ZHOU D, TANG Y. A Model Predictive Control - Based Open - Circuit Fault Diagnosis and Tolerant Scheme of Three - Phase AC - DC Rectifiers [J]. IEEE Journal of Emerging and Selected Topics in Power Electronics, 2019, 7 (4): 2158 - 2169.

[13] DUAN P, XIE K, ZHANG L, et al. Open - switch fault diagnosis and system reconfiguration of doubly fed wind power converter used in a microgrid [J]. IEEE Transactions on Power Electronics, 2011, 26 (3): 816 - 821.

[14] KUMAR P H, LAKHIMSETTY S, SOMASEKHAR V T. An Open - End Winding BLDC Motor Drive with Fault Diagnosis and Auto - Reconfiguration [J]. IEEE Journal of Emerging and Selected Topics in Power Electronics, 2020, 8 (4): 3723 - 3735.

[15] RUAN C, HU W, NIAN H, et al. Open - Phase Fault Control in Open - Winding PMSM System with Common DC Bus [C] // IEEE Applied Power Electronics Conference and Exposition (APEC), IEEE, 2019, Anaheim: 1052 - 1056.

[16] ZHANG X, XU C. Second - Time Fault - Tolerant Topology and Control Strategy for the Open - Winding PMSM System Based on Shared Bridge Arm [J]. IEEE Transactions on Power Electronics, 2020, 35 (11): 12181 - 12193.

[17] 安群涛．三相电机驱动系统中逆变器故障诊断与容错控制策略研究．［D］．哈尔滨：哈尔滨工业大学，2011.

[18] 段鸣航．开放式绕组 PMSM 矢量控制及容错策略研究．［D］．哈尔滨：哈尔滨工业大学，2015.

[19] 丁石川，李国丽，陈权．一种新型缺相永磁同步电机容错驱动系统［J］．电气传动，2014，44（3）：65－69.

[20] SHAMSI - NEJAD M A, NAHID - MOBARAKEH B, Pierfederici S. Series Architecture for Fault Tolerant PM Drives: Operating Modes with One or Two DC Voltage Source (s) [C] //IEEE International Conference on Industrial Technology, 2010, IEEE, Via del Mar: 1525 - 1530.

[21] ZHANG X, LI Y, ZHANG Y. Current Prediction Fault - Tolerant Control for the Open - Winding PMSG System [C] // IEEE International Symposium on Predictive Control of Electrical Drives and Power Electronics (PRECEDE), 2019, IEEE, Quanzhou: 1 - 4.

[22] AN Q, LIU J, PENG Z, et al. Dual - Space Vector Control of Open - End Winding Permanent Magnet Synchronous Motor Drive Fed by Dual Inverter [J]. IEEE Transactions on Power Electronics, 2016, 31 (12): 8329 - 8342.

第 10 章 绕组开路永磁同步电机驱动系统二次容错拓扑及其容错控制

本书第 9 章已经对 OW – PMSM 驱动系统开关器件开路故障的诊断策略进行了研究，本章将继续讨论故障发生后系统容错运行的问题。对于逆变器故障的容错控制方法主要可以分为两大类：一类是当一台逆变器中某一相桥臂的开关器件发生故障时，在不改变控制策略的情况下，通过改变外部拓扑，利用冗余的备用器件代替原有的开关器件进行工作；另一类方法是通过改变系统的控制策略，利用剩余的健康器件使系统能够继续平稳运行[1,2]。两类方法各有利弊：采用冗余备用拓扑的方法无需对控制算法进行修改，并且备用的器件一般与故障器件具有相同的容量，该容错方法下系统的运行容量和性能与健康系统无异，但是冗余的拓扑不可避免地会增加系统硬件的制造成本和维修成本；利用容错控制算法和剩余器件实现容错控制策略的方法，其在系统硬件成本上没有任何增加并且同一个容错控制算法对于相似拓扑系统同样适用，具有系统成本低和通用性好的优势，但是仅利用系统剩余健康设备继续运行的方式，这实际上是一种降维运行方式，会造成系统输出容量和运行性能方面的损失。

为了提高 OW – PMSM 驱动系统的可靠性，国内外学者提出了多种容错控制方法。其中，文献［3］的作者提出了一种简化的 PWM 控制策略，适用于混合逆变器供电的 OW – PMSM 的容错控制，其副逆变器为浮动电容，和逆变器构成了补偿逆变器，当副逆变器中的开关器件发生故障时将故障相绕组接至两浮动电容的中点，结合所提出的简化 PWM 控制策略可以使系统继续稳定运行。文献［4］提出了一种适用于共直流母线型双逆变器驱动开绕组感应电机驱动系统的容错直接转矩控制算法，并在多达 6 个开关器件中验证其控制算法的有效性。另外，根据故障状态下逆变器电压矢量的分布情况，文献［5］提出了一种利用两个正交电压矢量来合成运行所需目标电压的调制方法，从电压矢量合成的角度出发实现了 OW – PMSM 系统的容错运行。在文献［6］中，对于发生开关器件短路故障的开绕组五相驱动系统，通过简单地重构故障逆变器的拓扑结构，利用固有的开关状态使驱动系统在故障状态下仍能输出负载所需的电磁转矩，在不牺牲系统输出能力的前提下使驱动系统实现容错运行。同样是基于拓扑重构，文献［7］提出了一种构造虚拟中心点来实现故障后平稳运行的容错控制策略，该策略适用于开绕组驱动系统拓扑结构的多种开关器件故障情况。

对于 OW – PMSM 驱动系统的容错控制策略来说，由于 OW – PMSM 本身所具备的高容错性，以及双逆变器开关器件工作特性上的相似性与冗余性，使 OW - PMSM 驱动系统容错控制策略具有很高的研究价值。因此，本章重点关注绕组开路永磁同步电机驱动系统二次故障拓扑及其容错控制。首先，对传统一次容错拓扑的结构及其电压矢量进行了分析，在此基础上提出了一种基于桥臂共用思想的二次容错拓扑，该拓扑可以作为传统容错拓扑运行过程中开关器件再次发生开路故障的备用二次容错运行拓扑。然后，根据 OW - PMSM 电磁转矩的数学模型，为新的容错拓扑设计了一种全新的容错控制策略，并在控制策略中加入了谐波注入策略，使容错运行状态下的驱动系统具有更加平稳的转矩。另外，通过对 OW - PMSM 驱动系统容量的分析，研究了不同运行状态下驱动系统的输出能力。最后，利用实验平台对本章中提出的二次容错拓扑及其控制策略进行了实验验证。

10.1 传统一次容错拓扑及其电压矢量

现有适用于 OW - PMSM 驱动系统的一相开路故障（以 A 相开路为例）一次容错拓扑如图 10-1 所示，在该拓扑结构中共有 8 个开关器件，开关器件有 16 种开关状态组合，可以产生 9 种电压矢量，开关状态与相电压的关系见表 10-1。

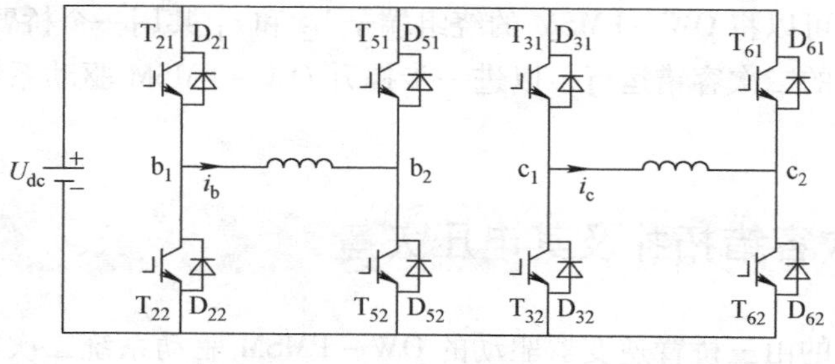

图 10-1 A 相开路时 OW - PMSM 驱动系统的一次容错拓扑

表 10-1 传统一次容错拓扑开关状态与电压矢量的关系

电压矢量	$\boldsymbol{u}_0$	$\boldsymbol{u}_1$	$\boldsymbol{u}_2$	$\boldsymbol{u}_3$	$\boldsymbol{u}_4$	$\boldsymbol{u}_5$	$\boldsymbol{u}_6$	$\boldsymbol{u}_7$	$\boldsymbol{u}_8$
$S_{b1}S_{b2}S_{c1}S_{c2}$	0000，0011 1100，1111	1010	0010 1110	0100 0111	0101	0001 1101	1000 1011	0110	1001
u_b	0	U_{dc}	0	$-U_{dc}$	$-U_{dc}$	0	U_{dc}	$-U_{dc}$	U_{dc}
u_c	0	U_{dc}	U_{dc}	0	$-U_{dc}$	$-U_{dc}$	0	U_{dc}	$-U_{dc}$

一次容错拓扑电压矢量的分布如图 10-2 所示，包括 1 个零电压矢量和 8 个非零电压矢量。在非零电压矢量中，矢量 $\boldsymbol{u}_1 \sim \boldsymbol{u}_6$ 的幅值为 $2U_{dc}/3$，非零电压矢

量 $\boldsymbol{u}_7$ 和 $\boldsymbol{u}_8$ 的幅值为 $2\sqrt{3}U_{dc}/3$。这 9 个基本电压矢量可用于驱动 OW - PMSM 系统在 A 相开路故障下的容错运行。

分析表 10-1 中一次容错拓扑电压矢量与开关状态可以发现，电压矢量 $\boldsymbol{u}_1$、$\boldsymbol{u}_4$、$\boldsymbol{u}_7$ 和 $\boldsymbol{u}_8$ 由一种开关状态组合构成，电压矢量 $\boldsymbol{u}_0$、$\boldsymbol{u}_2$、$\boldsymbol{u}_3$、$\boldsymbol{u}_5$ 和 $\boldsymbol{u}_6$ 可以由不同的开关状态组合构成。例如，开关状态（0010）和（1110）都可以产生电压矢量 $\boldsymbol{u}_2$。当用开关状态（1110）来生成电压矢量 $\boldsymbol{u}_2$ 时，桥臂 b_2 和 c_1 具有相同的开关状态，即 $S_{b2}=S_{c1}=1$；类似地，其余的电压矢量 $\boldsymbol{u}_0$、$\boldsymbol{u}_3$、$\boldsymbol{u}_5$ 和 $\boldsymbol{u}_6$ 也具有同样的现象。另外，对于由开关状态组合（0110）构成的电压矢量 $\boldsymbol{u}_7$，桥臂 b_2 和桥臂 c_1 具有相同的开关状态"1"；由开关状态组合（1001）构成的电压矢量 $\boldsymbol{u}_8$，桥臂 b_2 和桥臂 c_1 具有相同的开关状态"0"。

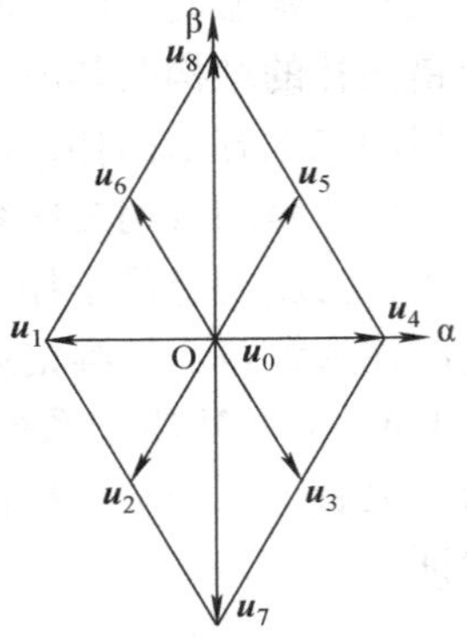

图 10-2　一次容错拓扑的电压矢量分布图

上述分析结果表明，当桥臂 b_2 和桥臂 c_1 合并时，一次容错拓扑的大多数电压矢量仍然是可以得到的。这意味着，发生 A 相开路故障的 OW - PMSM 驱动系统在利用一次容错拓扑运行时，若拓扑中桥臂 b_2 和桥臂 c_1 中的开关器件再次发生开路故障，可以将 OW - PMSM 的绕组端子 b_2 和 c_1 共用一个桥臂来继续运行，从而实现系统的二次容错运行，以进一步提升 OW - PMSM 驱动系统容错运行的能力。

10.2 二次容错拓扑及其电压矢量

本章提出的由三桥臂逆变器驱动的 OW - PMSM 驱动系统二次容错拓扑结构如图 10-3a 所示，与传统一次容错拓扑相比，OW - PMSM 绕组端子 b_2 和 c_1 共用一个桥臂。

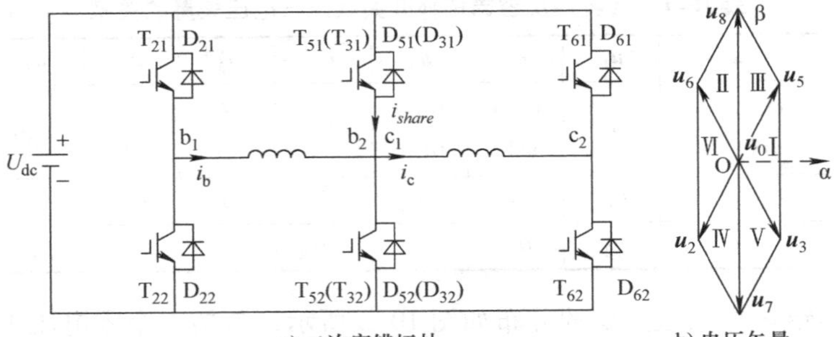

a) 二次容错拓扑　　b) 电压矢量

图 10-3　OW - PMSM 驱动系统 b_2 和 c_1 共用一个桥臂的二次容错拓扑及其电压矢量

新的容错拓扑包括三个桥臂（6 个开关器件），因此逆变器可以获得 8 种不同的工作状态，如图 10-3b 所示。图 10-4a 和图 10-4b 描述了开关状态分别为（000）和（111）时的电流路径，此时 OW－PMSM 绕组端子 b_1、b_2、c_1 和 c_2 连接到了同一个点上。因此，在该开关状态时，B 相和 C 相的电压均为 0，这意味着生成了零电压矢量 $\boldsymbol{u}_0$；当开关状态为（001）时，绕组端子 c_2 被连接到了直流母线的正极，而其余的绕组端子则被连接到了直流母线的负极，如图 10-4c 所

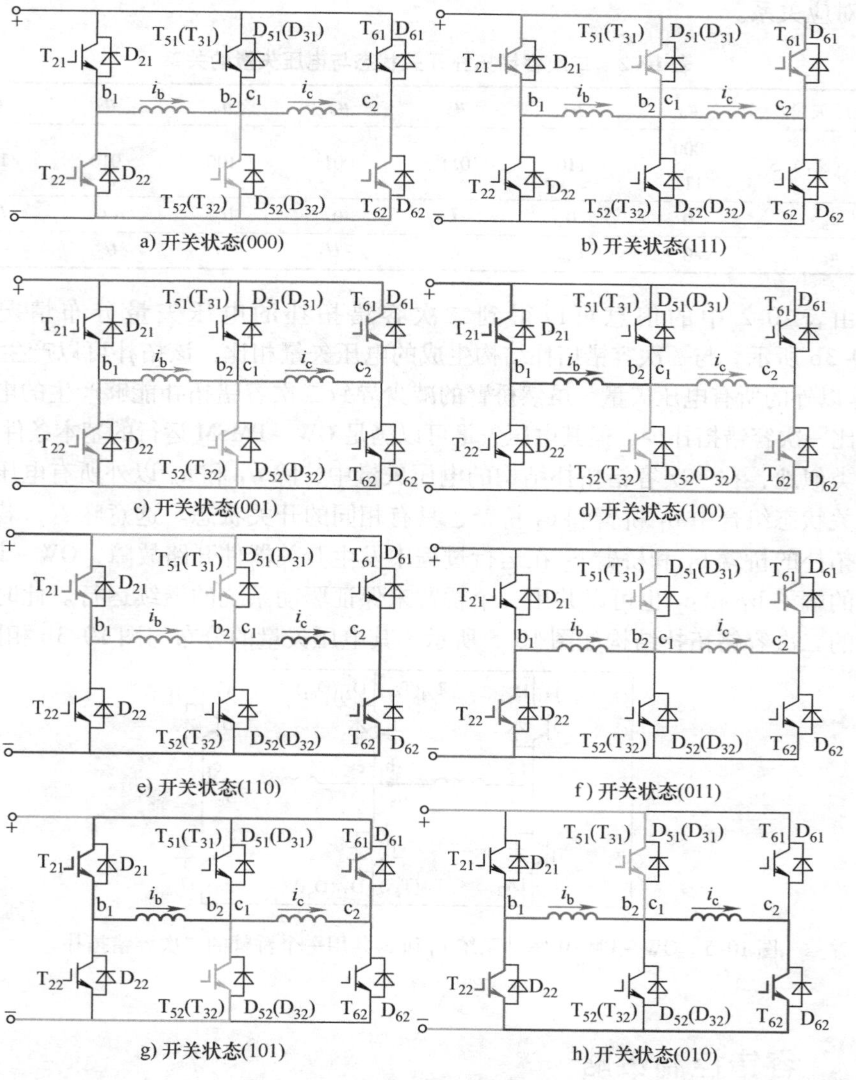

图 10-4　二次容错拓扑的电流路径

示。此时，B 相和 C 相的相电压分别为 0 和 $-U_{dc}$，生成电压矢量 $\boldsymbol{u}_5$；类似的，图 10-4d 描述了当开关状态为（100）时的电流路径，绕组端子 b_1 被连接到了直流母线的正极，而剩余的绕组端子被连接到了直流母线的负极。显然，在这种开关状态下，B 相和 C 相的相电压分别为 U_{dc}和 0，因此，电压矢量 $\boldsymbol{u}_6$ 就产生了。利用同样的方法分析其余的开关状态，可以获得图 10-4e ~ h 中所示的电流路径。进一步可以获得表 10-2 所示的二次容错拓扑的电压矢量、开关状态和相电压之间的对应关系。

表 10-2　二次容错拓扑开关状态与电压矢量的关系

电压矢量	$\boldsymbol{u}_0$	$\boldsymbol{u}_2$	$\boldsymbol{u}_3$	$\boldsymbol{u}_5$	$\boldsymbol{u}_6$	$\boldsymbol{u}_7$	$\boldsymbol{u}_8$
$S_{b1}S_{b2}$（S_{c1}）S_{c2}	000 111	110	011	001	100	010	101
u_b	0	0	$-U_{dc}$	0	U_{dc}	$-U_{dc}$	U_{dc}
u_c	0	U_{dc}	0	$-U_{dc}$	0	U_{dc}	$-U_{dc}$

由表 10-2 中的信息可以得到二次容错拓扑的电压矢量分布情况，如图 10-3b 所示。与一次容错拓扑结构生成的电压矢量相比，该拓扑可以产生除 $\boldsymbol{u}_1$ 和 $\boldsymbol{u}_4$ 以外的所有电压矢量。虽然桥臂的减少导致二次容错拓扑能够产生的电压矢量要比一次容错拓扑少，但其电压矢量可以满足 OW - PMSM 运行的基本条件。

类似地，在一次容错拓扑结构的电压矢量中，除 $\boldsymbol{u}_1$ 和 $\boldsymbol{u}_4$ 以外所有电压矢量的开关状态组合中 b_1 桥臂和 c_2 桥臂也具有相同的开关状态。这意味着，若一次容错拓扑的桥臂 b_1 和桥臂 c_2 在运行过程中发生开关器件开路故障，OW - PMSM 绕组的端子 b_1 和 c_2 也可以共用一个桥臂来保证驱动系统的继续运行。此时重新配置的二次容错拓扑结构如图 10-5 所示，其电压矢量的分布与图 10-3b 相同。

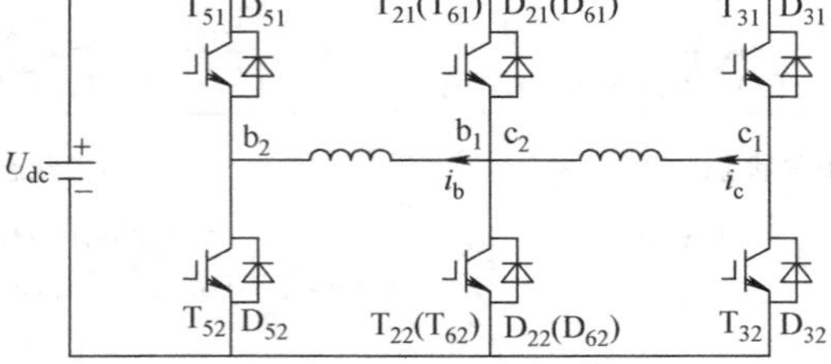

图 10-5　OW - PMSM 驱动系统 b_1 和 c_2 共用一个桥臂的二次容错拓扑

10.3 容错控制策略

在前一节中，提出了二次容错拓扑结构并对其电压矢量进行了分析。本节中，为了配合这种拓扑结构实现对 OW－PMSM 驱动系统的有效控制，提出了一种容错控制策略。另外，由于 OW－PMSM 在故障后仅由两相绕组驱动运行，系统转矩的质量有所下降[8-10]。为提升容错运行中系统的转矩性能，本节还提出了一种转矩优化方法来有效抑制系统转矩的波动，从而进一步提高驱动系统在容错运行状态下的控制性能。

10.3.1　幅值和相位均重新设计的参考电流

在健康运行时，为保证 OW－PMSM 驱动系统转矩的稳定性，需要三相平衡的电流，可以得到系统健康运行时转矩的表达式为

$$T_{\text{ehealthy}}=\frac{3}{2}P\psi_{\text{f}}I_{\text{m}} \tag{10.1}$$

显然，OW－PMSM 驱动系统在正常运行的情况下，只有当三相电流与各自的反电动势同相时电机才能获得稳定的转矩，驱动系统才能稳定可靠地运行。然而，在故障情况下（如 A 相开路），如果 B 相和 C 相的电流与其反电动势继续保持同相，则无法再次获得稳定的电磁转矩。因此，为了保证系统在容错状态下能够稳定运行，需要对系统电流的控制策略进行重新设计。

若想使一相开路容错运行状态下的 OW－PMSM 获得稳定的转矩，需要对定子电流的幅值和相位进行重新设计。假设 A 相绕组发生开路故障，B 相和 C 相绕组中电流的相位分别为 α 和 β，则三相绕组的电流可以表示为

$$\begin{cases} i_{\text{a}}=0 \\ i_{\text{b}}=-I_{\text{m}}\sin(\theta-\alpha) \\ i_{\text{c}}=-I'_{\text{m}}\sin(\theta-\beta) \end{cases} \tag{10.2}$$

其中，I_{m} 和 I'_{m} 分别为电流 i_{b} 和 i_{c} 的幅值。

联立可以得到 OW－PMSM 驱动系统的转矩表达式为

$$\begin{aligned} T_{\text{efault}}=&I_{\text{m}}P\psi_{\text{f}}\sin(\theta_{\text{e}}-2\pi/3)\sin(\theta_{\text{e}}-\alpha)+I'_{\text{m}}P\psi_{\text{f}}\sin(\theta_{\text{e}}+2\pi/3)\sin(\theta_{\text{e}}-\beta)+\\ &3I_{\text{m}}P\psi_{\text{f3}}\sin(\theta_{\text{e}}-\alpha)\sin(3\theta_{\text{e}})+3I'_{\text{m}}P\psi_{\text{f3}}\sin(\theta_{\text{e}}-\beta)\sin(3\theta_{\text{e}}) \end{aligned} \tag{10.3}$$

对其进一步简化，可以得到下面的表达式。

$$\begin{aligned} T_{\text{efault}}=&\frac{I_{\text{m}}P\psi_{\text{f}}}{2}[\cos(\alpha-2\pi/3)-\cos(2\theta_{\text{e}}-\alpha-2\pi/3)+\\ &\frac{I'_{\text{m}}P\psi_{\text{f}}}{2}[\cos(\beta+2\pi/3)-\cos(2\theta_{\text{e}}-\beta+2\pi/3)]+\\ &3I_{\text{m}}P\psi_{\text{f3}}\sin(\theta_{\text{e}}-\alpha)\sin(3\theta_{\text{e}})+\\ &3I'_{\text{m}}P\psi_{\text{f3}}\sin(\theta_{\text{e}}-\beta)\sin(3\theta_{\text{e}}) \end{aligned} \tag{10.4}$$

由式（10.4）可以发现，A 相开路故障下 OW－PMSM 的转矩会因表达式中有变量 θ_{e} 而存在脉动。另外，由于永磁体磁链三次谐波分量幅值 ψ_{f3} 要远小于永

磁体磁链 ψ_f，OW－PMSM 驱动系统的转矩主要是由式（10.4）中的前两项产生的，而表达式后两项在电磁转矩中所占的比例很小，并且只有式（10.5）中的条件满足时才能确保式（10.4）的前两项产生的转矩是平稳的。

$$\begin{cases} I'_m = -I_m \\ \beta = \alpha + 4\pi/3 \end{cases} \tag{10.5}$$

将式（10.5）代入到式（10.4）中，可以得到此时系统的转矩为

$$T_{efault} = \frac{I_m P\psi_f}{2}[\cos(\alpha - 2\pi/3) - \cos(\beta + 2\pi/3)] + 3I_m P\psi_{f3}\sin 3\theta_e[\sin(\theta_e - \alpha) - \sin(\theta_e - \beta)] \tag{10.6}$$

系统运行过程中期望同等输入情况下获得最大的出力，因此对式（10.6）求取最大值点，可以得到电流相位 α 和 β 的解满足：

$$\begin{cases} \alpha = 5\pi/6 \\ \beta = \pi/6 \end{cases} \tag{10.7}$$

因此，为了保证 OW－PMSM 驱动系统在容错运行状态下能够获得稳定且最大的转矩，剩余健康相电流需要按照以下规律进行设计。

$$\begin{cases} i_b = -I_m\sin(\theta_e - 5\pi/6) \\ i_c = -I_m\sin(\theta_e + 5\pi/6) \end{cases} \tag{10.8}$$

同理，可以得到 OW－PMSM 驱动系统在 B 相开路容错运行和 C 相开路容错运行时电流需要满足的条件分别为式（10.9）和式（10.10）。

$$\begin{cases} i_a = -I_m\sin(\theta_e + \pi/6) \\ i_c = -I_m\sin(\theta_e + \pi/2) \end{cases} \tag{10.9}$$

$$\begin{cases} i_a = -I_m\sin(\theta_e + \pi/6) \\ i_c = -I_m\sin(\theta_e + \pi/2) \end{cases} \tag{10.10}$$

10.3.2 转矩优化策略

由上述分析可知，当电流的角度 α 和 β 按照式（10.7）进行设计时，可以获得式（10.11）所示的最大转矩。OW－PMSM 驱动系统的转矩主要是由表达式（10.11）的第一项产生，其幅值为式（10.1）所示健康运行时转矩的 $1/\sqrt{3}$，这意味着驱动系统在二次容错状态下运行时，牺牲了健康系统 42.26% 的转矩输出能力。此外，还可以发现表达式（10.11）的第二项是作为转矩的谐波成分存在的。尽管转矩谐波幅值 $3\sqrt{3}I_m P\psi_{f3}$ 要远小于转矩主要成分的幅值 $\sqrt{3}I_m P\psi_f/2$，但系统转矩性能仍然会受到谐波成分的影响。因此，需要进一步对驱动系统的转矩进行优化。

$$T_{efault} = \frac{\sqrt{3}I_m P\psi_f}{2} - 3\sqrt{3}I_m P\psi_{f3}\sin\theta_e\sin 3\theta_e \tag{10.11}$$

根据式（10.8）可以得到一相开路容错运行 OW - PMSM 系统中的零序电流为

$$I_0 = \frac{1}{3}(i_b + i_c) = \frac{\sqrt{3}}{3}I_m \sin(\theta_e) \tag{10.12}$$

此外，式（10.11）所示的转矩表达式可以改写为

$$T_{efault} = \frac{\sqrt{3}P\psi_f I_m}{2} - 9PI_0\psi_{f3}\sin 3\theta_e \tag{10.13}$$

由式（10.12）和式（10.13）可以发现，由于系统零序电流的幅值不恒为零，驱动系统的转矩会因转矩三次谐波的存在而产生波动。因此，为了消除转矩中的波动，本节提出了一种转矩优化策略。在该策略中，根据式（10.13）向相电流的幅值中注入幅值为 $6\sqrt{3}I_0\psi_{f3}\sin 3\theta_e/\psi_f$ 的谐波，经过补偿的转矩可以表示为

$$T_{efault} = \frac{\sqrt{3}P\psi_f}{2}\left(I_m + \frac{6\sqrt{3}I_0\psi_{f3}\sin 3\theta_e}{\psi_f}\right) - 9PI_0\psi_{f3}\sin 3\theta_e = \frac{\sqrt{3}P\psi_f}{2}I_m \tag{10.14}$$

因此，通过向电流幅值中注入谐波，可以消除 OW - PMSM 驱动系统容错运行中转矩的三次谐波分量 $9PI_0\psi_{f3}\sin 3\theta_e$，从而提升容错系统的转矩性能。所提出的容错控制策略的整体控制框图如图 10-6 所示。

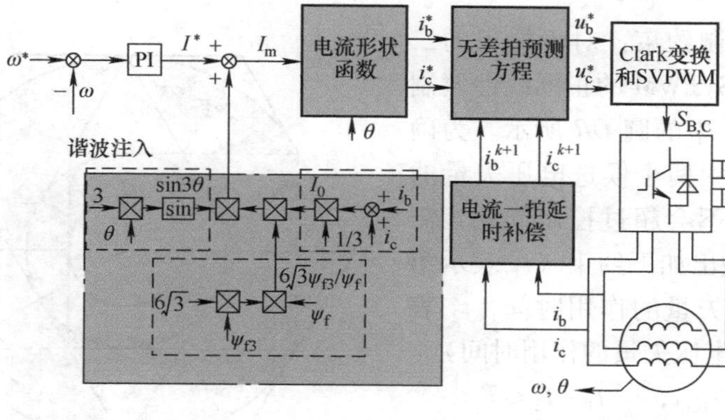

图 10-6　所提出容错控制系统的控制框图

10.3.3　无差拍电流容错控制

以 A 相开路故障为例，无差拍的容错控制策略与正常时控制策略的结构是十分相似的，结构组成上主要的区别在于：为抑制转矩中三次谐波分量造成的转矩波动，在系统无差拍控制策略中引入基于谐波注入的转矩优化策略。此外，其他的不同之处总结如下：

1. 电流形状函数不同

在 A 相开路故障容错控制中 OW－PMSM 的电流需要按照式（10.8）进行设计。

2. SVPWM 不同

由于 A 相开路故障时二次容错拓扑的电压矢量分布不同于传统三相两电平逆变器电压矢量分布，因此，SVPWM 调制也有所不同。

（1）扇区判断：二次容错 OW－PMSM 驱动系统电压矢量所在扇区由以下参数决定。

$$\begin{cases} U_1 = u_\alpha \\ U_2 = u_\beta - \sqrt{3}u_\alpha \\ U_3 = -u_\beta - \sqrt{3}u_\alpha \end{cases} \tag{10.15}$$

然后，电压矢量所在扇区的具体编号可以由式（10.16）得到，扇区编号与实际电压矢量位置的关系如图 10-3b 所示。

$$N_{\text{sector}} = A + 2B + 4C \tag{10.16}$$

其中变量满足：

$$A = \begin{cases} 1, & U_1 > 0 \\ 0, & U_1 \leqslant 0 \end{cases}; B = \begin{cases} 1, & U_2 > 0 \\ 0, & U_2 \leqslant 0 \end{cases}; C = \begin{cases} 1, & U_3 > 0 \\ 0, & U_3 \leqslant 0 \end{cases}$$

（2）过调制约束：对于提出的二次容错拓扑，SVPWM 的正圆线性调制范围如图 10-7 中的圆 *OR* 所示。为确保在控制过程中两个候选电压矢量的工作时间之和不会超过控制周期，需要对 t_1 和 t_2 做出如下约束（t_1 表示第一个候选电压矢量的作用时间，t_2 表示第二个候选电压矢量的作用时间）。

$$t_{1\text{or}2} = \begin{cases} t_{1\text{or}2}, & t_1 + t_2 \leqslant T \\ \dfrac{t_{1\text{or}2}}{t_1 + t_2}T, & t_1 + t_2 > T \end{cases} \tag{10.17}$$

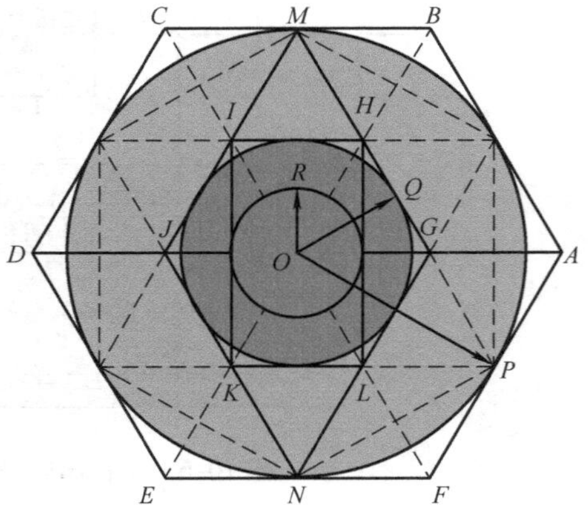

图 10-7　OW－PMSM 驱动系统不同运行状态下的 SVPWM 正圆线性调制范围

式中：

$$T = \begin{cases} T_{\text{sc}}, & N_{\text{sector}} = 1,6 \\ \dfrac{T_{\text{sc}}}{\sqrt{3}}, & N_{\text{sector}} = 2,3,4,5 \end{cases}$$

10.4 二次容错系统输出能力分析

由于本章提出的二次容错拓扑中采用了桥臂共用结构，这不可避免的会影响 OW - PMSM 驱动系统的输出能力。在本节中，将对提出的二次容错 OW - PMSM 驱动系统的输出能力进行定量分析。

10.4.1 逆变器输出容量分析

1. 逆变器输出电压容量

健康运行拓扑和两种容错运行拓扑（一次容错拓扑和二次容错拓扑）电压矢量的线性调制范围如图 10-7 所示，电压利用率的定义如下所示。

$$m = \frac{U_{l1m}}{U_{dc}} \tag{10.18}$$

式中，U_{l1m}为逆变器输出线电压基波的幅值。

健康运行时，OW - PMSM 由健康的双逆变器驱动。在健康拓扑中，逆变器可以合成六边形 A、B、C、D、E、F 及其内部区域的电压矢量，逆变器最大线性调制区为六边形的内切圆 OP。因此，内切圆的半径 OP 就是由健康的双逆变器通过线性调制可以输出的最大相电压幅值，其值为 $2U_{dc}/\sqrt{3}$。根据相电压与线电压之间的关系和电压利用率的表达式（10.18），可以知道健康拓扑在线性调制下直流母线电压的最大利用率为 2。

然而在一次容错拓扑中，六边形 G、H、I、J、K、L 及其内部区域的电压矢量可以由基本电压矢量 $\boldsymbol{u}_1 \sim \boldsymbol{u}_6$ 合成，内切圆的半径 OQ 就是一次容错拓扑中的逆变器在线性调制下可以输出的最大相电压幅值，其值为 $U_{dc}/\sqrt{3}$。此时，直流母线电压的最大利用率为 1。

类似地，在本章提出的二次容错拓扑结构中，$\boldsymbol{u}_0$、$\boldsymbol{u}_2$、$\boldsymbol{u}_3$、$\boldsymbol{u}_5$、$\boldsymbol{u}_6$、$\boldsymbol{u}_7$ 和 $\boldsymbol{u}_8$ 作为基本电压矢量来合成目标电压矢量。二次容错拓扑的线性调制范围为由 H、M、I、K、N、L 构成的六边形及其内部区域，线性调制范围为内切圈的半径 OR，$OR = U_{dc}/3$，即为二次容错拓扑可以线性输出的最大相电压，因此二次容错拓扑的直流母线电压利用率为 $1/\sqrt{3}$。

分析结果表明，一次容错拓扑的直流母线电压利用率比正常运行拓扑低 50%，二次容错拓扑的直流母线电压利用率还要比一次容错拓扑低 42.3%。逆变器在不同运行状态下直流母线电压利用率情况如图 10-8 所示。

2. 逆变器输出电流容量

由于本章所提的二次容错拓扑采用了共用桥臂的拓扑结构，这种拓扑结构中共用桥臂上开关器件的容量必然会影响到逆变器输出电流的能力。因此，在分析完逆变器电压输出能力后还需要对流过共用桥臂的电流容量进行定量分析。

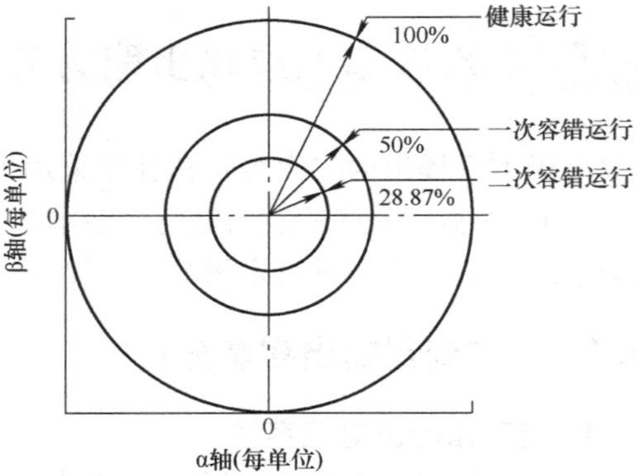

图 10-8　OW－PMSM 驱动系统不同运行状态下逆变器输出电压的容量

从二次容错控制策略的相关推导中可以看出，OW－PMSM 驱动系统在二次容错运行时健康相电流需要满足式（10.8）。根据图 10-3 和基尔霍夫电流定律（KCL），可以得到流经被共用桥臂上开关器件的电流满足：

$$i_{\text{share}} = i_b - i_c = -I_m[\sin(\theta_e - 5\pi/6) - \sin(\theta_e + 5\pi/6)] \tag{10.19}$$

进一步对其进行简化，可以得到：

$$i_{\text{share}} = I_m \cos\theta_e \tag{10.20}$$

可以发现，二次容错运行时流过所有开关器件上的电流的幅值均相同，其值为 I_m，与 OW－PMSM 驱动系统健康运行时完全相同。因此，被共用桥臂的电流容量也与健康系统的电流容量相同，被共享的桥臂不会对系统开关器件的容量带来更高的需求。但由于 OW－PMSM 驱动系统在一相开路故障后由三相运行转换为两相运行，根据坐标变换原理可以发现在故障发生后的容错运行过程中，逆变器输出电流矢量的最大幅值将会降低至健康拓扑运行时的 57.74%，如图 10-9 所示。

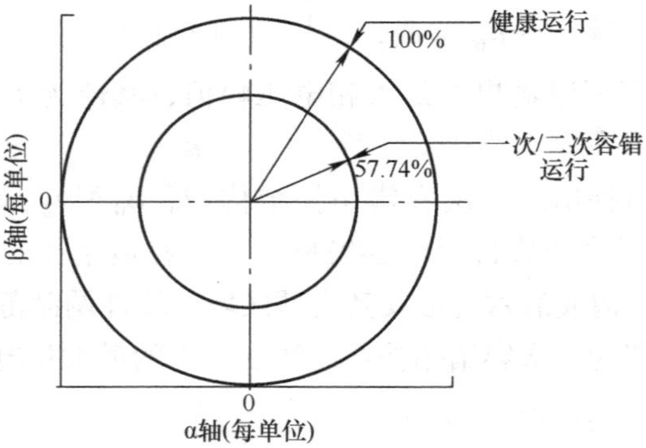

图 10-9　OW－PMSM 驱动系统不同运行状态下逆变器输出电流的容量

10.4.2　绕组开路永磁同步电机输出容量分析

根据式（10.21）所示的 OW－PMSM 驱动系统功率、转速和转矩之间的关系，可以对驱动系统在不同运行状态下的输出能力进行分析。

$$P_m = \omega_m T_e \tag{10.21}$$

1. 健康运行时

当 OW－PMSM 驱动系统处于健康运行状态时，OW－PMSM 三相绕组的电压可以表示为

$$\begin{cases} u_a = -U_m \sin(\theta_e) \\ u_b = -U_m \sin(\theta_e - 2\pi/3) \\ u_c = -U_m \sin(\theta_e + 2\pi/3) \end{cases} \tag{10.22}$$

式中，U_m 为相电压的幅值。然后，三相系统的功率可以表示为

$$P_{eN} = u_a i_a + u_b i_b + u_c i_c \tag{10.23}$$

将 OW－PMSM 驱动系统健康运行时的相电流和相电压代入功率表达式，可以得到驱动系统在健康运行时的功率为

$$P_{eNhealthy} = \frac{3}{2} U_m I_m \tag{10.24}$$

2. 容错运行时

以 A 相开路故障为例，OW－PMSM 驱动系统容错运行时 A 相的电流和电压均为 0。在此条件下，根据前文容错控制策略的推导可知健康相绕组的电流表达式为式（10.8）。健康相绕组的相电压则会受到电气结构的约束，由于故障前后 OW－PMSM 绕组的空间位置并未发生改变，其电气特性也不会改变，容错运行时 B、C 两相的相电压满足式（10.25）。

$$\begin{cases} u_b = -U'_m \sin(\theta_e - 2\pi/3) \\ u_c = -U'_m \sin(\theta_e + 2\pi/3) \end{cases} \tag{10.25}$$

然后，结合容错运行系统的电流公式（10.8）和电压公式（10.25），可以得到容错运行时 OW－PMSM 的功率表达式为

$$P_{eNfault} = \frac{\sqrt{3}}{2} U'_m I_m \tag{10.26}$$

基于上述关于 OW－PMSM 驱动系统在不同运行状态下直流母线电压利用率的情况，可以得到系统健康运行时的功率（$P_{eNhealthy}$）和系统容错运行时的功率（一次容错运行时功率 P_{eN_4leg} 和二次容错运行时功率 P_{eN_3leg}）之间的关系如式（10.27）所示。

$$\begin{cases} P_{eN\_4leg} = \dfrac{\sqrt{3}}{6} P_{eNhealthy} \\ P_{eN\_3leg} = \dfrac{1}{6} P_{eNhealthy} \end{cases} \tag{10.27}$$

忽略 OW－PMSM 驱动系统运行过程中 OW－PMSM 的内部损耗，可以得到

容错运行状态下系统额定功率、额定转速和额定转矩之间的关系如下：

$$
\begin{cases}
P_{\mathrm{eN\_4leg}} = \dfrac{\sqrt{3}}{6} P_{\mathrm{eNhealthy}} = \dfrac{\sqrt{3}}{6} \omega_{\mathrm{mN}} T_{\mathrm{eNhealthy}} \\
P_{\mathrm{eN\_3leg}} = \dfrac{1}{6} P_{\mathrm{eNhealthy}} = \dfrac{1}{6} \omega_{\mathrm{mN}} T_{\mathrm{eNhealthy}}
\end{cases}
\tag{10.28}
$$

式中，ω_{mN}和 $T_{\mathrm{eNhealthy}}$分别为 OW – PMSM 健康运行时的额定转速和额定转矩。

另外，根据式（10.1）和式（10.14）可以得到 OW – PMSM 驱动系统的额定转矩在健康运行和容错运行时（包括一次容错运行和二次容错运行）的数量关系，如式（10.29）所示。

$$
T_{\mathrm{eNfault}} = \frac{\sqrt{3}}{3} T_{\mathrm{eNhealthy}} \tag{10.29}
$$

然后，根据式（10.28）和式（10.29）可以得到系统容错运行时额定转速与系统健康运行时额定转速之间的关系：

$$
\begin{cases}
\omega_{\mathrm{mN\_4leg}} = \dfrac{P_{\mathrm{mN\_4leg}}}{T_{\mathrm{eNfault}}} = \dfrac{1}{2} \omega_{\mathrm{mN}} \\
\omega_{\mathrm{mN\_3leg}} = \dfrac{P_{\mathrm{mN\_3leg}}}{T_{\mathrm{eNfault}}} = \dfrac{\sqrt{3}}{6} \omega_{\mathrm{mN}}
\end{cases}
\tag{10.30}
$$

根据以上理论分析，可以得到 OW – PMSM 驱动系统在不同运行状态下的输出容量，如图 10-10 所示。

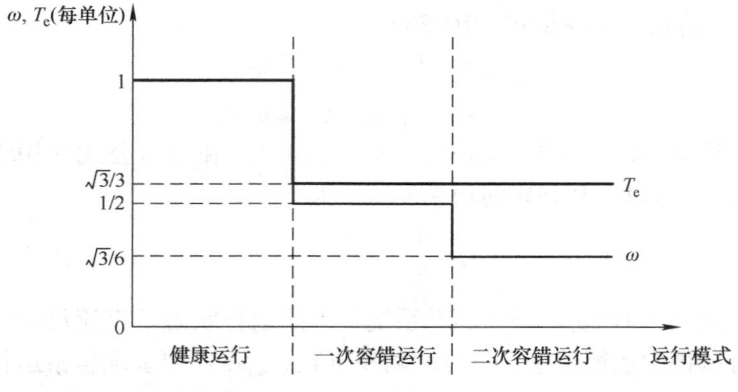

图 10-10　OW – PMSM 驱动系统不同运行状态下转速和转矩的输出能力

综上，可以得出如下结论：与健康运行状态相比，在利用一次容错拓扑及其容错控制策略在系统额定工况下运行时，将损失 42.26% 的转矩容量和 50% 的转速容量；本章所提的二次容错系统与现有的一次容错系统相比，需要进一步牺牲 42.26% 的转速容量来实现 OW – PMSM 驱动系统在二次故障后的容错运行。

10.5 实验结果

为验证本章所提出二次容错拓扑及其容错控制策略的可行性，在本部分将对二次容错系统进行实验。实验中所用的 OW－PMSM 相关参数见表 9-3。在实验过程中，分别将二次容错系统与一次容错系统和健康系统进行对比，作为对比实验的一次容错系统和健康系统分别按照文献［8］和文献［9］进行设计，并且所有系统的控制频率均设置为 15kHz。

实验结果中的转速 n 和相电流信息 i_{abc} 是由实验平台中相关传感器采集得到的；电流信息 I_q 是由相电流 i_{abc} 经过坐标变换理论得的；转矩信息和磁通信息也是由 OW－PMSM 的数学模型计算得到的，其中磁通信息根据式（10.31）计算得到。

$$\phi = \sqrt{\psi_d^2 + \psi_q^2} \tag{10.31}$$

10.5.1 稳态对比

首先，为了验证转矩优化策略对所提二次容错 OW－PMSM 驱动系统运行性能的影响，进行了如下实验：电机转速设置为 500r/min，负载转矩设置为 3.46N·m。实验结果如图 10-11 所示。

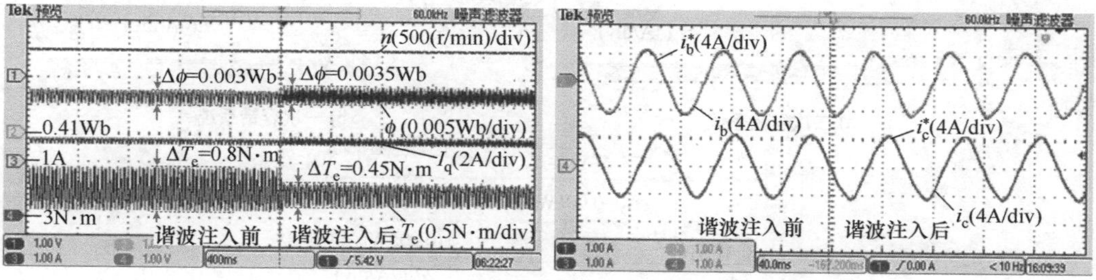

图 10-11　转矩优化策略实验效果图

由实验结果可知，在加入转矩优化策略前后系统运行结果是有明显差别的。与无谐波注入的容错系统性能相比，转矩优化策略控制下系统的输出转矩波动更小。具体来说，谐波注入前 OW－PMSM 驱动系统的转矩波动为 0.8N·m，而在谐波注入后转矩波动减小到 0.45N·m；对于磁通脉动，谐波注入会对其产生负面影响，其幅值会从 0.003Wb 增加到 0.0035Wb；此外，由于所提出的转矩优化控制策略是通过在 B 相电流和 C 相电流的幅值中注入谐波来实现的，因此该策略不可避免地会对电流产生负面影响，从电流波形中可以看出这一点；在谐波注入后，电流的 THD 值会由原本的 4.33% 提高到 5.96%，这点在实验结果中表现为图 10-11 中 OW - PMSM 相电流实验波形的畸变。

接下来，通过实验来对比健康系统、一次容错系统和所提出的二次容错系统的稳态性能。根据 OW - PMSM 驱动系统输出容量分析中的式（10.29）、式（10.30）和表 10-3 中所示 OW - PMSM 相关参数，可以知道二次容错 OW - PMSM 驱动系统的额定转速和额定转矩分别为 577.4r/min 和 3.46N · m。因此，为了测试本章所提出二次容错拓扑（及其容错控制策略）在其额定运行状态下的控制性能，将给定的参考转速和负载转矩分别设置为 577.4r/min 和 3.46N · m。实验结果分别如图 10-12 和表 10-3 所示。

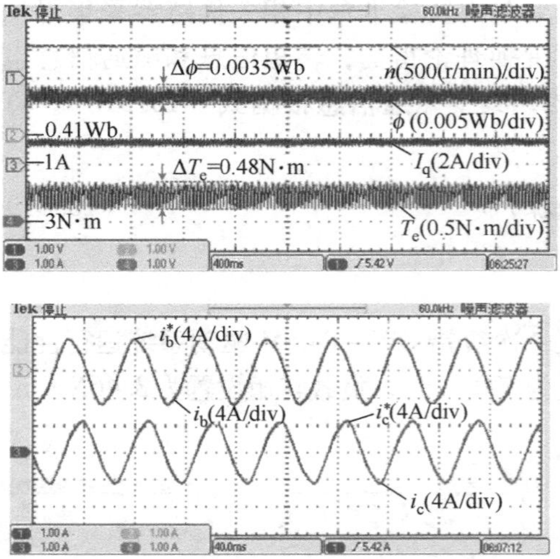

a) 二次容错系统

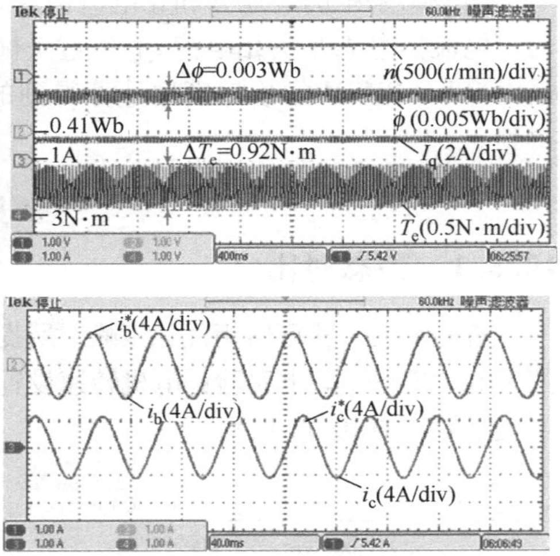

b) 一次容错系统

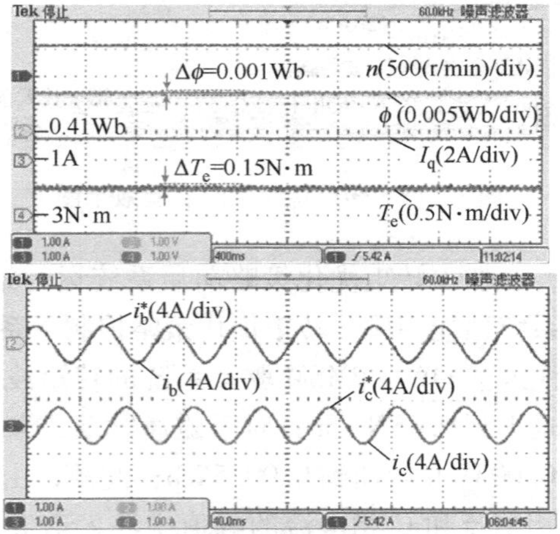

c) 健康系统

图 10-12　稳态性能实验结果

表 10-3　稳态性能对比表

	电流 THD	转矩纹波 ΔT_e	磁通纹波 $\Delta\phi$
健康系统	5.24%	0.15N·m	0.001Wb
一次容错系统	4.36%	0.92N·m	0.003Wb
二次容错系统	5.96%	0.48N·m	0.0035Wb

从上述稳态对比实验可以得出结论，无论是一次容错系统还是二次容错系统，OW－PMSM 驱动系统的转矩纹波和磁通纹波都会增加，但本章提出的基于谐波注入的转矩优化策略可以对转矩中的纹波进行显著的抑制（尽管电流幅值中注入的谐波会在一定程度上增加相电流的 THD 和系统磁通纹波）。本章提出的二次容错系统可以在其额定工作点平稳运行，并且与一次容错系统相比，二次容错系统具有更优秀的稳态性能表现。

10.5.2　动态对比

为了评价所提出的二次容错拓扑及其控制策略的动态性能，现在对 OW－PMSM 驱动系统进行动态实验。首先进行的是负载动态试验，将试验条件设定为额定转速 577.4r/min，负载转矩从 1.98N·m 突然变为额定转矩 3.46N·m。健康系统、一次容错系统和二次容错系统的对比实验结果如图 10-13 所示，可以看出两种容错系统都具有较为良好的动态响应，当负载转矩突然变化时，系统的转速能迅速恢复到稳态。虽然容错系统相比于健康系统动稳态性能均有所牺牲，但提出的二次容错系统具有与一次容错系统媲美的动态性能。

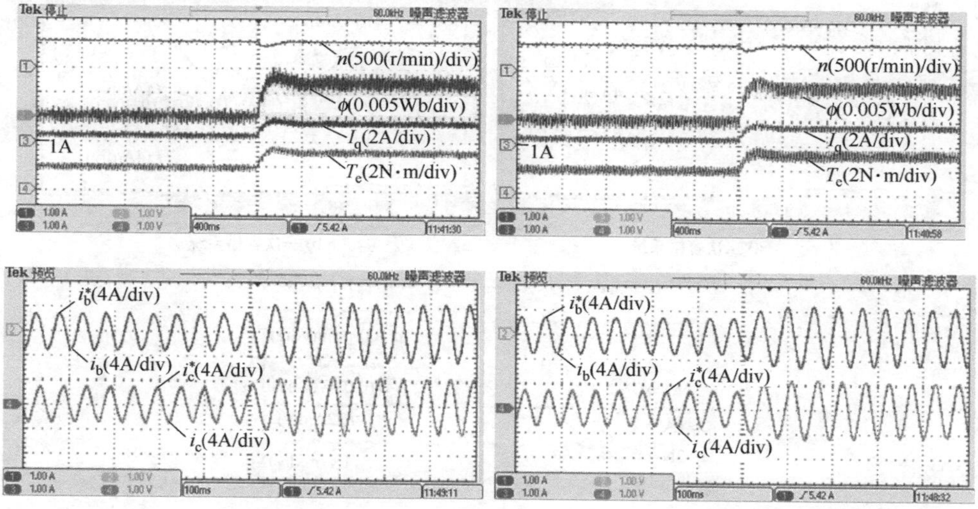

a) 二次容错系统　　b) 一次容错系统

图 10-13　负载转矩从 1.98N·m 突变为 3.46N·m 的动态性能实验结果

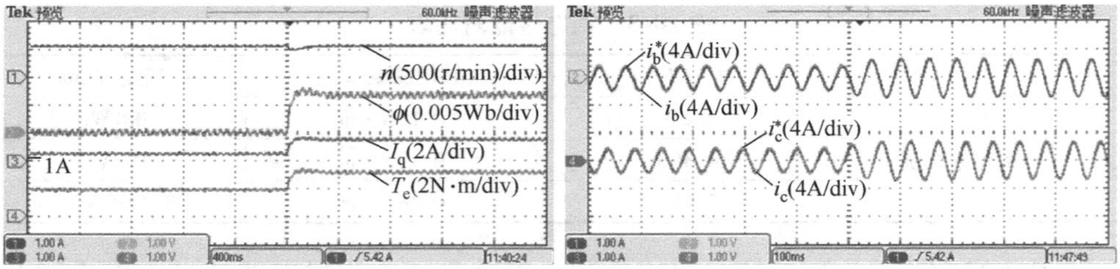

c) 健康系统

图 10-13　负载转矩从 1.98N·m 突变为 3.46N·m 的动态性能实验结果（续）

为了进一步验证所提出的二次容错拓扑及其控制策略的动态性能，进行了转速突变的动态实验。将实验条件设定为额定负载扭矩 3.46N·m，转速从 300r/min 突然变为 500r/min，实验的结果如图 10-14 所示。实验结果与负载突变的动态实验是十分类似的，三种 OW－PMSM 驱动系统中，健康系统性能最好，两种容错系统次之，三种 OW－PMSM 驱动系统均能够很好地跟踪速度指令的变化，在短时间内

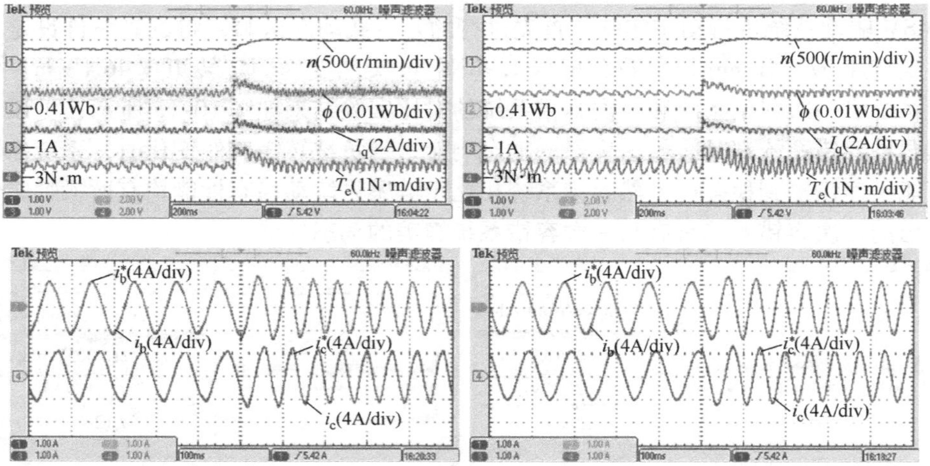

a) 二次容错系统　　　　b) 一次容错系统

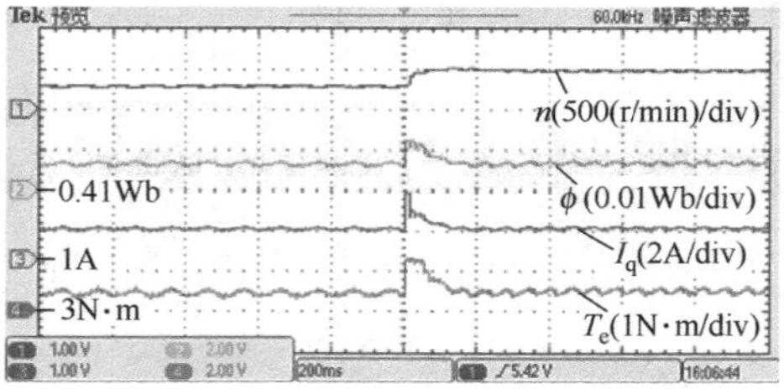

图 10-14　转速从 300r/min 突变为 500r/min 的动态性能实验结果

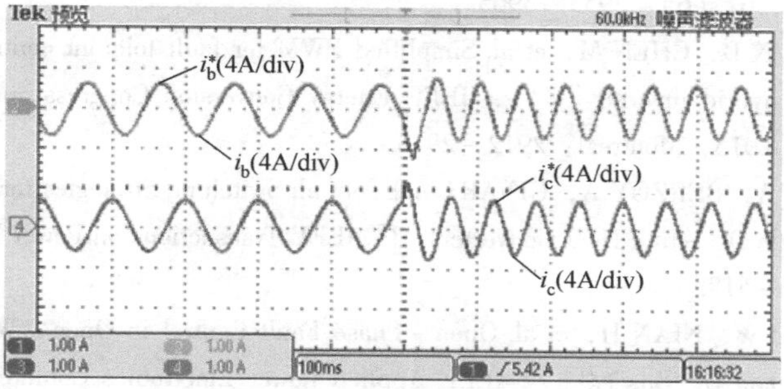

c) 健康系统

图 10-14　转速从 300r/min 突变为 500r/min 的动态性能实验结果（续）

达到新的稳态。综上，结合两种动态实验结果可知，所提出的二次容错拓扑及其控制策略具有良好的容错动态运行性能。

在本节中，通过实验对所提出的二次容错拓扑及其控制策略进行了实验验证。首先，利用实验对基于谐波注入的转矩优化策略进行验证，实验结果表明转矩优化策略可以很好地降低系统容错运行时的转矩纹波。其次，分别进行了稳态和动态对比实验，实验结果表明虽然本章提出的二次容错系统整体性能要弱于健康系统，但二次容错系统具有比现有一次容错系统更优的稳态性能和与现有一次容错系统相当的动态性能。

10.6 本章小结

为了进一步提高 OW－PMSM 驱动系统在故障状态下容错运行的能力，本章通过分析现有一次容错拓扑提出了一种二次容错拓扑结构，并根据 OW－PMSM 的转矩数学模型设计了一种适用于二次容错拓扑的控制策略。本章所提出的二次容错系统大大提升了 OW－PMSM 驱动系统容错运行的潜力，可以实现驱动系统一相开路容错运行状态下开关器件再次发生开路故障后的平稳运行。此外，为进一步提升容错系统的转矩性能表现，本章还提出了一种转矩优化策略，该策略同样基于转矩方程，通过在电流幅值中注入谐波来实现对系统转矩脉动的抑制，使驱动系统的运行更加安全稳定。

参 考 文 献

[1] KWAK S. Fault－Tolerant Structure and Modulation Strategies With Fault Detection Method for Matrix Converters [J]. IEEE Transactions on Power Electronics，2010，25（5）：1201－1210.

[2] LI X，DUSMEZ S，AKIN B，et al. A New Active Fault－Tolerant SVPWM Strategy for Single－Phase Faults in Three－Phase Multilevel Converters [J]. IEEE Transactions on Industrial Elec-

tronics, 2015, 62 (6): 3955 -3965.

[3] ZHOU W, SUN D, CHEN M, et al. Simplified PWM for fault tolerant control of open winding PMSM fed by hybrid inverter [C] // IEEE Energy Conversion Congress and Exposition (ECCE), IEEE, 2015, Montreal: 2912 -2918.

[4] RESTREPO J A, BERZOY A, GINART A E, et al. Switching Strategies for Fault Tolerant Operation of Single DC - link Dual Converters [J]. IEEE Transactions on Power Electronics, 2012, 27 (2): 509 -518.

[5] RUAN C, HU W, NIAN H, et al. Open - Phase Fault Control in Open - Winding PMSM System with Common DC Bus [C] // IEEE Applied Power Electronics Conference and Exposition (APEC), IEEE, 2019, Anaheim: 1052 -1056.

[6] NGUYEN N K, MEINGUET F, SEMAIL E, et al. Fault - Tolerant Operation of an Open - End Winding Five - Phase PMSM Drive With Short - Circuit Inverter Fault [J]. IEEE Transactions on Industrial Electronics, 2016, 63 (1): 595 -605.

[7] WANG Y, LIPO T A, PAN D. Robust operation of double - output AC machine drive [C] // International Conference on Power Electronics and Ecce Asia, IEEE, 2011, Jeju: 140 -144.

[8] AN Q, DUAN M H , SUN L, et al. SVPWM strategy of post - fault reconfigured dual inverter in open - end winding motor drive systems [J]. Electronics Letters, 2014, 50 (17): 1238 -1240.

[9] ZHOU Y, NIAN H, Zero - Sequence Current Suppression Strategy of Open - Winding PMSG System With Common DC Bus Based on Zero Vector Redistribution [J]. IEEE Transactions on Industrial Electronics, 2015, 62 (6): 3399 -3408.

[10] ZHANG X, XU C. Second - Time Fault - Tolerant Topology and Control Strategy for the Open - Winding PMSM System Based on Shared Bridge Arm [J]. IEEE Transactions on Power Electronics, 2020, 35 (11): 12181 -12193.